卓越人生

你应当像鸟
飞向你的山

杨建峰 编著

成都地图出版社

图书在版编目（CIP）数据

卓越人生. 你应当像鸟飞向你的山／杨建峰编著. 一成都：成都地图出版社有限公司，2021.5

ISBN 978-7-5557-1674-7

Ⅰ. ①卓… Ⅱ. ①杨… Ⅲ. ①人生哲学－青年读物

Ⅳ. ①B821-49

中国版本图书馆 CIP 数据核字（2021）第 032616 号

卓越人生·你应当像鸟飞向你的山

ZHUOYUE RENSHENG · NI YINGDANG XIANG NIAO FEIXIANG NI DE SHAN

编　　著：	杨建峰
责任编辑：	陈　红　赖红英
封面设计：	松　雪
出版发行：	成都地图出版社有限公司
地　　址：	成都市龙泉驿区建设路 2 号
邮政编码：	610100
电　　话：	028-84884648　028-84884826（营销部）
传　　真：	028-84884820
印　　刷：	三河市众誉天成印务有限公司
开　　本：	880mm×1270mm　1/32
总 印 张：	25
总 字 数：	600 千字
版　　次：	2021 年 5 月第 1 版
印　　次：	2021 年 5 月第 1 次印刷
定　　价：	150.00 元（全五册）
书　　号：	ISBN 978-7-5557-1674-7

前　言

2015 年，在河南省实验中学工作近 11 年的心理学老师顾少强写下一封辞职信，理由只有 10 个字："世界那么大，我想去看看。"这句话迅速走红，此后被人反复引用，表达对"另一种生活可能"的向往。

直到今天，大家还在为这句话而感慨。因为他们的身上有太多束缚和枷锁，无法轻易说出这句话，这句话也成为他们对梦想生活的一种向往。

有梦想，更要勇于付诸行动。现代社会中，每一个人都在为生活忙碌和奔波，很多人或许已经忘记了最初的梦想。你是否被人告知过你不适合做某一件事情，当你听到这句话的时候，你是如何抉择的，是放弃还是继续坚持？

有些人放弃了，而有些人则不愿意轻易地放弃自己所追求的梦想。其实，适合与否，只有你努力去争取了才会知道，不要轻易放弃自己的梦想。

"有梦想谁都了不起，有勇气就会有奇迹。"这是北京 2008 年奥运会主题曲《北京欢迎你》里面的一句歌词。每一个人都有一个梦想，那个梦想中有你对未来的期盼，有你对未来的向往。

回首为梦想埋头苦干的过往，一个又一个平凡人的故事里，记录了属于所有追梦人的倔强与坚持、感动与激情。　追逐梦想的过程不易，每个为梦想而坚持努力的人都很了不起！　每个转身化蝶的瞬间都惊艳无比！

　　　　　　　　　　　　　　　　　2021 年 1 月

目 录
CONTENTS

第二章　没有改变不了的未来

第三章　接受挑战，为自己而战

第四章 人，要靠自己活着

第一章

梦想是朝着前方，做最虔诚的仰望

信念和梦想

美国大选中的竞选人大概没有像贝拉克·奥巴马和约翰·麦凯恩差别这么大的。最大的不同是：一位是黑皮肤的非洲裔美国人，另一位是盎格鲁·撒克逊种族的白人。另外，奥巴马的家庭背景很复杂，父亲在非洲有原配妻子，后来又迎娶了白人妻子，母亲与印度尼西亚人结婚又离异，奥巴马有七八个同父异母、同母异父的兄弟姐妹；麦凯恩出生于传统的美国家庭，一父一母，一姐一弟，同宗同源。奥巴马生于普通老百姓家，麦凯恩生于有着两代海军上将的家庭；一个瘦，一个胖；一个年轻，一个年老；一个在哈佛受的教育，一个是海军学院出身的军人，还在越南当过五年半战俘。

两人各出了一本传记，麦凯恩的叫《父辈的信念》，奥巴马的名为《我父亲的梦想》。书名都很有意思，麦凯恩的书名中，"信念"是抽象的、单一的，父辈是复数，代表几代长辈，"父辈的信念"意指几代人不变的坚定信念；奥巴马的书名中，父亲是单数，特指他父亲本人，但父亲的梦想则有许多。

奥巴马生在夏威夷，在印度尼西亚上小学，生活并不容易，但他有一个非常了不起的母亲，"她一直从事她所热爱的事情。她环游世界，在偏远的村庄工作；帮助妇女购买缝纫机和奶牛，还帮助她们接受教育，让她们在世界经济浪潮中取得立足之地。她与各种各样的人交朋友，不管地位高低。她常常在远离祖国的地方面对孤单、疾病和恶劣的环境，还要让自己的孩子健康成长、受到良好的教育"。

长辈们给了幼年的奥巴马好的影响，这其中包括善良的外祖父、外祖母，还有父亲、继父。

"外祖父是这样对别人说的：'这个男孩碰巧是我的外孙，他的母亲来自堪萨斯州，而他的父亲来自肯尼亚内陆，这两个地方可不是只隔着数英里的海洋。'"奥巴马说，"对我的外祖父来说，种族问题不再是什么可担心的问题了。即使某些地方还存在无知和愚昧，可以肯定的是，世界上的其他地方也会逐渐开明起来。"

"与父亲见面的次数不多，遥远而亲近。'老爷子'是姐姐奥玛对我们父亲的称呼，不知何故，这在我听来是恰当的，混杂着熟悉和疏远，有一种人们无法彻底了解的自然的力量。'自信是一个男人成功的秘诀。'他在课堂上谈到非洲大陆和自己的生活时说道，'斗争在大洋彼岸……它是在尊严和被奴役之间的选择，是公平与不公平之间的选择，是勇于承担和冷漠推卸之间的选择，是对与错之间的选择……'"

奥巴马的继父面对自己祖国的种种弊端无能为力，但他对奥巴马说："如果你不能变强，那就变聪明，并且和那些强者和平相处，但是最好是自己变强，永远做强者。"

青年奥巴马第一次来到生养祖辈的肯尼亚内陆，来到魂牵梦绕的土地上，见到那么多兄弟姐妹、亲戚朋友，没有丝毫陌生感。

"每个人都惊喜而愉快地欢迎了我，却没显出什么尴尬，仿佛第一次见到一位亲戚是一件每天都会发生的事。"

"生命中的第一次，我感到了舒适，感到了那个名字能够提供的坚定身份，在其他人的记忆里它带着完整的历史。"

"在肯尼亚没有人会问我的名字怎么拼，或者不熟悉地发错音。我的名字属于这里，我也属于这里。"在祖辈们安眠的地方，奥巴马哭了，眼泪流干后，"我感觉就像被平静冲洗过一样。我感到那个圈终于画圆了。"他是这样说的，"我感觉到的痛苦也是我父亲的痛苦，我的问题也是我兄弟们的问题。是他们的奋斗，也是我与生俱来的权利。"

作为新一代的美国人，奥巴马有了比父亲更大的梦想，也有了梦想成真的机会。他写道："作为儿子，应该告诉父亲，这个新世界诱人的东西远比铁路、室内卫生间、灌溉的沟渠和留声机多得多。"奥巴马也时刻没有忘记父亲的梦想，他在就任美国总统的就职演说中说："这就是我们的自由和我们坚守的信条具有的意义——说明了为什么各种族、各类信仰的男女老少能在这个雄伟的大草坪上欢聚一堂，也说明了为什么今天有人能站在这里进行庄严的宣誓，但他的父亲在不到 60 年前还不能在当地餐馆受到接待。"

奥巴马父亲的梦想之路是这样的：他曾是一个普通的非洲少年，之后漂洋过海到美国接受高等教育，展现在他眼前的是一个完全不同的世界。面对财富的差距、文明的冲突、爱情的滋润，他追求、奋斗，也困惑、彷徨。再次回到肯尼亚的他有了新的更大的梦想，当时他是那么年轻，已经在国外受到了那么好的教育，他曾经身居高位，他曾经春风得意，但部落的矛盾使他的处境变得很糟糕，身心备受煎熬，后来境况又有了起色，但是他从来没有忘掉他曾经的痛苦，梦想终究还是梦想，没有成为美好的现实。

麦凯恩出生于美军在巴拿马的基地，虽然在少年时代随军辗转各地，但总是生活在美国海军的圈子里，用麦凯恩母亲的话说，是"大家都在同一条船上"。麦凯恩写道："我们这种家庭是在迁徙中生存的，我们的根并非扎在某一地点，而是扎在海军当中。"这样的家庭的父亲通常都在海上，无论是和平时期还是战争时期。虽然父亲长期缺席家庭生活，但他仍在生活中占据很重的分量。"你周围的人，你的母亲，你的亲友，整个海军圈子，也都把你引入同样的轨道。你父亲的生活被打上了勇敢和无怨无悔的牺牲的印记""对一个小男孩来说，修饰一个父亲的形象具有一种强大的吸引力，甚至在这男孩早已成长为男人之后"。麦凯恩这样的海军子弟"也许根本不知道世上还有别的生活方式，从很小的时候起，他就明白必须与父亲同赴使命"。

麦凯恩的祖父参加过第一次世界大战，参与指挥过第二次世界大战中的太平洋战争；父亲在"二战"中是潜水艇艇长，后又指挥了越南战争。他的祖父和父亲是美国海军里"第一拨同为四星上将的父与子"。麦凯恩说："他们是我生命中最早的英雄，想要赢得像他们那样的荣誉是我这一生的雄心。"

受这种荣誉的感召，年轻的海军航空兵军官麦凯恩主动请战到越南。在战争中，他的飞机被击中，他跳伞受了重伤后成了战俘，受了许多磨难。由于他的父亲成了太平洋战区总司令，越南国防部部长武元甲还来看过这名特殊的战俘。越南人想以先释放麦凯恩，作为谈判的一个筹码。麦凯恩拒绝了，"因为我们当中有一条不成文的规则，谁先进来谁先出去，如有比自己先关进来的弟兄还没有走，就要拒绝先行被释放的提议"。这与立功沙场一样，也是军人的信念。

任总司令的父亲每天都"向着北面遥望那个关押着他那不见踪影的儿子的地方"。五年多以后，麦凯恩被释放时，父亲已经退役。他的继任者邀请他去菲律宾克拉克空军基地出席欢迎战俘归国仪式，当得知并非所有战俘的父母都受到邀请时，他拒绝了这个邀请。这也是信念的一部分。

麦凯恩的从军经历没有父辈辉煌，祖父和父亲都在战争中赢得荣誉，他是被释放的战俘，但他同样坚守着父辈的信念。许多人从越南回家后，身心都遭受了毁灭性的损伤，但麦凯恩凭着信念开始了新生活，"我总是尽最大努力不让越战记忆阻碍我接下来的生活道路"。

两位如此不同的人，同时站在竞选美国总统的舞台上，而最后当选的是非洲裔美国人，这是美国历史上的第一次，具有划时代的意义。正如麦凯恩在竞选失败并祝贺奥巴马当选的演讲中所说："这是一次具有重大历史意义的选举，我能够深刻理解这次选举对于非洲裔美国人的特殊意义。我一直相信，所有勤奋工作并努力抓住机会的人都能在美国找到机会。奥巴马参议员也相信这一点。"获胜的奥巴马说："对于我没有赢得支持的民众，我或许没有得到你们的投票，但是我听到了你们的声音。我需要你们的帮助。"

第一次站在美国总统讲台上的奥巴马说："我们要为历史做出更好的选择，我们要秉承历史赋予的宝贵权利，秉承那种代代相传的高贵理念：上帝赋予我们每个人以平等和自由，以及每个人尽全力去追求幸福的机会。"

这是信念，也是梦想。

在每个人的生命中，梦想都是一只小船，顺着风向前行。在这个过程中，我们会遇到各种阻碍，这些阻碍会让我们的梦想暂停甚至停止。因此，我们要有坚定的信念，死死地守住梦想。

谁会在乎那一美分

石油大王洛克菲勒是美国 19 世纪的三大富翁之一。他一生至少赚进 10 亿美元，捐出的就有 7.5 亿。他虽然拥有亿万家产，但是平常生活却十分节俭。

有一天，他陪朋友到一家熟识的餐厅去用餐。在那家餐厅附近，他遇到一个年轻的乞丐。那个乞丐拉着小提琴向行人乞讨，洛克菲勒一下子就被那美妙的琴声吸引住了，他走过去聆听了一会儿，而后满意地点点头说："年轻人，你很有音乐天赋，不应该靠乞讨度日。"

乞丐感觉眼前这位老人很面熟，好像经常在一些废弃的报纸上看到。

乞丐惊讶地问："你是……"

洛克菲勒笑着说："洛克菲勒，一个靠搬运油桶谋生的老头。"

顿时，乞丐有种受宠若惊的感觉。

洛克菲勒从衣袋里掏出一张纸币递给那个乞丐，不小心将一枚一美分的硬币带了出来。那枚硬币在地上转了个圈后，滚落在乞丐身后的排水沟里。洛克菲勒走过去，俯身将那枚硬币捡起来，然后仔细擦去上面的污垢。

那个乞丐诧异地问："洛克菲勒先生，如果我像您那么有钱的话，根本不会在乎那一美分的。"

洛克菲勒好像开玩笑地说："也许，这就是你至今仍在乞讨的原因吧。"

就在洛克菲勒转身离开时，那个乞丐疾步追了上去，吞吞吐吐地说："洛克菲勒先生，我想用你给我的这张纸币换那一枚硬币。"

洛克菲勒很高兴地与他交换了，并且还拍了拍那个乞丐的肩膀。

几年后的一天，洛克菲勒应邀参加一个音乐宴会，在宴会结束时，一个年轻的小提琴家急匆匆地赶到洛克菲勒面前，异常激动地说："洛克菲勒先生，您还记得那枚硬币吗？"说着，他从贴胸的口袋里摸出一枚闪亮的硬币。洛克菲勒快乐地大笑起来并说道："迄今为止，这是我知道的一枚最有价值的硬币。"

就像珍惜一枚硬币那样，就算希望再小也不要放弃，因为只要抓住希望，梦想就在前方。

冬天不要砍树

　　一个孩子与父亲一起来到农场。孩子在玩耍时发现几棵无花果树中有一棵已经死了。孩子伸手碰了一下，只听"吧嗒"一声，枝干折断了。

　　孩子对爸爸说："爸爸，那棵树早就死了，把它砍了吧！我们再种一棵。"可爸爸阻止了他并说道："孩子，也许它的确是不行了，但是冬天过去之后它可能还会萌芽抽枝的——它正在养精蓄锐呢！孩子，记住，冬天不要砍树。"

　　果然不出父亲所料，第二年春天，那棵无花果树居然真的重新萌发新芽，和其他树一样在春天里展露出生机。其实这棵树真正死去的只有几根枝杈，到了春天，整棵树枝繁叶茂，绿荫宜人，和其他的树并没什么差别。

　　后来，那个孩子成了一名小学教师。在二十多年的教学生涯中，他不止一次地遇到类似的情形。小时候背起字母来都结结巴巴的皮埃尔，现在竟成了一位小有名气的律师；当年那位最淘气、成绩差得一塌糊涂的巴斯克，后来是大学里的优等生，毕业后自己创办了一家发展不错的公司。最不可思议的是他自己的儿子布朗，幼时患了小儿麻痹症，几乎成了废人。可是他并没有放弃，一直鼓励布朗不要灰心丧气。现在，布朗顺利地完成了大学课程，成了公共图书馆的管理员。要知道，布朗只有左手的三根手指能动弹，就是扶一扶鼻梁上的眼镜也十分困难。

"冬天不要砍树"这句话一直鼓舞着当年那个男孩，他靠着这句话顺利地度过了一个又一个家族和事业上的危机。

他深信：只要不轻易放弃，凡事都有转机。

困难是迷惑人的东西，它会带来失望和绝望，不轻易放弃是可贵的品质，它会把希望变成现实。

黑夜里代替阳光的东西叫信念

　　我们常常会为了一个眼前的人义无反顾，却很难为了一个不可预知的未来和梦想而万死不辞。 好比你今天听了一场励志的演讲，就突然像打了鸡血一样，回家背单词，可是过了两天之后就被打回原形；你看了一篇有关旅游的文章，又心血来潮地上网查酒店和机票，可是几天过去了始终也没有定下来。

　　事实是，你可以为不去旅游找一万个借口，比如签证太难，语言不通，水土不服，没有旅伴，家人不放心，最近手头紧张，体力不支等，但去旅游的理由只有一个：走！

　　如果我们嘴上喊着想要去旅行却一直待在原地，如果我们心中有梦想却把它归为幻想，如果我们想要真诚却被定义成矫情，那我们应该怎么办呢？ 如果我们想要未来的自己不讨厌现在的自己，如果我们想要在黑夜和逆境中依旧可以看到希望、选择勇敢，那我们就必须要找到黑夜里代替阳光的东西，那就是信念。

其实，漂泊异地的人都挺不容易的，因为这样的生活大多不易而又无法诉说，这是一种冷暖自知的生活状态。不管你描述得好不好，都很难让没有相同经历的人感同身受。所以有那么一段时间，你可能格外地厌恶电话、网络和邮件这样的东西，因为那只能不断地提醒你们之间的距离有多远。你渴望的，无非是有人能够跟你面对面地聊天，哪怕只有十分钟也好。偏偏经历的最久的一次恋爱也是异地恋，无疾而终倒也没有太意外，大概已经撑得太久反而麻木了，又或者其实你打心里知道结局就会是这样。没有感情的感情，靠那么一根线维系着，会让你们觉得他像是住在南极，而你是住在北极。即便面对面，每次的交谈却像在心上翻山越岭。

然后眨眼就现在了，这个世界上最神奇的事情，就是有一天你发现你身边的支点都倒下的时候，你也没有倒下。人远比自己想象的要坚强，特别是回头看看的时候，才会发现自己走了很长一段路。生活倒是变得越来越规律起来，上班，下班，做饭，跟几个固定的朋友聊天，看一个半小时的书或者看部电影，有灵感了就赶稿子，然后睡觉。怪癖也越来越多，比如做饭前一定要放首歌，整理强迫症越来越明显。

当然，生活不会这么轻易放过每一个人，它很狡猾，不让你轻易地到达目的地，却也不让你彻底失去希望。苦逼的日子总在继续，比如买了演唱会门票却苦逼地把票和钱包一起弄丢了，看不了演唱会也回不了家；比如有次做饭不小心切到自己的手，整整痛了一个月也强忍着没有去看医生；比如熬夜赶完的书稿又被编辑责令修改成违背自己意愿的样子；比如某天下大雪车子打滑，一头撞在栏杆上；比如经过了漫长的等候，梦想是梦想，你还是你。 后来你发现，每个人都一样，有开心就有难过，有幸运就有倒霉的时候。 你会觉得难过，无非是因为现在的你跟想象中的自己还有距离。 当你失去了耐心的时候，那会失去更多。 焦虑感越发强烈，无力感就越发强烈。

然而更残酷的现实是，它容不得你逃避。 所以，请告诉自己，我们必须勇敢地面对可怕的事情，因为我们不可能逃避它们、忘记它们。 战胜焦虑的唯一办法，只有拼了命地向前跑，拼了命地向着你想要的自己接近。 你没有办法逃避它，你只有面对它。 不那么容易实现的梦想，才有去实现的价值。

你也会渐渐发觉，一个人的承受力是没有极限的。 以前一点小事就会怨天尤人，现在学会了平静地对待它们。 越早能明白有些事是注定无能为力的，就越早能开始自己的生活。 有些人注定会离开你，即便你想拼命抓住他，这都是没办法的。 我们总有一天要独自面对生活，它不好也不坏，只是生活而已。

如果你不敢面对你的内心，你怎么知道你要什么，你在害怕什么，又在等什么。 实现梦想，需要很大的勇气，这种勇气有的时候很难拥有，而一旦拥有，就算生活再艰难，也能够从中看到希望。

为什么我们一再遭受忽视和冷落却不会轻易放弃一个人？ 为什么我们一再遭受打击却不会轻易地放弃一个梦想？因为我们不甘心，因为"相信"是这个世界上最美好的事情，因为有种东西一旦在你心里萌芽，就会变成你对抗世界的勇气。

不管我们如何尽心尽力，都有可能不被欣赏，总有人认为你不够好。 既然如此，别人有什么资格令你放弃梦想？ 自己的梦想，一定要自己去守护它。 即便孤单一人，也能看到希望。

当有人开始把梦想当作矫情，把真诚当作幼稚，把懦弱当作真理时，那只能说他们的内心已经死了。 把别人认为你做不到的事做到最好，这就是最好的反击。 你可以不被理解，甚至可以不被期待，但绝不可以怀疑自己。

我们离开家，我们漂泊追逐，为的也只是有一天能够不再漂泊，能够足够强大到能保护想保护的人。 人长大的标志就是试着去听从内心的声音，而不去在乎外界的声音，所以无论走多远，都不能忘记初衷。

一个人真正的幸福未必是一直待在光明之中，从远处凝望光明，朝它奋力奔去，就在那拼命忘我的时间里，才有人生真正的充实。

只要路是自己选的，就不怕走远，生活总会留点什么给对它抱有信心的人的。

没错，梦想是一条单行道，我们要做的就是勇往直前，而不是左顾右盼，寻找其他途径。 如果是后者的话，那梦想就再也没有任何意义了。

有梦才有远方

雪野茫茫，你知道一棵小草的梦吗？ 寒冷孤寂中，它怀抱一个信念取暖，等到春归大地时，它就会以两片绿叶问候春天，而那两片绿叶，就是曾经在雪地下轻轻的梦呓。

候鸟南飞，征途迢迢。 她的梦呢？ 在远方，在那南方湛蓝的大海。 她很累很累，但依然往前奋飞，因为梦给她的翅膀增添了力量。

窗前托腮凝思的少女，你是想做一朵云的诗，还是做一只蝶的画？

风中奔跑的翩翩少年，你是想做一只鹰，与天比高？ 还是做一条壮阔的长河，为大地抒怀？

1952 年，一个叫查克·贝瑞的美国青年，做了这么一个梦：超越贝多芬！ 他把这个消息告诉柴可夫斯基。 多年以后，他成功了，成为摇滚音乐的奠基人之一。 梦赋予他豪迈的宣言，梦也引领他走向光明的大道。 梦启发了他的初心，他则用成功证明了梦的真实与壮美。 因为有了梦，才有梦想；有了梦想，才有了理想；有了理想，才有为理想而奋斗的人生历程。

没有泪水的人，他的眼睛是干涸的；没有梦的人，他的夜晚是黑暗的。

太阳总在有梦的地方升起，月亮也总在有梦的地方朦胧。 梦是永恒的微笑，使你的心灵永远充满激情，使你的双眼永远澄澈明亮。 世界的万花筒散发着诱人的清香，未来的天空下也传来迷人的歌唱。 我们整装待发，用美梦打扮，从实干开始。 等到我们抵达秋天的果园，轻轻地擦去夏天留在我们脸上的汗水与灰尘时，我们就可以听得见曾经对春天说过的那句话：美梦成真！

梦想是什么？ 梦想就是我们苦心追求，并且把它变为现实的过程。 人只要有了梦想，就会变得有动力，从而开始坚持。

梦想，是一个目标，是让自己活下去的原动力，是让自己开心的原因。

"过气"不泄气，梦想让我飞

　　这是洛杉矶市内的一座豪华别墅，每天，当落日的余晖斜斜地照在那个秋千架上时，人们总会看到一个四十多岁的男人，带着一个四五岁的小女孩，在快乐地荡秋千。更多的时候，是小女孩静静地坐在秋千上，男人在给小女孩表演故事。是的，不仅仅是讲故事，是表演。如果女孩被逗得大笑，男人会在手里的剧本空白处做个记号；如果女孩的表情很平淡，男人就会蹙眉思考一会儿，然后重新表演。男人就是这样一而再，再而三地表演自己的故事，去逗乐小女孩。男人每天乐此不疲，让人不得不佩服他的耐心和坚持。

　　你一定会说，这是一个百分百的好父亲。确实，他是一个百分百的好父亲，但绝不仅仅如此。看一看他脸上招牌式的微笑，你很快就会认出他来。没错，他就是好莱坞影视巨星，被各大电影公司誉为"印钞奶牛"的汤姆·克鲁斯，但这些赞誉已经是以前的事情了。2010

年的奥斯卡红毯上，人们没有看到克鲁斯的身影，就在前一段时间，人们还在报纸上看到他针对安妮·海瑟薇撂下的狠话，说是要拒绝出席有海瑟薇参与的奥斯卡。讽刺的是，主办方不但毫不理会，还邀请海瑟薇做主持人。克鲁斯终于知道自己是如何的"过气"了。

各大电影公司争相抢夺的"印钞奶牛"，一直占据好莱坞票房首位的克鲁斯，已经是明日黄花了。

陷入痛苦的克鲁斯，在一段落寞之后，做出了惊人举动——回归家庭。于是，人们每天都看到他在秋千架下陪着女儿苏瑞。但人们不知道的是，克鲁斯是在通过给女儿表演故事的形式，寻找生活中的幽默点，启发灵感。他想，如果自己设计的情节、动作，能把女儿逗乐，那他表演中的幽默，就完全可以让成年人开怀大笑。还有，孩子的幻想是任何成年人都无法比拟的，他从女儿的幻想里，可以设计出许多特技动作和新颖的情节。

原来，他并没有因"过气"而泄气，只是在试验一种别人不以为然的方法，期望为自己的艺术创作注入新的活力，以低调去突破人生的低潮。他成功了，他在与女儿的交流里，获得了许许多多大胆奇特的启发和创意，他把这些都写进了《碟中谍4》的剧本里。

电影里，有这样的一个情节，克鲁斯在世界第一高楼迪拜的哈利法塔828米高处的外侧，从容地做着表演。一般人，只要靠近窗口都会觉得眩晕恶心，他却笑着跟大家打招呼："嗨，这里真美。"他没有忘记女儿的嘱托，在世界第一高楼的最高处外墙上，写下这样的一句话：

"征服了自己的内心世界，才能征服身外的那个世界。"

是的，克鲁斯征服了自己内心的那个世界。当时，克鲁斯的公司已经陷入财政危机，他不得不自己出资才能完成耗资巨大的《碟中谍4》。这种孤注一掷的行为并不为业内所看好，更多的人为他捏了一把汗，如果票房不佳，他可能会因此破产。但克鲁斯不为所动，执着到拼命的程度。迪拜高楼上，他坚决不用替身，戏里的特技都是由他亲自设计，每一个情节的幽默点都给女儿讲过。他相信自己的判断，相信自己一定会给自己重新充足气，高高飘上好莱坞的上空。

他成功了，他用自己的坚忍不拔，用自己的低调情怀，用自己的童心未泯，赢得了自己的低谷崛起。《碟中谍4》从北美走向全球，票房早已突破了10亿美元。作为2012年第84届奥斯卡的特邀颁奖嘉宾——克鲁斯，在经历了落寞之后，再一次以特有的美国式的微笑闪亮登场，辉耀全球。

不管梦想如何模糊，它总潜伏在我们的心底、脑海中，使得我们的心总是得不到永远的宁静。当我们怀揣梦想时，我们需要做的就是把它变成现实。在这个过程中，我们要做的有很多，比如勤奋、努力、坚持等。只有这样，我们才能抱着梦想飞翔。

从马桶妹到悬疑小说作家

　　她只有初中文化，原是深圳一个洗马桶的打工妹，除了受家乡文化影响会讲鬼故事外，一无所长。然而，就靠讲鬼故事、写鬼故事和当草根网络写手，平凡的她写出了非凡的人生，她的恐怖小说不仅远销意大利、韩国，还被改编成影视剧，入选 2008 年十大悬疑小说，并荣登中国首批网络美女作家排行榜……

　　她就是红娘子，原名姚笛，1981 年出生于湖南省泸溪县浦市镇。那里是盘瓠文化的发祥地，千百年来，流传着数不尽的神鬼妖狐传说。姚笛听着鬼故事长大，渐渐积累了一肚子神鬼故事。1997 年，姚笛考上泸溪一中，由于母亲承包果园亏损了四十多万元，她不得不辍学回家，承担起赚钱还债的重任。

　　1999 年，姚笛前往深圳，应聘到一家酒店做服务员。打扫房间，更换床单，清洗马桶，绞尽脑汁与各种各样的顾客打交道……瘦弱的她常常累到呕吐。

每到晚上，女伴常在宿舍里约会，为避免尴尬，她便常去网吧待着。

2001年冬，姚笛在网上发帖：自己因为穷，长得不漂亮，很难获得爱，所以收藏了很多花，制成干花后去追一个男孩……文章真实地记录了姚笛的心情，朴实感人，被《中国青年》的编辑选中，取名《花的木乃伊》发表了。当姚笛收到五百多元稿费时，欣喜若狂的她顿时想：写一篇文章就是一个月的工钱，我能不能多写呢？她顿时看到了改变命运的希望。

2002年6月，姚笛在天涯网站注册了"红娘子"网名，开始写作。但姚笛从未写过小说，也不知该写什么。困惑的她和网友聊天，网友从QQ上发给她几张恐怖图片。有个女人一会儿笑，一会儿哭，偶尔还伸长舌头装出吊死鬼的模样。这样的画面使姚笛忍俊不禁，笑过之后，她想：自己儿时听得最多的就是鬼故事，既然年轻人总拿鬼逗乐，我何不把湘西的鬼故事写出来呢？

于是，她结合神秘湘西的神奇故事，一周内就写出了一系列神秘湘西流传的关于无常鬼、赶尸、放蛊等的惊悚故事。

文章发出去，虽然吸引了一些读者，但反响寥寥。而姚笛的朋友获悉她在写小说后，惊讶地说："你只有初中文化，又没有文学基础，怎么写小说？"同宿舍的女伴听闻，也在背后议论："一个打工妹敢写小说，也不称称自己几斤几两……"

这些议论并不可怕，姚笛最怕的是没钱上网，每次去网吧都要算算自己身上有多少钱，能在网吧里写多久。当时，在网吧上网，白天每小时收费三元，夜里 12 时到次日 8 时只需十元，为了省钱，每到周末和节假日，她就凌晨去网吧赶夜场。有一天，姚笛因为写得兴起，直到凌晨 1 时才下网，她走在城中村黑黝黝的小道上，遭到两名男子打劫，幸亏遇到巡逻民警才得以脱身。经历了这样的恐怖事件后，她就将自己的遭遇加上丰富的想象，结合湘西的巫鬼文化，构思了《血缎惊瞳》：富家女唐诗诗旅游归来带回一匹美丽的红缎。后来她与表妹、好友分享了这匹红缎，岂料，就在她们兴奋不已时，表妹神秘死去，死前还被人挖去双眼。接下来，发生了一系列不可思议的诡异事件，凡与红缎发生联系的人无一幸免……

《血缎惊瞳》在天涯推出半个月，就被各大网站疯狂转载。红袖文学网立刻与姚笛签订了电子版权合同，开始连载。此时，她的月收入达到了八千多元。

月薪八千元，几乎相当于当时深圳一个高级白领的收入。拿到钱的那天，姚笛激动得连蹦带跳地去买了一台电脑，然后以月租八百元在福田区租下一个面积七十多平方米的房屋，开始了正式的写作。

越来越多的读者催着写，签约网站赶着写，姚笛由原来的日写三千字增加到了日写万字。为了增加素材，她开始阅读整理大量的关于家乡的神鬼传说，她读传记、听广播、向杂志投稿，以锻炼写故事的能力。

由于长期坐在电脑前，姚笛的颈椎出了问题，脖子僵硬，钻心疼痛，并伴随眩晕。没有办法，她只好买来颈椎枕，靠在上面，半躺在沙发上打字。更可怕的是，由于用眼过度，她的眼睛出现干涩、模糊、刺痛等症状。医生警告她说："如果你继续每天十几个小时盯着电脑，你将有失明的危险。"

在艰难的写作中，姚笛迎来了曙光。

《血缎惊瞳》刚刚连载完，十天内就有四家公司找她出书。此后，《血缎惊瞳》更名为《红缎》，由朝华出版社出版发行，并被中央人民广播电台改编成广播剧播出。此书也迅速被推广到意大利和韩国，成为第一本卖到国外的中国恐怖文学作品。

不久，陕西师范大学出版社迅速和她签订了"赤橙黄绿青蓝紫"七色系列恐怖小说合同，而与红袖文学网的合作也使姚笛成为盛大文学公司签约作家。

出版了十九部恐怖小说的姚笛，2010 年华丽转身，一本讲述现代男女婚姻问题的《缠绵至死》面市，读者好评如潮。

现在的姚笛，规划很简单，认真写好电影剧本，认真对待每一份稿约。她说："凡事我都会尽最大努力去做，不去担心后果，因为我相信，天道酬勤，每个坚持梦想的人都会有回报。"

梦想指引着我们走向成功。 不管你是谁，只要你有梦想，总有一天，你会站在闪耀的舞台上，受人尊敬。

淘到黄金的人

在西方淘金热的年代，有一个人也一度对此着迷，他远赴美洲西部淘金，一心想发财。他圈出了一块地，拿起锄、铲便开始埋头工作。

辛苦了几个礼拜后，他终于发现了金光闪闪的矿石。于是他不动声色地回到家，告诉了自己的亲友，他们凑足了钱，买了所需的机器，回到矿区继续工作。地越钻越深，他们的希望也越来越大。

然而，事情突然发生了变化，矿脉一下子就不见了。他们的美梦顿时成空，受到的打击是巨大的。他们继续深挖，强烈地想找回矿脉，但一切努力都是徒劳无功，万般无奈之下，他们只好放弃。

后来，他们将机器以几百美元的价格卖给一位旧货商，心灰意冷地搭上了回家的火车。旧货商请了一位采矿工程师来查看矿区，并进行了一番估算。工程师认为第一批人的采矿计划之所以失败，是由于矿区主人不懂得"断层线"所致。

据他估计，矿脉就在距离第一批人放弃挖掘之处一米远的地方。旧货商等人按工程师所说进行挖掘之后，矿脉的确重现于工程师所指之处。旧货商从该矿区的矿石中赚取了数百万美元。

由此可见，绝望总是搭上盲目的人的肩膀，希望总是给用心的人指一条路。

梦想，永远不嫌晚

平均年龄超过八十一岁的五位老人，一个重听、一个癌症、三个心脏病，骑着摩托车挑战环岛旅行。

这个真实的故事，后来被拍成广告短片，片名为《梦骑士》。

片中有一幕画面是，五位老人站在海边，带着与老友的旧合照，带着妻子的遗照，在短短几分钟内，他们扔掉药丸、扔掉医生诊断书、扔掉拐杖，站起来，骑着摩托车穿越黑夜白昼。

看上去，他们似乎找到了自己的"梦"。

一对老夫妻，年龄加起来超过一百岁，当别人都在家照顾孙子孙女的时候，他们却毅然背起行囊上路，开始世界旅行。 他们睡沙发、睡机场，把所有的家当都扛在身上，他们不懂外语，完全靠简单的英文字句和手脚并用地比画进行交流。

五十年前，一位胆小的女孩没有赴私奔的约定。 她把这份遗憾与纠结写成了一封信，压在石头缝里。 五十年后，一位年轻的女孩发现了这封信，并且回复了她。 接着，满头银发的老人千里飞来开始寻找当年的恋人。 在那个葡萄园农庄，他们终于见面了，而且还结为夫妻相伴终老。

在我们还年轻的时候，总有太多借口可以找，总有太多包袱要背负，总有太多路可以选择。 可到了最后，路越走越窄，好像往前再走一步就是死胡同。

有的时候，你是不是也会想：到几十年以后，我会变成什么样子，身边的人会是什么样子？ 不管未来变成什么样子，我们都应该明白：当你身边的人想要活出光与热的时候，请不要拦阻他们，因为我们都会老去，有梦就去追。

其实，要知道，在这个世界上，我们有梦想永远不会迟。

不可能只在想象之中

1862 年 9 月，林肯颁布了《解放黑人奴隶宣言》。事后，有位名叫马维尔的记者采访了林肯总统。

马维尔问："您并不是第一个提出废除黑奴制的美国总统，上两届总统也都思考过这件事，而且他们在任期间，《解放黑人奴隶宣言》已经草拟出来，可是他们都没能够拿起笔去签署它。请问总统先生，前两届总统是不是为了将这一伟大历史成就留下来，让您来成就英名呢？"

林肯淡定地回答："或许吧！不过，我想，如果他们知道签署这个宣言所需要的仅仅是一点勇气，他们一定会懊丧极了！"

就在马维尔思考，准备继续采访的时候，林肯的马车已经走了。说实在的，马维尔甚至没弄清楚林肯的这句话是什么意思。对于负责任的马维尔来说，如果没有机会再次采访林肯总统，这只能成为永远的遗憾了！

直到林肯总统去世近五十年，马维尔才在林肯致朋友的一封信里找到了答案。在信里，林肯讲了自己幼年时的一段经历：

"我的父亲在西雅图有一处农场。因为农场里面有许多石头，所以父亲以较低的价格买下了农场。一天，母亲觉得石头非常碍事，便提议把这些石头搬走，但是父亲却反对说，不要白费力气了！那些可不仅仅是石头，它们是一个一个的小山头，根部都连着大山呢！想想看，如果能搬走的话，主人为什么用这么低的价格把农场卖给我们。就这样，石头的事就这么被搁下了。

"有一天，父亲去城里买东西，母亲又一次地提议将石头搬走。于是，她带领着孩子们开始挖石头，结果真令人惊奇！那些石头居然轻易地就被挖了出来，并被搬走了。没用多长的时间，农场就被弄得很平坦。其实，那些石头并不是父亲以为的山头，而是一块块孤零零的石头。只要往下挖，就能够弄出来。"

这件事在林肯的心里留下了十分深刻的印象。他还告诉朋友：很多事人们不去做，并不是这些事不能完成，而是人们认为它不可能完成。

从林肯的这封信中，可以看出：如果你认为自己的愿望永远不可能实现，那它就会是你永远不可逾越的障碍。如果你相信愿望终会变成现实，那一切将会迎刃而解。

画在木板上的草莓

海伦是一个可爱的小姑娘，可是她有一个坏习惯，那就是她每做一件事情，都要花费大量的时间来抉择与准备，而不是马上行动，所以她总是后悔。

一天，邻居告诉她，史密斯家的牧场里有很好的草莓可以自由采摘，他愿意以每千克 15 美分的价格收购。海伦听到这个消息后，高兴坏了，谢过邻居，马上回家准备。

到了家里，她不是立刻找出篮子准备出门，而是在家里埋头计算采 5 千克草莓可以挣多少钱。她拿出一支笔和一块小木板，认真计算起来，结果是 75 美分。

"要是能采 10 千克呢？"她满怀希望地想着，"那我又能挣多少呢？"

"上帝呀！"她得出答案，"我能得到 1 美元 50 美分呢。我可以买回那条我向往已久的项链了，它就挂在镇上贝迪的服饰店里。"

海伦接着算下去，"要是我采了 50、100、200 千克……"她将一早上的时间都浪费在计算这些毫无意义的数字上，转眼已经到了吃午饭的时间，她只得下午再去采草莓了。

海伦吃过午饭后，急急忙忙地拿起篮子向牧场赶去，到那里时，发现大家早就把好的草莓都摘光了，只剩下一些还没有成熟的草莓。可怜的小海伦最终只采到了 1 千克小草莓，自然一切愿望都泡汤了。

如果你有一个梦想，或者决定做一件事，就应该立刻行动起来。要知道，一百次心动不如一次行动，一个实干者胜过一百个空想家。

梦想从不卑微

尼克的父亲早逝，他和哥哥以及母亲相依为命。哥哥每天都帮母亲干活，减轻母亲的负担，而尼克就知道整天东奔西跑。

有一天，哥哥见尼克又要跑出去玩，便将他堵在了门口，哥哥希望他留在家里做点什么。尼克告诉哥哥，他并不是无所事事，而是有自己的事。哥哥问他有什么事，尼克说要用玻璃瓶建造一座城堡。

哥哥听了大吃一惊，问尼克："你知道建造一座城堡需要多少个瓶子吗？"尼克说需要两万个。哥哥告诉尼克，两万可不是个小数字。

尼克听了说："我能捡到两万个瓶子。一天一天地捡，一年一年地捡，两年、三年或者五年，我就能捡到这么多瓶子。"

哥哥说："你去捡吧！"哥哥不相信尼克，认为尼克也许能坚持十天半个月，但绝对坚持不到捡到两万个瓶子。

就算尼克真的捡到了两万个瓶子，他也不可能用它们建造一座城堡。

哥哥觉得尼克是个傻瓜，正在干一件愚蠢的事情。哥哥想以后就让尼克去捡他的瓶子吧，他多帮帮母亲就是了。到时候尼克建不出城堡，看他怎么收场。

上学放学的路上，尼克一路找瓶子；逛街的时候，尼克满街找瓶子；只要有空，尼克就溜出家门，四处找瓶子。大大小小、五颜六色的瓶子尼克都捡回来。尽管尼克很努力很勤奋，可是每天却只能捡到几十个瓶子，尼克把它们堆放在屋后。

人们看到尼克每天四处翻捡瓶子，便问他要干什么，尼克说要建造一座城堡。人们听了大笑起来，都劝尼克放弃，说他不可能捡到两万个瓶子，不可能建造一座城堡。

对于人们的两个"不可能"，尼克不以为然。

有人将尼克捡瓶子建造城堡的事告诉了他的母亲，母亲听了很生气。尼克一回家，母亲就教训他道："你是不是在捡玻璃瓶子？"

尼克回答："是。"

母亲说："你想用玻璃瓶建造一座城堡？我告诉你，这是不可能的事。在此之前，没有人这么做过。你知道不知道，玻璃瓶一不小心就会碎，会划伤你的手。你不能像你哥哥那样帮我做点什么就算了，但不能给我添麻烦！"

尼克没有把母亲的话放在心上，他才不怕瓶子划伤手，他继续捡他的瓶子。他想，现在所有的人包括母亲都不相信他能建造一座城堡。那么，他就更不能放弃，一定要用瓶子建造一座城堡给大家看看，让大家知道，所谓的不可能其实是可以实现的。

　　两年半之后，尼克终于捡足了两万个瓶子。面对一座山一样的瓶子，尼克露出了笑容，他告诉哥哥他下一步就要开始建造城堡了。哥哥听了付之一笑，想尼克能坚持捡足两万个瓶子，可是不可能用它们建造出一座城堡，因为用瓶子建造城堡闻所未闻，况且瓶子是光滑的，一放上去就会掉下来摔碎。要用它们建造出一座城堡，简直就是天方夜谭。

　　正如哥哥所想的那样，开始的时候尼克将瓶子一放上去，就会立即滑下来摔个粉碎。哥哥担心尼克受伤，便让他放弃。可是尼克哪里肯放弃，继续用瓶子建造城堡，他想瓶子摔碎了可以再捡，城堡垮塌了可以再建。

　　瓶子不断地摔碎，城堡不断地垮塌，可是尼克的信心没有摔碎，梦想没有垮塌。经过半年的努力，尼克终于用两万个瓶子建造出了一座坚固的城堡，不怕风吹，不怕雨打。

　　月光下、阳光下，城堡熠熠生辉，吸引了远近不少的人来参观。尼克的城堡随之广为人知，尼克也一举成名。这时，尼克的母亲在家门口摆摊卖起了各种小吃，生意十分火爆。收入增加了，尼克一家的生活状况随之改变。

　　十几年后，尼克成为了一名著名的设计师。由他设计的建筑，每一座都让人为之惊叹。有人问他为何能设计出与众不同的建筑，他提到了小时候建造城堡的事，他告诉大家：只要敢想敢做，就没有做不成的事，因为梦想从不卑微。

从尼克的故事中，我们看到了他的坚持，也明白了做任何事之前，要先设立一个目标，明确未来的方向，然后再朝着这个方向努力，不断去超越自己，提高自己的水平，不让自己有懈怠的时候。 只有这样，梦想才会变成现实。

坚持理想不放弃

　　一天，小女孩去树林里采蘑菇，不小心迷路了。她吓得哭了起来。巨大的松树轻声对她说："朝着教堂的尖顶走，眼睛盯着它，你就会回到家。"

　　于是，小女孩不哭了，提起采摘的蘑菇，开始往回走。她盯着教堂的尖顶，想早点回家。

　　不一会儿，她碰到了狐狸。狐狸许诺可以带她去采花。小女孩知道妈妈非常喜欢野紫罗兰，她忘记了害怕，就跟在狐狸后面采花去了。突然，太阳被云朵遮住了，天一下子变黑了，小女孩已经看不到教堂尖顶了。

　　小女孩再一次害怕地撒腿跑起来，却没有意识到她自己在原地转圈。小女孩发现她又一次来到了那些巨大的松树中间。她往上看去，看到了那个教堂尖顶。她想起了老松树的话："如果你面对的是正确的方向，你所要做的就是一直往前走。"

　　于是她死死盯住尖顶，不看别处，终于平安地回到了家。

"如果你面对的是正确的方向，你所要做的就是一直往前走。"这句话如此有哲理。每个人都应该有自己的理想，也许这个理想并不是很高远。只要你真心渴望实现它，那么就别放弃，努力去做，一定能够实现。

当历经磨难，梦想实现时，你就会发现，先前所做的一切都是值得的。

列出一张生命的清单

有两位病人都是鼻子不舒服。在等待化验结果期间，甲说，如果是癌症，就立即去旅行。乙也如此表示。结果甲得的是鼻癌，乙长的是鼻息肉。

甲列了一张计划表后离开了医院，乙住了下来。

甲的计划是：去一趟拉萨和敦煌；从攀枝花坐船一直到长江口；到海南的三亚以椰子树为背景拍一张照片；在哈尔滨过冬天；从大连坐船到广西的北海；登上长城；力争听一次原版《二泉映月》；写一本书……共27条。

当年，甲就去了拉萨和敦煌。次年，他又以惊人的毅力和韧性通过了成人考试。这期间，他登上过长城，去了内蒙古大草原，还在一户牧民家里住了一个星期。现在这位朋友正在实现写一本书的愿望。

一年后，乙在报纸上看到甲写的一篇散文，便与甲联系。甲说："我真的无法想象，我能做这些事。是这场病提醒了我，去做自己想做的事，去实现自己想实现的梦想。现在我才体味到什么是真正的生命和人生。"

在这个世界上，其实每个人都必须面对不可抗拒的死亡。 我们都应该列出一张生命的清单，抛开一切多余的东西，去实现梦想，去做自己想做的事。

终于圆了足球梦

在里约热内卢的一个贫民区里，曾经有一个很喜欢足球的男孩。但是，由于家境清寒，这个男孩只能从垃圾箱中捡来椰子壳、汽水罐等，用以学习踢足球的技巧。

有一天，男孩来到一个已经干涸的水塘中玩耍，他的脚下正踢着一个猪尿泡。这时，恰巧有个足球教练经过，他发现男孩踢猪尿泡的脚力很强，便好奇地问男孩为什么要踢这个猪尿泡。男孩瞪大了眼说："我在踢足球，不是踢猪尿泡！"

教练听完，笑了笑说："猪尿泡不适合你，我送你一个足球吧！"

男孩开心地拿到了足球，每天更卖力地练习，渐渐地，已经能够精准地把球踢进十米外的水桶中。

到了圣诞节的那天，男孩对妈妈说："妈妈，我们没有钱买圣诞礼物给那位送我足球的好心人。不如这样，今天晚上祈祷的时候，我们一起为他祷告吧！"

与妈妈祷告完毕后，男孩向妈妈要了一把铲子，便跑了出去。

男孩来到教练所住别墅的花圃中，用力挖出一个洞，就在他快要完成时，教练走了过来，问他在做什么。

男孩抬起红彤彤的脸，甩了甩脸上的汗珠，开心地说："教练，圣诞节我没有礼物送给您，只好帮您挖一个放圣诞树的坑。"

教练哈哈大笑地看着男孩，说："孩子，这是我今天收到的世界上最好的礼物，你明天到我的训练场来吧！"

三年后，这位十七岁的男孩在第 6 届世界杯足球赛上，一人独进 21 个球，为巴西捧回了第一座金杯。

他，就是球王贝利。

梦想没有卑微和高贵的区别，只要自己心中抱定一个值得坚持的信念，最终就会如球王贝利一样获得属于自己的那一份荣耀。 从这个故事中，我们可以看出：没有梦想的人注定只会浑浑噩噩地生活，没有目标，一切都显得很糟糕。

石头下面有黄金

有一个非常聪明的国王，他懂得如何教导自己的臣民养成好习惯，他非常注重培养人民的勤勉与细心。

他经常说这样一句话："如果人民只抱怨或者期待他人帮自己解决问题，那么好事就不会降临这个国家，上帝只赐福给那些将命运掌握在自己手里的人。"

一天晚上，趁其他人都睡了，他把一块大石头放在通往皇宫的路上，然后躲在一边观察会发生什么事情。

首先，迎面而来的是一个农夫，马车上载满了谷物。

"是谁这么粗心大意？"他边说边把马车转向，绕过石头，"为什么这些懒人不把石头移走？"尽管他在不断地抱怨其他人的懒惰，但他也没碰那块石头。

过了一会儿，一位年轻的战士唱着歌走过来。他心中还在想着自己在战场上的英勇表现，并未看到石头，直到石头差点将他绊倒。他生气地举起剑，咆哮着责骂过路人的懒惰，抱怨竟然没有人把它搬走，但他也跨过石头走远了。

时间一天天地过去了，许多人打此经过，但依然没有人设法移动这块石头。

直到一天晚上，一个贫穷的青年正好从这里经过。他已经干了整整一天的活，非常疲惫，但是他看到了这块石头，自言自语："这么黑的天，如果有人经过这里会被石头绊倒的，我要把它挪开。"

青年开始搬石头，石头很大，他又非常劳累，移动起来很艰难，但是他最终还是将它移到了路边。让他惊讶的是，石头被移开之后，下面竟然有一个盒子。盒子上面写着一句话："送给挪开石头的人。"他打开盖子，里面装满了金子！

当农夫与战士以及其他人听到消息后，马上聚集到曾经放石头的地方，在附近仔细寻找，希望也能发现一块黄金，但他们失望了。

国王对他们说："我们经常会遇到障碍与重担，如果选择绕过，可能会因此失去成功的机会，逃避的代价往往是失望。"

通过这个故事，我们明白了一个深刻的道理：希望从来都是留给好心的人。

第二章

没有改变不了的未来

自信赢得信赖

　　动物之间正在开展一场激烈的等级之争。狮子说："要平息这场纷争，还是请人类来裁决吧，人类不介入我们的争论，因此是不会偏心的。"

　　"可是人类能理解我们吗？"鼹鼠发话了。

　　"那就得看人类能否发现我们身上隐藏得很深而又不引人注意的美德。"

　　"提醒得好，真聪明！"土拨鼠赶紧附和着。

　　"说得对，"刺猬也喊了起来，"我不相信人类会有那么敏锐的洞察力。"

　　"大家安静！"狮子命令道，"我们早就发现，最不相信自己美德的人，也最爱怀疑他的仲裁者的判断力。"

　　于是人类当了裁判。"我还有一句话，"威严的狮子向人类喊道，"人类，在你宣布评比结果以前，请问你是按什么标准来估算我们的价值的呢？"

　　"按什么标准吗？那当然是按照你们对我有多大用处

来决定的。"人类回答道。

"妙极了！"感到受辱的狮子说。"这样我不知要比驴低多少等呢！你当不了我们的裁判，狮子和我们真是不谋而合呀。"土拨鼠和刺猬也附和着。

"但是我的理由比你们的要充足得多！"狮子边说边向他们投去轻蔑的一瞥。

狮子接着说："我考虑了很久，我们这场对地位等级的纷争实在无聊，它无疑是一场闹剧！随便你们把我说成是最高贵的也好，最卑贱的也罢，我都不在乎。我认识我自己，这就足够了！"说罢走出了会场。

继狮子之后，聪明的大象，勇敢的老虎，庄重的熊，机警的狐狸，高贵的马……总之，凡是知道自己价值的动物都走了。

因会议被破坏而显得快快不乐的猴子和驴是最后一批离开会场的。

能够相信自己的人，在和别人交往时，就能充满自信，并富有宽容心，自然也能从别人那里赢得信赖。

高贵或卑贱，不能由他人判定；自信的人，自立自强。

乌龟的马甲

有一只乌龟在沙滩上晒太阳，几只螃蟹爬了过来。它们看到乌龟背上的甲壳嘲笑道："瞧瞧，那是一只什么怪物啊，身上背着厚厚的壳不说，壳上还有乱七八糟的花纹，真是难看死了。"

乌龟听后，觉得很羞愧，因为它自己早就痛恨这身盔甲了，可这是娘胎里带出来的，它没法改变，只能把头缩进壳里，来个眼不见、耳不听，还能落得清静。

谁知螃蟹们见乌龟不反抗，便得寸进尺："哟，还有羞耻心呢，以为把头缩进去，就能改变你一出生就穿破马甲的命运吗？"

乌龟没有应答，螃蟹自讨没趣，于是走了。乌龟等螃蟹们走后，伸出头，迈动四肢，找到一处礁石，把它的背部靠在礁石上不停地磨，想磨掉那件给它带来耻辱的破马甲。

终于，乌龟把背磨平了，马甲不见了，但弄得全身鲜血淋漓，疼痛不堪。

　　这天，东海龙王召集文武百官开会，宣布给乌龟家族封爵，并令它们全体上朝叩谢圣恩。在乌龟家族里，龙王一眼就瞧见了那只已没有马甲的乌龟，便大怒道："你是何方妖怪，胆敢冒充乌龟家族成员来受封？"

　　"大王，我是乌龟呀！"

　　"放肆，你还想骗我，马甲是你们龟类的标志，如今你连标志都没有了，已失去了本色，还有什么资格说是乌龟。"说完，龙王大手一挥，虾兵蟹将们就将这只丢掉本色的乌龟赶出了龙宫。

　　那只可怜的乌龟并不知晓自己的特点，最后将自己弄得面目全非，以致被赶出乌龟家族。其实，万事万物都有自己的属性，不同的人有不同的特质。要相信"天生我材必有用"。

调整心态，获得真正的自信

有一次，兔子跑到仙鹤面前问："亲爱的仙鹤，你是治牙病的专家，请你给我安一副牙吧！"

"可是你的牙好好的呀！"

"好倒是好，就是太小了。你给我安像狮子那样的尖牙！"

"你要狮子牙干什么？"

"我要和狐狸较量较量，我不愿意总是一见到它就得逃跑，让它一见了我就逃才好呢！"

仙鹤笑了笑，给兔子安上了两颗假牙——两颗像狮子那样的尖牙，简直像真的一样，看起来好吓人！

"啊，好极了！"兔子照照镜子，高兴地叫道，"我现在就去找狐狸！"

兔子在树林里跑来跑去，四处寻找狐狸。这时，狐狸从树丛后面出来了，朝兔子迎面走来。兔子一看见狐狸，立刻撒腿就跑。它跑到仙鹤跟前，吓得直哆嗦。

"仙……仙……仙鹤，亲爱的，给我把牙换了吧！"

"这牙怎么不好了？"

"不是不好，是太小了，还是对付不了狐狸，你有没有更大的牙？"

"有也没用，"仙鹤说，"小兔子，应该给你换换心才好，必须给你换上狮子心才行……"

只有良好的心态，才会带来真正的自信和智慧。只有当我们懂得真正的自信是学会接纳自己，肯定自己时，我们才能真正走出自卑的阴影，让自己的内心变得强大起来。

化难为易——汤姆·邓普西的一脚

汤姆·邓普西出生时，右脚没有脚趾，右手也畸形。你能相信这样一个孩子长大后能够成为杰出的橄榄球运动员吗？他的父母从小就培养他的意志和能力，结果别的孩子能够做到的事，他也同样能够做到。这增强了他的信心，他从来没有因为自己的残疾而感到悲哀。

汤姆·邓普西小时候就选择了橄榄球。他相信自己，虽然他的右脚和右手有问题，但配合他的左手和左脚，他一定能够踢好橄榄球。在踢球时，他比其他的孩子都踢得远。这让他看到了自己的能力，增强了他的自信心。

长大后，他通过了橄榄球队测试，当上了一名冲锋队员。这时候，有位教练想说服他去试试别的行业，因为教练认为他虽然通过了入队测试，但没有发展的潜力，不具备成为一名优秀职业橄榄球运动员的条件。没有办法，他只好离开了这支球队。

但汤姆·邓普西对橄榄球的信心与热情丝毫不减，

他又请求加入新奥尔良圣徒球队。面对他的无比自信，心存犹豫的教练接受了他。在这支球队里，他创造了很好的成绩，在一次友谊赛上踢出了 55 码（1 码 ≈ 0.914 米）的好成绩，并在那个赛季为他的球队踢得了 99 分。

考验的时刻到了。在一场有 6.6 万名球迷观看的比赛的最后几秒钟里，他的球队距离得分线有 55 码远，所以他必须要踢 63 码远，才能在最后几秒里取得胜利。当时正式比赛的纪录是由巴第摩尔雄马队毕特·瑞奇查创下的 55 码。在最后的关头，他把全身力量都集中在脚上，把球笔直地踢了出去。裁判示意他的球队得了 3 分，全场的球迷都为他欢呼。最终一脚定天下，他的球队以 9 比 7 险胜对方。

无论哪个时代，人的能量之所以能够带来奇迹，主要源于一股活力，而活力的核心元素乃是意志和信心。无论何处，活力皆是所谓"人格力量"的原动力，也是让一切伟大行动得以持续的力量。身体的残疾并不可怕，可怕的是心理的残疾。

龅牙歌手

卡丝·黛莉颇有音乐天赋，然而她却长了一口龅牙。

第一次上台演出的时候，为了掩饰自己的缺陷，她一直想方设法把上唇向下撇着，好盖住突出的门牙，结果她的表情看起来十分好笑。

下台后，她知道自己的演出很失败，认为自己无法改变自身的缺陷，沮丧得想就此退出。

这时，一位好心的观众对她说："我看了你的表演，你的歌喉很动听，但你却完全放不开，我知道你在掩饰什么。其实这又有什么呢？龅牙并不可怕，尽管张开你的嘴好了，只要你自己不引以为耻，投入地表演，观众就会喜欢你。"

卡丝·黛莉接受了这个人的建议，不再去想那口牙齿。从那以后，她关心的只有听众，像一切都没有发生那样张大了嘴巴尽情歌唱，最后成为了一名非常优秀的歌手。

一口龅牙并没有给她带来任何不良影响，相反还成了她形象的一大特色。人们接受甚至喜欢上了她的龅牙，就像喜欢她的歌声一样。从某种意义上说，外露的牙齿和她的歌声一起，才构成了一个完整的卡丝·黛莉。

世界上没有一个十全十美的人，所以要勇于面对自己的缺陷。越是遮掩自己的缺陷，缺陷就越明显。与其这样，不如大胆地露出自己的缺陷，或许这种缺陷也会成为自己的特色。

佛罗伦斯·查德威克的故事

　　1950 年，著名的佛罗伦斯·查德威克成为第一位成功从两个方向游过英吉利海峡的女性。两年后，她从卡达琳纳岛出发游向加利福尼亚海岸，希望能留下又一项前无古人的纪录。

　　那天，海面浓雾弥漫，海水冰冷刺骨。经过了漫长的十六个小时的游泳之后，她的嘴唇已冻得发紫，全身筋疲力尽而且还不时地战栗。她抬头眺望远方，只见眼前雾霭茫茫，仿佛与陆地的距离还很远。"现在还看不到海岸，这次很难游完全程了。"她这样想着，身体立刻就瘫软下来，甚至连再划一下水的力气都没有了。

　　"拖我上去吧！"她对陪伴着她的小艇上的人说。

　　"咬咬牙，再坚持一下。还有一英里（1 英里≈1.609 千米）就到了。"艇上的人鼓励她。

　　"别骗我！如果只剩一英里，在这个地方，我应该可以看到海岸。把我拖上去，快，把我拖上去！"

于是，小艇上的人把冻得发抖的佛罗伦斯·查德威克拖了上来。小艇开足马力向前驶去，她裹紧毛毯喝了一碗热汤后，在浓雾中隐隐看到了褐色的海岸线，甚至都能隐隐约约地看到海滩上欢呼着等待她的人群。她到这时候才明白，艇上的人并没有骗她，她距成功确确实实只有一英里。她仰天长叹，懊悔自己没能咬咬牙再坚持一下。

　　其实，当你为了梦想已经坚持很久，想要放弃时，也许你只要再咬牙坚持一下，就能成功了。

砍掉那双"完美的手"

他曾经是人们眼中的怪人。

读高中时，因为优秀，有个保送名牌大学的机会摆在他面前，他不要。

高考时，他考了非常高的分数，却执意选择了又苦又累的地质专业。

毕业时，在学校里称得上风云人物的他，同时被几家好单位看中，可他却要求去做一个地质人，做一个浪迹天涯的地质队员。

很多人不理解他的选择，他总是笑笑，不置一词。

终于有一天，别人再次问他当初为什么作这些选择的时候，他说："法国著名雕塑家罗丹，精心雕塑了一座文学家巴尔扎克的雕像：巴尔扎克目光炯炯，身披宽袖长袍，一双手非常自然地叠合在胸前。罗丹唤来了自己的三个学生来欣赏他的得意之作。

"不料，三个学生不约而同地被雕像那双栩栩如生的手吸引住了，连声赞叹：'好极了，这真是一双奇妙的手啊！'罗丹从学生的表情中感到，这双手虽然塑得绝妙，可是作为整体的一部分，太突出了，喧宾夺主了。因此，他找来一把大斧，把那双完美的手砍掉了。几个学生被罗丹的举动吓得目瞪口呆。

"其实，在生活中，这种'完美的手'随处可见，它时时处处地诱惑着人们忘记了最初的追求，常常因此走上了一条与理想背道而驰的路。

"只有果断地砍掉那双'完美的手'，砍掉那些局部的暂时的诱惑，耐住寂寞，潜心做自己想做的事，才能雕塑出生命整体的完美。"

说这些话时，他已经取得了三个部级、三个局级科技进步奖，编写了两部有关三维地震勘探的专集，在许多专业报刊上发表了上百篇论文，承担着非常重要的国家科研项目。他还用自己细腻的心去感受大自然的美丽，写出了许多充满豪情、激情、深情、智慧的诗篇，成了一个地质诗人，一个知道如何去追寻生命的意义的诗人。

真正自信的人，不会因为一时的失利而悔恨，不会因一时的成功而兴奋。在自信的人的眼里，一切都不是难题，只要够努力，一切阻碍都能克服。

茶壶和茶杯的位置

　　一个深感失望的年轻人千里迢迢来到一座寺院，对住持说："我一心一意要学丹青，但至今也没有找到一个能令我满意的老师。"

　　住持笑笑，问："你走南闯北十几年，真没有找到一个令自己满意的老师吗？"

　　年轻人深深叹了口气说："许多人都是徒有虚名啊，我见过他们的画，有的画技甚至不如我呢！"

　　住持听了，淡淡一笑说："老僧虽然不懂丹青，但也颇爱收集一些名家精品。既然施主的画技不比那些名家逊色，就烦请施主为老僧留下一幅墨宝吧。"说后，便吩咐一个小和尚拿来笔墨纸砚。

　　住持说："老僧最大的爱好就是爱品茗，尤其喜爱那些造型典雅古朴的茶具。施主可否为我画一个茶杯和一个茶壶？"

　　年轻人听了，说："这还不容易！"于是调了一砚浓墨，铺开宣纸，寥寥数笔，就画出一个倾斜的水壶和一个造型典雅的茶杯。那水壶的壶嘴正徐徐流出一道茶水来，注入那茶杯中。

年轻人问住持："这幅画您满意吗？"

住持微微一笑，摇了摇头，说："你画得确实不错，但是把茶壶和茶杯放错位置了，应该是茶杯在上，茶壶在下呀。"

年轻人听了，笑道："大师为何如此糊涂，哪有茶杯往茶壶里注水的？"

住持听了，又微微一笑说："原来你懂得这个道理啊！你渴望自己的杯子里能注入那些丹青高手的香茗，但你总把自己的杯子放得比那些茶壶还要高，香茗怎么能注入你的杯子里呢？只有把自己放低些，才能吸纳别人的智慧和经验。"

把自己放低不是卑微，狂傲往往不是自信，吸纳别人的智慧和经验，才能增长自己的才干。

让人害怕的小盖尔曼

盖尔曼是美国著名的物理学家，在 1969 年获得了诺贝尔物理学奖。

盖尔曼从小做事非常认真，一丝不苟，很少犯错误。当别人做错事情的时候，他也会马上指出来，毫不顾及对方的面子。

一次，叔叔依斯雷尔来他家做客。依斯雷尔常常在各地旅行，孩子们都很喜欢围着他，听他讲各种各样新奇的事情。

依斯雷尔看着不断提问题的小盖尔曼，觉得这个孩子既聪明又好学，十分喜欢。知道小盖尔曼喜欢搜集古代钱币，依斯雷尔掏出几枚钱币说："这是提比略皇帝时候的硬币，我无意中得来的，现在送给你了。"

依斯雷尔笑眯眯地望着小盖尔曼，以为自己的慷慨会得到感谢。

可是，小盖尔曼看了一会儿硬币，抬起头说："叔叔，你说错了，不是提比略皇帝。"

当着大家的面被小孩子指责，依斯雷尔下不来台，讪讪地说："小孩子懂什么。"

"是真的，叔叔，你看这里。"小盖尔曼认真地把硬币举到依斯雷尔眼前。

依斯雷尔一看，果然是自己说错了，不是提比略皇帝，而是另外一个皇帝。他不好意思地笑了，说："的确是我错了，真是认真的孩子啊。"

在学校，盖尔曼挑别人的错也是出了名的，不管什么时候，只要他发现有不对的地方就会指出来。被指出错误的同学非常不服气，可是往往一翻书查证，都会证明小盖尔曼是对的。于是，大家在他面前都小心翼翼，生怕说错了什么。

除了同学，盖尔曼发现老师讲课有错误时，也会当面指出来。于是，上课的老师也非常小心，一边讲课，一边留心小盖尔曼的手是不是举起来了。

慢慢地，大家都很佩服盖尔曼的博学和他认真的态度，都叫他"活大不列颠百科全书"。

让你害怕的，不是指出你的错误的人，而是你那可怕的无知。

行不在服

墨子是战国时期的一位伟大的政治家和思想家。有一天，墨子的弟子报告墨子说："先生，外面有一个穿着儒生服装的人请求与先生相见。"

墨子说："请他进来吧！"

一会儿，那个人跟随墨子的弟子进来。他复姓公孟，信奉儒家学说，是孔子弟子的弟子，人们尊称他为公孟子。

只见他头戴青布冠，穿一身儒生的服装，腰带上还插着笏板（笏板，是古代朝会的时候所用的手板，有事记在上面，防备遗忘）。

他扬扬自得地问墨子说："请问先生，作为君子是穿上某种服装之后才有所作为呢，还是有所作为以后才穿上某种服装呢？"

墨子回答说："人有没有作为，不在于他穿什么样的服装，关键在于他的行为如何。"

公孟子进一步追问："凭什么得知这样的道理呢？"

墨子解释说："从前，齐桓公头上戴着高冠，腰间系着宽大腰带，身佩金剑，手持木盾，他治理齐国，把齐国治理得很好；晋文公身穿粗布衣服，外套老羊皮袄，用熟牛皮系挂着长剑，他治理晋国，把晋国治理得很好；楚庄王头上戴的法冠还系着丝带，身上的衣袍十分肥大，他治理楚国，也把楚国治理得很好；越王勾践剪短头发，身刺花纹，他治理越国，也把越国治理得很好。这四位君王，他们的穿着不同，但是都很有作为，建立的功业同样显赫。我凭这些得知有作为的人不在于他们穿什么样的服装。"

公孟子说："讲得好！我听说：'赞赏好的主张而不尽快实行，是不吉祥的。'我愿意脱去儒生的服装，更换掉儒生的青布冠，再来拜见先生，可以吗？"

墨子说："不必了，请你就穿这身衣服与我相见吧。如果一定要丢弃笏板，更换青布冠，然后再与我相见，那么不就等于说一个人有没有作为果然取决于他的穿着打扮了吗？"

一句话把公孟子也说笑了。

一个人的作为和穿着打扮没有必然联系，要有所作为，就不必刻意追求穿着打扮。

人的自信并不是靠衣着打扮堆砌的，而是由内而外散发出来的。 其实，自信更多体现在行动和能力上。

成为自己想成为的人

宝黛体盛行，一段"摔玉"被演化成各种版本，当年演宝二爷的欧阳奋强也忍不住掺和一脚，在微博上贴了一张宝黛共读西厢的现场拍摄图。原来"花谢花飞飞满天"的纯美景象是在一条狭窄泥泞的小道上完成的，善于破坏童话的欧阳导演还说："后面有些花是道具……"

啊，原来梦幻仙境一般的漫天桃花都是假的，这叫当年的红楼粉丝情何以堪……趁着"宝二爷"心情好，赶紧微博采访。

问："'宝二爷'，您那时候化妆吗？电视里，您的皮肤吹弹可破，看得人心荡神移……"

答："化妆，还是油彩妆……化妆是我不想做演员的原因之一。"

问："一个男人怎么能那么好看呢？您对您当年的美貌留恋吗？"

答："庚子年的事情了，哈哈，现在说起来有些脸发烧。

不留恋，真的，我不在乎吃穿和外形……"

陈丹青说，一个人的相貌，便是他的人。拥有天生的美貌是老天爷送的礼物，但收到这份礼物的人却明显有两种不同的用法。一种人是善加利用，用这天生的相貌获取最大利益；而另一种人则完全不把它当成一回事。

两种活法都挺好，但从某种意义上说，"宝二爷"选择的这一种活法，也许比较好玩，比较不闷。

"宝二爷"是天生的，但欧阳奋强是他自己奋力转变的，从幕前退到幕后，不后悔不留恋不犹豫。整整二十年，动心忍性，大费周章，未见得美满，但听从了内心的召唤。那种活法后面是一行金光闪闪的字：成功从来不是人生唯一的标准，成为自己想要成为的人才最犀利。

两个和尚

两个和尚分别住在相邻两座山上的庙里，这两座山之间有一条河，两个和尚每天都会在同一时间下山去河边挑水，久而久之便成了朋友。

不知不觉五年过去了。突然有一天，左边这座山的和尚没有下山挑水，右边那座山的和尚心想："他大概睡过头了。"因此就没太在意。

哪知第二天，左边这座山的和尚还是没有下山挑水。一个星期过去了，右边那座山的和尚心想："我的朋友可能生病了，我要过去看望他，看看能帮上什么忙。"

等他看到老友之后，大吃一惊，因为他的老友正在庙前打拳，一点也不像一个星期没喝水的样子。他好奇地问："你已经一个星期没下山挑水了，难道你可以不用喝水吗？"

朋友带他来到庙的后院，指着一口井说："这五年来，我每天做完功课后都会抽空挖这口井，即使有时很忙，但能挖多少算多少。如今，终于让我挖出了水，我就不必再下山去挑水了，可以有更多的时间练我喜欢的拳了。"

聪明的人会积极寻找办法，能用小积累换大成果。所有的成功都始于一点一滴的积累，聚沙成塔、集腋成裘是千百年来已被印证过的真理。

"自信"的猫

老鼠饿极了，看到墙角有粒花生米，拿起来就想吃，黑狗看到了，就小声对它说要"小心"。老鼠是精明的，心想："人们常说，狗拿耗子——多管闲事！今天它不光不拿我，反而告诫我'小心'，它一定是想霸占这粒花生米的坏家伙。"于是，老鼠不听黑狗的劝告把花生米吃了，结果不久，老鼠一挺腿死了。

老鼠咽气前对黑狗说："你真是只好狗，可惜你做的事情有悖于常理，我没听……"

事情就是这样：有时你对别人说的是真话，但别人并不相信你是个可靠的人，觉得你不管说什么也只是为了利用，不能信任！

老鼠断气后，一只猫走过来叼起这只老鼠想找个背静处把它吃掉。结果，又被黑狗拦住了。黑狗故意问猫："猫小弟，这鼠是你捉的还是捡的？"

猫得意地说："命好，捡的呗！"

"如果是这样，就请你不要吃，要吃就自己下功夫去捉！"黑狗诚恳地说，"这是主人药死的鼠！"

"你看见主人下毒药了？"

黑狗说没有。

猫说："你既然没有看见，怎么知道这只鼠是被药死的呢？"

黑狗说："是我亲眼看到这只老鼠吃了一粒花生米之后死的。"

"吃东西后死不能说明一定就是药死的——人一天吃三顿饭，不管老人在什么时候得病死，都可以说是饭后死的，那你能说他们一定吃了有毒的饭吗？"猫的矫情上来了，"这鼠的肉虽然不多，老兄想吃，我可以分给你一半，但不能耍手腕独吞啊！"

得，黑狗的一片好心被当成了驴肝肺，这最让它伤心。

黑狗难过地还想再劝猫不要吃这死鼠，猫却又摆出了一套理论："狗老兄，我不是批评你，你好好想想，主人养我干吗，还不是捉鼠吃？鼠是主人的敌人，我是捉鼠的，自然是主人的朋友，主人为什么要间接地害他自己的朋友呢？于理不通！"

黑狗气愤了，说："因为你是只懒猫、馋猫……老鼠骑到你脖子上都不管，他不药老鼠怎么办，嗯？"

猫觉得受到了黑狗的侮辱，就吼："你狗拿耗子……你像狐狸一样吃不到葡萄就说葡萄是酸的……我就吃这药死的耗子，看你怎么着？"

猫说着就把死老鼠吃了，不久，猫自然也躺下了，再也没起来……

如果盲目自信，不听别人的劝告，那么很容易会因妄自尊大而吃亏。

盲目自信的蛇

有一条蛇觉得自己只能在夏秋两季出来活动，春冬两季则需要冬眠，而且还要为了食物四处奔波，活得很累。于是，它决定搬到人的家里去住。因为人的家里夜晚温暖、白天凉快，而且人的家里还有它最喜欢的老鼠，用不着四处寻找食物，简直如天堂一般。

这条蛇离开原野，搬到了村里的铁匠家。刚到这里，它对所有的东西都感到新奇，满怀期待的心情，在铁匠家里四处游逛起来。它来到铁匠的桌台上，发现那里躺着一条和自己长得很像的"蛇"，可是仔细一瞧，这条"蛇"既没有蜷成一团也不抬起脖子，只是随便地伸展着身子躺着。蛇没有想到会被别人抢先一步，大失所望，但是既然来到这里，它就不想再走回头路了。它决心打败眼前的这个家伙，把这里据为己有。

它开始发起攻击，长长的信子忽进忽出，尾部蜷缩了起来，然后高高昂起镰刀形的脖子，露出尖利的牙齿。

可是对方却没有任何反应，依然静静地躺在那里。于是，它抢先一步咬住了对方。它一咬再咬，那家伙的鳞片发着乌黑的亮光，却硬得令它难以相信，不管怎么咬，对方都毫无反应。它那对重要的尖牙在一咬再咬的过程中逐渐毁损了，这也难怪，因为对方根本就不是蛇，而是一把蛇形的长条铁锉。没过多久，这条可怜的蛇就把自己的牙齿磨掉了，只好灰溜溜地逃走了。

　　盲目自信会让自己好勇斗狠，更会让自己陷入不必要的危机之中。高估自己会无形中为自己树立一些敌人，结果祸害的还是自己。

第三章

接受挑战，为自己而战

在绝境中寻找生机

两条小河从山上的源头出发，相约朝大海奔去。它们各自经过了山林幽谷、翠绿草原，最终却在一片荒漠前碰头，相对叹息。

这时，它们不能再朝前奔去。如果不顾一切往前奔流，就会被沙漠吸干，从此不复存在；要是停滞不前，就永远也到达不了无边无际的大海。云朵闻声而至，向它们提议：把自己变成水蒸气，由云朵牵引着飞越沙漠。

一条河绝望地认为云朵的办法行不通；另一条河认为可以一试，于是毅然化成水蒸气，让云朵带领它，随着暴雨落在地上，还原成河水流到大海。

不肯改变的那条河，最终被无情的沙漠吞噬了。

这让人联想到一名乳腺癌患者。

她从最初难以接受而准备放弃生命，到后来能豁达地面对自己的病情。在这期间，她肯定越过了生命中干涸的沙漠，尝到了生命源泉的甘甜。

她也曾想过放弃自己的生命。做手术那天，她想起了自己年幼的孩子，她祈求上帝让她多活十年，待她那两个年幼的孩子年长一些。

　　在那一刻，孩子成了她活着的最大意义。为了孩子，她勇敢地面对病魔，一路走来已有十二年，而上帝也未向她"讨债"。她说，患病后认识的另一位女士就没这么幸运了，她们有相似的病情，但她却因丈夫的离开，放弃了与病魔搏斗。面对死神的挑战，患病不到五个月的她选择弃权，像极了沙漠中被吸干水分致死的那条河。

　　面对生活的困境，我们都应当像另一条河那样，凭着自己坚定的信念和梦想，在绝境中寻找生机，而不是用死亡来拒绝面对难题。

心态乐观，天下尽欢

乐观的心态如一缕阳光，给失意的心灵以慰藉；乐观的心态如一朵祥云，给彷徨的心灵以坚定；乐观的心态如一掬清水，给干涸的心灵以滋润。

一位饱经沧桑的老画家，被迫住进一间老屋，那屋子连一扇窗户也没有。老画家哈哈一笑，拿出一张白纸画了一扇窗户，顿时他感觉阳光和空气像流水一样涌入小屋。

一位多么乐观的画家！当他面对这压抑的老屋时，他没有叹息，而是以乐观的心态去面对、去思考，于是才有了涌入小屋的"阳光和空气"。

卡耐尔·桑德斯是肯德基炸鸡的创始人。六十五岁时他开始经营餐馆，生意兴隆，但是由于修路，他的餐馆搬迁,顾客由此骤减,最终倒闭。卡耐尔并没有因此而放弃,他开始遍访美国国内的餐馆,教给各家餐馆制作炸鸡的秘诀——调味法。每售出一份炸鸡,他便获得5美分的回报。五年后,出售这种炸鸡的餐馆已遍布美国和加拿大,达四百多家。

试想,如果当初在餐馆倒闭后,卡耐尔消沉下去,没有以乐观的心态去面对,怎会有今日众所周知的肯德基?

1814年,一场大火将爱迪生一生的心血付之一炬,在众人为此而深深叹息时,爱迪生却微笑着说:"大火烧去了我曾经的一切谬论,如今我又可以重新开始了。"终于,在大火后不久,爱迪生便推出了他的新发明——留声机。爱迪生面对苦难时的乐观心态比那大火还要耀眼。

若无乐观的心态,文王怎能拘而演《周易》? 若无乐观的心态,仲尼怎能厄而作《春秋》? 若无乐观的心态,屈原怎能被放逐而作《离骚》?

朋友们,成功的路上布满了荆棘。 只有以乐观的心态去面对,才会发现风雨过后眼前便是鸥翔鱼游的天水一色;以乐观的心态去面对,便会发现面前就是铺满鲜花的康庄大道。

磨难才可以雕琢出珍品

　　他是一个普通的男人，也是一个普通的父亲，然而命运却让他有了非凡的经历。一切都源于1996年的一次交通事故。在事故中，他刚满五岁的女儿全身被火烧焦了。经过医生的全力抢救，女儿的命保住了，但是五官却被烧得严重变形，十根手指都没有了，左脚被烧焦，右小腿只剩下了一小段。

　　面对这一灾难，面对一个残缺的幼小生命，作为一个男人、一位父亲，他选择了坚强。为了支付女儿高额的医疗费用，他摆起了小百货摊，每月能挣四五百元。除此之外，他又利用晚上的时间去餐厅打工刷盘子。甚至，他还走进了夜总会，模仿童声演唱。

　　在他辛苦挣钱的同时，女儿也承受着一般人难以想象的痛苦。医生为她实施了左脚脚趾和双手再造术，前后进行了二十二次手术，共缝合了一万多针。

　　他的女儿也很争气，尽管忍受着莫大的痛苦，但还是坚持跟随一位老师学习书法。没有手指，她就用嘴咬着笔杆写，口腔常常被磨破，满口鲜血。因为她全身植皮，只有脑门儿的一小块皮肤排汗。在炎热的夏天，练写字时还不能吹风扇，怕的是风把纸吹走，她就这样硬挺着。

在 1999 年举办的世界华人书法大赛中，年仅八岁的她获得了金奖。此后，她先后两次获得国际书法大赛金奖，十次获得全国大赛金奖，被中国书法家协会授予"当代中国书法家"称号。

这是一个真实的故事，父女俩的事迹深深地感动着人们，他们用坚强书写出了生命的奇迹。

一开始就享受的人和一开始就千锤百炼的人，最后的结局很可能是：后者成了珍品，前者成了废料。故事中的父女在如此大的灾难面前，依然选择抬头挺胸、坚强地走下去，我们也应该学习他们的这种精神，让自己成为千锤百炼的珍品。

困境中也需要微笑

有一家小吃摊，出售煎饼、馒头、稀饭等。摊主是一位四十多岁的中年男人，虽然神情很是疲倦，但他脸上始终浮现着温暖的微笑。由于地方偏僻，小吃摊的生意较冷清，但他脸上的笑容并未因此而减少，依然笑对着每一位食客。

但是谁也想不到，那一年，他的妻子不幸遭遇了车祸，至今卧病在床；儿子读高中，正是需要花钱的时候，更不幸的是他下岗了，贫困的生活犹如雪上加霜。为了能把家支撑下来，他只好出来经营小吃摊，赚多少算多少。令人吃惊的是，他处在不幸当中，脸上却时时挂着笑容……

每一天，干完活儿后，躺在床上的妻子准在对着他微笑，与他的微笑一样——平和而又温暖。从这张微笑着的脸上，找不到一丝半点重残在身、卧床已久、生活贫困的人所经常有的烦躁、孤僻、茫然、嫉恨、厌世等神情。这张脸虽然苍白、清瘦，但洋溢出来的笑容却如花朵般明媚、灿烂，使得简陋的房间温馨如春。

一个能够在逆境中微笑的人，要比一个面临困难挫折走向崩溃的人伟大得多。

贝特丽丝·伯恩斯坦已七十多岁了，她寡居多年，但她仍快乐地生活——探望儿孙、读书、旅行、义务演出。

"我已经过了生命的巅峰，但仍然享受老年的快乐，做了快九年的寡妇，我为自己创造了充实且愉快的生活。

"借助青年旅行的计划，我和同龄人一起环游世界，他们和我有同样的爱好，也需要伙伴。自退休后，我所进行的最有意义的计划，就是参加退休者活动。活动中，我在内坦亚的看护中心担任祖母的角色，照顾一岁半到三岁的小孩子。

"没错，有时工作很烦很累，但是能给人提供帮助，付出爱以及得到爱，这给我带来一种就像照顾自己亲生孩子般的幸福感。"

在伯恩斯坦太太七十六岁生日时，满屋的朋友共同举杯为她祝福："祝你活到一百二十岁！"伯恩斯坦太太的笑舒展了额头上的皱纹："我也许刚好可以活到那么老，不过就剩下四十四年了。"

其实，生活中最廉价也最为珍贵的礼物便是笑容，因为它让你的生活充满阳光和温暖。

除了眼泪，还有阳光和蓝天

从前，有一个小沙弥受不了寺院的清苦，变得厌世、轻生，患上了抑郁症。

有一天，他独自一人走上了寺院后面的悬崖险峰，就在他紧闭双眼准备纵身跳下时，一只大手按住了他的肩膀。

他转身一看，原来是老方丈。小沙弥的眼泪马上就流出来了，他告诉方丈，他已经万念俱灰，真的"看破红尘、四大皆空"，什么牵挂都没有了，只想一死了之。

老方丈慈爱地说："生命没有错误，要珍惜自己的生命，其实你拥有的东西还有很多很多，你先看看你手背上有什么。"

小沙弥抬手看了看，讷讷地说："没什么呀！"

"那不满是眼泪吗？"老方丈语气沉重地说。

小沙弥眨巴眨巴眼睛，又是串串热泪。老方丈满眼关切，又说："再看看你的手心。"

小沙弥又摊开双手，看自己的手心。看了一阵，不无疑惑地说："没什么呀！"

　　老方丈呵呵一笑说："那不满是阳光吗？"

　　小沙弥怔了一下，脸上也泛起丝丝的笑容。老方丈又循循善诱地说："你再抬头看看。"

　　这回小沙弥开窍了，没等老方丈开导，就心悦诚服地说："还有蓝天，我还有蓝天！"

　　老方丈舒心地叹了口气，对小沙弥说："其实，你除了眼泪、阳光和蓝天，还有一颗勇敢顽强的心、健康的身体……"

生活并不像我们所想象的那样，总是充满了阳光和坦途。当你对生活失望的时候，不妨抬头看看蓝天，感受一下温暖的阳光，或许就能够找到重新走下去的勇气。

从容看待浮沉

尤利乌斯是一个很不错的画家。他画快乐的世界，因为他就是一个很快乐的人。不过，有的时候他也会为没有顾客而伤感。

"玩玩足球彩票吧！"他的朋友劝他，"只花三马克就可以赢很多钱。"

尤利乌斯花三马克买了一张彩票，真的中了五十万马克。

朋友说："你真是走运啊！现在你还经常画画吗？"

"我现在就只画支票上的数字！"尤利乌斯笑道。

尤利乌斯买了一幢别墅并对它进行了一番装饰。大功告成后，他点燃一支香烟，静静享受他的幸福。突然他感到很孤独，想去看看朋友。他顺手把烟往地上一扔，在原来那个石头画室里他经常这样做，然后就出去了。

燃着的香烟躺在地上点燃了华丽的地毯……一个小时后，别墅被完全烧毁了。

朋友们闻讯都来安慰尤利乌斯："尤利乌斯，真是不幸啊！"

"怎么不幸啊？"尤利乌斯问。

"你现在什么都没有了。"

"不过是损失了三马克罢了。"尤利乌斯轻松地摆摆手。

月有阴晴圆缺，人有旦夕祸福。 顺境中不得意忘形，逆境中不自暴自弃。 生活中总是存在太多未知数，应从容看待人生浮沉。

无价的心态

　　《假如给我三天光明》的作者海伦·凯勒幼年的时候很正常，能看、能听，也会牙牙学语。可是，一场疾病使她变得既盲又聋——她才一岁半。这一几乎致命的打击，令小海伦性情大变，她变得很消极。父母特别聘请一位老师照顾她。小海伦幸运地遇到了一位伟大的光明天使——安妮·莎莉文女士。莎莉文女士也有着类似的经历：她十岁时，和弟弟一起被送进贫民救济院。十四岁时眼疾加重，几乎失明，但她坚持努力。幸运的是，后来，她被送到柏金斯盲人学校学习凸字和指语法。

　　自从做了海伦的家庭教师，莎莉文女士的人生也掀开了新的一页，她决心用自己的爱心和耐心拯救、改变这个不幸的小女孩的命运。从此，她与这个不幸的小女孩的"斗争"就开始了。固执己见的海伦强烈反抗着莎莉文老师对她进行的严格教育，然而最终莎莉文老师通过爱心，和海伦成功地建立起交流的桥梁。在这一过程中，小海伦慢慢地建立起自信，逐渐与莎莉文老师达成了默契。

海伦·凯勒在所著的《我的一生》一书中写道：一位年轻的复明者，没有多少"教学经验"，将无比的爱心与惊人的信心，注入一位全盲、全聋、全哑的小女孩身上——先通过潜意识的沟通，通过接触，在她心中点亮了希望的明灯。

接着，自信与自爱在小海伦的心里产生，使她从痛苦的地狱中解脱出来，通过自我奋发，把潜能发挥出来，开始一种全新的生活，并最终走向光明。

一段不为外人知道的挣扎，唤醒了海伦内心的力量。然后，两人手携手、心连心，以爱心和信心作为"药方"，不断地学习。海伦曾写道："在初次领悟到语言存在的那天晚上，我躺在床上，兴奋不已，那是我第一次希望天亮——我想再没其他人能知道那种喜悦吧。"一个聋哑且看不见的少女，初次领悟到语言时，那种喜悦，那种令人感动的情景，实在难以言状。

失明耳聋的海伦，依靠自己积极乐观的心态，通过不断的努力，凭着触觉，用指尖代替眼和耳，终于学会了与外界沟通。她十多岁时，享誉全球，成为残疾人士的榜样——一位真正的强者。

1893年5月8日，贝尔博士在这一日成立了著名的国际聋哑人教育基金会，而为会址奠基的正是十三岁的小海伦。这是海伦最开心的一天，也是电话发明者贝尔博士值得纪念的一天。

海伦如饥似渴地学习，并迅速积累了大量知识，顺利地进入了哈佛大学拉德克利夫女子学院学习。她学会了说话："我已经不是哑巴了！"她作为世界上第一个接受大学教育的聋哑人，为残疾人树立了榜样。

海伦不仅学会了说话，而且还学会了用打字机写作。她的触觉很敏锐，她甚至可以把手放在对方嘴唇上来感知对方在说什么。她把手放在乐器上，就能"鉴赏"音乐。如果你和她握过手，几年后当你们再见面握手时，她会凭握手认出你。海伦的事迹震惊了全世界，被《大英百科全书》称为残疾人中最有成就的代表人物。她大学毕业时，人们在圣路易博览会上设立了"海伦·凯勒日"。

海伦始终热爱生命，充满热诚。凭她那良好的心态和坚强的信念，她终于战胜了自身的缺陷，实现了自身的价值。第二次世界大战后，海伦·凯勒在欧洲、亚洲、非洲各地巡回演讲，以唤起社会对残疾者的重视。

懂得信任自己心灵的人，才知道生命的价值。海伦·凯勒用自己的行动证实了这一点。

奇迹是心态积极的人创造出来的。一个人如果很乐观，喜欢接受挑战和应付麻烦事，那么障碍或挫折在他眼里就不值一提。

正视缺陷

　　曾经有一个小男孩，生来右手就只有两根指头，他在童年时孤独又自卑。偶然的一次机会，一个足球教练发现了他有踢球的天赋，于是想教他踢足球，可是小男孩因为手的残疾对自己早就失去了信心。

　　教练对他说："上帝这样安排，为的是能让你比别人更快地打出'胜利'的手势。"就这一句话，改变了小男孩的命运，经过十二年的不懈努力，他终于在足球事业上取得了辉煌成就。

　　故事中的小男孩，从开始不敢伸出右手，到后来伸出藏在背后的右手，高高举起右手做出胜利的手势，这个过程是心态的一次重大转变。

　　在如何对待自身缺陷的问题上，他勇敢地走出了认识的误区，并用事实证明：有缺陷并不可怕，只要能正视，一样可以成功。　如果你也能像这个小男孩一样正视缺陷，那么你也能体会到成功的喜悦。

天无绝人之路

　　有一个飞行员，在一生中遭受过两次惨痛的意外事故。第一次不幸发生在他四十六岁时，在一次飞机驾驶训练中，发生了意外的飞行事故，后果十分严重：他身上65%以上的皮肤都被烧坏了，整个人已经不成人样。在医院，他先后进行了十六次手术，原本英俊的脸因为植皮手术而变成了一块"彩色板"；他还从此失去了手指，双腿也变得特别细小，根本无法行动，只能依靠轮椅行动。

　　谁能想到，就是这样的一副残疾身躯，在六个月后，又亲自驾驶着飞机飞上了蓝天。

　　谁也没有料到，仅仅四年后，命运之神似乎再次要把他逼向绝路，又一次把不幸降临到他的身上：他所驾驶的飞机在起飞时突然摔回跑道，他的十二节脊椎骨全部被压得粉碎，腰部以下永远瘫痪了。

　　但是他没有让这些灾难成为自己消沉的理由，他说：

"我瘫痪之前可以做一万件事，现在我还能做九千件，我可以把注意力放在能做的九千件事上。我的人生遭受过两次重大的挫折，但是我不会让挫折成为自己放弃努力的借口。"

这位生活的强者，就是米歇尔。正因为永不放弃努力，他最终成为一位百万富翁、公众演说家、企业家，还在政坛上获得一席之地。

地上没有走不通的路，世上没有征服不了的困难。如果你承受着重大的打击，是自暴自弃，还是重新站起来？挫折仅仅是对意志的考验，无须惊慌，不必痛苦，拒绝烦恼，学会乐观地吞咽悲伤，坦然面对挫折。遭受打击也许是一件幸运的事情，可以激发你更大的潜能，促使你取得更辉煌的成就。

拥抱痛苦，笑对坎坷的命运

有一个男孩子，刚出生时只有可乐罐那么大，躺在医院的观察室里奄奄一息。他的腿是畸形的，没有肛门，而且他的膀胱和肠道也不正常。医生断言，他几乎不可能活过二十四小时。然而，他挣扎着，活过了一周，又是一周……他居然顽强地活了下来。

他实在太小了，周围的一切对他来说都像庞然大物。胆怯的他对任何比他大的东西都充满恐惧，甚至家里的狗也经常欺负他。父亲经常对他说："孩子，你必须自己面对一切恐惧，勇敢起来！"

当他背着比他个头还大的书包，坐在轮椅上开始憧憬新的生活时，他压根儿也没有想到迎接自己的却是噩梦。个头矮小的他成了学校里调皮学生的玩偶：他们掀翻他的轮椅，弄坏他轮椅上的刹车，让他从走廊直接"飞"进老师的办公室。最恶劣的一次是几个同学用绳子绑住他的手，用透明胶带封住他的嘴，把他扔进垃圾箱里。接着，他们在垃圾箱外点起了火，滚滚浓烟令他几乎窒息，他恐惧极了，直到一位老师将他解救出来……

他终于无法忍受了，回到家，想着自己一次次被折磨、被侮辱的遭遇，他放声大哭。他想到了自杀，但他还是舍不得疼爱他的父母……

高中毕业后，他决定给自己找份工作。每天早上，他趴在滑板上，敲开一家又一家的店门，询问店主是否愿意雇用他。可等人家打开门时，根本就发现不了几乎趴在地上的他，于是又把门关上了。

经过无数次应聘失败后，他终于找到了自己的第一份工作。他每天凌晨四点半起床，赶火车到镇上，然后爬上他的滑板，从车站赶到几千米外的工厂。尽管生活艰辛，但是能够自食其力，这让他很高兴。他勇敢而快乐地生活着。

从十二岁起，他就开始打室内板球，后来还喜欢上了举重和轮椅橄榄球。他对运动的执着热爱，使他取得了一系列好成绩，他相继获得了1994年澳大利亚残疾人网球赛的冠军以及2000年全国健康举重比赛第二名。

他，就是约翰·库缇斯。

后来，常有人追问他的种种经历。终于，在一次午餐会上，约翰应邀作了简短的演讲。他的经历与现状让在场的观众热泪盈眶，赢得了热烈的掌声。那次经历让约翰猛然发现了一个最适合自己的职业——在讲台上，讲出自己的挣扎与拼搏，讲出自己的恐惧与忧伤，讲出自己的渴望与梦想！

如今，约翰已在一百九十多个国家做了八百多场演讲，他用自己的亲身经历，激励和影响了无数听众……

　　任何苦难我们都必须勇敢面对，永远都不要放弃信念。面对坎坷的命运，我们应当拥抱痛苦，笑对人生。

遭遇挫折时先反省自己

遇到挫折时，无论怎样怪别人，最终都是徒劳无益的。

小时候，每当我们不小心摔倒，第一个念头就是找找看是什么东西绊了脚：不是怪别人乱放东西，就是怪路不平。尽管那样做并不能减轻疼痛，但能找到一个可以责怪的对象，多少算是一种安慰，可以证明自己没有责任。

长大后，每当我们遇到挫折时，也总是不自觉地找出许多客观原因来为自己开脱，实在找不到原因时就说自己的命不好。 我们并不认为这样为自己开脱是幼稚的表现，因为我们总在想方设法地一次又一次欺骗自己。

有一个早几年就下海开公司的朋友近来走了"霉运"，业务量大幅下滑，公司里多年来一直忠心耿耿跟随他的两个业务主管离开了他，跳槽到他竞争对手的公司去了。

在内外交困之时，这个朋友并没有认真、及时地反省，反而一味地责怪过去的战友背叛了自己，因此沉湎于愤怒和伤心之中，不再相信别人，动不动就发脾气，结果是恶性循环，整个公司人心涣散，陷入了更大的困境。

其实，公司经营上出现了问题，作为公司老总的他，首先不能推卸自己的责任，即使是别人背叛了他，也是他用人不当。如果老是把所有的过错都归咎于他人，那么必将面临更大的危险。所幸的是，他在家人的提醒下终于醒悟过来，开始承认自己过去各方面的失误之处，并客观总结教训。

找客观原因为自己开脱其实是一种懦弱的表现，更是一种不成熟的表现。这不但掩盖不了自己不能面对的现实，还留下了将来可能重蹈覆辙的隐患，可能还会衍生出新的矛盾。一个真正意义上的强者，并不是一个一帆风顺的幸运儿，强者必然要经历各种痛苦和挑战，而战胜一切困难的人首先必须战胜自己，战胜自己的前提就是反省自身。

我们不肯认错无非是顾及自己的面子，不肯承认自己的失败。事实上，这个世界上从来就没有常胜将军，所有包袱和面子在勇敢地承认自己的失误时就已经悄然放下了。所谓"吃一堑，长一智"，善于总结经验教训的人，会把失败的教训变成自己的财富。

要活得精彩

在电视节目"中国达人秀"上，人们记住了一个用脚趾弹奏钢琴的倔强身影。他说："我的人生只有两条路，要么赶紧死，要么精彩地活着。"这句掷地有声的话，成了激励更多怀揣梦想的青年的座右铭，并迅速成为网络流行语。这位戴着黑框眼镜、身躯羸弱、两袖空空的无臂青年名叫刘伟，他的奇迹，让美联社、CNN、路透社、朝日新闻、NHK 及德国、西班牙、新加坡等地的媒体纷至沓来。他成了吸引世界目光的"达人"……

一位记者来到位于北京海淀区一座普通工房的刘伟家中采访，对刘伟这句话有了更深了解。刘伟的妈妈王香英说，当她看到刘伟在"达人秀"上说这番话时，先是一愣，然后大哭了一场。她含泪告诉刘伟："并不要求你如何精彩，你能健康平安就好！"

王香英说，刘伟刚出事那年，他家住在 14 楼，失去双臂的刘伟痛不欲生，常望着窗外发呆，万念俱灰。在尝试用双脚替代双手的日子里，更是困难重重。一家人吃饭，刘伟试着用脚趾夹住调羹往自己嘴里送饭送汤，总是抖抖颤颤，米粒、汤水洒了一桌。那时，王香英硬是忍住泪水不去帮忙。她清楚，如果她帮忙，刘伟将依赖于她，迈不开独立的第一步。但脚与手相比，动作永远是笨拙和僵硬的。困难如山，脚趾练肿了，流血了，刘伟不想再受这份罪了，但妈妈硬是"逼"他苦练下去。

如今，刘伟自豪地说："现在，我不用别人帮助，什么都能自理，像正常人一样生活。用手机，打电脑，弹钢琴，写东西，穿衣叠被，上卫生间……除了做饭不会，因为烧饭做菜我没学。"

王香英说，刘伟能活着，真是命大！据医生说，人被10万伏高压电击中，生存率不到十万分之一，而刘伟挣脱死神，奇迹般地活了下来。当时，十岁的刘伟在玩捉迷藏时，误入违章施工的配电室。一块砖松动了，脚底一滑，人突然后仰，10万伏高压电瞬间击昏了他。强大电流通过全身，烧伤了他的双臂，而心、脑、肝、肾等均安然无恙。电流通过脚接地，变压器跳闸了。刘伟的半根大脚趾烧焦后被切除，剩下的九根半脚趾成了他人生重新起步的唯一本钱。如果这根大脚趾全废，他的脚底下就不可能流淌出美妙的乐曲来。

王香英说，那天出事后，手术进行了整整二十八个小时。刘伟在整整昏迷了六天后，才最终从死亡线上回来。此后，他在医院里躺了两年。王香英辞去了工作，全职照顾儿子。

人说，大难不死，必有后福，但刘伟面对的是绝望。他忧郁消沉，整天不说话，不出病房。有一天，一位叫刘京生的北京画家因伤口感染来医院就诊，有个女医生建议刘伟前去见他，说他对刘伟有帮助。这次见面，改变了刘伟对人生的态度。同样失去双臂的刘京生为刘伟演示了如何用脚吃饭、写字、洗脸、刷牙，以及绘画。他让刘伟重新燃起对生活的期望和信心。从此，他的人生奇迹般地重新开始。

刘伟伤残停学整整两年，等到他可以回校重新上课时，已是小学六年级了。妈妈要他留级，慢慢补课，但刘伟死活不干。妈妈无奈，只得利用暑假两个月，每天从早到晚不间断地请家教帮刘伟恶补。经过全力拼搏，刘伟硬是把两年课程给追上去了。开学后考试，他的成绩竟位列全班前三。王香英至今还清楚记得，儿子数学考了97.5分、英语考了98.5分、语文考了95分。

刘伟说，他十二岁时学游泳更苦，没有双臂，身体失去平衡，在水中难以抬头，呛了不少水。但短短两年后，他凭着惊人的毅力，在全国残疾人游泳锦标赛上获得两金一银。

正值高考前夕，刘伟突然对父母说，自己要放弃高考去学音乐。父母反对，说他成绩并不差，不好好读书，将来还有什么前途。刘伟反问道："像我这样失去双臂，就算考上大学，今后能有单位录用我吗？"父母哑然。此时，刘伟又有了一个新梦想：音乐。伤残后，是音乐一直陪伴着他，给他无穷乐趣。他说，他可以在家写歌，卖歌赚钱，开音乐酒吧……他对人生的规划，远比同龄人成熟。

实际上，父母最早想让刘伟像刘京生一样学画画，但刘伟听说有不下三十人在用口足作画后，就不愿步人后尘了。父母无奈，只得带他去找一家私立音乐学校。

没想到，对方拒绝刘伟入学。刘伟安慰妈妈："您放心，谢谢他们歧视我，我一定要让那个校长后悔！"第二天，王香英四处借钱买来了一架钢琴。

用双脚弹琴谈何容易。琴椅比琴键矮，把脚抬上去，人就摔下来。何况，大脚趾比琴键宽，一按下去就有连音。最困难的是，手的五指可以张开弹琴，而脚趾根本做不到。刘伟只能琢磨出一套"双脚弹钢琴"的绝技。用脚弹琴要靠腹部、腰部、腿部共同使劲，一天下来，腰酸腹痛，双脚抽筋。但刘伟没有退却，苦练三年，他以超凡毅力，终于使自己的钢琴演奏水平达到了惊人的七级。

现在，刘伟不仅能弹琴，还能作曲、编曲、填词，连刘德华都请他为新歌《美丽的回忆》填词。刘伟还开了家"歌特"音乐主题酒吧，与年轻的乐迷们在此相会。这位"80后"自豪地说："三年前，我就已能赚钱养活自己了。"弹琴，使刘伟的双脚变得更加灵活。他还能快捷地用脚打字，在中国和意大利两创吉尼斯纪录：双脚每分钟打字分别达到231字、252字，引起了轰动。

失去双臂仍能创造人生奇迹，刘伟感动和激励了无数人。面对"粉丝"的追捧，刘伟冷静地说："人光环越大，里面空心越大。我要的只是做好自己。"记者在刘伟桌前看到一幅字："面对困难，跨越障碍。向着目标，勇往直前。"它让我们看到一个不屈的身影在不断创造奇迹，看到他脚下流淌的音乐是顽强生命的一种展示。这音乐感动了中国，感动了世界。

飞翔的"大白菜"

　　她是一位漂亮而又富有才华的女孩，十五岁考上大学，十九岁教大学生，二十二岁考入中科院研究生班，二十四岁在中科院教研究生。接着，她恋爱，结婚，生子。一切都顺风顺水，处处布满了鲜花和掌声。可是，在她二十九岁那年，上帝却突然关闭了那扇通往幸福的大门，一下子把她推入到黑暗的深渊里。她的视神经发生了病变，双目失明。与光明一同失去的，还有她的丈夫和孩子。

　　她就像是一位武林高手突然被废了武功，一切的能力都在瞬间消失得无影无踪。她在父母的帮助下，开始学穿衣、学吃饭、学走路。这些看似平常的事，现在对于她来说，简直比登天还要难。她用筷子夹菜，会把菜碗推翻；她用吸管喝饮料，吸管戳疼了自己的眼睛；她用盲杖探路，盲杖把自己绊倒……

　　当然，最令她憋闷的是不能看书，不能写字，不能获取知识和信息。这对于一个大学教授来说，是多么残忍，多么可怕呀！

她要学习盲文，她要回到自己的知识领域里去。可是，这一年，她已经三十岁。三十岁的女人已经不适合再上盲人学校了。因此，她开始自学。她开始"看"盲文。当然，她是用手指"看"的。她只能用手指摸来替代眼睛看。她摸的第一个英文单词是 Cabbage（大白菜）。这 7 个英文字母，她用手足足摸了一个小时，可是她到底还是没有弄明白这个单词就是"大白菜"。当父亲告诉她答案的时候，她哭了。她为自己的笨拙而流泪。她是中科院的英语教授，居然不认识"大白菜"这个英文单词，而在此之前，她可是一目十行啊！

她不相信自己就这样被一棵"大白菜"给绊倒了。她要活下去，她要站起来，她要做一棵能够飞翔的"大白菜"，重新翱翔在知识的天空里。她开始了自己的奋斗。她把自己锁在房间里，一遍遍地练习，一遍遍地摸字，一遍遍地默记。然后，她再把学会的东西背诵给父亲听。一次，父亲在听她背诵的时候，发现盲文字块上满是殷红的血。等她背完，父亲一把拉过她的手，这才发现她的十指都已经磨破。父亲把她的双手攥在自己的手里，禁不住号啕大哭。父亲说："女儿呀，咱不学了。爸爸有工资，爸爸可以养活你一辈子。"她没有哭，反而笑着安慰父亲说："爸爸，你一定要相信你的女儿，我能行！"

一天晚上，她一个人偷偷地跑出了家。父亲很着急，四处寻找。最后，父亲在她工作过的教室里找到了她。学生已经放学，教室的灯光已经熄灭。她一个人站在讲台上，反复地用手丈量着黑板。父亲站在教室里，默默地看着黑暗中的女儿，心里一阵酸楚。父亲知道，女儿这是准备重返讲台呀。直到她准备离开的时候，父亲才走上前，牵着她的手。她很高兴，说："爸爸，我成功了，我已经找到板书的方法了！"父亲说："你是一棵能够飞翔的'大白菜'，你一定能够成功的！"

她终于重返讲台。她的板书依然那么规范、飘逸；她的发音依然那么准确、清晰；她的多媒体使用依然那么丰富、绚丽；她的形象依然那么笑容可掬。一切都与生病前没有什么两样，以至于上了两个星期的课，同学们还不知道他们的老师已经双目失明了。终于，有同学发现她挂着盲杖在校园里行走，同学们这才知道了她的不幸，这才知道她为了上好每一堂课所付出的艰辛和努力。同学们感动得哭了，而她却笑了。她笑着讲述"一棵大白菜"的奋斗历程，鼓励同学们珍惜时光。

她的名字叫杨佳。杨佳学会盲文后，利用电脑盲文软件，踏上了事业的快车道。她以盲人的身份考上了美国哈佛大学肯尼迪政府学院公共管理专业，并获得了哈佛 MPA 学位。

这就是杨佳，一位成功的盲人，一棵飞翔的"大白菜"！她的成功正如她在演讲中说的那样：一个人可以看不见，但不能没有见地；可以没有视野，但不能没有眼界；可以看不见道路，但不能停住前进的脚步！

　　不因幸运而故步自封，不因厄运而一蹶不振。　真正的强者，善于从顺境中找到阴影，从逆境中找到光亮，时时校准自己前进的目标。

第四章

人，要靠自己活着

靠天靠地不如靠自己

自立自强，永不服输，是中国人的传统美德。 在物欲横流的商业社会里，只要你具备了这种品质，你就可以立于不败之地。

李嘉诚就是这样一个自立自强、永不服输的人。当年，他一家逃避战乱辗转来港，在战火燃及香港、百业萧条的情况下，父亲李云经为了养家糊口，只好拼命地工作。但祸不单行，父亲由于长年劳累，再加上贫困、忧愤，不幸染上了肺病，终于在家庭最困难的时候病倒了。

身为长子的李嘉诚一边照顾父亲，一边拼命读书。他希望通过自己的努力学习，取得好成绩，让生病的父亲获得一种精神上的慰藉。父亲也满心期待着儿子能够学有所成、出人头地。

为了给父亲治病，李嘉诚一家每天两顿稀粥，母亲去集贸市场收集的菜叶子，便是一家一天的"美食"。每天一放学，李嘉诚便匆匆赶到医院，守护在父亲的病床前，紧握住父亲的手，向他汇报自己的成绩。此刻，父亲的脸上就会洋溢出宽慰的笑容。

然而，命运无情，李云经没能熬过1943年那个寒冷的冬天，走完了坎坷的一生。他没有给李嘉诚留下一文钱，相反，还给李嘉诚留下一副家庭的重担。

临终前，李云经哽咽着对儿子说："阿诚，这个家从此就只有依靠你了，你要把它维持下去！"

此外，李云经深知未成年的儿子更需要依靠亲友的帮助，同时又不希望儿子抱有依赖心理，便留下"贫穷志不移""做人须有骨气""求人不如求己""吃得苦中苦，方为人上人""不义富且贵，于我如浮云""失意不灰心，得意莫忘形""达则兼济天下，穷则独善其身"之类的遗言。

对于父亲的遗训，对于父亲的一片苦心，李嘉诚永生不忘，时刻铭记在心。这些训言伴随他一生，使他终身受益无穷。李云经在贫穷中辞世，却给儿子留下珍贵的精神遗产——如何做人。这一年，李嘉诚十四岁，刚刚读完初中二年级。

数十年后，每当李嘉诚回忆起父亲生病不求医，省下药钱供自己读书，母亲缝补浆洗，含辛茹苦维持一家人生计时，总是黯然神伤，并产生一种"子欲养而亲不待"的伤痛之情。

十四岁，正是需要父母呵护疼爱、充满幻想的年龄。

父亲辞世，弟妹尚幼，为了生存，母亲设法批发一些塑料花去卖，每天只能赚到几角钱，根本无法养活一家五口。加上经历时局动荡，世态炎凉，这些都促使李嘉诚早熟。

李嘉诚是家中的长子，对母亲非常孝顺，觉得自己应该放弃学业，帮助母亲承担家庭生活的重负。尽管舅父庄静庵表示会资助李嘉诚完成中学学业，接济李嘉诚一家，但李嘉诚仍打算中止学业，遵循父亲的遗愿，谋生赚钱，支撑起这个家庭。舅父未表示异议，他说，他也是读完私塾，十岁出头就远离父母家乡，去广州闯荡打天下的。原本，外甥进舅父的公司顺理成章，但庄静庵未开这个口。舅父的意思李嘉诚心知肚明，他今后必须靠自己，独立谋生。

商业社会的冷酷无情对一个少年来说，十分残酷，但它也催人早熟，也许正因为这样，才迫使少年李嘉诚丢掉幻想，把自己逼上了独立谋生的道路，从此开始自我奋斗，由一个打工仔一步一个脚印地走向成熟、成功和辉煌。

生活中，每个人都会遇到生活的重压，有些人由于承受不了而失败，有些人则敢于挑战，赢得了成功。由此，我们可以得到一些启迪：我们应该正视并且利用遭遇的挫折和不幸，甚至应该自加压力，强迫自己发挥出巨大的潜能。

自助者，天助之

成功者并不一定都拥有显赫的家世。 人穷不能志短，困苦与逆境并非完全不利，许多成就大业者都成长于贫穷困苦的环境之中，然而他们最终还是克服和改变了自己的处境，最终获得了成功。 无数事实说明，逆境有时隐含着更大的成功因素，只要你用自己的毅力和精神加以克服，不利的因素就能转化为成功的种子，如果你精心培育，就会随之开花结果。 但在现实生活中，有些人一旦陷入贫穷或遇到困境，他们要么哀叹命运不公，消沉懈怠；要么羡慕他人、嫉妒他人；要么自怜自卑、缺乏自信，在他人面前抬不起头，说不出话。俗话说，"穷不灭志，富不癫狂"。 这句话应该作为现代人——不管是穷人还是富人——做人的准则。

贫穷困苦能够磨炼一个人的心志和能力。 当然，有的人生来贫穷，我们自己也无法选择，但有一点可以相信：在困苦的环境中没被击倒，并且更加奋发自强者，一定有百折不挠的韧性和坚持到底的毅力。 恶劣环境的一再试炼，也提升和强化了自身的能力与见识。 这正是一个人担负重大责任的必要条件。 所以，一个人只要从困苦中走出，他就能肩负大任，这就是成功的本钱。

"自助者，天助也"。 这早已被漫长的人类历史进程中无数人的经验所证实。 自立是个人发展进步的动力和根源，它体现在众多生活领域，也是国家兴旺强大的根源。 从效果上看，外在帮助只会使受助者走向衰弱，而自强自立则使自救者兴旺发达。

自力更生将教会一个人从自身力量的源泉中取得动力，从自己的力量中品尝到甜蜜的味道，学会以劳动供养自己的生活。

人，要靠自己活着

日本著名企业家松下幸之助曾经说过这样一段话："狮子故意把自己的小狮子推到深谷，让它在危险中挣扎求生，这个气魄太大了。虽然这种作法太严格，然而，在这种严格的考验下，小狮子在以后的生命过程中遇到挫折才不会泄气。一次又一次地跌落山涧之后，它拼命地、认真地、一步步地爬起来。它自己从深谷爬起来的时候，才能体会到'不依靠别人，凭自己的力量前进'的可贵。狮子的雄壮，便是这样养成的。"

美国石油家族的老洛克菲勒，有一次带他的小孙子爬梯子玩，可当小孙子爬到不高不矮、掉下来不至于摔伤的高度时，他原本扶着小孙子的双手立即松开了，于是小孙子就滚了下来。这不是洛克菲勒的失手，更不是他在恶作剧，而是要让小孙子的幼小心灵感受到：做什么事都要靠自己，就算亲爷爷的帮助有时也是靠不住的。这可谓意味深长。

人，要靠自己活着，而且必须靠自己活着，在人生的不同阶段，要尽力达到理应达到的自立水平，拥有与之相适应的自立精神。 这是当代人立足社会的基础，也是形成自身"生存支援系统"的基石，因为缺乏独立自主个性和自立能力的人，连自己都管不了，还能谈发展和成功吗？ 即使你的家庭环境所提供的"先赋地位"处于天堂，你也必须先降到凡尘大地，从头爬起，练就自立自行的能力。 因为不管怎样，你终将独自步入社会，参与竞争，你会遭遇复杂的生存环境，随时都可能出现你无法预料的难题。 你不可能随时动用你的"生存支援系统"，而必须得靠顽强的自立精神克服困难，坚持前进。

自立，对于一个国家来说，是关系到能否实现自主的前提，是立国、治国、强国的根本。 而对于个体的人来说，则首先要立身、立志，从而把握主动生存和自如生存的关键。当今世界，对青少年的自立教育已成为趋势。 因为在市场经济、知识经济时代，对自立精神和自立能力的优化，不仅是新技术革命的需要，更是能力培养的需要。 同时，市场经济体制所苛求的自主意识、知识经济所强调的自主创新，也都要求有强有力的自立精神和自立能力的支持。 这一切，都把自立精神推到了前所未有的显赫地位。 因此，说它是主体意识觉醒的庄严宣言，一点儿也不含有夸大的成分。

靠责任感安身立命

卡菲瑞先生回忆起比尔·盖茨小时候，写出了下面的文字：

"1965年，我在西雅图景岭学校图书馆担任管理员。一天，有同事推荐一个四年级学生来图书馆帮忙，并说这个孩子聪颖好学。

"不久，一个瘦小的男孩来了，我先给他讲了图书分类法，然后让他把已归还图书馆却放错了位置的图书放回原处。

"小男孩问：'像是当侦探吗？'我回答：'那当然。'接着，男孩不遗余力地在书架的迷宫中穿来插去。小休时，他已找出了三本放错地方的图书。

"第二天他来得更早，而且更加努力。干完一天的活儿后，他正式请求我让他担任图书管理员。又过了两个星期，他突然邀请我上他家做客。吃晚餐时，孩子母亲告诉我他们要搬家了，到附近一个住宅区。孩子听说要

转校时担心地说:'我走了谁来整理那些站错队的书呢?'

"我一直记挂着他。但没过多久,他又在我的图书馆门口出现了,并欣喜地告诉我,那边的图书馆不让学生干,妈妈把他转回我们这边来上学,由他爸爸开车接送。'如果爸爸不送我,我就走路来。'

"其实,我当时心里便有数,这小家伙决心如此坚定,又浑身充满责任感,则天下无不可为之事。不过,我可没想到他会成为信息时代的天才、微软公司总裁、世界巨富。"

从这个故事中我们看出,许多伟大或杰出人物身上,总有优于常人之处。比尔·盖茨对待整理图书这样的小事,就已经表现出一种超出同龄人的责任感,难怪他能在信息时代叱咤风云。

一个人有没有责任感,并不仅仅体现在大是大非面前,而大多体现在小事当中。一个连小事都不能负责任的人,又怎能在大事面前担当责任呢?

巴顿将军在他的战争回忆录《我所知道的战争》中,曾写到这样一个细节:

"我要提拔人时,常常把所有的候选人排到一起,给他们提一个我想要他们解决的问题。我说:'伙计们,我要在仓库后面挖一条战壕,约2.4米长,90厘米宽,15厘米深。'我就告诉他们那么多。那是一个有窗户的仓库。候选人正在检查工具时,我走进仓库,通过窗户观察他们。我看到他们把锹和镐都放到仓库后面的地上。他们休息几分钟后开始议论我为什么要他们挖这么浅的战壕。他们有的说，15 厘米深还不够当火炮掩体，还有人说，这样的战壕太热或太冷。如果这些人是军官，他们会抱怨他们不该干挖战壕这么普通的体力劳动。最后，有个伙计对别人下命令：'让我们把战壕挖好后离开这里吧。那个老家伙想用战壕干什么都没关系。'"

　　最后，巴顿写道："那个伙计得到了提拔。我必须挑选不找任何借口完成任务的人。"

　　任何借口都是推卸责任。 在责任和借口之间，选择责任还是选择借口，体现了一个人的行事风格和生活态度。 借口仿佛是一个用温情伪饰的陷阱，能消磨人的斗志，或让你遗忘自己的责任。 不幸的是，在生活中，我们经常会听到这样或那样的借口。 借口在我们耳畔窃窃私语，告诉我们不能做某事或做不好某事的理由，它们好像是"理智的声音""合情合理的解释"，冠冕堂皇，却常常让我们沉湎于令人腐化的温床，并为此付出惨痛的代价。

　　当你为自己寻找借口的时候，也许会愿意听听这个故事。

　　在墨西哥奥运会上，夜已经很深了，坦桑尼亚的马拉松选手艾克瓦里吃力地跑进了体育场，他是最后一名抵达终点的选手。

　　这场比赛的优胜者早就领了奖杯，庆祝胜利的典礼也早已结束。艾克瓦里一个人孤零零地抵达体育场时，整个体育场空荡荡的。艾克瓦里的双腿沾满血污，绑着绷带，他努力地绕体育场跑完了一圈，跑到了终点。在体育场的一个角落，享誉国际的纪录片制作人格林斯潘远远地看着这一切。接着，在好奇心的驱使下，格林斯潘走了过去，问艾克瓦里，为什么要这么吃力地跑至终点。

这位来自坦桑尼亚的年轻人轻声地回答说："我的国家从两万多千米之外送我来这里，是派我来完成这场比赛的。"

没有任何借口，没有任何抱怨，责任就是一切行动的准则。

"我们必须把借口哲学——现在的情况我无法控制，改变为责任哲学。"篮球巨星乔丹说到了，做到了，也成功了！

不找借口，看似冷漠，缺乏人情味，但它可以激发一个人的最大潜能。 无论你是谁，无须任何借口，失败了也罢，做错了也罢，再好的借口对于事情本身没有丝毫的帮助。

最重要的是要认清自我

人生最大的难题莫过于认清自我。 许多人谈论某位企业家、某位世界冠军、某位著名电影明星时，总是赞不绝口，可是一想到自己，便一声长叹："我不是成才的料！"他们认为自己没有出息，不会有出人头地的机会，理由是："生来比别人笨""没有高学历""没有好的运气""缺乏可依赖的社会关系""没有资金"等等。 要获得成功就必须正确认识自己，坚信"天生我材必有用"。

严重的自卑感会扼杀一个人的聪明才智，另外，还可能形成恶性循环：由于自卑感严重，不敢干或者干起来缩手缩脚、没有魄力，这样就显得无所作为或作为不大；旁人会因此说你无能，而旁人的议论又会加重你的自卑感。 因此，必须一开始就丢掉自己身上那无聊的自卑感，先大胆干起来。

谦虚是一种美德，但是缺点往往是优点过分的延伸。 过于谦虚，或者由于自卑而谦虚，都是不应该的。 几乎每一个科学家都是非常自信的人。 自信，可以使你精神振奋、敢于挑战。 所以，必须树立信心，走出自卑的心理误区。

有人说："把自己太看高了，便不能长进；把自己太看低了，便不能振兴。"美国一位心理学家认为：多数情绪低落、不能适应环境者，皆因无自知之明。 他们自恨福浅，又处处要和别人相比，总是梦想如果能有别人的机缘，便将如何如何。 其实，只要能客观地认识自己，就能走出情绪的低谷。

失败者往往把微不足道的事情放在心上，被周围的指责和消极的念头捆住手脚，这使他们很难再去体验其中的乐趣。 他们常常被似乎难以解决的问题挫伤情绪，失去活力，陷于失望，无所作为。 在遇到麻烦和苦恼的时候，他们往往把精力用在责怪、发牢骚和抱怨上。

每个人都有自己的优点和缺点，我们要做的就是认清自己的优缺点。 这个世界上不存在样样都能干的通才。 人一般只能在自己擅长的方面有所建树，成为无所不能的完人既不可能，也没必要。 因此，与其费尽心机地去改变自己的短处，不如尽力地发挥自己的长处。

松下幸之助曾说，人生成功的诀窍在于经营自己的个性长处，经营长处能使自己的人生增值，经营自己的短处必将使自己的人生贬值。 印度的《五卷书》上说："最难的是自知，知道自己什么能做，什么不能做；谁要是有这样的自知之明，他就绝对不会陷入困境。"

一旦我们选准了适合自己个性特点的工作或事业，我们将会乐在其中。 我们常说的痛苦，事实上就是干自己不愿干而又不得不干的事。 一个醉心于绘画的人，绝不会把每天的绘画工作看作是痛苦的事。

任何事物都有好坏两方面，人生也是如此，每个人都有自身的优点和缺点。优点固然应该发扬，但缺点也不是可憎与可恼的。事实上，缺点往往还能刺激你不断地追求进步，成为你的财富。也许你会说，这是"阿Q精神"，缺点就是缺点，怎么能变成财富呢？那好，读读下面这个故事，也许你会改变看法。

某一天，一个农夫正弯着腰在院子里除草，因为天气炎热，不一会儿他便汗流浃背。"可恶的杂草，假如没有你们，我的院子一定很漂亮，神为什么要创造这些可恶的杂草来破坏我的院子呢？"农夫嘀咕着。

有一棵刚被拔起的小草，正躺在院子里，它回答农夫说："你说我们可恶，也许你从没想到，我们也是很有用的。现在，请你听我说一说吧！我们把根伸进土中，等于在耕耘泥土，当你把我们拔掉时，泥土就已经翻过了。此外，下雨时，我们防止泥土被雨水冲走；干涸时，我们能阻止强风刮起沙尘。我们是替你守卫院子的卫兵。如果没有我们，你根本就不可能享受到种花、赏花的乐趣，因为雨水会冲走你的泥土，狂风会吹散你的泥土……所以，希望你在看到花儿盛开之时，能够想起我们的一些好处。"农夫听了这些话后，不禁肃然起敬，他擦了擦额头上的汗珠，微笑着继续拔起草来。

当然，发掘优点不容易，但你自己必须有信心，谁都帮不了你，一切全靠你自己。下面这个真实的故事也许能帮助你确信这一点。

　　一百多年前，美国费城的一位牧师康惠尔，决定为因贫穷付不起学费却有志学习的年轻人筹办一所大学。当时，建一所大学大约需要一百五十万美元。于是，他便开始四处奔走，为建大学筹集资金。但经过四年的奔波辛劳，筹募的钱还不足一千美元。康惠尔对此深感沮丧，天天愁眉不展，心想这样下去，要到猴年马月才能建成梦想中的大学。

　　一天，当他为写演讲词走向教堂时，低头沉思的他发现教堂周围的草枯黄得东倒西歪，在寒风中瑟瑟发抖，一片衰败不堪的景象。触景生情，这不正如自己的创业状况吗？康惠尔不由得问园丁："为什么这里的草长得不如别的教堂中的草呢？"园丁回答道："我想主要是因为你把这些草和别的草相比较的缘故。我们常常看到别人的草地，希望别人美丽的草地就是我们自己的，却很少去关注、管理自家的草地。"

　　康惠尔先是一愣，后是恍然大悟。他跑进教堂，激动地写演讲词。他这样写道："我们大家往往让时间在观望等待中白白流逝，却没有努力工作使事情朝我们希望的方向发展。"他在演讲中讲了一个农夫的故事："有个农夫拥有一块土地，生活不错，但是他渴望得到一块钻石。于是，他卖掉土地，到遥远的地方四处寻找钻石，然而最后一无所获，这位农夫感到很失望。最后，他一贫如洗，自杀身亡。真是无巧不成书！那个买下这个农夫土地的人在散步时，无意中捡到一块钻石。就这样，在这块土地上，新主人发现了最大的钻石宝藏。"

康惠尔连续做了七年这个"钻石宝藏"的演讲，赚得八百万美元，大大超出了建一所大学所需的费用。这所大学就是屹立在美国费城的著名学府——坦普尔大学。

我们每个人身上都拥有"钻石宝藏"，即潜力和能力。这些"钻石"足以使自己的理想变成现实。为了成功，我们所要做的就是辛勤地开发自己的"钻石宝藏"，不断地挖掘和运用自己的潜能。

只要你用积极的态度来看待自己的生活，就会发现没有任何经验不值得回忆，其中都包含着它的价值。这时，你会发现自己具有的那些优良的特质，就是你与其他人不一样的因素。这些都是你具有的优点，而优点就是力量，是你信心的来源和人生之路选择的根据，是你成功的要素和主力。

犹如天使与魔鬼共生，人类与菌类并存，优点总是与缺点形影不离。你为什么不勇敢地接受与面对自己的缺点，然后积极地克服、改造，甚至利用它呢？如果真的无法改变，那为何不能坦然面对呢？怨天尤人，自暴自弃，只能产生更多的烦恼，在接受自我与控制自我之间平衡发展才是正确之道。

我们人生最大的敌人往往是我们自己，战胜自己是最伟大的超越。"胜人者有力，自胜者强。"老子的学说能传世千年，就在于其思想的博大与精深，在于其能给予人们深刻的人生感悟。

成功者了解自己是什么样的人，了解自己在生活中所扮演的角色、自己的潜力和将来要去承担的责任及达到的目标；他们凭借自己的洞察力和判断力不断学习和加强对自己的了解；他们不欺骗别人，更不欺骗自己。

认识自我，是每个追求成功的人所面临的重大课题。它并非是一种形而上的生存哲学问题，它关系到你具体的行动方略设计。你无法漠视或者逾越它，你必须作出相应的回答，而作为对你回答质量的评价，将决定你未来的成就。

成为你自己，最重要的是要认识自我。在这个强调自我和个性的时代，每个人都渴望充分发挥自己的个性特点，最大限度地开发自身的潜能，成为符合社会需求的人。

只有自己才能拯救自己

盲人威尔逊先生是一位成功的企业家，他从一个普普通通的事务所小职员做起，经过多年的奋斗，终于拥有了自己的公司和办公楼，并且受到了人们的尊敬。

有一天，威尔逊先生从他的办公楼走出来，刚走到街上，就听见身后传来"嗒嗒嗒"的声音，那是盲人用盲杖敲打地面发出的声响。威尔逊先生愣了一下，缓缓地转过身。

那盲人感觉到前面有人，连忙打起精神，上前说道："尊敬的先生，您一定发现我是一个可怜的盲人，能不能占用您一点点时间呢？"

威尔逊先生说："我要去会见一个重要的客户，你要说什么就快说吧。"

盲人在一个包里摸索了半天，掏出一个打火机，放到威尔逊先生的手里，说："先生，这个打火机只卖一美元，这可是最好的打火机啊。"

威尔逊先生听了，叹口气，把手伸进西服口袋，掏出一张钞票递给盲人，说："我不抽烟，但我愿意帮助你。这个打火机，也许我可以送给开电梯的小伙子。"

盲人用手摸了一下那张钞票，竟然是一百美元！他用颤抖的手反复抚摸这钱，嘴里连连感激着："您是我遇见过的最慷慨的先生！仁慈的富人啊，我为您祈祷！上帝保佑您！"

威尔逊先生笑了笑，正准备走，盲人拉住他，又喋喋不休地说："您不知道，我并不是一生下来就瞎眼的，都是二十三年前布尔顿的那次事故！太可怕了！"

威尔逊先生一震，问道："你是在那次化工厂爆炸中失明的吗？"

盲人仿佛遇见了知音，兴奋得连连点头："是啊，是啊，您也知道？这也难怪，那次光炸死的人就有九十三个，伤的人有好几百，那可是头条新闻啊！"

盲人想用自己的遭遇打动对方，争取多得到一些钱，他可怜巴巴地说了下去："我真可怜啊！到处流浪，孤苦伶仃，吃了上顿没下顿，死了都没人知道！"他越说越激动，"您不知道当时的情况，火一下子冒了出来！仿佛是从地狱中冒出来的！逃命的人群都挤在一起，我好不容易冲到门口，可一个大个子在我身后大喊：'让我先出去！我还年轻，我不想死！'他把我推倒了，踩着我的身体跑了出去！我失去了知觉，等我醒来，就成了瞎子，命运真不公平啊！"

威尔逊先生冷冷地说："事实恐怕不是这样吧，你说反了。"

盲人一惊，用空洞的眼睛呆呆地对着威尔逊先生。

威尔逊先生一字一顿地说："我当时也在布尔顿化工厂当工人，是你从我的身上踏过去的！你长得比我高大，你说的那句话，我永远都忘不了！"

盲人站了好长时间，突然一把抓住威尔逊先生，爆发出一阵大笑："这就是命运啊！不公平的命运！你在里面，现在出人头地了，我跑了出去，却成了一个没有用的瞎子！"

威尔逊先生用力推开盲人的手，举起手中一根精致的棕榈手杖，平静地说："你知道吗？我也是一个瞎子。你相信命运，可是我不信。"

接受不幸，屈服于命运的人，最终只会成为命运的奴隶。纵然遭遇不幸，但只要心中充满信心，充满希望，一样会获得成功。

某人在屋檐下躲雨，看见观音正撑伞走过来。这人说："观音菩萨，普度一下众生吧，带我一段如何？"

观音说："我在雨里，你在檐下，而檐下无雨，你不需要我度。"这人立刻跳出檐下，站在雨中："现在我也在雨中了，该度我了吧？"观音说："你在雨中，我也在雨中，我不被淋，因为有伞；你被雨淋，因为无伞。所以不是我度自己，而是伞度我。你要想度，不必找我，请自找伞去！"说完便走了。

第二天，这人遇到了难事，便去寺庙里求观音。走进庙里，才发现观音像前也有一个人在拜，那个人长得和观音一模一样。

这人问："你是观音吗？"

那人答道："我正是观音。"

这人又问："那你为何还拜自己？"

观音笑道："我也遇到了难事，但我知道，求人不如求己。"

麦子有三种命运：一种是被丢弃，然后慢慢地腐烂掉；一种是被磨成面粉或装进麻袋，等着被人吃掉；还有一种命运是作为种子撒在土壤里，生长，然后结出更多的麦子。麦子没有办法选择自己的命运，无法选择是腐烂掉，或是被做成面包，或是作为种子，而人和麦子的不同之处在于，人有选择自己命运的权利，有选择的自由，可以选择自己的生活方式。

有一个生意人，他把全部财产投资在一种小型制造业上，但是由于世界大战爆发，他无法取得他的工厂所需要的原料，因此只好宣告破产。金钱的丧失，使他大为沮丧。于是，他离开妻子儿女，成为了一名流浪汉。他对于这些损失无法忘怀，而且越来越难过，到最后他甚至想要跳湖自杀。

一个偶然的机会，他看到了一本名为《自信心》的书。这本书给他带来了勇气和希望，他决定找到这本书的作者，请作者帮助他再度站起来。

当他找到作者，说完他的故事后，那位作者却对他说："我已经以极大的兴趣听完了你的故事。我希望我能对你有所帮助，但事实上，我却绝无能力帮助你。"他的脸立刻变得苍白，低下头，喃喃地说道："这下子完蛋了！"

作者停了几秒钟，然后说道："虽然我没有办法帮你，但我可以介绍你去见一个人，他可以协助你东山再起。"刚说完这几句话，流浪汉立刻跳了起来，抓住作者的手，说道："看在老天爷的份上，请带我去见这个人。"

于是作者把他带到一面高大的镜子面前，用手指着镜子说："我介绍的就是这个人。在这个世界上，只有这个人能够使你东山再起。除非坐下来，彻底认识这个人，否则你只能跳到密歇根湖里。因为在你对这个人有充分的认识之前，对于你自己或这个世界来说，你都将是个没有任何价值的废物。"

他朝着镜子向前走了几步，用手摸了摸他长满胡须的脸，对着镜子里的人从头到脚打量了几分钟，然后退几步，低下头，开始哭泣起来。

几天后，作者在街上碰见了这个人，几乎认不出来了。他的步伐轻快有力，头抬得高高的。他从头到脚打扮一新，看来是很成功的样子。"那一天我离开你的办公室时还只是一个流浪汉。我对着镜子找到了我的自信。现在我找到了一份年薪三万美元的工作。我现在又走上成功之路了。"他接着风趣地对作者说，"我正要前去告诉你，将来有一天，我还要再去拜访你一次。我将带一张支票，签好字，收款人是你，金额是空白的，由你填上数字。因为你介绍我认识了自己，幸好你要我站在那面大镜子前，把真正的我指给我看。"

当你陷入困境而万分沮丧不能自拔时，只有一个人可以帮你——不是别人，正是你自己。

加德纳的多元智能理论认为，每个人至少有七种智力，包括空间智力、内省智力、音乐智力、语言智力、人际关系智力、数理逻辑智力和身体运动智力。人的潜能是无限的，只是由于种种原因，我们还没全部发现而已。

连自己都看不起自己的人又怎能要求别人看得起自己呢？所以首先自己要先看得起自己，天生我材必有用，每个人生下来都有潜能，只是自己还没发现而已，而且就像哲学上说的"内因和外因都很重要，但外因要通过内因才能起作用"。相信自己，就能创造奇迹。

天行健，君子以自强不息

有这样一则故事，清代书画家、文学家郑燮在五十二岁时喜得贵子。老来得子自然万分疼爱，但却从无半分溺爱，他经常以各种方法培养其子自立自强。在他病危的时候，寄养在乡下弟弟家中的儿子回来探望父亲，他要儿子亲手做几个馒头给他吃，儿子从来没有做过馒头但又想尽尽孝道，便去请教厨师，并为此花费了很长时间。当儿子将亲手做的馒头送到父亲床头的时候，父亲已经咽了气，儿子悲痛大哭，突然发现茶几上压着一张纸条，打开一看，原来是父亲临终前写的一首遗诗，大概意思是这样的：淌自己的汗，吃自己的饭，自己的事情自己干；靠天，靠人，靠祖宗，不算是好汉！这是什么，这就是自强的经典释义。

如今这个物质高度繁荣的时代，自强好像已经成为理想化的状态。窗外车水马龙，人们行色匆匆，急于求成，心态普遍比较浮躁。人们大多变得十分现实，所以在许多年轻人中间流传着"干得好不如嫁得好，干得好不如娶得好"之说。

不管怎样，这都源于一种心态，那就是急于求成，害怕吃苦，期望不劳而获。安逸无忧的生活谁都向往，但困难却是人生不可避免的。经过自己的努力得来的一切，虽然其中可能饱含辛酸，但在奋斗的过程中所获得的对人生的感悟，以及奋斗后所取得的哪怕一点点的成绩，都会让我们获得极大的成就感和满足感。有人说，人活着其实就是一种感觉。这话不无道理，这种成就感和奋斗得到的快乐，绝不是父母、爱人、朋友的无偿给予所能感悟到的，也不会是靠轻而易举的所谓交换所能获得的。我们不能否认人对物质的需求，但如果只将豪宅名车看作是生活的顶点，这样的人生太贫乏。靠自己的双手和能力活着，才活得踏实，虽然这其中一定会遇到各种各样的困难。正因为遇到种种困难，我们才有了克服困难的经验，并在总结经验中得到进步；正因为面临种种问题，我们才有了解决问题的方法，并在优化中走上康庄大道。人只有在这种不断自强中才能真正品味生命的意义和享受充满活力的人生。

自强是一种尊重自己、珍视自己的品质。它需要我们有一股勇气，这种勇气是坚韧的，不仅仅表现在烽火连天的战场上，而且也表现在平凡的生活中，因为自强在很多时候，表现为战胜自我、超越自我的内在考验。"宠辱不惊，看庭前花开花落；去留无意，望天上云卷云舒"表达的其实就是这种内在的考验：当遭遇冷落时仍能泰然处之，当穷困潦倒时仍然雄心未泯，当受到误解时仍能心平气和，当荣誉到来时不骄不躁。

另外，自强还与坚定的意志和决心相联系。落第秀才蒲松龄以历史上自强者的事迹自勉，终于写出不朽篇章，使自己成为一个名载史册的自强者。 这个事例道出了意志和决心对于成功的决定性作用。 有道是："有志者事竟成，破釜沉舟，百二秦关终属楚；苦心人天不负，卧薪尝胆，三千越甲可吞吴。"

自强是永无止境的追求，旧的问题解决了，新的问题又出现了；一个困难克服了，另一个困难又来了。 人生的过程，就是不断克服困难、解决问题的过程。 生命不息，自强不止。 面对富裕的生活我们不能放弃这种进取的精神，面对阶段性的成绩和成功我们更不能放弃这种进取的精神。 成功不是一朝一夕能获得的，应心存远大目标，忌投机取巧急功近利，忌小功自骄心浮气躁。 面对纷繁的社会要学会平衡心态，锐意进取，如果你摄取到的知识还显匮乏，人格魅力沉淀还不够，你仍有被社会淘汰的可能。

无数自强者的经验告诉我们，一个人的成功不在于有多高的天赋，也不在于有多好的环境，而在于是否有坚定的意志、坚强的决心和明确的目标。

自强是努力向上，是奋发进取，是对美好未来的无限憧憬和不懈追求。 自强者的精神之所以可贵，是因为自强者依靠的是自己的拼搏奋斗，而非其他人的荫蔽提携。 靠别人安身立命是毫无出息的，这也就是"庭院里练不出千里马，花盆里长不出万年松"的意义所在。

感谢贫困让你学会自强

能不能摆脱贫困，关键还要看你自己。

人在贫困时，只要能抱着坚定的信念，努力上进，就能摆脱贫困，走向成功。

有些人生下来就身处贫困之家，有些人生在富贵豪门，这是先天的差距，贫困的孩子必须付出双倍的努力，才能获得成功。这是每一个被贫困困扰着的人所不得不面对的现实，但我们必须坚信这样一句话："你可以贫困，但不能贫困一生。"人处在贫困之中，更应该奋发上进，努力去追求成功，这样的成功更弥足珍贵。

美国前副总统亨利·威尔逊出生在一个贫苦的家庭，当他还在摇篮里的时候，贫穷就已经冲击着这个家庭了。亨利十岁的时候就离开了家，在外面当了十一年的学徒工。这其间，他每年只能有一个月时间到学校去接受教育。

在经过十一年的艰苦工作之后，他终于得到了报酬：一头牛和六只绵羊。他把它们换成了八十四美元。他知道钱来之不易，所以绝不浪费，他从来没有在玩乐上花过一美元，每一美分都要精打细算。在他二十一岁之前，他已经设法读了一千本书——这对一个农场里的学徒来说，是多么艰巨的任务呀！在离开农场之后，他徒步到一百五十公里之外的内蒂克去学习皮匠手艺。他风尘仆仆地经过了波士顿，在那里他参观了邦克希尔纪念碑和其他历史名胜。整个旅行他只花了一美元六美分。

　　在度过了二十一岁生日后的第一个月，他就带着一队人马进入了人迹罕至的大森林，在那里采伐原木。他每天都是在东方刚刚翻起鱼肚白时起床，然后就一直辛勤地工作到星星出来为止。在经过了一个月夜以继日的辛苦劳作后，他获得了六美元的报酬。

　　在那样的穷途困境中，亨利下定决心，不让任何一个发展自我、提升自我的机会溜走。很少有人能像他一样深刻地理解闲暇时光的价值。他像抓住黄金一样紧紧地抓住零星的时间，不让一分一秒无所作为地从指缝间白白流走。

　　十二年之后，这个从小在穷困中长大的孩子在政界脱颖而出，进入了国会，开始了他的政治生涯。

　　出身贫寒并不可怕，只要像亨利·威尔逊那样面对困境不抱怨，不低头，勤奋自强，就能获得成功。有些在贫困中长大的人往往自甘堕落，他们认为自己的命运本该如此，再怎么奋斗也是徒劳，于是只能一生受穷，惶惶度日，更有一些人因心理极端不平衡而走上犯罪之路。

生活的贫富从某种意义上来说只能由你自己来决定，身处贫困时，若能不被贫困所累，奋发向上，积极奋斗，照样可以有富足的人生；相反，如果自甘堕落，即使生在富豪之家，也可能坠入贫困之中。

善于借鉴他人的成功经验

在学习知识、积累经验、丰富人生阅历的同时，我们还要尽可能地多读一些关于成功人物的传记，向他们学习、借鉴成功的经验，并汲取失败人士的教训；或把你的目标和行动计划给那些已经在这方面获得成功的人看看，并请他们给你提提建议。

事实上，在我们日常生活中，成功者处世行为的百分之九十五以上，都是模仿别人得来的。没有模仿，根本不可能创新。模仿是一条安全而高效的途径，这是鼓励模仿的最大理由。

当然，成功者走过的路，通常都不适合其他人跟着重新再走。在每个成功者的背后，都有自己独特的、不能为别人所仿效和重复的经历。但是，你所要走的路当中，总有那么一段，同他们曾经走过的路有相似的地方。有时候，大家所走的其实就是同一条路，即使有所区别，也不过是大同小异。只是因为你看不见，或者没有注意别人已经走过了，以为自己走的是一条新路。 有些人常常沉溺于自我摸索，不屑于观察和模仿别人，这样容易失去借鉴的机会。

走一条从来没有人走过的新路，总是比走别人已经走过的旧路要慢，因为走新的路通常要遇到更多的障碍，要面对更大的风险。 看清楚眼前要走的路，特别要留意别人怎样走同样的路，一定有让你受益的地方，会让你避免重复别人已经走过的弯路。 另外，有一些路很值得你跟着别人一起走，这会让你成功的机会更大，就像大雁结伴而行一样。

当然，你要比别人走得快，甚至赶在前头，必须有一些属于自己的东西，或者有新的发现。 否则，你永远只能跟在后面。 模仿和创新，两者其实并不矛盾，创新总是在模仿的基础上，而模仿通常也一定包含着创新，偏执任何一方面，都不会令你持久地获得成功。 懂得选择、吸收、消化别人的好东西，为自己所用，并且用得更出色，这本身就是创新。

创新起领头作用，模仿让所有人跟上来。 事实上，人类之所以能有如此巨大的进步，恐怕也不能不归功于我们具有模仿这种能力。 创新总是带有偶然性和特殊性，模仿却能够把任何的创新，迅速地变成每一个人都掌握的东西，从而促使整个人类共同进步。

尽量从那些成功人物身上挖掘使你自己也成功的线索。其实，在做一番事业之时，并非只有我们会遇到阻碍，那些成功者们同样也曾经历过类似的困境。 在他们未取得成功之前，同我们相比，并没有什么不同，他们可能有某些其他人所没有的特长，但他们通常也欠缺我们已经具备的一些有利之处。 探索、挖掘出成功人士如何能够在这样的情况下，克服所有的障碍，最终找到成功的线索与奥秘，学习他们成功的经验与心得。这样，我们才能跟他们一样，步入成功之道。

那些成功人士之所以成功，一定有道理，一定有方法，也一定有原因。我们可以研究成功者为什么成功、如何成功，他们有什么想法跟别人不一样，他们有什么伟大的目标，他们到底如何制订计划，他们成功的策略又是什么，等等。成功有一定的规律可循和方法可依。找到已经获得成功结果的实例，分析成功的过程，总结出方法，再根据这个方法去做，就可能会成功。既然如此，为何放着现成的经验不去学习借鉴呢？

当然，学习借鉴并不是全部沿袭、照搬。我们一定要在运用成功经验的同时，结合自己的实际情况。许多事情，只要差了一点点，就有可能有截然不同的结果，所谓"差之毫厘，谬以千里""画虎不成反类犬"。何况有成功也有假象，有些人今日是成功了，但他成功的背后说不定还潜伏着失败的隐患，如果我们对此不加鉴别地去学习、去复制，就有可能给自己带来隐患，使自己陷于莫测之地。

传说，在浩瀚无际的沙漠深处，有一座埋藏着许多宝藏的古城。要想获取宝藏，除了必须穿越整个沙漠，还必须战胜沿途那些数不清的机关和陷阱。

许多人都对沙漠古城里埋藏着的价值连城的财宝心驰神往，但却没有足够的勇气和胆量去征服整个沙漠以及那些杀机四伏的陷阱机关。那些财宝就这样在沙漠古城里埋藏了一年又一年。

　　终于有一年，一个勇敢的人从爷爷那里听到了这个神奇的传说以后，便决计要去探寻财宝。他准备了充足的干粮和饮用水，独自踏上了艰辛而漫长的寻宝之路。

　　为了能够在回程的时候不至于迷失方向，这个勇敢的寻宝者每走出一段路，便要做上一个非常明显的标记。他试探着在沙漠中走呀走呀，虽然每前进一步都充满了艰险，但最终还是找出了一条路来。就在已经可以与古城遥遥相望的时候，这个勇敢的人却因为过于兴奋而不小心一脚踏进了布满毒蛇的陷阱，眨眼间便被饥饿凶残的毒蛇噬咬成了一具白骨。

　　过了许多年后，又有一个勇敢的寻宝人走进了这片荒无人烟的沙漠，当他看到前人留下的那些醒目的标记时，心里便想：这一定是有人走过的，沿着别人指引的道路行进，一定不会有错。他欣喜地沿着标记走了一大段路后，发现果然没有任何危险。可就在他放心大胆地往前走的时候，一不留神，也同样落进了陷阱，成了毒蛇口中一顿丰盛的美餐。

　　又是许多年过去了，又一个勇敢的寻宝人走进了沙漠，他所选择的，同样是前面两个人所走的道路。结果，他的命运也可想而知。

　　最后走进沙漠的寻宝人是一位智者，当他看到前人留下的那一个个醒目的标记后，心想这些标记不一定就那么可靠。前人所指引的路，不一定就是通往宝藏的唯一正确并且非常安全的道路。要不然，这些寻宝者为什么都一去不返了呢？智者于是凭借着自己的智慧，在浩瀚无际、险象环生的沙漠中，重新开辟了一条崭新的道路。他每迈出一步都小心翼翼，扎实平稳。最终，这位智者克服了意想不到的重重艰难险阻，抵达了埋藏宝藏的古城，取回了价值连城的宝藏。

智者在临终的时候，无限感慨地对自己的儿孙说："前人走过的路，并不一定就是一条正确的、通往成功的路；前人的路标所指引的方向，也不一定就是正确的前进方向。要想挖掘到人生的宝藏，就得勇敢地去探索，去开辟一条属于自己的新路。万不可过于迷信前人，迷信既得的经验。要相信，已经被众人走过踏平的宽敞大路尽头，绝对没有价值连城的宝藏供你采掘。即便果真有宝藏，那也早就已经被那些比你更早地踏上这条道路的寻宝人采掘得一干二净了。"

这位智勇兼备的寻宝者在为自己寻找到丰厚的宝藏之后，同样给我们留下了价值连城的"人生宝藏"，那就是他临终的遗训。虽然只是几句简单而朴实的遗言，却足以让我们受用一生。

缺陷也可能是有利条件

就像十指各有长短一样，上天对每个人也不是绝对公平的，许多人身上都有这样或那样的缺陷。不同的是，一些人因此失落沉沦，一些人却因此活得比一般人还好。活得好的人，他们大都懂得如何让自己的缺陷变成优势。

某电影导演为拍一部片子四处寻找合适的演员。一天，导演发现了一个合适人选，便通知他准备试镜。这个人十分高兴，理了发，换上新衣，对着镜子左照右照，总感觉自己那两颗"犬牙"式的牙齿不好看，于是到医院把牙齿拔掉了。随后，他兴致勃勃地去报到，导演一见到他，便失望地说："对不起，你身上最珍贵的东西被你自己当缺陷给毁了，这部影片已经不需要你了。"

这个长犬牙的人没有意识到，自己的这种短处在这里正是长处，传统的虚荣观念毁掉了有可能使他的人生大放异彩的机会。 当然，导演也没有告诉那个人用他的原因。 但在现实生活中，也同样没有人会指出我们的缺陷正是我们可以利用的有利条件。

如果柴可夫斯基的生活没有那么悲惨，我们哪有可能欣赏到那首不朽的《悲怆交响曲》？ 如果陀思妥耶夫斯基和托尔斯泰的生活没有充满折磨，他们也可能永远写不出那些不朽的小说。 海伦·凯勒写道："如果我没有这样的残疾，我也许做不到完成这么多工作。"

也许正因为这种奇迹，所以我们才会对如何做人表现出兴趣和研究的欲望来，因为它对人的命运的影响是如此巨大。

美国前总统罗斯福是一个有缺陷的人，小时候是一个脆弱胆小的学生，在课堂上总显露出一种惊惧的表情，呼吸就好像喘大气一样。如果被老师喊起来背诵，他立即会双腿发抖，嘴唇也颤抖不已，回答起来含含糊糊、吞吞吐吐，然后颓然地坐下来。而龅牙更使他没有一个好的面孔。

像他这样的孩子，会很敏感，常常回避同学间的任何活动，不喜欢交朋友，成为一个自卑的人。然而，罗斯福虽然有这方面的缺陷，但却有着奋斗的精神。事实上，缺陷促使他更加努力奋斗。他没有因为同伴对他的嘲笑而失去勇气；他喘气的习惯变成了一种坚定的嘶声；他用坚强的意志，咬紧自己的牙床使嘴唇不颤动以克服他的惧怕。

没有一个人能比罗斯福更了解自己，他清楚自己身体上的种种缺陷。他开始自觉地改变自己，试图以此来挽救自己的生活。他从来不欺骗自己，认为自己是勇敢、强壮或好看的。他用行动来证明自己可以克服先天的障碍而得到令自己满意的生活。

凡是他能克服的缺点他便克服，不能克服的他便加以利用。通过演讲，他学会了如何利用一种假声，掩饰他那无人不知的龅牙以及他的姿态。虽然他的演讲中并不具有任何惊人之处，但他没有因自己的声音和姿态而遭失败。他没有洪亮的声音或是威重的姿态，他也不像有些人那样具有惊人的辞令，然而在当时，他却是最有力量的演说家之一。

罗斯福没有在缺陷面前退缩和消沉，而是充分、全面地认识自己。在意识到自我缺陷的同时，他能正确地评价自己，顽强抗争。不因缺陷而气馁，而是将它加以利用，变为资本，变为扶梯而登上名誉巅峰。因此，在晚年，已经很少人知道他曾有严重的缺陷。

只要会利用，缺陷也能变成有利条件，关键是我们采取什么样的态度和方法。命运给我们的暗示也许正是这样：你认为你是什么样的人，就会成为什么样的人。

坚守自己的心灵，不轻信、不盲从

一个真正意义上的人，必定是个不轻信、不盲从的人。一个人心灵的完整性是不容破坏的。当你放弃自己的立场，而想用别人的观点来看一件事的时候，错误往往就不期而至了。

我们也许可以这样理解：要尽可能地从他人的角度来看事情，但不可因此而失去自己的观点。

当我们身处陌生的环境，没有任何经验可以参考的时候，就需要我们不断地从周围吸收能量，建立信心，然后照着自己的信念和标准去做。无论遇到什么样的影响，都要坚守自己的信念，并有实现这些信念的勇气。

时间能让我们总结出一套属于自己的评价标准。举例来说，我们会发现诚实是最好的行事指南，这不只是因为许多人这么教导我们，而是通过我们自己的观察、经历和思索而得出的结论。保持思想独立，不随波逐流，这并不是件轻松的事，有时还有危险。为了追求安全感，人们往往顺应环境，最后无奈地成了环境的奴隶。

如果我们真的成熟了，便不再需要躲进懦怯者的避难所里去顺应环境；也不必躲在人群当中，不敢把自己的独特性显现出来；也不必盲从他人的思想，而要凡事有自己的观点与主张。

坚持并不能得到别人支持的意见，或不随便附和普遍人支持的原则，都不是件容易的事。当一个人不愿随波逐流，并在受攻击的时候还坚持信念，的确需要极大的勇气。

在一次社交聚会上，在场的人都赞成某个观点，只有一位男士表示异议。他先是客气地默不作声，后来因为有人直截了当地问他的看法，他才微笑地说道："我本来希望你们不要问我，因为我与大家的观点不同，而我又不想破坏这么愉快的社交聚会。但既然你们问了我，我就把自己的看法说出来。"接着，他便把自己的看法简要地说出，结果立即遭到大家的围攻。但他坚定不移地固守自己的立场，毫不让步。最后，他虽然没有说服别人赞同他的看法，却获得了大家的尊重，因为他坚持了自己的观点。

由于我们习惯于依赖那些权威性的看法，因此便逐渐丧失了自信，以致对许多事情很难提出自己的意见或坚持信念。

我们现行的教育往往是针对一种既定的性格模式来设计的，所以这种教育方式很难培养出独立的领导人才。由于大部分的人都是随从者而不是领导者，因此我们虽然很需要领袖人才的训练，但同时也很需要训练一般人如何有意识、有智慧地去遵从领导。如此才不会像被送进屠宰场的牛羊一样，盲目地奔赴"刑场"仍茫然不知。

那些为自己子女的教育方式大胆提出看法和意见的父母，的确需要勇气。因为通常别人会告诉他们，最好把那些问题留给那些专家或权威去处理。但是总有一些勇敢的人敢于挺身而出，打破权威的观点，极力为自己儿女的教育问题提出更加切合实际的见解和观点。有位善于独立思考并坚信自己信念的中年人，他不断提出问题，并且独自与一般公众的意见抗衡。不久，就有不少人佩服他，选他当社区教育委员会的委员。后来，不仅他自己的子女，更有不少学生因他所提出的建议而深受其益。

有许多婴幼医师告诉我们喂养、抚育和照顾子女的方法，也有许多幼儿心理学家告诉我们该如何教导孩子；做生意的时候，有许多专家忠告我们要如何做方能使生意发展顺利；就连我们的私生活也常常受某些所谓专家意见的影响。那些所谓的专家通过观察、制作，然后把意见销售给大众，让大众去消化、吸收，并断定它们是药到病除的灵丹妙药。

生活中的大部分人都不会想到，其实自己才是这个世界上最伟大的专家，只不过是因为某些"专家"这么说，或因为那是一种流行趋势，于是就认为自己应该跟着做。

的确，我们最难要求自己达到的境界便是成为自己。在充满了大众产品、大众媒介及流水线式教育的当今社会，认识自己很难，要维持自己的本来面目更难。我们常以一个人所属的团体或阶层来区分他们的特点，"他是某单位的人"

"她是职业妇女""他是自由职业者"等。 我们每个人几乎都贴有标签，也毫不留情地为别人贴上标签，这很像是小孩玩的"捉强盗"游戏。

对于生活中的你我来说，如果不想碌碌无为一生，切记坚守自己的心灵，不要盲从，也不要随波逐流。

确立目标，制定规划

对于一个人来说，对理想的憧憬是指导他走向幸福的明灯，是让他充满活力与激情的动力。我们应该有一种低调的姿态，不能随意奢望自己谱写出怎样华美的人生篇章，但是一旦我们缺少了向往，就会放弃对自己人生的规划，如此一来可能终其一生也只能仰望他人。

人的生命是无价之宝，可以创造的价值是无限的，至于一个人能创造多少价值、他的人生如何，完全取决于自己内心愿景的规划，而非外界的种种条件。因此，一个人的价值不是由外界来判定的，而是靠自己努力换取的。即使现实不如意，也不要心存不满。其实你已经拥有足够多的东西，只是你没有发现、没有利用而已。

我们要明白的是，一个人最大的财产就是自己，面对生活不要埋怨。如果你不能成为大道，那就当一条小路；如果不能成为太阳，那就当一颗星星。不要总觉得自己一无是处，每个人在世上都是独一无二的，不管处在什么境地，始终相信命运把握在自己手中。

在很早以前，哈佛大学的一个行为问题调查组曾经对100名学生进行了一次抽样调查，向每个人提出了同一个问题："10年以后，你希望在什么地方，从事什么工作？"这些学生都回答说，他们想得到财富、荣誉，希望去经营大公司，或者从事能影响和主宰我们所生存的世界的重要工作。

但是，在这100个接受调查的年轻人中，有10个人不仅决心征服世界，而且将目标清清楚楚写了出来，并说明他们什么时候即将取得何等成就、取得这些成就的理由是什么；而其他人则没有像他们一样写出各自的目标和理由。

10年过去了，调查人员发现，原来写过目标和计划的那10名学生，所拥有的财产竟占那100名学生总财产的96%。这意味着那10名学生的成功率超过他们的同学整整10倍。

一位哲人说得好，最蹩脚的建筑师从一开始比最灵巧的蜜蜂高明的地方是，他在用蜂蜡建筑蜂房之前已经在头脑里把它建成了。

所以说，确立目标与制定规划是必不可少的。目标是前进的灯塔，规划是行动的方案。没有目标，所谓的规划就没有了明确的方向，只能是四处乱撞；没有规划，目标则只是一句空谈，没有任何实际意义。

格莱恩·布兰德曾经说过，目标和规划是通向快乐与成功的魔法钥匙。有了明确的目标和规划，并把它们写下来付诸行动的人，他们将来的成就是有目标和规划但仅停留在脑子里或纸上的人的10至50倍。

在这里向大家介绍一下兰特，他的个人长期规划是一个很好的范例。

　　兰特中学毕业时，他的父亲就发现他具有特殊的商业天赋：机敏果敢，敢于创新。但他缺乏社会阅历，尤其重要的是缺乏知识。父亲与他长谈了一次，并和他一起制定了一个能帮助兰特成为一个商界精英的长期规划。这个规划将兰特的学习生涯分为四个阶段。

　　第一阶段：攻读理工科学士。通过在哈佛大学攻读最基础、最普通的机械制造专业，兰特具备了做商贸必备的专业知识，了解了产品性能、生产制造情况，培养了知识技能，建立了一套严谨的逻辑思维体系，还形成了脚踏实地的工作态度。在这四年中，兰特还广泛选修了其他专业课程，如化学、建筑、电子等。这些知识为他后来的商业活动创造了难以估量的价值。

　　第二阶段：攻读经济学硕士。通过在哈佛大学三年经济学硕士的学习，他了解了影响商业活动的众多因素，懂得了商业的社会地位和作用，掌握了经济学的基本知识。在这三年的学习中，他还认真学习了经济法，并将主要精力放在管理知识的学习上。

　　第三阶段：积累社会阅历。离开哈佛后，兰特并没有急着去经商，而是先做了五年公务员。五年的时间，使兰特从一个稚嫩的青年成长为一个深谙世故的公务员，在环境的压迫下，他树立起强烈的自我保护意识，并广泛结交各界人士，建立起一套关系网络。他非常善于利用这些网络来获得丰富的信息和便利条件。

第四阶段：掌握商情，熟悉业务。兰特辞去公务员的工作，应聘到了一家国际性的大公司。通过在这里两年的锻炼，在掌握了丰富的商情与商务技巧之后，他谢绝了公司的高薪挽留，自己开办了一家商贸公司，开始了梦寐以求的经商生涯。

兰特的这四个学习阶段共用了 14 年的时间，每个阶段目标明确、任务具体。由于他在制定规划之前对自己将来的发展目标定位准确，每个阶段的学习都是以总的目标所需具备的素质作为出发点，科学规划，合理安排。因此，当规划完成后，兰特已经具备了成功商人所应具备的所有条件，他的公司经营得非常出色。

这其中的道理大家应该都明白：不管做什么事情，光有目标还是不够的，必须有一个详细的计划，接下来的事情就很简单了，只要一步一步地去完成就行了。当你把最后一步完成的时候，你就会发现目标已经实现了。

卓越人生

你要么出众，

要么出局

杨建峰 编著

成都地图出版社

图书在版编目(CIP)数据

卓越人生. 你要么出众,要么出局 / 杨建峰编著. — 成
都 : 成都地图出版社有限公司, 2021.5
ISBN 978-7-5557-1674-7

Ⅰ. ①卓… Ⅱ. ①杨… Ⅲ. ①人生哲学 – 青年读物
Ⅳ. ①B821-49

中国版本图书馆 CIP 数据核字(2021)第 032615 号

卓越人生·你要么出众,要么出局
ZHUOYUE RENSHENG · NI YAOME CHUZHONG, YAOME CHUJU

编　　著：	杨建峰
责任编辑：	陈　红　赖红英
封面设计：	松　雪
出版发行：	成都地图出版社有限公司
地　　址：	成都市龙泉驿区建设路 2 号
邮政编码：	610100
电　　话：	028-84884648　028-84884826(营销部)
传　　真：	028-84884820
印　　刷：	三河市众誉天成印务有限公司
开　　本：	880mm×1270mm　1/32
总 印 张：	25
总 字 数：	600 千字
版　　次：	2021 年 5 月第 1 版
印　　次：	2021 年 5 月第 1 次印刷
定　　价：	150.00 元(全五册)
书　　号：	ISBN 978-7-5557-1674-7

前　言

　　"我只拿这点钱，凭什么做那么多工作""工作嘛，又不是为自己干，说得过去就行了""我只要对得起这份薪水就行了，多一点我都不干"……此种"我不过是在为老板打工"的想法在许多人身上普遍存在，他们抱怨得不到升迁，抱怨不能及时加薪，工作一时热一时冷，没有动力，不能全身心地投入，对上级布置的任务得过且过，不好好地完成，更谈不上在工作中取得斐然成绩，结果机会来了，却因能力不够，失去了本应属于自己的机会。你，到底在为谁工作呢？为了父母？为了爱人和孩子？为了公司？为了更多爱你或对你好的人……

　　只有一次的青春，不去拼命搏一搏，怎能尽兴。社会学家戴维斯说："自己放弃了对社会的责任，就意味着放弃了自身在这个社会中更好的生存机会。"年轻时，你要么选择出类拔萃，要么选择出局。只有抱着为自己工作的心态，才能努力地将手中的事情做好，获得丰厚的回报，赢得社会的尊重，最终实现自己的人生价值。

时光，不会辜负每一个认真努力的人。洛克菲勒曾经说："工作是一个施展自己才能的舞台。"本书多次提醒人们：在工作中，不管做任何事，都应将心态回归于零，把自己放空，抱着学习的态度，把每一次任务都视为一个新的开始，一段新的经历，一扇通往成功的机会之门。必须明白，这世上哪有什么平白无故的成功，全都是精心准备的必然结果。

希望本书能帮助读者，尤其是陷入工作泥潭并正在寻找工作意义的读者，快速找到自己的职场位置，拥有快乐、充实、成功的职业生涯。过好今天的人，明天一定不会差，你的努力，时间都会帮你兑现。

2021 年 1 月

目 录
CONTENTS

第一章

忙起来，世界才会拥抱你

用干事业的心做工作中的事

事业和工作是有区别的，工作是一种谋生的手段，是解决吃饭、穿衣等基本生存问题的，而事业则是用来解决发展问题的，并且事业上的付出不一定能在短期内得到回报。因此，一个人对待工作是事业的态度还是工作的态度，在现实中产生的结局和效果也是不一样的。

我们在工作中不应该只是把工作当作工作，而是应该把工作当作自己的事业。拥有自己的事业，并通过努力和付出来发展自己的事业，这是每一个有志者的根本追求。在这种意义上，我们应该本着干事业的心去做工作中的事。如此，我们才有可能取得事业上的成功。

铁路职工大卫·安德森有一天和他的同事们正在路基上工作。这时，他的老朋友——铁路总裁吉姆·墨菲突然前来此处视察工作。他们俩非常高兴地交谈了一个多小时，然后愉快地握手道别。

他很快被他的伙伴们围住了，伙伴们对于他是铁路总裁的朋友备感惊奇。他说，他和吉姆·墨菲在20多年前一同为这条铁路工作。

伙伴中有一个同事感慨地说："真想不到你还待在这里，而吉姆·墨菲却成了总裁！"听了此话，他若有所思地回答说："当时，我工作是为了1小时1.75美元的工资，可吉姆·墨菲不是，吉姆·墨菲工作是为了这条铁路。事情就是这样。"

不必惊诧，其实很多时候，人的成败就在于那么一点小小的区别。大卫·安德森与吉姆·墨菲的区别仅仅在于前者用工作的心在工作，而后者则用事业的心在工作。在吉姆·墨菲的心里，他不是把修建铁路当作一种工作，而是将它看成自己的事业，并不断地投入自己的智慧和热情，一直努力着，最终他成就了自己真正的事业。

企业中，将工作当事业的职员是企业最欢迎、最需要的。只有将工作当成事业，才能真正将自身融入工作之中，与企业风雨同舟，一起成长，一起走向成功。

一位纽约的百万富翁在回顾自己的成功历程时说，当年他在一家百货公司的薪水最初只有每周7.5美元，后来一下子就涨到了年薪1万美元，而这之间没有任何的过渡，没过多久，他还成了这家百货公司的合伙人。他是怎么做到的呢？

原来，刚去公司的时候，他和公司签订了五年的工作合约，约定这五年内薪水保持不变。但他暗下决心：决不满足于这每周7.5美元的低微薪水，决不能就此不思进取。他一定要让老板知道，他绝不比公司中的任何一个人逊色，他是最优秀的人。

他工作的能力很快引起了周围人的注意。三年之后，他在工作中已经如鱼得水、游刃有余，以至于另一家公司愿意以3000美元的年薪聘用他为海外采购员。但他并没有向老板提及此事，在五年的期限结束之前，他甚至从未向他们暗示过要终止工作协定。也许有很多人会说，不接受如此优厚的条件，他实在是太愚蠢了。

但是，在五年的合同到期之后，他所在的公司给了他年薪1万美元的待遇。

老板很清楚，这五年来他所付出的劳动要比他所领的薪水高出数倍。理所当然，他成了一个获利者。假如他当时对自己说："每周7.5美元的工资，他们只给我这么多，而我也就只拿这么多好了。既然我每周只领7.5美元，那么我何必去考虑每周50美元的业绩呢！"如果那样，你说结局会怎样？实际上，这些话正是很多年轻人的想法，他们一边以玩世不恭的态度对待工作，对公司报以冷嘲热讽，还频繁跳槽，甚至消极懒惰、怨天尤人。因为老板所付不多就敷衍自己的工作，正是这种想法和做法，令很多的年轻人与成功绝缘。

努力工作，惠及你的亲人

努力工作不仅是对公司负责、对自己负责，更是对亲人负责，因为你良好的工作表现有时能让家人的命运得到改变。

对大多数人而言，每天忙碌地工作为了什么？不就是为了能够多挣点钱来养家糊口吗？所以努力工作就是为了能让亲人过上好日子，从这种意义上说，努力工作可以惠及你的亲人。作为一个普普通通的人，活着就要承担很多的责任，这些责任来自社会和家庭，那要怎么更好地承担这些责任呢？唯一的办法就是努力工作，因为只有你努力工作了，才能创造更多的价值，得到社会的认可，为社会作出贡献。而对于家庭来说，同样需要你努力工作，只有这样你才能给家人更加舒适的生活，从而赢得家人的尊敬。

有这样的一个故事，我们来看一下：

在北京市的一家小型加工厂里，超过五分之四的员工是男性，他们当中有很多人要求公司为配偶提供一定的生活保障和福利待遇。一个企业不可能无缘无故给不创造任何价值的人员提供福利。但是，如果企业不满足员工的要求，那就意味着很可能失去这五分之四的优秀员工，甚至面临着倒闭的危险。

经过几天的商讨后，厂长给所有的员工开了一个会议，厂长说："大家为自己的家人谋福利是一种很好的表现，是你们对自己家庭负责的一种可贵精神。但是，企业也相当于是你们的大家庭。只有你们先对企业这个大家庭负责，让企业能够生存和发展下去，你们的小家才能获得保障和利益。我可以保证，只要厂子效益有所上升，你们所提出的家庭成员的生活保障与医疗保险问题就能很快解决，但是这一切都在于你们自己工作的成绩。"

听了厂长的话后，员工们都觉得非常有道理，于是他们每天都努力工作。令所有员工惊讶的是，大会后不久，厂里就给在职员工的配偶提供了相应的福利待遇。从此，员工们更加努力工作了。

其实，努力工作既能为公司经济效益的增长作出贡献，让你获得更多的工资，又能让你的家人直接或间接地获得相应的生活保障，何乐而不为呢！

工作能带来个人能力提升

一个人只有在工作中充分展现自己的才华，才能获得更多宝贵的工作经验，才能有更大的上升空间，才能得到更多人的尊敬与认可。

有很多的人经常抱怨自己的工作不理想，其实他们只要再转念想想就会明白，一份在他们看来不尽如人意的工作也不会让他们失去什么，而他们收获的可能比失去的要多得多。如果一个人连不尽如人意的工作都能做得尽善尽美，那还有什么工作是他做不好的呢？别忘了，工作可以让人学会技能和积累宝贵的经验，可以让人成为能力突出、积极进取的优秀员工。下面这个案例就能充分说明这个问题：

中石油的修理工朴龙光为了实现自己成为修理专家的梦想，不断埋头苦干，努力积累工作经验，不仅获得了高级技师资格，更练就了一身"绝活"。现在他修车，已到了凭着感觉就能找出故障的程度——听听声，转一圈，十有八九就能找到故障点。他还总结了一步到位法、对号入座法、死看死守法等修理方法。也正是由于他技术过硬，修理班才能拿下一些大修、难修的活儿。可是他还是不满足，柴油机弄通了又开始研究汽油机，干过铆工、钳工，又去参加火电焊培训，如今他真正成了厂里的多面手，就连附近厂子里的人遇到解决不了的难题，也常常来向他求教。

有一次，一家厂子的一台推土机出现了故障，实在修不好，请朴龙光去帮忙。只见朴龙光绕着设备转了一圈，突然，他蹲下身向车底望去，然后起身说了一句："修一下油管吧。"修理工依言照做，推土机立即恢复正常，工人们连连称赞。

如果你只是一名普通员工，请不要气馁，只要你肯努力工作，就像朴龙光一样在工作中积极进取，你也能在不知不觉中提升工作能力，同时你也可以为企业、为自己创造更多的财富。

个人的成长离不开公司的发展

公司是每个员工生存和发展的载体。

公司为员工提供工作机会，是员工展现自我、实现人生价值的场所，个人如果离开了公司这个平台，就像一个优秀的演员失去了舞台一样。再优秀的员工，如果无法发挥其聪明才智，他的价值则也无法发挥出来。

新员工初到公司，首先要参加培训班，以便将书本知识逐步转化为实践知识。之后，公司会将其安排到生产一线，以熟悉产品、进入角色，进而独立思考、独立工作。其次，员工一旦进入公司，会被要求去迅速掌握自己从事工作所需的各种技能。同时，公司还会安排员工到一线市场去实践，直接接触客户，全面了解产品，在现场提供技术服务，以提高解决实际问题的能力。个人在工作中获得的经验都是公司赋予员工的，这些经验是他人永远无法夺走的财富。

可以说，任何一个公司都在努力为员工构筑全面发展的良好环境，并不断地提升环境质量。对于公司的员工来说，公司就是船，是谋生之所、发展之地，个人成长离不开公司的发展。所以，作为公司中的一员，不管你是部门经理，还是技术开发人员，不管你是会计、推销员，还是库管员、司机，哪怕你仅仅是一名清洁工，只要你仍然还在公司这条船上，就得和你所在的公司同舟共济。唯有如此，整个团队才能到达成功的彼岸。

1997年6月，当迈克尔·阿伯拉肖夫接管美国导弹驱逐舰"本福尔德号"的时候，船上的水兵士气消沉、人心涣散。这种压抑的氛围让很多人都讨厌待在这艘船上，甚至想赶紧退役。但是，两年之后，这种情况彻底发生了改变，"本福尔德号"变成了美国海军的一艘王牌驱逐舰。是什么让官兵上下一心、士气高昂呢？迈克尔·阿伯拉肖夫用什么魔法使得"本福尔德号"发生了这样翻天覆地的变化呢？

引用他自己书里的话就是：这是你的船。迈克尔·阿伯拉肖夫告诉士兵："这是你的船，是你生存发展之地、谋生之所。"

同样，公司也是如此，它也是你的船，你的每一次"航行"都离不开它，是它载你驶进浩瀚的海洋，是它让你到达理想的彼岸。所以，你要热爱你的公司。因为只有你所在的船安安稳稳地行驶，你才能踏踏实实。如果你的船出现了什么漏洞，那么一定会殃及你。因为你是这艘船上的一员，只有船安全行驶，你才能安全。

然而，不可否认的是，在任何时候，公司这条船上都会有两种人。一种是"主人"。这些人只有一个共同的任务和目的：把自己的工作做到最好，努力帮助公司这条船安全平稳地驶向目的地。他们明白，"公司兴亡，员工有责"，只有大家齐心协力、同舟共济，船才能顺利驶向成功的彼岸。另一种是"乘客"。对这些人而言，一旦公司这条船出现问题，他们首先想到的是自己如何逃生，而不是想办法解决问题、克服困难、渡过难关。

　　那么，公司到底最需要的是哪种人呢？我们应当成为哪种人呢？答案是明确的。因为这是你的船，在这条船上，你是主人，而不是乘客！

　　工作中，许多员工总是认为自己只是一个打工者，与公司只是一种雇用与被雇用的关系，有时甚至还有意无意地将自己置于老板或上司的对立面。可以说，这实在是一种错误的认识。虽然从表面上看，工作只与报酬有着直接的关系，但事情并没有这么简单。如果让这种想法控制你的思想，危害是极大的。试想，假如船上的船员都有破坏船的想法，那么当这艘船不能正常航行的时候，也就是船员随之覆亡的时候。

　　只有公司不断地发展壮大，在公司里生存的员工才会得到发展。因此，员工应该树立维护和建设公司这个载体的意识。只有公司这个载体越来越大、越来越好，才能为员工创造更多的机会、提供更大的发展空间。从这个意义上说，公司的兴亡不仅和公司里每一位员工的切身利益有着直接的关系，而且还维系在公司的每一位员工身上。因此，对每个员工来说，同公司命运与共永远都是你的神圣职责。任何时候，你都应该和公司的人一起努力。无论遇到什么情况，员工都不应该只想着逃避问题，而是应该负起责任来，全心全意与公司一起乘风破浪、共渡难关。

英特尔前任总裁安迪·葛洛夫曾对即将走入职场的学生们说："不管你在哪里工作，都别把自己当成员工，而应该把公司看作是自己开的，那是自己的事业生涯的开始，只有你自己可以掌握。"

商业社会中，到处都充满了竞争，充满了变化。为此，员工必须站在公司的角度，与公司一起去完成成长过程中的痛苦蜕变，因为只有那些能够与公司同甘共苦、把个人前途与公司未来紧密相连的员工，才是公司真正需要的人才。

幸福感来自个人价值的实现

我们每一个人都渴望拥有幸福，但又有多少人能真正地拥有幸福呢？ 更多的人是在忙忙碌碌中走完自己的一生。为什么会这样呢？ 因为他们忽视了幸福是建立在现实的工作基础上的，是以在工作中实现个人价值为前提的。 一位成功人士曾说过："我感觉工作很幸福。 或许有人会说工作是痛苦的，但是我要告诉这些人，那是你没有找到工作的真谛，你没有把自己真正融入工作。 如果你真正把自己的工作当成实现个人价值的肥沃土壤，那么你就会在工作这片土壤上种下努力工作的种子，收获个人价值得以实现的幸福感。"

一个人如果连一份工作都没有，是根本无法获得幸福的。 一个人如果不努力工作，且对工作充满抱怨，那么他实现不了个人价值，也难以获得快乐的人生。 如果我们失去了工作，就等于失去了幸福生活的机会。

刚刚大学毕业的陈丽，几经周折，最终被安排在市区某单位工作，月薪 3000 元左右。在择业竞争如此激烈和下岗职工不断增多的情况下，这份工作对于来自一个小城市的普通大学生来说，已经是他人可望而不可即的，而且也可以算得上是当地的"白领"阶层了。按理说她应该感到满意了。然而，她每次给父母打电话时却总是在诉说她的工作如何辛苦、如何无聊，一再流露出自己对金钱的渴望。当然，她得到的是父母的一顿训斥和指责，并告诉她不要忘了得到一份好工作多么困难。

无论你从事什么样的工作，都要努力把它做好。再小的事或再不起眼的小角色，也有它存在的价值和意义。当我们把自己所学的知识、拥有的能力在工作中尽情发挥出来，当这些都转化为工作业绩的时候，我们会有一种发自内心的幸福感。

现实中，很多人在工作中不知道珍惜，总是心浮气躁、好高骛远，这山望着那山高，缺乏立足本职工作埋头苦干的精神，当然也就不会有建功立业的成就感。这种人一看到别人取得了一些成绩就会嫉妒，进而大发"英雄无用武之地"的牢骚，似乎自己没有成就，不是主观不努力，而是岗位不适合。一旦领导将他们放到某个重要的岗位，他们又会沾沾自喜、乐而忘忧，人生的理想、奋斗的激情等都会丧失殆尽，到头来，只能是平平庸庸、碌碌无为。

我们也时常听到周围的人们总是在抱怨自己的工作、羡慕其他人的工作。有人说银行工作好，收入高，殊不知银行人员跑存款、收陈欠款的酸甜苦辣。也有人说当教师好，一年有那么多假期，殊不知当你已进入甜甜的梦乡的时候，他们还在孤灯下批改作业、伏案备课。也有人说当纺织女工不错，上一天班，休三天，殊不知，当你夜晚怀抱自己的孩子温柔亲吻、享受天伦之乐的时候，她却要放下嗷嗷待哺的婴儿去车间工作……

为什么会有这么多人抱怨自己的工作不如意呢？因为他没有在工作中实现个人价值。其实工作没什么不同，只是个人对工作的态度有所不同罢了。如果你用积极上进的态度去面对工作，你才可能在工作中实现个人价值，才能感觉到工作着就是幸福着，工作着就是快乐着；如果你用消极冷漠的态度去应付工作，你很难实现个人价值，你会感觉到工作就是活受罪。要知道，幸福感来自个人价值的实现，而不是工作岗位的好坏。

山东某市建设银行新招了一批大学毕业生，其中有个女孩是山东大学毕业的，被分配到基层分理处做了一名营业员，而她对工作总是勤勤恳恳、任劳任怨。有一次，市建设银行领导到基层检查工作完毕之后，就顺便和她聊了起来。她说："我很珍惜现在的这份工作，尽管我的收入不高，但我永远也忘不了曾经经历过的那段刻骨铭心的求职岁月。原来我总以为自己是个大学生，天生我材必有用，找份理想的工作是很容易的事情，但通过这次求职使我深深地体会到了生活的不易和竞争的残酷。因此，我没有理由不好好工作，也没有理由不珍惜这份工作。与那些正徘徊在择业边沿的大学毕业生和正处在下岗中的兄弟姐妹相比较，我是很幸运的，也是很幸福的。我要在这美好的环境中尽快地熟练操作技能，不断地提高自己的业务水平，圆满地完成领导安排的各项任务。"这个女孩是这样说的，也是这样做的。她的能力在不断地提升，当然她的收入也在与日俱增。

让个人价值在工作中得到充分体现，是珍惜自己工作的一种表现，更是一种对自己、对公司认真负责的表现。当今的职场竞争激烈且残酷，只有勤勤恳恳地努力工作，把自己的价值充分发挥出来，才能让你得到更多人的肯定，并在这种肯定中感到幸福。

工作中的幸福是一种个人价值得到实现的满足感，也是一种自己的努力得到肯定的成就感。想幸福吗？那就努力工作吧！

实现自身的价值

　　如何实现人生的价值？ 这是我们应该认真思考的问题。
人生本来没有什么价值可言，而你给它赋予什么样的价值，
它就有什么样的价值。 在工作中，人生价值是人对公司发展
的重要意义，反映了人与集体之间的关系。 人的存在具有双
重性：人既作为个体而存在，又作为社会成员而存在。 个人
总是生活在社会之中，作为一种"事物"，必须也只能以自己
所具有的属性去满足社会和他人的需要。

　　一个人的成功，可以说是个人意义上人生价值的实现。
当他把成功的果实与社会一起分享的时候，他的成功就具有
了广泛的意义，他的理念就升华到了新的境界，他的人生价
值就在更大的程度上得到了体现。 工作不仅能实现人的价
值，而且对社会进步也有巨大的贡献。 只有努力工作，人们
才能更好地服务社会、奉献社会，更好地实现人生的价值。
奉献是一种真诚的自愿的付出行为，是一种纯洁高尚的精神
境界。 懂得奉献的人生是壮丽的人生，人的生命因奉献而光

彩夺目。 人要实现自我人生价值，就要树立正确的人生价值观，重责任、讲奉献，正确认识和处理个人与他人和社会的关系、贡献与报酬的关系。

工作的价值远超乎你的想象，你认为工作的价值只在于谋生，只在于那一点薪水吗？ 我们的一生有很长时间都在工作，如果工作的意义只在于糊口，那么我们的人生未免太无趣了。

工作固然是为了生计，但是比生计更可贵的，就是在工作中充分挖掘自己的潜能、发挥自己的才干，从而做出有利于大众的事业。 在任何的工作环境下都可以实现你的价值，在你工作的同时也可以使别人的生活更加美好。

怎样才能实现人生价值？ 这是每个希冀成功的人都曾苦苦思索的问题。 失败者各有原因，但成功者具有共性，那就是在他们的身上都体现出一种精神——主人翁精神。 正是在主人翁精神的激励下，他们将企业的事情当作自己的事情，不计较个人得失，满怀激情地工作，为企业的发展积极主动地贡献自己的力量，在企业实现目标的过程中实现了自己的人生价值。 可以说，主人翁精神是实现自我价值的内在需求与不竭动力，是每一个成功者不可或缺的精神品质。

我们每个人，身在社会中，就是社会的一分子；身在企业中，就是企业的一个重要组成部分。 无论你如何自命不凡，无论你如何能力无穷，你首先要做到的，就是认清你自己。你从事的职业，完全由你自己做主，好与坏、成功与失败，都是由你自己的职业取向所决定的。

有许多人都羡慕名人和成功者的生活。 那么我们在这里跟他们"接触"一下：

美国微软公司创始人比尔·盖茨的财产净值高达数百亿美元。如果他和他太太每年用掉一亿美元，他们要数百年才能用完这些钱——这还没有计算这笔巨款带来的巨额利息，那他为什么还要每天工作？

美国著名导演兼制片人史蒂文·斯皮尔伯格的财产净值估计为数十亿美元，不比比尔·盖茨那么多，不过也足以让他的余生享受优裕的生活了，那为什么他还要不停地拍片呢？

美国维亚康姆公司董事长萨默·莱德斯通在63岁时开始着手建立一个庞大的娱乐商业帝国。63岁，在多数人看来是退休、颐养天年的时候，他却在此时作了一个重大的决定，让自己重新回到工作中去。而且，他总是一切围绕维亚康姆转，工作日和休息日、个人生活与公司之间没有任何的界限，有时甚至一天工作24小时。你认为他哪来的这么高的工作热情？

类似的例子还有很多。那些拥有了巨额"薪水"的人们，不但每天工作，而且如果你跟在他们身旁，你会因为他们工作那么卖力而且时间那么长而感到精疲力竭。他们为何还要这么做？仅仅是为钱吗？

还是来看看萨默·莱德斯通自己对此的看法："实际上，钱从来不是我的动力。我的动力是对于我所做的事的热爱，我喜欢娱乐业，喜欢我的公司。我有一个愿望，要实现生活中最高的价值，尽可能地实现。"

拥有正确的价值观，才能为社会作出贡献，才能取得真正的成功。这是中国社会几千年来一直提倡和推崇的成功法则。例如，《礼记·大学》中说："古之欲明明德于天下者，先治其国；欲治其国者，先齐其家；欲齐其家者，先修其身；欲修其身者，先正其心；欲正其心者，先诚其意。"这段话不正说明了树立正确的价值观对于一个人成长的重要性吗？现在假如你置身于沙漠中，已经跋涉了三天三夜，你还会选择钻石吗？我相信你不会的，因为你知道这个时候矿泉水对你更有价值，它能让你存活下去，而钻石无法让你存活下去。所以说，一件物品只有在使用中才能发挥它的价值。

就是这种自我实现的热情，让这些成功人士热衷于他们所做的事业，而非单纯地为了名和利，甚至当他们可以控制生活的时速时，他们的脚还是不会离开油门。

一些心理学家发现，金钱在达到某种程度之后就不再诱人了。人生的追求不仅仅只满足生存需要，还有更高层次的需求和动力。其中，自我实现的需求层次最高，动力也最强。

当一个人做他适合且喜欢的工作时，在工作中发挥他最大的才华、能力和潜在素质，不断自我创造和发展，他就满足了自己自我实现的需求。有自我实现需求驱动的人，往往会把工作当作是一种创造性的劳动，竭尽全力去做好它，使个人价值得到实现。在自我实现的过程中，他将体会到满足感如同植物发芽般迅速膨胀。

大家也许都听过一个智慧的心理学家与三个工人的

故事：

心理学家问他遇到的第一位工人："请问您在做什么?"

工人没好气地回答："在做什么?你没看到吗?我正在用这把重得要命的铁锤来敲碎这些该死的石头，而这些石头又特别硬，害得我的手酸麻不已，这真不是人干的工作。"

心理学家又找到第二位工人："请问您在做什么?"

第二位工人无奈地答道："为了每天50美元的工资，我才会做这份工作，若不是为了一家人的温饱，谁愿意干这种敲石头的粗活?"

心理学家问第三位工人："请问您在做什么?"

第三位工人眼中闪烁着喜悦的神采，说："我正参与兴建这座雄伟华丽的大教堂。落成之后，这里可以容纳许多人来做礼拜。虽然敲石头的工作并不轻松，但当我想到将来会有无数的人来到这儿，在这里接受上帝的爱，心中就会激动不已，也就不感到劳累了。"

第一种工人，是完全无可救药的人。可以设想，在不久的将来，他可能得不到任何工作的眷顾，甚至可能是生活的弃儿，完全丧失了生命的尊严。

第二种工人，是没有责任感和荣誉感的人。他们抱着为薪水而工作的态度，为了工作而工作。他们不是企业可以信赖并委以重任的员工，将难以得到升迁和加薪的机会，也很难赢得社会的尊重。

该用什么语言赞美第三种工人呢？ 在他们身上，看不到丝毫抱怨和不耐烦的痕迹，相反，他们是具有高度责任感和创造力的人，他们充分享受着工作的乐趣和荣誉。 同时，因为他们努力工作，工作也带给了他们足够的尊严和实现自我的满足感。 他们不仅真正体会到了工作的乐趣、生命的乐趣，而且他们才是最优秀的员工，才是社会最需要的人。

第二章

弱者看平台，强者造平台

工作岗位是我们发展和成长的平台

　　工作岗位是人生旅途拼搏进取的支点，是实现人生价值的平台。 热爱自己的工作，意味着你的人生价值会得到良好的提升。

　　公司实际上是每一个员工生存和发展的平台。 企业中的每个人，无论是老板，还是员工，都在这个平台上履行着自己的职责、发挥着自己的作用。 任何人离开了这个平台，就如同演员离开了舞台，无法施展自己的才华。 公司为我们提供了工作的机会、搭设了施展才华的舞台，我们因此才会有事业和成就。

　　许多员工认为自己只是一个打工者，与公司只是一种雇用与被雇用的关系，把公司仅仅当成一个完成工作的地方，甚至有意无意地将自己置于老板的对立面。 这种心态和认识对于一个人的职业发展是十分不利的。

　　一份工作对你而言意味着什么，是一份维持生活的薪水还是成就自己的人生事业？ 不同的人对此有不同的看法，但对大多数人来说，工作就是个人历练成长的基石。 除了极少数人能直接创建自己的事业外，大多数人都必须走一条相同的路——在工作岗位上磨炼，依托组织来拓宽自己的事业之路。

年轻人初入职场时，切记不要过分考虑薪水，而应注重工作带来的隐性报酬，抓住机会发展自己的能力，把公司当成自己生存和发展的平台。

职场上有很多人仅仅把公司当成一个完成工作的地方，工作也只是为了自己的那份薪水，他们总会盘算：我为老板做的工作应该和他支付给我的工资一样多，只有这样才公平。这种短浅的目光不但使他们的工作充满了痛苦，也会使他们丧失前进的动力。把工作看成一个自身生存和个人发展的平台，这样，原本单调的工作就成了事业发展的一个契机。

公司是员工生存和发展的平台，真正优秀的员工应当把公司看成一个实现自身价值的地方，始终与老板站在同一个立场上，自觉地维护公司的利益，建设和发展公司这个平台。这样，公司会越来越大、越来越好，就能为员工创造更多的机会、提供更大的发展空间。

我们从工作中所获得的一切、所享受到的一切，不是平白无故的，而是许多人创造、奉献的，这其中也包括你的公司和老板。公司和老板给了你一个机会，一个施展才华的平台，给你提供了工作环境、办公设备、各种便利、福利等，公司和老板可能成就了你的事业、你的价值和你的人生。

1992 年，潘刚大学一毕业就被分配到呼和浩特市回民奶食品总厂（伊利集团前身），在车间做质检员。一年后，伊利集团决定在金川地区筹建冰激凌厂质检部。金川地区荒凉、偏僻，条件艰苦，远离总部，当时很多人都不看好这个项目，都不愿意去，潘刚却自告奋勇地去了。

在筹备质检部的过程中，潘刚在工作实践中提升了自己独当一面的工作能力。1996 年，伊利集团在乌素图一个更偏远的地区收购了一家倒闭的工厂，决定筹建矿泉水饮料公司。对于这个也没人愿意去的地方，潘刚再度放弃自己熟悉的工作，带着几名大学生来到这里重新开始。他把这些当作是锻炼自己能力的一个机会。这是一个全新的业务，潘刚在这里单独负责这一块工作，可以尽情地施展自己的才能。事实上，他确实也得到了锻炼，能力也得到了提升，他成了矿泉水饮料公司的董事长、总经理。

1999 年 10 月，伊利集团成立第 7 项目部，被称为"最熟悉伊利的人"的潘刚因多年基层工作经历的积累和极强的沟通协调能力，被集团委任为项目组组长，随后又被任命为液态奶事业部总经理。2002 年，32 岁的潘刚升任伊利集团总裁。2005 年 6 月，35 岁的潘刚全票当选为伊利集团董事长兼总裁。

也许在我们平常人看来，潘刚的一路顺风顺水，似乎归属于运气好的那一类。那是我们只看到他一步步晋升的一面，没有看到他为此所付出的汗水和辛劳。回首自己的成长历程，用潘刚自己的话说："我几乎每年迎接一个挑战，苦的、累的、未知的，什么都干过。"

依托伊利这个平台，潘刚靠自己的悟性和努力伴随着企业成长，从质检员、车间主任、分公司董事长、总经理、总裁，一直做到董事长。走过一路风雨，经受了极大的锻炼，这是非常宝贵的经历。这一切都是伊利这个平台给他带来的。

企业中每个工作岗位都承担着一定的职能，都是员工在企业中扮演的角色，也都在社会分工中占有一席之地。作为一名员工，我们在企业中谋求了一个职位，并不仅仅意味着掌握了一个谋生的渠道，更重要的是拥有了一个位置，一个可以得到社会承认的身份和一个可以施展才华、发展自我的机会，拥有了这个机会，我们就可以成就事业并且履行一定的社会职责，就可以兢兢业业、尽职尽责地去实现自己的价值。一个人一旦热爱自己从事的工作，他就会全身心地投入到工作中，并且拥有持久的动力和热情，在平凡的岗位上做出不平凡的事业。

工作是我们实现梦想的途径

每个人都有自己的梦想，梦想当上经理、总裁或者亿万富翁，但任何一个梦想的实现都要有基础并付诸行动。 工作既是我们实现梦想的基础，也是我们实现梦想的最佳途径。

拥有梦想，对我们来说，是件好事，但我们还需要懂得：梦想只有在脚踏实地的工作中才能实现。 许多浮躁的人都曾经有过梦想，却始终无法实现，最后只剩下牢骚和抱怨，他们把这归因于缺少机会。 脚踏实地的人在平凡的工作中创造了机会、抓住了机会，最终实现了自己的梦想。

每一个在职场中打拼的人，都梦想着有朝一日能从一个平凡员工成长为一名卓越员工。 事实上，当今世界那些最出色的人确实也大都经历过这样的职业生涯之路。 那么，怎样才能实现这一职业理想，从平凡走向优秀，从优秀走向卓越呢？

在任何一个职位上，我们都应做到心情愉悦，同时在业务上追求尽善尽美。 只有这样，能力的提升和职位的上升才能成为一种必然。 而事事马马虎虎、处处投机取巧、时时认为自己所耗的精力太多、对工作本身很轻视冷淡的那些人，即使学识再高、本领再大，也绝不会有出人头地的一天。

　　对于一个有抱负的普通员工来说，追求的目标越高，对自己的要求越严，他的能力就会发展得越快。 要想把看不见的梦想变成看得见的事实，就要在工作中兢兢业业，把工作当成自己的私事一样干。 强烈的敬业精神会将你推上成功的良性轨道，并积极引导你实现自己的人生梦想。

　　一个员工从平凡走向优秀，从优秀走向卓越并不难，如果你是一个能够为自己设立伟大目标并勤勤恳恳地奋斗与拼搏，而不是一个牢骚满腹、寻找各种借口的员工，那么即使你出身卑微，也同样能够成就伟大的事业。

　　对于工作，我们不能始终抱着"我不过是在为老板打工"的观念，或仅仅为薪水工作，我们应该为自己的梦想而工作，为自己的前途而工作，为未来的人生和成长而工作。 要知道，工作不只为了解决温饱，更是为了实现自己的梦想，为了成就一番自己的事业。

　　只有对自己的工作目的有了正确的认识，把梦想作为你的工作目标，才能以饱满的热情、自觉的工作态度、积极的开拓进取精神、顽强拼搏的斗志投身到工作中去，才能实现自己的人生梦想和职业目标。

充满激情，态度决定事业高度

激情是一种情绪、一种精神状态，是干好各项工作的不竭动力。激情能够创造不凡的业绩，而缺乏激情，很可能一事无成。要想成为一名优秀的职业人，干工作就应当有争创一流的志气、百折不挠的勇气、奋力开拓的锐气。只有始终保持奋发向上的精神状态，把高昂的激情投入到工作中去，才能永远保持不断向前、向上的动力，从而创造辉煌的事业。

工作的态度体现在日常工作中的每一处。想做一个对工作充满激情的人，就得有着积极的工作态度。有人在雨天对公共汽车停车的方式作过观察，在一个路边有宽1米积水的车站，有8个司机把车停在距候车乘客1.8米左右的地方，这个位置，一般乘客无法一步上车，大部分人要涉水上车，还有4名司机快速驾车驶进站台，用溅起的泥水与乘客"打招呼"，只有2名司机将车停在乘客抬脚即可登车的地方。停在标准的位置，让乘客安全方便地登车，这一点在技术上对任何专业司机都不难，但因为工作态度上的差别，工作的结果就完全不同。可见，人的能力其实是相差不大的，差距最大的是工作态度。

作为一个职业人，面对竞争激烈的职场，如果连工作态度都无法端正，那他根本就没有任何竞争力，被淘汰也就不足为奇。所以，要想成为一个有激情的工作者，最重要的不是工作的好坏，而是你有没有端正的工作态度。

艾伦十多岁的时候，利用假期在南达科他州祖父的农场里，开始他的第一份工作——赤手去捡牧场上的牛粪饼！一般人都不愿意做，可艾伦做得好极了，即使这看上去实在不算好工作，但他很认真地在做，并取得了很好的成绩，仅仅一个假期，祖父的储草间里，全是他的工作成果。

一年后，又到了假期打工的时候。艾伦的祖母开着车来接他，并告诉他说："艾伦啊，你将得到你想要的新工作——骑着自己的马去放牧，因为去年夏天你捡牛粪时表现得极其出色。"这样，他在工作岗位上得到第一次提升，他很开心。一个小小的信念也在他脑袋中生根发芽。

后来，艾伦成为南达科他州一名每星期挣 1 个美元的肉铺帮工，这份工作在别人看来很脏很累，但是艾伦却没有嫌弃，仍然努力做好肉铺师傅下达的每项任务。也正因为他的态度，不久后的一次机遇，让他成为了美联社的一个实习生。后来，他成为了每星期挣 50 美元的美联社记者。而态度端正地去工作，也成为了艾伦工作的信条。很多年过去了，他成了年薪 150 多万美元的首席执行官。

艾伦·纽哈斯最后成为了全美国受人模仿最多、阅读面最广的报纸——《今日美国》的总裁。回想起过往的经历，他只感叹了一句：工作态度决定了人一生的命运。

事实上，现在很多的公司越来越重视工作人员的工作态度，工作态度在一定程度上比技能更重要。

日本的经营之神松下幸之助不爱用那些"顶尖"人才。因为这种人往往自负甚高，容易抱怨环境，抱怨职务、待遇与自己的才能不相称。持这种态度的人，往往对工作缺乏责任心和工作热忱，干起工作来不会出色，他有的那点才能也发挥不出来。而能力仅仅及这类人70%的人，能力虽然不够高，但往往没有一流人才的傲气，工作踏实、肯干，反而能够为公司尽心尽力。因此，松下幸之助对公司雇用到能力只能打70分的中等人才，不仅不生气，反而说这是"公司的福气"。松下幸之助本人就认为自己也不是"一流"人才，给自己打的分数也只有70分，但是他的态度分肯定比那些"一流"人才要高得多。

我们往往会发现，那些成天抱怨、到处求职的人都是一些受过专业教育，能力比较突出的人。也正是这点成了他们出走的"罪魁祸首"，蒙蔽了他们的双眼。他们认为自己就应该是高高在上的，自然也就无法正确地对待工作，也就无法做一个有激情的工作者。

美国西北大学心理学博士史各特说："决定成功与失败的原因，态度比能力更重要。"哈佛大学的一项研究表明：成功、成就、升迁等原因的 85% 是因为我们的态度，而仅有15% 是由于我们的专门技术。 然而，现实中，我们往往花费着 90% 的时间、精力和金钱，来学习那 15% 的成功因素，而对于占 85% 的成功因素却从未意识到。

环境是无法改变的，但自己是可以改变的；过去是无法改变的，但现在是可以改变的；事实是无法改变的，但态度是可以改变的。 端正工作态度，是对工作充满激情的第一步。

积极一点，主动创造有利环境

每个人都是自己命运的设计师，那我们如何才能掌控自己的命运呢？这就需要有积极主动的生活态度，积极的思想，主动的行动。

美国作家梭罗说："最令人鼓舞的事实，莫过于人类确实能主动努力以提升生命的价值。"

人性的本质是主动而非被动的，不仅能主动选择环境，更能主动创造有利环境。

采取主动并不表示要强求、惹人厌或具侵略性，只是不逃避为自己开创前途的责任。

约瑟夫 17 岁就被亲生手足卖至埃及，任何人处在同样的境遇下，都难免自怨自艾，并对出卖及奴役他的人愤愤不平。但约瑟夫不这么想，他专注于修炼自己，不久便成了主人家的总管，掌管所有的产业，备受倚重。

后来他遭到诬陷，冤枉坐牢13年，可是他依然不改其志，化怨愤为上进的动力。没过多久，整座监狱便在他的管理之下。到最后，他掌理整个埃及，成为了法老以下、万人之上的大人物。

这种能力的确不是一般人所能企及的，可是人人都要对自己的生命负责，为自己开创有利的环境，而不是坐等好运的降临。

在现实生活和工作中，很多人都想做一个积极主动的人，但也许是没有找到改变目前状况的方法，也许是太安于现状。总之，现状并没有得到明显的改善。其实，改变很容易，只需一点点。拿我们每天的生活来说，我们每天从早到晚都在作选择：清晨是立刻起床还是睡懒觉？出门看见邻居是微笑招呼还是形同陌路？工作过程中是先做这件事还是先做那件事？就你本人是要多吃素食还是多吃荤食？

无数成功的事例告诉我们：积极的心态、积极的选择可以帮助我们树立信心，克服自卑，消除忧虑，解除烦恼，从而成就事业。

因此，我们首先要确立成熟的情感，做到情绪稳定，对不同的内心体验具有较强的调节和控制能力，要保持积极的情绪，热爱生活，积极向上，亲近社会，对生活充满信心。

在日常的生活和工作中，我们要表现出主动热情的心态和行为——

我们走路应昂首挺胸；

我们握手应恰到好处的有力；

我们的坐姿应不失身份；

我们的手势应表现出进取精神；

我们的声音应诚挚自然，饱含信心和精力；

我们的目光应澄净坦然；

我们要坐在前排；

我们应经常表现出豪迈的一面；

我们应把积极的思想存入自己的大脑；

我们应将自己的步伐加快四分之一；

我们应比别人早到单位；

我们应卷起袖子工作，给人留下做事积极有干劲的印象；

我们应将自己的签名签得大一点，给人留下深刻的印象；

我们应在该认真时全身心投入，该快乐时开怀大笑；

我们应积极主动地承担起自己的责任，会清楚地对别人说：这是我的错！

当我们总是微笑面对生活，总能客观评价自己，认清自己的价值和位置，每天保持积极健康的生活方式，成功就是我们的！

积极主动是人应当具备的生活态度和工作态度，也是一种生活方法和工作方法。

简单地说，积极主动就是主动发现问题，主动思考问题，主动解决问题。

我们的人生不受制于所遭遇的环境，而受制于我们所抱持的态度。我们无法完全控制人生中将要发生的每件事，但却可决定怎样去想、去相信、去感受和去面对，当我们决定了要如何去面对时，也就注定了我们会有怎样的人生。积极的思想会产生积极的行动，得到积极的结果；消极的思想会导致消极的行动，得到消极的结果。

爱迪生发明灯泡时，实验了上万种灯丝材料才最终成功。别人问他："你怎么能做到在失败了9999次后，还能坚持下去呢？"爱迪生回答："我没有失败9999次，我只是发现了有9999种材料不适合做灯丝。"

罗斯福有一次游泳时，受了寒，引发了小儿麻痹症，从此双腿不能像正常人一样走路。当时罗斯福的心里充满了悲观和恐惧，他甚至一度认为自己就这样完了。但是，最后他决定用积极的心态去面对，不向所遭遇的逆境屈服，决心要改变自己，成为一个卓越的人。他努力学习，积极参加社会活动，最后当选了美国总统，并成为美国历史上伟大的总统之一。

积极的情绪，是我们人类身心健康发展的内驱力，能促使我们主动向上，使我们的生活有品位，能激发我们的工作热情，帮助我们提高工作效率。消极的情绪则会令我们精神疲惫，丧失进取心，使我们的自控力和判断力下降，严重时还会瓦解我们的正常生活和工作，导致我们做出错误的行为。

李开复先生在业界享有很高的知名度，在他的书——《做最好的自己》中提到了如何做到积极主动"七大步骤"：

态度积极，乐观面对人生——有勇气来改变可以改变的事情，有胸怀来接受不可改变的事情，有智慧来分辨两者的不同。

远离被动习惯，从小事做起——冷静辨析而不轻信他人，主动影响事情而不是受事情影响，有主见而不盲从，积极尝试而不退缩。

对自己负责，自己把握命运——积极主动抓住命运中自己可以选择、改变和可以最大化地影响自身的部分，勇敢面对人生。

多做尝试，邂逅机遇——换工作的意义在于，一开始的决定并不是终生的决定。有机会尝试更多，才能找到真正的兴趣所在。

充分准备，把握机遇——在机遇还没有来临时，就应事事用心、事事尽心，掌握足够信息，以便必要时作出抉择，抓住机遇。

努力争取，创造机遇——不知道兴趣何在？马上制订发掘兴趣的计划；不知道毕业后做什么？马上制订尝试新领域的计划；不知道欠缺什么？马上写简历，找师友打分。

积极推销自己——主动寻找每一个机会，让老板或老师知道自己的业绩、能力和功劳。同时，不忘团队精神，发表见解，贡献主张，协助他人，鼓励大家。 以事为本、以人为先。

很多人只是坐等命运的安排或贵人相助。 事实上，好工作和好生活都是靠自己争取来的。 我们要时刻提醒自己积极主动努力，向成功靠近。

人

每份工作都是一座钻石矿

在快节奏的现代社会，许多人心浮气躁，他们总想："做这份工作，有什么希望可言？""混呗，干这差事能有什么出头之日？"这些人坚信世界上有很多挣钱或者成功的机会，于是他们焦急地等待，等待另外的时间、另外的地点、另外的行业、另外的工作职位。但他们觉得绝不是现在，绝不是手头上这份日久生厌的工作。他们知道如何在将来提高自己，却不珍惜眼前的机会。

阿里·哈法德住在距离印度河不远的地方。他家拥有大片的兰花花园、稻谷良田和繁盛的园林。有一天，一位年老的佛教僧侣前来拜访这位老农夫。他坐在阿里·哈法德的火炉边，向这位老农夫讲述钻石是如何形成的。最后，这位僧侣说：

"如果一个人拥有满满一手的钻石，他就可以买下整个国家的土地。要是他拥有一座钻石矿场，他就可以利用这笔巨额财富的影响力，把孩子送至王位。"

那天晚上上床时，阿里·哈法德想："我要一座钻石矿。"因此，他整夜难以入眠。第二天一大早就跑去询问那位僧侣在什么地方可以找到钻石。

"只要你能在高山之间找到一条河流，而这条河流是流淌在白沙之上的，那么，你就可以在白沙中找到钻石。"僧侣说。

于是，阿里·哈法德卖掉了农场，把家交给了一位邻居照看，然后便出发去寻找钻石了。他先是前往月亮山区寻找，然后来到巴勒斯坦地区，接着又流浪到了欧洲。最后，他身上带的钱全部花光了，衣服又脏又破。在旅途的最后一站，这位历经沧桑、痛苦万分的人站在西班牙巴塞罗那海湾的岸边，将自己投入了迎面而来的巨浪中，从此永沉海底。

几十年后的一天，当阿里·哈法德的继承人（继承并居住在阿里·哈法德的庄园）牵着他的骆驼到花园里去饮水时，他突然发现，在那浅浅的溪底白沙中闪烁着一道奇异的光芒。他伸手下去，摸起了一块黑石头，石头上有一处闪亮的地方，发出彩虹般的美丽色彩。

几天后，那位曾经告诉阿里·哈法德钻石是如何形成的僧侣，前来拜访阿里·哈法德的继承人。当看到架子上的石头所发出的光芒时，他立即奔上前去，惊奇地叫道："这是一颗钻石！这是一颗钻石！阿里·哈法德已经回来了吗？"

"没有，还没有，阿里·哈法德还没回来。那石头是我在后花园里发现的。"

然后，他们一起奔向花园，用手捧起溪底的白沙，发现了许多比第一颗更漂亮、更有价值的钻石。

这就是印度戈尔康达钻石矿被发现的经过。戈尔康达钻石矿是人类历史上最大的钻石矿，其价值远远超过南非的金百利。曾经，英国国王皇冠上的库伊努尔大钻石（106克拉），以及镶在俄国国王王冠上的那颗世界上最大的钻石，都取自戈尔康达钻石矿。

这是美国演说家鲁塞·康维尔的著名演讲故事。今天，当我们再次"聆听"戈尔康达钻石矿的发现经过时，我们仍然会被故事背后的深刻寓意震撼。你仔细看过自己脚下的土地了吗？你注意自己手头的工作了吗？认真分析过手头工作可能给自己带来的巨大财富和机遇了吗？你还是每天都在羡慕朋友的工作，或是感叹成功者的机遇可遇不可求吗？

"如果一个年轻人在他的工作和生活中不能发现任何机会，而他认为自己可以在其他地方做得更好，那么他会感到非常灰心和失望。"这是著名成功学家奥里森·马登给年轻人的忠告。大部分人不能清晰地意识到，自己手头的平凡工作就是一座钻石矿。只要全力以赴、尽职尽责地做好目前所做的工作，就能找到属于自己的"钻石"，包括职位的提升和财富的增加。

崔明伟在一家大型建筑公司任设计师。他刚到公司时老板并没有给他分配很重要的工作，只是常常让他跑工地、看现场，有时还要为不同的老板修改工程细节，异常辛苦。但崔明伟仍认认真真地做，毫无怨言。

有一次，老板安排他为客户做一个设计方案，规定他必须在三天内完成。接到任务后，崔明伟看完现场，就开始工作了。因为这是他第一次接到重任，所以他是在一种异常兴奋的状态下度过的。三天时间里，他食不甘味、寝不安枕，满脑子都想着如何把这个方案弄好。他到处查资料，虚心向别人请教。三天后，他把设计方案交给了老板，得到了老板的肯定。这个方案给公司带来了巨大利润，他也给老板留下了好印象。在此之后，崔明伟平步青云，薪水也几乎是连年翻番。

后来，老板回忆第一次交给崔明伟重任时，这样说道："我知道给你的时间很紧张，但我们必须尽快把设计方案做出来。如果当初你因此抱怨，甚至推掉这个任务，你将永远不可能得到公司的重用。你表现得非常出色，在最短的时间内圆满完成了任务。我们公司当然需要你这样的员工，所以在你完成这个任务之后，我便着力培养你。"

其实，即使在极其平凡的职业中、极其低微的位置上，也往往藏着极大的机会。只要你珍惜自己的工作，将工作做得比别人更专注、更迅速、更正确、更完美，只要利用自己的全部智慧，从工作中找出新方法来，便能给领导留下好印象，引起领导和同事的注意，从而使自己有发挥本领的机会。

没有卑微的工作，只有不知珍惜的人

在现实生活中，有些人觉得自己能力不够强，能成就一番事业的概率微乎其微；有些人抱怨自己的工作得不到他人的重视；有些人觉得工作是那么琐碎、那么微不足道；有些人觉得工作无法给自己带来金钱，更无法实现自己所谓的人生价值。但事实上，没有卑微的工作，只有不懂得珍惜工作的员工。

两个年轻人一同寻找工作。一个是英国人，一个是犹太人。

一枚硬币躺在地上，英国青年看也不看走了过去，犹太青年却激动地将它捡起。英国青年对犹太青年的举动露出鄙夷之色：一枚硬币也捡，真没出息！犹太青年望着远去的英国青年心生感慨：让钱白白地从身边溜走，真没出息！

两个人同时走进一家公司。公司很小，工作很累，工资也低。英国青年不屑一顾地走了，而犹太青年高兴地留了下来。几年后，两人在街上相遇，犹太青年已成了老板，而英国青年还在寻找工作。

英国青年对此难以理解，说："你这么没出息的人怎么能这么快'发'了？"

犹太青年说："因为我没有像你那样绅士般地从一枚硬币上迈过去。你连一枚硬币都不要，怎么会'发'呢？"

那些看不起工作的人，是很难走向成功的。古罗马斯多葛派哲学家们曾经说过：没有卑微的工作，只有卑微的工作态度。如果一个人轻视自己的工作，那么他就会将自己的工作做得一团糟。如果一个人认为自己的工作辛苦、烦闷，那么他也绝不会全力以赴做好手中的事情。同样，他也无法在这一工作岗位上发挥自己的特长。其实任何一种工作都有它存在的价值，工作没有高低贵贱之分。

中国台湾学者林清玄先生一次去朋友家做客，朋友说："今天没有好茶招待先生了。"林清玄说："现在喝的这壶茶也很不错啊。"朋友又说："假如今天连茶都没有怎么办？"林先生笑笑说："喝白开水也是一种享受啊。"

好茶与白开水，高雅和平凡的工作是一样的，都要先学会满足再去珍惜。珍惜自己的工作，无须像拜佛还愿一样感激涕零，只要有一颗珍惜的心，就能使我们受用终生。要明白，我们在工作中的付出只是在回报工作带给我们的幸福感，仅此而已。

对于一个饥饿的人来说，哪怕有人给他一小片干面包，他也会十分珍惜。面包解决饥饿问题，而工作能解决生存和发展的问题。从这个角度来讲，我们理应怀着珍惜的心去工作。事实上，世界上没有卑微的工作，只有不懂珍惜的人。

职业从来不能决定一个人的表现，反倒是工作表现最终会决定一个人在生活中的地位。"即使我是一名清洁工，我也要像米开朗基罗作画、贝多芬作曲、莎士比亚写诗那般投入，倾注全力达到最佳工作状态，我要让每一个经过我身边的人都发出这样的感叹：这真是一位伟大的清洁工，他的工作真的无以伦比！"这是马丁·路德·金说过的话。

无论你的职位如何，都不要看不起自己的工作。如果你认为自己的劳动是卑贱的，那你就犯了一个巨大的错误。工作好比是栽种一棵苹果树，我们每天为它剪枝、修叶、浇水。等到了秋天，望着被果实压弯的枝条，我们在品尝着酸甜的苹果时，应当珍惜那棵树，因为是树给了我们收获果实的机会。如果没有苹果树，我们想去浇水也无处可浇，何谈吃苹果呢！

不是工作追求你，而是你追求工作

在经济学里有一个"智猪博弈"理论：

假设猪圈里有一头大猪和一头小猪，两头猪在同一个食槽里进食，并且这两头猪都是有智慧的"智猪"。猪圈两头距离很远，一头安装了脚踏板，另一头是饲料的出口和食槽。踩一下，就会有相当于10个单位的饲料进槽，但是踩踏板和跑到食槽处需要消耗相当于2个单位的饲料。

两头猪都有两个选择：自己去踩踏板或是等待另一头猪去踩踏板。

大猪先去踩踏板，它将比小猪后到食槽，除去大猪的运动消耗，双方纯得益比为6:4，若大猪选择等待，得益为0；小猪先踩踏板，它将比大猪后到食槽，吃到的饲料少，除去运动消耗，双方纯得益比为9:-1，若小猪选择等待，得益为0；两头猪同时踩踏板，双方纯得益比为

5:1；两头猪都等待，都吃不到饲料，双方得益都为0。综合以上分析，大猪选择行动优于等待，小猪选择等待优于行动。为了让双方达到双赢，最佳选择就是大猪行动、小猪等待。

"智猪博弈"理论在我们的工作中也有所体现，员工就是"大猪"，而公司则是"小猪"。为什么这么说呢？员工在公司里，要么努力工作，让公司和自己都受益；要么敷衍工作，给多少钱干多少活儿，久而久之，不是自己感觉个人能力没有施展的空间选择辞职，就是公司对员工不满意辞退员工，员工的收益自然大受损失。公司也有两种选择，要么主动培养员工——这样风险很大，就犹如小猪去踩踏板，收益为负数，很少有公司会作出这样的决定；要么选择等待，等待员工行动，如果员工不主动，公司也能维持基本的运转，收益并不受损，即使员工辞职，还会立刻有人来补充这个岗位，对收益没什么影响。公司就像小猪一样具有先天的优势。因此，在员工与公司的博弈中，只有员工主动行动，才能够与公司达到双赢。

郭某已在一家公司工作一年了。这家公司很小，只有郭某一名会计。他总认为自己是公司的"财政大臣"，掌握着财政大权，同时又认为自己所学的知识没有得到完全施展，好像是公司欠了他一样。每天面对前来报销、送报表的同事都是一副不耐烦的样子，工作也不积极。他想："反正公司里就我懂这方面的知识，你们都得来求我，没有我，你们谁也领不到工资。"就这样，他把应该这个月报销的单子拖到下个月，本来应该每月8号发工资，他硬是到10号才清算完毕。公司同事都对他很不满意，有的人便向领导反映了此事。

一位和郭某很要好的同事劝他："现在大家都对你颇有微词，你要注意一些，不然会被公司辞退的。"

郭某对于同事的劝告根本不当一回事："没事，公司就我一个会计，要是离了我，公司的正常运营就会出现问题。再说了，我所学的专业知识还都没有得到充分应用，我还感觉委屈呢。"

没想到一个月后，郭某真的收到了公司的辞退信。

后来，郭某又换了两家公司，每次都是因为他感觉自己的能力没有得以施展而离职。这时，郭某又想回到原来那家公司，便把以前的同事约出来了解情况。在他离开后，公司立即招聘了一名新会计，新会计在一周之内已经熟悉了公司的业务并解决了郭某以前留下的问题。现在公司正在准备上市，因为这个会计的工作非常出色，她已经升职做了财务经理，除了处理一些日常的事务，还参与公司未来规划的讨论以及一些公司事务的管理，她的工作得到了老板和同事们的认可，大家都非常喜欢她。

听了以前同事的话，郭某真是追悔莫及，如果自己当初积极主动一些，现在坐在财务经理位置上的就是他。

人们开玩笑总爱说："地球离了谁都照样转。"公司也是一样，没有了这个员工，会有更合适的人去把这份工作做得更好。而员工丢了工作却要从头开始，继续投身应聘大军。

如果员工感觉在工作中没能充分发挥自己的能力，因此而懈怠，这将造成两种选择：一是员工感觉这份工作不适合自己，主动辞职；二是公司对员工不满意，将其辞退。两种选择只会造成一种结果，那就是员工继续找工作、公司再重新招聘。

任何一家公司都不会主动挖掘新员工的价值，都需要员工自己寻找机会证明自己的价值，如果继续抱着以前那些"不得志""怀才不遇"的想法，那只能是继续跳槽，当然结果还是一样。公司的运转并不会因为某个人的离去而受到影响。不努力工作，频繁跳槽，最终损失最多的是自己。

是员工追求工作，而不是工作追求员工，这是每位在职人员和求职人员都应该明了于心的道理。没有一个工作岗位是专门为你设定的，每个员工都应该主动，紧紧把握工作机会，努力让自己做得更好。

应该是员工去适应工作，而不应该让工作适应员工。如果员工不主动工作，每天让工作追得人仰马翻，不仅让自己处于疲惫之中，也会胜任不了工作，最终被公司抛弃。只有主动工作，争取更多的工作机会，才会让自己的能力得到充分展示，公司也会更加重视这样的员工，给他更多的机会，最终达到个人与公司的双赢。

第三章

认真负责，超越简单的雇佣关系

让承担责任成为一种职业习惯

任何一个组织都会有一批将承担责任作为一种职业习惯的人。之所以很多组织能继续存在和发展，就是因为有一批这样的人跟随它、奉献于它。同样，一个公司的发展壮大，也需要这样一批能够将承担责任作为职业习惯的员工。这样的员工有一个共同的特点：具有很强的责任心。正是这种责任心促进公司不断发展。

当承担责任成为自己的工作态度和习惯后，工作对于自身的意义就不再是赚钱那么简单了，工作成了一种使命，一种在关键的时刻可以自然而然用生命去捍卫的使命。

吴斌是杭州长运客运二公司的快客司机，跑杭州至无锡的路线。2012 年 5 月 29 日中午，他驾驶浙 A19115 大型客车从无锡返回杭州，车上有 24 名乘客。11 时 40 分左右，车行驶至锡宜高速公路宜兴方向阳山路段时，一块大铁片突然从天而降，在击碎挡风玻璃后，砸向吴斌的腹部和手臂。面对突如其来的致命打击和后面惊慌的乘客，作为司机的吴斌会怎么做？监控画面记录下他当时坚强的1分16秒：被击中的一瞬间，吴斌看上去很痛苦，本能地用右手捂了一下腹部，但他没有紧急刹车或猛打方向盘，而是强忍着疼痛把车缓缓减速，停靠在路边，打起双闪灯，拉好手刹，最后他解开安全带挣扎着站起来，回头对受惊吓的乘客说："别乱跑，注意安全。"

车上一名周姓乘客回忆说："当时我正打瞌睡，听到一声巨响后就被惊醒了。车子没有失控，而是稳稳地停了下来。我立刻跑上前去看，司机表情很痛苦，已经说不出话来，腹部都是血……"这位周先生还说："若不是吴斌的敬业，很可能会发生车毁人亡的惨剧。"

乘客们见状，马上报警。吴斌随后被送往医院救治。按医生的说法，他的肝脏就像被掏空了，另外，多根肋骨断裂，肺肠也严重挫伤。6月1日凌晨，吴斌因伤势过重去世。

吴斌在受伤后靠毅力完成安全停车的1分16秒的视频在网上流传开来，数百万网民对他表达了敬意，大家毫不吝啬地称他为"最美司机"。在论坛、微博上，网民们还自发地为他祈福、送行。

当事故发生的生死一瞬间，吴斌师傅的第一个举动就是把客车平稳地停下来，或许这只是他一个下意识的职业举动，但是支撑他做出这个动作的一定是长期养成的职业责任感，也正是这样的一种职业责任感，换来了一车乘客的安全。

吴斌的行为，不仅是一次一瞬间生命潜能超常迸发的非凡壮举，更是一种崇高职业习惯和神圣责任的自然流露。

将承担责任作为一种职业习惯并不是先天的，它是社会个体从责任赋予者那里接受责任之后，内化于本人内心世界的一种心理状态，这种心理状态是个体履行责任行为的精神内驱力。这种内驱力可以保证你将工作当作一种崇高的使命，让你在"无意识"的状态下形成牢不可破的敬业意识和责任意识。当这两种意识在工作中发挥作用的时候，好的结果自然会产生。

责任是创造财富的源泉

美国著名军事家麦克阿瑟对他的子女们讲道："战场上，军人的责任至高无上。 职场上，你们的责任依旧至高无上。要明白，责任感是战争胜利的有利保证，也是工作中赢得财富的机会和体现自我价值的关键所在。"

身在职场，我们每天都要面对工作的压力、责任的烦恼，有的人消极地应付，视责任为不得已而为之的苦役；有的人却能够积极面对，从中看到自身发展和创造财富的机遇。

其实，我们每天平淡的工作就像捡起一颗颗毫不起眼的鹅卵石。 我们必须要做的就是满腔热情、尽职尽责地工作。某一天，当机会来临的时候，我们每天收藏起来的鹅卵石就会变成一颗颗璀璨的钻石，为我们带来无尽的财富。

机会从来不青睐毫无准备的人，财富也从来不垂青不负责的人。 对于我们来说，责任就是财富，责任就是体现价值的机会。

责任既能创造物质财富，也能创造精神财富。 有一档名为《时代先锋》的栏目，里面讲述的那些先进个人有一个共同的特点：他们对平凡的工作富有高度的责任感，从而赢得了广大民众的尊敬和认可，成就了一种新时代的精神风范。他们是从责任走向优秀的典范，并激励着人们在本职工作中以"时代先锋"为标杆，增强责任心，创造平凡中的辉煌。

高度的责任感是工作出色的前提，也是职业素质的核心，一个人有了责任心，才能有激情、有忠诚、有奉献，从而才有创造更多财富的可能。

成功之人都是尽职尽责并能够制造和抓住机会的人。对待工作，他们兢兢业业，他们会在有机会时抓住机会，没有机会时创造机会。机会来自每一份责任，关键看我们以何种态度、何种角度对待工作。就如同"钢铁大王"安德鲁·卡内基所说："机会是靠自己努力争取和创造的，任何人都有无限的机会，只是有些人善于在责任中创造机会罢了！"

维斯康公司是美国 20 世纪 80 年代最知名的机械制造公司。有一个叫费迪的年轻人和大多数人的命运一样，在该公司每年一次的招聘大会上被无情地拒之门外，但费迪发誓一定要进入这家公司工作，并且一定要有所成就。

于是，他找到公司的人事部，提出甘愿为公司免费提供劳动力。公司开始觉得有些不可思议，但考虑到不用花任何费用，便分派他去打扫车间的废铁屑。

一年来，费迪兢兢业业地重复着这种既简单又劳累的工作。为了糊口，他下班后还要去酒吧打工。尽管他得到了公司同事、领导的一致好评，可仍然没有被正式录用。

1990年，公司的许多订单纷纷被退回，原因是产品质量不过关，为此，公司将蒙受巨大的损失。董事会为此紧急召开会议，寻找解决方案。当会议进行了一整天仍然毫无收获时，费迪大胆地闯入会议室，希望上层给自己一个说出想法的机会。

费迪就该问题出现的原因作出了详细的解释，并就工程技术上的问题提出了自己的观点，接着拿出了自己的产品改造设计图。这个设计十分先进，既恰到好处地保留了原来的优点，又克服了已经出现的弊病。

原来，费迪在清扫废铁屑的过程中，仔细察看了公司各部门的生产情况并详细记录，发现了存在的技术问题并想出了解决方案。他利用业余时间做了大量的数据统计，最后设计出了科学实用的产品改造设计图。总经理及董事会都被这个编外的清洁工震惊了，费迪当即被聘为公司负责生产技术的副总经理。

费迪并没有因为自己是一名编外的清洁工就敷衍自己的工作，恰恰相反，他知道自己在对公司负责的同时，更是在为自己的未来负责。

当我们把自己平凡的工作岗位当成一个珍贵的学习平台时，同时就拥有了在平凡的工作岗位上为自己的未来创造财富的契机。

用责任心点燃工作激情

美国纽约中央铁路公司前总裁弗瑞德·瑞克皮·威廉森说过："我越老越感到激情是成功的秘诀。"成功的人和失败的人在技术、能力和智慧上的差别通常并不是很大。但是如果两种人各方面都差不多，充满激情的人将更可能如愿以偿。一个能力不足但是充满激情的人，通常会胜过能力高强但是缺乏激情的人。

如果一个人对工作充满了激情，不管做何种工作，他都会调动一切积极因素，全身心投入，圆满地完成工作。这类人通常十分热爱自己的工作，并且认为任何工作都是一定要完成的任务，如果在工作中遇到困难，他们会想尽各种办法去解决，力求尽善尽美地完成任务。

相反，要是一个人没有激情的话，任何工作都引不起他的兴趣，也无法调动他的积极性，他只会按部就班地工作，甚至敷衍了事。当碰到难题的时候，他就会感到沮丧，从而无法很好地将工作完成。这种人又怎能取得成功呢？

如果一个人对工作没有责任感，那他就不会对工作产生激情。 他的责任意识淡薄，觉得工作干好干坏和自己没有多大关系，因此也就不会尽自己最大的努力去完成工作。 不过，当一个人对工作抱有强烈的责任感时，他就会自发地燃烧激情，全身心地投入到工作中去。 这就像比尔·盖茨曾经所说："每天早晨醒来，一想到所从事的工作和所开发的技术将会给人类生活带来巨大的影响和变化，我就会无比兴奋和激动。"

实际上，只要一个人对工作充满激情，就会爱上自己的工作，就不会再觉得自己的工作枯燥无味，这会让他在接受一项计划或者任务以后，能始终如一地执行下去。 就算困难重重，他也不会灰心丧气，依旧保持饱满的激情与高昂的斗志，乐观地去解决问题，从而渡过难关。

微笑服务是美国"旅店大王"希尔顿的经营理念，他要求员工即使再辛苦，也要充满激情，也一定要对客人保持微笑。

希尔顿的座右铭是：你今天对顾客微笑了吗？几十年中，他一直周游世界各地，视察各家分店，每到一个地方，他对员工说得最多的就是这句话。

在 1930 年时，英国的经济不景气，80% 的旅馆停业或倒闭。

希尔顿旅馆也没能躲避这次厄运，但希尔顿还是信念坚定地飞赴各地，鼓励员工要充满激情，共同渡过难关，就算是借钱度过这段日子，也必须坚持"对顾客微笑"。在最困难的那段时期，他时常向员工呼吁："绝对不能将心中的愁云摆在脸上，不管遇到任何困难，'希尔顿'服务员脸上的微笑永远属于客人!"

希尔顿的激情感染了每一位员工,他们一直以其永恒美好的微笑感动着每一位客人。没过多久,希尔顿旅馆便走出了低谷,进入经营的黄金时期,增添了很多一流的设施。当希尔顿再次巡视时问自己的员工:"你们觉得还需要增添什么吗?"员工们都回答不出来。"记住,还要有一流的微笑!"希尔顿笑着说。

可以说,是微笑给希尔顿集团带来了巨大的成功。

在商场上,用激情去爱和关怀客户,是促进执行的极为有力的手段。很多企业家正是将这种手段贯彻到行动中去,从而在事业上取得了巨大成就。

安妮塔·罗迪克于 1976 年 3 月 27 日在英格兰布雷顿的肯星顿加镇建立了第一家康体公司。第一天下班之后,她将当日的收入 225 英镑放入了粗布工作服的口袋中。1992 年初,该企业在全球扩展到了 709 家分店,股票市值约 10 亿美元,并在此后的时间里,每年都保持高速增长。

安妮塔·罗迪克从来没有上过商学院。当人们因她的成功而感到惊讶时,她说:"如果说我的生命有什么驱动力,那就是时时刻刻满怀激情,我们所做的每件事都触及爱和关怀这两个不可分割的主题。"

有一位推销百科全书的业务员,曾经连续 6 年在 36 个国家获得销售业绩第一名。有人问其成功秘诀,他回答说:"每次拜访顾客以前,我都会提前 5 分钟到,然后在洗手间里照照镜子，将两根手指伸到嘴巴内，开始扩张，等感到肌肉松弛了，就对着镜子说：'我是世界一流的，我是世界最棒的。'"

一次，这位业务员和一位总经理约好了下午2点钟见面。1点55分，他准时来到洗手间，对着镜子说："我是最棒的……"这个时候，突然有个人走了进来。他依旧继续说着。这个人笑了笑，就走了。

到了1点59分，业务员敲开了总经理的门。进去以后，两个人都有些惊讶，因为刚才他们在洗手间里已经见过了。

总经理直接说："小伙子，你的产品我要了。"

"能告诉我这是为什么吗？"业务员问。

"因为你的激情感染了我。我早就听说过，你每次拜访顾客都要提前5分钟到，并在洗手间里照镜子。今天亲眼所见，所以我相信你介绍的产品。"

激情影响执行，激情成就事业，因此许多知名企业都将激情当成招聘员工的标准。例如，微软的招聘考官曾经对记者说："我们愿意招的微软人，他首先应是一个非常有激情的人——对公司有激情、对技术有激情、对工作有激情。可能在一个具体的岗位上，你会觉得奇怪，怎么会招这么一个人，他在这个行业涉猎不深，年纪也不大，但是他有激情，所以和他谈完之后，你会受到感染，愿意给他一个机会。"

尽职尽责，追求完美

"责任保证绩效，责任创造结果。"著名管理大师彼得·德鲁克如是说。

一位记者这样记述了自己深受"不胜任"之苦的经历：

前些日子，我订购了 60 平方米的玻璃用作装修。当时我站到订购柜台的职员身旁以确定她写的数量是否正确，结果还是枉然。建材公司开给我 90 平方米的账单，送来的货却是 80 平方米的玻璃。

现在，很多企业在寻找各种方式和方法来提高工作绩效。不过他们发现，无论是优秀的管理模式，还是先进的管理经验，一应用到自己的公司就"不灵"了，工作绩效并没有显著提高。

责任与绩效之间的关系应该是正比例的关系。当一方面提高时，另一方面也随之提高；当一方面下降时，另一方面也会随之下降。所以，要提高工作绩效，首先要确保员工有责任心。

　　美国著名职业演说家马克·桑布恩常常讲邮差弗雷德的故事，因为弗雷德的责任心使他深受感动：弗雷德是美国邮政的员工，他总是十分热情周到地为他的客户服务。有一次，桑布恩去外地出差，快递公司误投了他的一个包裹，把它放到了别人家的门廊上。幸运的是，邮差弗雷德在发现桑布恩的包裹送错了地方后，便把他的包裹捡起来，重新放到桑布恩的住处，并在上面留了张纸条，解释事情的来龙去脉，还费心地找来擦鞋垫把它遮住，以免丢失。弗雷德这种认真负责的精神让桑布恩既惊讶又感动，于是桑布恩开始把弗雷德的事迹在全国各地宣讲。

　　桑布恩说，在 10 年的时间里，他一直受惠于弗雷德的优质服务。一旦信箱里的邮件被塞得乱糟糟的，那准是弗雷德没有上班。因为只要弗雷德在上班，桑布恩信箱里的邮件就一定是整齐的。

弗雷德的工作是很平凡的，但是他对工作强烈的责任感，使他在平凡的工作中展现出了不平凡的一面。

美国独立企业联盟主席杰克·法里斯曾经讲起他少年时的一段经历：

　　13 岁时，他就开始在父母的加油站里工作。那个加油站里有三个加油泵、两条修车地沟和一间打蜡房。法里斯想学修车，但他父亲却让他在前台接待顾客。

当有汽车开进来时，法里斯必须在车子停稳前就站到司机门前，然后忙着去检查油量、蓄电池、传动带、胶皮管和水箱。在工作中，法里斯注意到，如果他干得好的话，顾客大多还会再来。于是，法里斯总是多干一些，帮助顾客擦去车身、挡风玻璃和车灯上的污渍等。

有段时间，每周都有一位老太太开着她的车来清洗和打蜡。但是，这位老太太极难打交道，每次当法里斯清洗完毕后，她都要再仔细检查一遍，让法里斯重新清洗，直到一尘不染为止，她才满意离去。

终于，法里斯忍受不了了，他不愿意再为她服务了。然而，他的父亲却告诫他："孩子，记住，这是你的责任！不管顾客说什么或做什么，都要努力做好你的工作，并以应有的礼貌去对待顾客。"

父亲的话让法里斯的内心深受震动。法里斯回忆说："正是在加油站的工作使我学到了严格的职业道德和负责的工作态度。这些东西在我以后的职业生涯中起到了非常重要的作用。"

当我们在工作中凡事都能尽职尽责、追求完美时，我们就会与"优秀""成功"同行。

能力需要责任来承载

福特汽车创始人亨利·福特曾经说过："真正有意义的工作，从来都不是轻松容易的，你所承担的责任越大，你的工作也就越难做。"

但凡有大成就的人，他们都有一个共同的特点，那就是敢于承担更多的责任。正是因为有了这种敢于承担更多责任的勇气，他们的能力才在工作中得到了提高，平台也不断扩大。

许多企业的领导非常羡慕联想集团的柳传志，因为他有个很好的接班人——杨元庆。但是很多人却不知道，柳传志为了培养他，前后"折腾"了他多少年。柳传志的用意只有一个：只有勇于承担更多的责任，才会让人变得更强。

1988年，24岁的杨元庆进入联想工作，公司给他安排的第一份工作是做销售业务员。多年以后，杨元庆还清楚记得，当时他骑着一辆破旧的自行车，穿行在北京的大街小巷，去推销联想产品时的情景。

虽然刚开始杨元庆并不喜欢销售工作，但他觉得那是自己的责任，干得非常认真，并且卓有成效。正是有了销售工作的历练，杨元庆后来才能够在面对诸多困难时毫不退缩，也正是杨元庆敏锐的市场眼光和出色的客户服务，才引起了柳传志的注意。

1992年4月，联想集团任命杨元庆为计算机辅助设备部总经理。杨元庆在这个位置上依旧尽职尽责，不仅创造出了很好的业绩，还带出了一支十分优秀的营销队伍。

1994年，柳传志任命杨元庆为联想微机事业部总经理，把从研发到物流的所有权力都交给了杨元庆。

为了磨一磨杨元庆倔强的脾气，在1996年的一个晚上，柳传志在会议室里当着大家的面，狠狠地骂了他一顿："不要以为你所得到的一切都是理所当然的，你这个舞台是我们顶着巨大的压力给你搭起来的……你不能只顾往前冲，什么事都来找我柳传志讲公不公平，你不妥协，要我如何做？"柳传志在杨元庆被骂哭后的第二天给杨元庆写了一封信：只有把自己锻炼成火鸡那么大，小鸡才肯承认你比它大。当你真像火鸡那么大时，小鸡才会心服。

杨元庆回忆起当时的情景说："如果当初只有我年轻气盛的做法，没有柳总的妥协，联想就可能没有今天了。"

2001年4月，37岁的杨元庆正式出任联想的CEO。柳传志在给他一份新的责任时，也给了他一个新的机遇。

而杨元庆在承担起这份责任时，恰恰也抓住了这个机遇，在磨炼中让自己得以不断成长。

经过不断地"折腾"，杨元庆最终被炼成了一块好钢。柳传志就是要让他在不断的锤炼中成长，让他承担起责任，使他的能力在承担责任的过程中不断提升。

能力永远需要责任来承载，只有主动承担更多的责任、经历更多的磨难，我们的才华才能够更完美地展现，我们的能力才能更快地提升，才能为自己赢取更多的发展机会。

一天，某大型公司的人力资源部经理对应聘者进行了面试。他提出了一些专业知识方面的问题以后，还提出了一个在许多应聘者看来好像是小孩都能够回答上来的问题。然而，正是这个问题让许多人落聘了。这是一个选择题，给出了两个选择，由应聘者任选其一：第一个，挑两桶水上山去浇树，你能够做到，不过会非常吃力；第二个，挑一桶水上山，你会很轻松就上去，并且还有充足的时间回家睡上一觉。你会选哪一个？

许多人都选了第二个。

这时，面试官问道："你挑一桶水上山，就没想过树苗会非常缺水吗？"很遗憾，许多人没有想过这个问题。

但是，有一个青年却选择了第一个，当面试官问及原因时，他说："尽管挑两桶水非常辛苦，可是我有能力完成，既然有能力完成的事情为何不去做呢？再说了，让树苗多喝一点水，它们就会生长得更好，何乐而不为呢?"

这位青年最终被录取了。人力资源部经理这样解释:"一个人有能力或通过一点努力就能够担负两份责任,可他却不想这么做,而只选择担负一份责任,因为这样就不用努力,而且十分轻松。我们觉得这样的人不敢于承担更多的责任,能力再好也不是我们公司所需要的,我们希望自己的员工都具有强烈的责任心。"

如果你尽自己最大的努力担负两份责任,你获得的也许就是绿树成林。 反之,如果你看起来也是在做事,但没尽全力,那么你得到的或许就是满目荒芜。 这就是责任感不同导致的差距。

要是你能够担负更多的责任,就不要因为少担负了一份责任而感到庆幸,因为你只知这么做会十分轻松,却不知会因此而失去更多的东西。

第四章

高效执行，拒绝拖延

早起的鸟儿有虫吃

"早起的鸟儿有虫吃。"这个道理在商界中是最适用的。凡事都要早人一步，积极行动，不要消极等待，否则你什么也得不到。睿智的决策者们总是善于在商机来临之际，抢先一步行动，因此他们的企业往往越做越强、越做越大，业绩自然高出那些跟风的企业一大截。

说起李德建，可能很多人不知道他是谁，但提起"德庄火锅"，恐怕就妇孺皆知了。"德庄"在短短几年时间里，从默默无闻的"小麻雀"，飞上枝头，变成了"金凤凰"。

"德庄"之所以出名，因为它有一张王牌——肉感强、口感好、有天然草香的"绿色毛肚"。这种特制的"绿色毛肚"还有一个小故事：

一次进货的时候，李德建得知市场上不法商贩制作毛肚水发品时，往泡毛肚的池子里倒福尔马林。为此，他与母校食品科学院联合，研制出了"德庄绿色毛肚"，随后又将"绿色毛肚"的生产标准化、规范化，使之成了标准火锅菜品。2002 年，"绿色毛肚"荣获"全国商业科技进步三等奖"。就这样，"德庄"出名了。在"绿色毛肚"的影响下，"德庄"走上了一条"科技兴火锅，绿色兴火锅"的道路。

与其说是"绿色毛肚"让"德庄"人尽皆知，倒不如说是李德建有着领先别人一步、敢为天下先的勇气和智慧。在激烈的市场竞争中，企业要保证自己立于不败之地，就必须比别人多付出，哪怕只比别人好一点，也能通过领先一步来领先一路。

率先抓住机会，快人一步，是领先于别人的不二法门。什么事情都是说来容易做起来难，但只要你是一个有心人，学会见微知著，能够从小事中看到机会，你就有成功的可能。毕竟"千里之行，始于足下"，所有的成功都是一点一滴积累的结果。

一次，海外某公司的一位采购员准备来国内采购一大批计算机方面的产品。为了争取到这个大客户，几家大型的计算机生产商都派出人马去机场等待该采购员下飞机，准备把他接到自己的公司。

一家生产商甚至派出了销售主管亲自带队，正当他以为一定能把那个采购员接到自己公司的时候，他出乎意料地发现，在出关的大厅里，另外一家公司的总经理率领工作人员也在那里等候。

看着对方强大的阵营，这位主管心里没了底，感叹道："没想到我们如此精心准备，还是迟了一步，落了下风。"不过，他还是硬着头皮走了过去，和那位总经理一起等待那位采购员，心里想着，这样至少可以跟对方打个招呼，不至于失了礼数。

飞机准点到达之后，各公司派出的迎接代表像潮水一样涌向接机口，大家都想把这位"财神爷"请回自己家。然而，让大家大跌眼镜的是，当那位采购员出现在众人眼前的时候，他的身边多了一个人——某家计算机设备生产商郭总。

他们两个人谈笑风生，所有的接机人员都愣在了现场。原来那个郭总一早就知道了对方的行踪，抢在众多的竞争对手之前，和"客户"搭上了同一个航班。就是这"快人的一步"，为公司争取到了一大笔订单，那位采购员和郭总一起回了公司，这位郭总就是郭台铭。

起跑领先一小步，人生领先一大步。 如果郭台铭不是事先有所准备，抢占先机，恐怕那么大一笔订单就要花落别家了。

在我们身边，总会有一些"事后诸葛亮"，他们总是爱说"要是我当初如何如何，现在一定怎样怎样"，表示后悔当初慢人一拍，没有能够做到快人一步。 与其等到事后后悔不已，为什么不在"想当初"的时候先出手呢？

做一分钟效率专家

美国有个保险业务员自创了"一分钟守则"。他只要求客户给予一分钟的时间，让他介绍工作服务项目，时间一到，他自动停止自己的话题，感谢对方给予他一分钟的时间。他严格遵守自己的"一分钟守则"，总是充分地利用这一分钟，并且努力在一分钟之内让客户对他的业务感兴趣。结果，他大获成功。

信守一分钟的承诺，业务员不仅保住了自己的尊严，同时也引起了别人对自己的兴趣，还让对方对这一分钟产生了好奇并珍惜他这一分钟的服务。

有效利用时间，不仅要利用好全部的工作时间，更要利用好琐碎的时间。 成功的人都是善于利用琐碎时间的人，这些平时被忽略的琐碎时间积累起来就会让你大吃一惊。 只要每天能够多利用 10 分钟，一个月就是 5 小时，而一年就是 60小时。 在这段时间内，你完全可以创造出更高的价值。

每一个纵横职场的成功人士，都是善于寻找隐藏的琐碎时间，并能够合理利用时间的精英。就算是停在十字路口等红绿灯的短暂时间，也有人把它很好地利用起来。

李霞是一家顾问公司的业务经理，一年要接上百个案子。她很善于利用空闲时间，即使在等红绿灯或者塞车时，也会拿出客户的资料翻阅，以加深印象。她在车上放着一把拆信件的剪刀，有时开车时带着一沓信件，利用等红绿灯的时间看信。她认为，这段时间正是可以用来淘汰垃圾信件的时间，所以她每天在到达办公室之前，就先进行一番筛选，这样一来，一进办公室，就可以把垃圾信件处理掉了。

李霞经常在各地奔波，很多时间都花在坐飞机上。她常常利用在飞机上的时间给客户写信。她经常告诉她的下属："与客户保持良好的关系，对我们来说非常重要。我们不能白白浪费这些琐碎的时间，要时刻想着为客户做点什么。"

有人之所以业绩优秀，就是因为他们能够有效利用每一分钟、珍惜每一分钟，他们使每一分钟都能产生价值。这样的员工是高效率的员工，也是当今老板所器重的员工。

克服"拖延症"才能所向披靡

既然职场中完美的执行力是我们立足的根本，那么我们就必须克服拖延的毛病，因为拖延是有效执行任务的最大障碍。

现实中有一种人总喜欢在晚上睡觉前制订第二天的计划，但到了第二天，他们不是忘了那些已经列好的计划，就是觉得很难付诸行动。"明天再说吧"，他们总是这样安慰自己。于是，无数个"明天"就这样被浪费掉了。可见，拖延的直接后果就是使我们的执行力大打折扣，久而久之，就会造成不可挽回的局面。

1989 年 3 月 24 日，埃克森公司的一艘巨型油轮在阿拉斯加州美、加交界的威廉王子湾附近触礁，原油大量泄漏，给生态环境造成了巨大的破坏。这原本是一件应该立即着手解决的事情，但埃克森石油公司却一味拖延。

这引起了大众的愤怒，以致引发了一场"反埃克森运动"，这场运动甚至惊动了总统。最后，埃克森公司总损失高达数亿美元，公司形象严重受损。

埃克森公司最终为自己的拖延行为付出了惨痛的代价。由此可见，做事拖延有百害而无一利。

遇到问题不拖延，对企业来讲至关重要，对员工更是如此。工作中，很多员工都有拖延的习惯，却不知拖延是一种顽疾，是我们通往成功之路的巨大障碍。

克里·乔尼是一名火车后厢的刹车员。一天晚上，因为暴风雪的来临，火车晚点了，这意味着克里要在寒冷的冬夜里加班了。克里十分不情愿，他在考虑如何才能逃掉夜间的加班。与此同时，另一节车厢里的列车长和工程师正在因为这场暴风雪而忧心忡忡。

就在这时，克里所在的这列火车的发动机的汽缸盖被风吹掉了，不得不临时停车，而另外一辆快速列车几分钟后就要从这条铁轨上经过。列车长匆忙跑过来，命令克里拿着红灯到列车后面去警示后方的列车。克里心里想：那里不是有一名工程师和一名助理刹车员在守着吗？便笑着对列车长说："不用那么着急，后面有人守着呢。等我拿上外套就过去。"列车长一脸严肃地说："一分钟也不能等，那列火车马上就要开过来了。""好的！"

克里答道。列车长听到克里的答复后又匆匆忙忙向火车的发动机房跑去。

但是，克里并没有立刻过去，他认为后车厢有一位工程师和一名助理刹车员在那儿守着，自己没必要冒着严寒和危险，那么快地跑到车厢后面去。他喝了几口酒后，才吹着口哨，慢悠悠地向后车厢走去。

当他走到离车厢十来米的地方时，才发现工程师和那位助理刹车员根本不在那里。原来，他们已经被列车长调到前面的车厢去处理另一个问题了。克里加快速度向前跑，但一切都晚了，克里眼睁睁地看着那辆快速列车的车头撞在了自己所在的这列火车上……

克里明明已经知道了问题，却没有立即去解决，而是将希望寄托在其他人身上，最终酿成了惨祸，这就是拖延造成的可怕后果。

职场如战场，你拖延，别人却在进步，于是你就在不知不觉间被淘汰出局了。 因此，立刻行动起来才是最重要的。 当我们养成想到就做、不拖延的习惯后，我们就可能在不知不觉间得到成长，取得新的成绩。 这样一来，我们会感到非常充实，还能得到领导的赏识，这种爽快的感觉会使我们心情更加愉快。

其实，只有那些我们一拖再拖的工作才会让我们觉得累，而那些我们正在做的工作却会让我们感到无比快乐。 的确，拖延的习惯不但耽搁工作的进行，而且对人的精神来讲也是一种负担。

　　总之，我们要克服"拖延症"这个工作中的巨大障碍，让自己在职场中稳步前行、所向披靡。

合理利用自己的时间

很多人有这样的感觉，在平淡乏味一成不变的日子里觉得自己的时间很松散，有时候觉得自己懒惰提不起精神，有时候觉得自己的时间不够用。 其实这些都是缺乏时间观念的表现。

"一寸光阴一寸金，寸金难买寸光阴。"通过这句话我们知道时间无法用金钱购买，所以我们要珍惜时间，做时间的主人。 一个人的成就跟他管理时间的能力成正比。

时间管理的重点在于如何分配时间，如何在更短的时间内达成更多的目标。

有一件事情是你应该做的：每天睡觉前做好次日的工作计划。 用一张纸罗列次日要做的事情，并且根据要紧程度排序，以便第二天一件件来做，每做完一件便做上标记。 量化自己每天的工作，会让你做事非常有成效。

某研究机构的研究结果表明，制订计划将极大地提高目标实现的成功概率，制订计划的人的成功概率比从来不制订计划的人高 3.5 倍。 在成功实现目标的人群中，制订计划者高达 78％，没有制订计划的人仅为 22％。

一旦你开始做某项工作，就要把它做好，不要半途而废。但是如果工作量过大不能一次做完，那你该怎么办呢？

很简单，你可以把这件工作化解成若干个阶段，最好用文字记录下来，规定自己每天需要完成的工作量，这样你就不会觉得没有头绪，也不会白白浪费时间和精力，而且你会觉得离成功越来越近，可以鼓足干劲一直干下去。

不要被那些看起来很吓人的任务吓倒。 如果你能分配好你的任务，就能提高你的办事效率，使你能在和别人相同的时间内做好更多的事情。

有一句话是这样说的：你不能决定生命的长度，但你可以扩展它的宽度。 在有限的生命里做出更多有意义的事，更高效地利用自己的时间，会让你加快脚步，比别人走更多的路。 给自己规定每天的任务，让自己有适当的压力。 这样可以防止拖延，提高时间利用率。 因为你已经给自己规定了任务，你在做事的时候就会想，还有很多事要做，不能耽搁，应该再快一点。 这样，你就不会拖延时间。

立即行动：高效执行不拖延

　　每一个人都应养成一种现在就行动的好习惯，这是克服拖延的良方。"有空再做，明天做，以后做""再等一会儿""再研究一下"，都是在为拖延找借口。该解决的问题必须马上去解决，一分钟也不要拖延。

　　有时候即使只拖延一分钟，好事就有可能变成坏事。实际上，职场中每个人都有拖延的坏习惯，只是拖延程度大小不同而已。但是，优秀员工会及时将这种冲动扼杀在摇篮里，他们时刻提醒自己"决不拖延，立即行动"。

　　可见，一个工作效率高的人，其秘诀就是该解决的问题立即解决，决不拖延一分钟。问题积累成堆是因为你拖延的坏习惯，面对日趋增多的工作，你都不知道从哪里下手，最终的结果只会更糟。

　　因此，我们必须记住：在工作中，每一分钟都非常重要。拖延时间，只会使我们在"现在"这个时期更加懦弱，并期待于幻想。也就是说，我们总是想着事情能往好的方向发展，却从不付诸行动。 有拖延心理的人的心情总是不愉快的，总觉得疲乏，因为应做而未做的事总是给他压迫感。 拖延并不能节省时间和精力，相反，它会使你心力交瘁，甚至失去工作机会。

我们来看一个现实中的事例：

孙浩是一家知名广告公司的文案策划，他的策划文案总是很有创意，这让老板对他格外器重。一次，老板将新签约的一家大客户的广告策划案交给他来完成，并告诉他最迟在月底完成。孙浩接过任务，心想还有半个月时间，不用着急开始，他有充分的自信可以在规定时间之内完成。

于是，他天天不急不慌地浏览网页、看看报纸、聊聊天，想着等到最后几天开始做一样可以完成，不必这么着急。

当孙浩玩得差不多了，准备开始工作了，却被老板叫去参加一个广告学习研讨会，耽误了整整一天的时间。他还是不着急，想着，那就第二天再开始做吧。

可是他没想到，第二天公司电脑集体中毒，全部拿去电脑公司维修，又耽误了一天。没办法，孙浩找借口，跟老板多要了一天，下班后自己再回家赶夜车，匆匆写了一份策划方案交了上去。

由于策划方案写得仓促，几乎没有什么新意，客户又催得急，连修改的时间都没有了。最后导致客户不满意策划方案，公司为此赔偿了客户很多钱。于是，老板将他辞退了。

员工一定要明白自己的任务是什么，一定要在规定期限内完成工作，绝不能有拖拖拉拉的情况。优秀的员工不仅能守时，而且他们深知，开始工作的最佳时间就是现在，最理想的任务完成日期就是今天。

实际上，拖延并不能解决问题，问题不会随着拖延而变得简单，拖延只会让问题变得更加严重。我们拖延造成的损失不会有谁为我们买单，可想而知拖延的后果有多么可怕。所以，我们一定要改掉拖延的坏习惯，养成当日事当日毕的好习惯。

没有行动，梦想毫无价值可言

"忙""烦"是如今职场人士说得最多的两个字，为什么会造成这种现状，除了某些客观原因外，还有一个非常重要的主观原因，就是多数人总是工作拖延。

培根曾说过："好的思想，尽管得到上帝赞赏，然而若不付诸行动，无异于痴人说梦。"

对于一个好的想法，我们应及时采取行动，虽然这样不一定能带来令人满意的结果，但不采取行动则绝不会产生令人满意的结果。

美国管理心理学家史华兹说："我们对于一件事情的完美要求必须折中一下，这样才不至于陷入行动以前永远等待的泥沼中。"如果整天停留在创业计划的阶段，那只能是梦想，永远不能成为现实。不管做什么事情，一旦我们有了好的想法、好的主意，就立即采取行动，决不拖延。

拖延并不能使问题消失，更不能使问题变得容易。随着事情完成期限的逼近，我们的工作压力反而会增加。这不仅会让我们感觉到身心疲倦，问题还会由小变大、由简单变复杂，解决起来也越来越难。 更糟糕的是，没有任何人会为我们承担拖延的损失，拖延的后果可想而知。

此外，拖延会侵蚀我们的意志和心灵，阻碍我们潜能的发挥。 处于拖延状态的人，常常会陷于"拖延—低效能＋情绪困扰—拖延"的恶性循环之中。 为此，我们会常常苦恼、自责、悔恨，但又无法自拔，结果一事无成。

避免拖延的唯一方法就是"立即行动"。 许多人做事总喜欢等到所有的条件都具备了再行动，诚然，条件成熟是成功的前提，但并不是说我们只能等条件成熟后才能行动。 坐等其成，只能虚度时光。 目标需要用行动去证明，梦想需要用行动去实现。

著名的西点军校的校规中最重要的一条就是：立即行动。 如果你永远不行动，那么你的梦想永远是一场空。 千里之行，始于足下。 一百个空想家抵不上一个实干家。

世界上的所有发明，都是在人们大胆地想象之后付诸行动而来。 地动仪正是通过张衡的积极探索发明而成；日心说若没有经过哥白尼日复一日地观测也无法问世；美洲新大陆若没有经过哥伦布两个多月的海上航行也无法被发现……

的确，人生伟业的建立，不仅在于能知，而且在于能行。

很早以前，一个和尚决定去南海。当他下定决心后，便不顾路途遥远等困难，毅然前往。

途中，和尚到一个有钱人家中化缘。有钱人得知他此行的目的后，不由嘲笑："凭你也想到南海？我想到南海的念头已经有好几年了，但一直没有准备充分。像你这样贫穷的人，还没到南海，不累死也会饿死了。还是趁早找个寺庙安稳度日吧！"

和尚不为所动，继续前行。几年以后，和尚从南海返回的途中又碰到这个有钱人，他仍未开始行动。

这个故事向我们生动地诠释了行动的重要性。有行动才会有结果。开始是最困难的工作，但却必须开始。那些不去做现在可以做的事情，却下决心要在将来的某个时候去做的人，他们不满于自己工作中拖延的现状，却又不去改变，每天都生活在等待和无奈之中。这样的人，最终将一事无成。

行动是一件了不起的事。如果没有行动，那么我们的梦想毫无价值可言，我们的计划也不过是一堆废纸，我们的目标也不可能达成。

一张地图，无论绘制得多么详细，它都不能带着它的主人在地面上移动一寸。一位运动员，如果一直停留在起跑线上思考，而没有跑出去，那他永远都不可能成功。

只有行动起来，才能使我们的梦想、我们的计划、我们的目标成为一股活动的力量。行动才是我们成功的起点。所以，我们要时刻牢记：只有行动才能成功！

第五章

懂得感恩，以感恩的心态努力工作

心怀感恩，工作就会充满乐趣

现实中，总有一些人感叹工作的枯燥乏味，为工作的琐碎繁重而烦恼，在工作中一遭遇挫折和难题就灰心丧气。事实上，工作是单调乏味还是充满乐趣，完全取决于我们的心态。一个心怀感恩的人，他会热爱自己的工作，把工作当成一种享受。他会从工作中发现更多的乐趣，学到更多的知识和技能，从而不断提升自己，迈上一个又一个新的职业台阶。

我们没有理由不感恩自己的工作。工作就好比是一棵果树，我们为它修枝剪叶、浇水施肥，到了秋天，当沉甸甸的果实压弯了枝头，呈现出一片丰收的景象时，我们心头就会涌现出无限的喜悦。而工作带给我们的好处，还远不止这些，因为工作不仅让我们的衣食住行有了保障，还为我们提供了施展才华的舞台，让我们的人生价值得以体现。试想，一个没有工作的人，他会因整天无所事事、虚度光阴而忧郁苦闷，他不能为人类作出任何贡献，他失去了思想和灵魂，犹如行尸走肉一般，苟活于世间。因此，拥有一份工作，我们就应该感恩，并将感恩化为力量，付诸实际行动，这样我们就会对工作充满激情，工作中也会充满乐趣。

　　据说，在美国的西雅图有一个很特殊的鱼市，这个特殊的鱼市被许多电视台争相报道过。这里的鱼贩们特殊的卖鱼和批发处理鱼的方式不但招来了众多的顾客，让鱼市的生意兴旺发达，还吸引了大量的游客。

　　原来，这个鱼市的小贩们一个个面带笑容，像合作无间的棒球队员那样传递着手中的鱼，冰冻的鱼也如同棒球一般在空中飞来飞去。鱼贩们一边工作，一边互相唱和着……

　　当人们向鱼贩问及为何在这样糟糕的环境中仍能保持快乐工作的心境时，他们解释说，几年前，这个鱼市本来也是一个毫无生气的地方，鱼贩们整天抱怨工作太过无聊和沉重。后来大家一致认为，这样抱怨不但无济于事，还会影响生意，不如改变心态，以一颗感恩的心去打造高品质的工作。

　　于是，他们好像脱胎换骨了一般，把卖鱼当成了一件乐事。他们整天笑脸迎人，心情舒畅，前来买鱼的顾客越来越多，鱼市生意很快火爆起来。而他们因为心怀感恩，对工作充满了热情，也愈加发现了工作中的乐趣。于是，在这里，创意一个接着一个，笑声一串接着一串，成了鱼市中的奇迹。

　　这样的工作气氛还影响了附近的上班族。许多人在工作之余，都要跑到鱼市来感受一下快乐的氛围，感染一下鱼贩们工作的好心情。一些管理层人士还专门到这里来询问提升员工士气的方法，而这里的鱼贩们也已经习惯了给工作不顺心的人们排忧解难。他们最常说的一句话是："并不是生活亏待了我们，而是我们对拥有的一切不知道感恩，企求的太多，忽略了生活本身。"

由此可见，如果鱼贩们不知道感恩，对拥有的一切无动于衷，总把自己当成是世界上最悲惨的人，那么他们终究会活在委屈、不满、愤懑的情绪中不能自拔，享受工作的乐趣便无从谈起，更谈不上富有创造性地去工作了。

对于任何人来说，只有学会感恩，你的脸上才会洋溢出从心底生发出来的那种快乐和满足，你才会积极乐观、敬业合群。

视工作为乐趣，人生就是天堂；视工作为苦役，人生就是地狱。既如此，我们就要视工作为乐趣，而要做到这一点，我们首先必须对工作心怀感恩。因为感恩之心可以帮助我们及时调整自己的心态，让我们舒展紧锁的眉头，保持对工作的兴趣与激情，并坚持自己的梦想和追求。事实上，只要我们心怀感恩，用乐观的心态看问题，心中的那个烦恼结自然就解开了，我们的工作就会变得有趣起来。

感恩于公司的培养和信任

是谁给了我们工作？是谁在培养我们不断成长？我们该感谢谁？我们该怎样感谢？

我们都应该明白，是公司给了我们工作，是公司在培养我们成长，我们应该感谢公司，我们应该怀着感恩的心去对待公司交给我们的每一件事情，并且认真出色地完成每一项工作。

一个具有完美人格的人是懂得感恩的人。只有懂得感恩的人，才能得到别人的认可，才能得到老板的信赖，才能认真执行公司交给自己的任务。

但是很多时候，我们可以为一个陌生人的点滴帮助而感激不尽，却无视朝夕相处的老板的种种恩惠。我们将工作关系理解为纯粹的商业交换关系，甚至与老板处于相对立的状态。其实，虽然雇用与被雇用是一种契约关系，但是也并不至于完全对立。从利益关系的角度看，是合作双赢；从情感关系角度说，是一份情谊。

肯德基针对餐厅管理人员不同的管理职位，配有不同的学习课程。学习与成长相辅相成，是肯德基管理技能培训的一个特点。比如，当一名见习助理进入餐厅，适合每一阶段发展的全培训科目就在等待着他。最初，他要学习进入肯德基每一个工作站所需要的基本操作技能、常识以及必要的人际关系管理技巧。随着他管理能力的增强和职位的升迁，公司会再次安排不同的培训课程。

当一名普通的餐厅服务人员经过多年的努力，成长为管理肯德基餐厅的地区经理时，他不但要学习领导者的分区管理手册，同时还要接受公司的高级知识技能培训，并获得被送往其他国家接受新观念以拓展思路的资格的机会。除此之外，这些餐厅管理人员还要不定期地观摩录像资料，进行管理技能考核竞赛。

当然，也许别的公司并不一定会像肯德基那么做，但是也会加速你的成长，锻炼你的学习能力、接受新事物的能力以及解决问题的能力。

公司给你提供了一份工作，并且容忍你的错误、等待你的成长，等待你从一名青涩的职场新人成长为一名职业精英。难道你不该感恩公司和老板吗？感谢公司对你的培养，感谢老板让你有机会证明自己的实力。

在人的一生中，可能会经历一些不同类型的工作。如果不是公司为我们提供一个平台，为我们的职业生涯提供一个良好的途径，我们作为社会中的一个微不足道的个体，又怎能有机会在舞台上尽情施展自己的才华呢？　也许我们对某份工作不太满意，也许某份工作并不是我们喜欢从事的，但无论如何，我们所选择的每一份工作，都将是人生链条上非常重要的一环。　我们将从那里获得暂时的成功或者失败。　而那些失败，也将帮助我们更清晰地认识、分析自己的优劣所在，激发我们内在的各种潜能，从而找到真正适合自己的事业。

　　"联想为我提供了一个从学生到职业人的转换平台，成为我个人事业上的第一个里程碑，这是联想给我的第一个惊喜。"联想公司的高管杜涛向大家讲述加入联想之后所收获的惊喜。　短短两年多的时间，杜涛本人的职业生涯在联想实现了稳健而又快速的发展。　在一系列培训项目的扶持和培养下，他由刚入门的一名助理工程师，成为一位可以全权负责全球选件项目开发管理工作的经理。　在此期间，他还获得了公司提供的远赴美国的培训机会。　"我感谢联想包容的公司文化和它对我的培养。"杜涛如是说。

　　许多成功人士在事业上取得令人瞩目的成就，都是基于公司为他们提供的一个施展才华的场所、一个广阔的发展空间。　公司是员工发展的载体，公司的存在为员工提供了一个工作的机会，也提供了一个不断发展进步的舞台。　作为公司的一员，我们应该心怀感恩。

感恩于客户的抱怨和选择

工作中，我们只有满足了客户提出的要求，客户才可能会选择我们，我们才会得到发展和进步。所以，我们应该感谢客户的抱怨和选择。

厨师海伦在纽约郊外著名的卡瑞月湖度假村工作。

周末的一天，海伦正忙碌时，服务生端着一个盘子走进厨房对她说："有位客人点了这道'油炸马铃薯'，他抱怨切得太厚。"

海伦看了一下盘子，跟以往的并没有什么不同，但还是按客人的要求将马铃薯切薄了些，重做了一份请服务生送去。

几分钟后，服务生端着盘子气呼呼地走回厨房，对海伦说："我想那位挑剔的客人一定是生意上遭遇了困难，然后将气借着马铃薯发泄在我身上，他对我发了顿牢骚，还是嫌切得太厚。"

海伦在忙碌的厨房中也很生气，从没见过这样的客人！但她还是忍住气，静下心来，耐着性子将马铃薯切成更薄的片状，之后放入油锅中炸成诱人的金黄色，捞起放入盘子后，又在上面撒了些盐，然后请服务生再送过去。

　　没过多久，服务生仍是端着盘子走进厨房，但这回盘子里空无一物。服务生对海伦说："客人满意极了，餐厅的其他客人也都赞不绝口，他们要再来几份。"

　　这道薄薄的油炸马铃薯从此成了海伦的招牌菜，并发展成各种口味，如今已经是人们都喜爱的休闲零食。

　　海伦的成功，关键在于她在面对别人的挑剔时，不是满腹牢骚地抱怨别人，而是能忍住怨气做好自己的工作，一次一次地改进，让顾客满意。这一点不仅满足了顾客，同时也成就了海伦的事业。

　　一名好员工所具备的素质就是当有人对自己的工作不满意时，不是去抱怨别人，而是积极努力地完善自己的工作。如果我们每天都能带着一颗感恩的心去面对客户，那么我们工作时的心情也一定是积极而愉快的。带着这样的心情投入工作，最终我们一定会取得成功。

　　多问问自己："我做得怎么样？"这不仅仅是一种对客户感恩的表现，同时也可以使我们自己不断地提高。其实，这是一种双赢的策略。

　　时常怀有感恩之心，我们就会变得谦和且高尚。每天提醒自己，为自己能有幸得到这份工作而感恩，为自己能遇到这样一位客户而感恩。

时下，面对琳琅满目的商品，消费者的选择余地大了，同一类商品，消费者有可能选择 A，也有可能选择 B，选择谁，谁就有可能在最终竞争中获胜。长期或永远不被消费者认可的商品，最终只能出局。

的确，如果代理商都不支持我们的产品，不代理我们的产品，仓库积压，产品滞留，企业只能关门；如果销售商都不支持我们的产品，不积极推销我们的产品，商品滞留货架，企业无从赢利；如果消费者选择了别人的产品，而不是我们的产品，最终我们就会失败。

感恩是多赢的工作哲学

感恩不是没有回报的付出，感恩的最后结果一定会是你得到别人的认可和赞同，也一定是你获得比别人更大的成功。

当我们手拿工资和自己的爱人享受美好生活的时候，我们应该感恩我们的工作；当我们用拿着薪水换来的礼物去孝敬父母的时候，我们也应该感恩我们的工作。节假日，当我们开怀畅饮、尽情放松的时候，我们应该懂得，这都是工作给我们带来的幸福。

怀着一颗感恩的心去工作，我们就会明白，工作不只是我们谋生的手段，更是我们自我发展和实现自身价值的一个舞台。没有了这个舞台，我们的能力就没有办法得到体现。所以，感恩会让我们更敬业。

怀着一颗感恩的心去工作，人与人之间的关系就会变得和谐。员工真诚地感恩于公司的培养，老板真诚地感恩于员工的辛勤劳动，员工与老板之间的关系就会更加融洽，那种雇用与被雇用的关系，就会变成朋友与朋友之间真诚的互助关系。

怀着一颗感恩的心去工作，就会用包容的心去对待别人的错误。 一个人，一辈子不犯错误是不可能的，有时候甚至会犯两次同样的错误。 感恩会让我们变得宽容，与同事和谐相处。 所以，感恩会让我们拥有良好的人际关系。

怀着一颗感恩的心去工作，你就不会去抱怨暂时的不公平待遇；怀着一颗感恩的心去工作，你就不会感到工作的无趣乏味；怀着一颗感恩的心去工作，你就不会在困难面前畏首畏尾；怀着一颗感恩的心去工作，你会觉得工作就是为自己工作；怀着一颗感恩的心去工作，你在受到领导批评时就不会感到委屈，而会把这种批评当成一种激励；怀着一颗感恩的心去工作，你才能真正做到严于律己、宽以待人，和整个团队融为一体。

我们要用一颗善良的心去对待周围的人，感恩你身边的每一个人。 感恩领导给我们提供的工作机会；感恩同事给予我们的支持和帮助；感恩家人的默默奉献和无私关爱；感恩朋友无微不至的关怀和不求回报的援助；感恩客户的抱怨和选择。 生活中，感恩无边，一句话、一个行动、一点情怀都能表达和诠释感恩的真谛；感恩无痕，一分努力、一点进步都能传达一份真情。

有感恩之心，不仅仅意味着要拥有博大的胸襟和高尚的情操。 实际上，它更应是一种快乐自我的智慧。 感恩是积极向上的生活态度和谦卑的智慧，当一个人懂得感恩时，便会将感恩化作一种具体的行动，而不是单单停留在口头上。 感恩不是简单的滴水之恩当涌泉相报，它更是一种对工作的责任感和使命感、一种追求灿烂人生的崇高精神境界。一个人会因感恩而感到工作并不是一件很难的事情，会因感恩而感到自己的内心无比畅快，感恩的心是整个社会和谐的种子。我们只要怀有一颗感恩的心，就能在生活中发现更多的真善美，就能永远快乐地生活在温暖而充满真情的阳光里。

学会感恩，珍惜工作，对公司负责，对工作负责，对自己负责，把发自内心的感恩之情化作工作上的强大动力，把这种责任化作工作上的卓越能力，为公司分忧解难。

让我们每个人都学会感恩，学会在生活中寻找属于自己的快乐。抓住时机给你带来的机遇，把青春、理想、爱心融合在一起，化作一颗感恩之心，去追求幸福的人生。

感恩是解决问题的精神源头

感恩是解决问题的精神源头，感恩有利于促进人与人之间和谐共处。怀着感恩的心情去生活，我们的心态就会变得谦逊，对外界充满友善。感恩能加强人与人之间的情感交流、促进人与人之间和谐相处。构建和谐社会首先需要个体和谐，个体和谐的基础是心理和谐。具备感恩的心态，有利于理顺我们的情绪，也有利于为和谐营造环境。

感恩是解决问题的精神源头，感恩有利于缓和工作中的矛盾。社会生活中存在许多矛盾，企业之间的竞争矛盾，同事之间的攀比矛盾，亲友之间的计较矛盾……现实中，发达与落后并存，富裕与贫穷同在，文明与愚昧交织。正确看待这些矛盾，学会通过感恩解决矛盾，才是成功的最佳方案。

通过感恩解决工作中的矛盾需要注意以下几点细节：

（1）沟通要到位

找到问题的根源所在，用感恩的心态化解症结。

（2）适度的谦虚

过分谦卑反而会让人反感，掌握好分寸才能有效地化解矛盾。

（3）做个好听众

无须急于发表意见，先听听大家怎么说，理智地判断后再作出分析。

（4）论事不论人

做人要宽厚，学会在背后赞许他人，切勿因为矛盾而贬低别人抬高自己，更不要在大众面前轻易谈论没有依据的是非。

懂得感恩的人才是幸福快乐的，感恩是获得快乐、幸福的最便捷的途径。只要拥有一颗感恩的心，生活便会充满阳光和幸福。感恩是一种朴素的情感，是生命中最本质的一种情感。感恩能促使人与人之间互敬互爱，也能营造和睦与欢乐。当我们怀着一颗感恩的心去看待社会、看待父母、看待亲朋、看待同事时，所有烦恼都会烟消云散，一切矛盾都会化为乌有，任何问题都能迎刃而解。

有一对很要好的朋友甲和乙在沙漠中行走。在途中，不知为何他们大吵了一架，甲还打了乙一巴掌。乙很伤心，于是就在沙上写道："今天我朋友狠狠地打了我一巴掌。"写完后他们继续前行。

走着走着，他们来到一块沼泽地，乙不小心陷入沼泽，甲不惜一切拼命地将乙拉出沼泽。乙得救了，于是很开心地找到一块石头，在上面刻道："今天我朋友救了我一命。"

甲一头雾水，奇怪地问："为什么我打了你一巴掌，你把它写在沙上，而我救了你一命，你却把它刻在石头上呢？"

乙笑了笑，回答道："当你对我有误会，或者对我做了什么不好的事，我就把它记在最容易遗忘、最容易消失不见的地方，由风负责把它吹散；而当你有恩于我，或者对我帮助很大的时候，我就把它记在最不容易消失的地方，任凭风吹雨打也磨灭不了。"

当我们怀着感恩的心去化解矛盾和问题时，感恩就像灿烂的阳光，时刻照亮温暖他人的心灵；感恩也像奔流的泉水，带走我们身边的怨怒与无奈；感恩更是人生的一种财富，可以带给我们终生的快乐与幸福。

第六章

超越平庸，从优秀走向卓越

将平凡的工作做得不平凡

海尔董事局主席张瑞敏说过："把简单的事情做好就是不简单，把平凡的事情做好就是不平凡。"换句话说，出色就是将平凡的工作做得不平凡。 在工作中，我们要端正一个观念，不要觉得只有大事才值得认真去做。 事实上，工作中更多的就是一件一件的小事，一个人只有把每一件平凡的小事做到极致，才有成功的可能。

在微软公司中流传着这样一个让所有微软人反思的故事。 这故事也让微软人认识到，即使长时间地做同样一件事情，只要认真努力，就一样会有与众不同的收获，就会成为不平凡的人。

故事发生在多年前的上海。微软中国公司全球技术支持部的部门经理刘润准备去机场，出了美罗大厦，坐上一辆出租车，还没等他说话，司机就说："您去哪里，路程短不了吧？"刘润一愣，自己正要去机场。"您怎么知道啊？我正要去机场呢！"司机笑了笑，驱车向机场方向驶去。

　　健谈的司机在途中和刘润聊起来。他说："其实我一看到您，就知道您要去机场或者火车站，看您这身打扮，拎着这样的箱子，不出远门才怪呢！那些在超市门口、地铁口打车，穿着随便的人可能去机场吗？"刘润听他这么说，感觉很有意思，不由得兴致大增，请他继续往下说。

　　司机给刘润举了一个例子："有一次，人民广场前面有三个人招手，第一个是年轻女子，拿着小包，刚买完东西；中间是一对青年男女，一看就是逛街的；第三个是穿羽绒服的青年男子，手上还提着笔记本电脑。我毫不犹豫地把车开到了那位穿羽绒服的青年男子面前。那人上车后也觉得奇怪，就问我为何放弃前面两个不拉，偏偏开到了他的面前。我说，第一个女孩子是中午溜出来买东西的，估计离公司很近；中间那对情侣是游客，没拿什么东西，不会去很远。那青年竖起大拇指说：'你说对了，我去宝山。'

　　"我做过精确统计，我每天开 17 小时的车，算上油费和各种费用，平均每小时的成本为 545 元。如果上来一个 10 元的起步价，大约要开 10 分钟，加上每次载客之间的平均空驶时间 7 分钟，等于我花了 17 分钟只赚了 10 元钱，而 17 分钟的成本价是 98 元，不划算，20 元到 50 元之间的生意性价比最高。"

　　司机这番话让刘润听得瞠目结舌。一个普通的出租车司机，竟然能把工作精算到如此地步，不仅准确抓住理想的客户，还能将运营成本精确到每分钟，分明就是一个推销专家和成本核算师。

到了机场，司机给刘润留了名片，刘润这才知道司机名叫臧勤。刘润事后在他的博客上写道："臧勤给我上了一堂生动的 MBA 课！"后来通过接触，刘润得知，臧勤是开了 17 年出租车的老司机，在上海出租车行业中，也是赫赫有名的能人。在上海，出租车司机平均月收入只有 3000 元左右，被大家认为是又苦又累又不赚钱的职业，臧勤每个月的收入却能达到 8000 元，远远超过上海普通白领的收入。

就是这样一个平凡的出租车司机，一个看上去不需要多少文化水平和技术含量的开车工作，臧勤却能够把它做得如此出色。也许就是从他选择做出租车司机那天起，就开始用上了心思，用心观察、用心体验、用心总结，对乘客的每一个细节都有了准确的判断。对理想乘客出现的位置、时间，做到了然于心，最终做到了省时省力省成本，保持高载率、高收入、高效能。

可见，一个人即使在最平凡的岗位上，只要将工作做好、做出色，就一样可以做到不平凡。因此，作为员工，我们无论做什么工作，都应该把它做好，坚持把每一份平凡的工作做好，成就自己的不平凡。

中央电视台《经济半小时》和《开心词典》栏目的著名主持人王小丫，本科就读于四川大学经济系，毕业后被分到一家经济类报社当记者。可让她没有想到的是，报社领导把她分配到通联部去抄信封。整整三个月时间，她都是在桌案上与信封为伴。

当时的王小丫感到非常沮丧，她不明白大学毕业怎么竟干这种谁都能干的写信封工作啊。虽说一时想不通，可她还是本本分分、勤勤恳恳地把每一天的工作做好。三个月之后，她写信封写得又快又好，一个人的工作量竟能抵得上别人的三倍。领导看她表现十分突出，就主动地问："想不想干点其他工作？"

从此以后，王小丫先后成了文摘版、理论版和副刊的编辑……最后成为家喻户晓的著名节目主持人。

坚持把简单的事情做好就是不简单，坚持把平凡的事情做好就是不平凡。无论做什么事，都贵在坚持，贵在求实、求好、求快。有其职斯有其责，有其责斯有其忧。所谓出色的人，就是那些能坚持把平凡的工作做得不平凡的人。因此，面对工作，每一个员工都应该抱有良好的心态，应当将平凡的工作做得不平凡，让自己成为一名出色的员工。

平庸是逃避者和懒汉的"专利"

态度懒散、工作拖拉的员工，得不到老板的重视和提拔，最终的受害者只能是自己。

平庸的员工，无论做什么工作都敷衍，心不在焉；而卓越的员工则总能以敬业的心去对待自己的工作。平庸者不知道自己追求的是什么，被人鞭打着向前走；而卓越者很清楚自己的目的，他们会朝着自己的目标迈进，并总能用目标鞭策自己，心无旁骛。

有些人一接到任务就废寝忘食地工作，一遇到问题就雷厉风行地解决，而有些人则在工作和生活中养成了马马虎虎、心不在焉、懒懒散散的坏习惯。

姚明曾说："篮球就是竞争，没有游刃有余的取胜方法，而要拼尽全力，连滚带爬地争取胜利。"对于每件事情，姚明都发誓不会停滞不前，并要发挥他的最大潜力。他说："我所受的教育，历来都是每打一场球，都应竭尽全力拼搏。我不担心在 NBA 第一年就遭遇失败，我只想试一试。我全力以赴避免失败，但我认为最重要的是我努力过了。 我现在唯一可以做到的，就是全力打好每一场比赛，连滚带爬地争取胜利。"

逃避和懒散无助于问题的解决。 无论是公司还是个人，没有在关键时刻及时作出决定或行动，而让事情拖延下去，这会给自身带来严重的后果。 那些经常抱着拖延态度的人，总是奢望随着时间的流逝，难题会自动消失或有另外的人解决它，这永远只能是自欺欺人。 一个人无论用多少方法来逃避责任，该做的事还是得做。 我们没解决的问题，会由小变大、由简单变复杂，像滚雪球那样越滚越大，解决起来也越来越难，而且没有任何人会为我们承担拖延的损失。

对工作的逃避和拖延，只会让你失去更多成长和成功的机会。 让自己学会以负责的态度做事，一丝不苟地工作，那样你才能够摆脱平庸，向卓越靠近。

用高标准来要求自己

对于员工来说，以最高的标准要求自己，就意味着让客户和老板满意，让客户感受到超值的服务，让老板觉得雇用你是他的明智选择。这就是卓越员工工作的唯一标准。

没有高标准就没有高动力。如果要问高效的销售员为什么他们能够创造奇迹般的销售业绩，他们的答案各种各样，但是其中有一点非常相似：他们对自己都有着极高的要求。

王强在开始做推销之前就读了很多自我启发的书籍，这方面的书籍堆满了他的书架，这些书中对他影响最大的是拿破仑·希尔的《成功规律》。

王强是 22 岁时和这本书相遇的，至今书中还有一段内容铭记在他的心中："如果你想成功，必须明确自己的追求，并且要明确付出多少代价才能把它搞到手。为此，你要具体地设定目标，详细、周密地作出达到目标的行动计划，尽最大努力去做，每天大声唱读，在实现目标之前就以目标的最高标准来要求自己。"当时，他的内心被"实现目标之前就以目标的最高标准来要求自己"这个观点强烈吸引，但并没有真正理解它的含义。可是，在他按照这种观点去做了以后，他便理解了其中的深刻内涵。

有很多人把每天的工作当成是一种负担，他们也想成功，但他们期待不用花费任何的力气就能获得的成功，更别说像成功人士那样用高标准来要求自己了，他们对自己根本就没有什么要求，还经常用"没有要求就是最高的要求"来自欺欺人。一个员工不能对自己没有要求，相反，一定要用最高的标准来要求自己，这样才会有所进步，未来才会有出头之日，要不然就得一辈子都做一名不起眼的小员工了。

韩国现代公司的人力资源部经理在谈到对员工的要求时是这样说的："我们认为对员工的最好的要求，是他们能够在内心为自己树立一个标准，而这个标准应该符合他们所能够做到的最好的状态，并引领他们达到完美的状态。"

如果你是一个有理想、有抱负的员工，你就要对自己有严格的要求。只有你对自己有了一个高标准的要求，你才能不断向这个高标准靠拢，最终成就自我。

与自甘平庸划清界限

　　杨澜曾经说过："宁在尝试中失败，不在保守中成功！"为什么她这样说？ 因为她明白，所谓保守，也就是满足于现状、甘于平庸。 一个人一旦有了这样的想法，要赶紧打消，因为这在某种意义上已经是一种失败了，而这种失败比"尝试中的失败"更没有价值。

　　我们一旦甘于平庸，即使不马上被宣告失败，也已经决定了不可能再取得更大的成功。 事实上，做一个不甘平庸的人的确需要莫大的勇气，因为在这个过程中，总是会伴随着很多风险，还要具备一定的冒险精神。 有些人因为惧怕遭受挫折与失败，就甘于平庸，不求进步，却不知道甘于平庸本身就已经等于失败，等于关闭了通向成功的大门。

　　　　邓亚萍小时候因为个子很矮，被省乒乓球队以"个子太矮，没有发展前途"为由退回，这让邓亚萍深受打击。但她没有认输，而是谨记爸爸的话："先天不足后天补，只要有特长和扎实的基本功，何愁不会脱颖而出！"
她开始了刻苦的训练。

当时，郑州市乒乓球队的条件十分艰苦，连一个固
定的训练场地都没有。邓亚萍和她的队友们一开始在一
间暂时不用的澡堂里练球，后来又转移到一个小学的礼
堂，最后才搬到市体育场的训练房。夏天，训练房里的
温度非常高，可队员们在里面一待就是一整天，挥汗如
雨，连衣服都湿透了。冬天，室内十分寒冷，队员们的
双手常常肿得像个面包，甚至开裂。

无论训练多么严格、条件多么艰苦，全队年纪最小、
个头最矮的邓亚萍都咬牙坚持下来，甚至比别人做得更
出色。训练房离邓亚萍的家不远，但她从不擅自回家，
她那不服输的拼劲，让很多比她大的队员都自叹不如。
正是在这里，邓亚萍练出了"快、怪、狠"的战术，即
正手球快、反手球怪、攻球狠，这成了她以后打球最突
出的风格。

功夫不负有心人。1986 年，在全国乒协杯比赛中，
邓亚萍战胜了当时的世界冠军戴丽丽，从而一战成名。
河南省乒乓球队最终向邓亚萍敞开了大门。回想起 3 年来
的辛苦训练，邓亚萍自信地说："我一定要更加努力，取
得更好的成绩！"从此，她更加刻苦了，拼命地练球，休
息的时间被一缩再缩。

邓亚萍的努力得到了丰厚的回报。1988 年，邓亚萍
在国际、国内各项大赛中所向披靡，并夺得了第六届亚
洲杯乒乓球比赛的女子单打冠军。进入国家队后，邓亚

萍依然保持着勤奋、刻苦的精神。

训练时，教练最常给邓亚萍的指示不是"要多练"，而是"要注意休息，别练过了"。平时，队里规定上午练到 11 点，她给自己延长到 11 点 45 分；下午训练到 6 点，她练到 6 点 45 分或 7 点 45 分；封闭训练时，晚上规定练到 9 点，她练到 11 点。一筐 200 多个训练用球，邓亚萍一天要打掉 10 多筐；练一组球的脚步移动，相当于跑一次 400 米，邓亚萍的一堂训练课，相当于跑一次 1 万米，这还没算上数千次的挥拍动作。有人做过统计，邓亚萍平均每天加练 40 分钟，一年就比别人多练 40 天。

练全台单面攻，她腿绑沙袋，面对两位男陪练左奔右突，一打就是两个小时。多球训练时，教练将球连珠炮般打来，她瞪大眼睛，一丝不苟地接球，一口气打 1000 多个。教练曾经做过统计，她一天要击 1 万多次球。邓亚萍每天练球，都要带两套衣服、鞋袜，湿了一套再换一套。她经常因为训练错过吃饭的时间，有时食堂会为她专设"晚灶"，很多时候她只能用方便面对付一下。

一次次的南征北战，邓亚萍捧回了一枚枚金牌，并又一次次地把目光投向更远的目标。在 1992 年巴塞罗那奥运会和 1996 年的亚特兰大奥运会上，邓亚萍蝉联了乒乓球女子单打、双打的冠军。

邓亚萍说："一个人追求的目标越高，他的才能就发展得越快。但我也深深懂得，要在比赛时打败对手，必须从一板一球做起。只有脚踏实地，抓牢今天，才能把握明天。"

不甘于平庸，随之要面对的是更高的目标、更大的挑战。当然，超越自我，超越目前生活状态的过程总会遇到挫折，一旦战胜了挫折，迎接你的也就是更大的成功。我们活在这个世上，抱着随波逐流、随遇而安的观念是不可取的，因为你一定要先明白一个道理：一个人首先要有不甘平庸的念头，才会有行动，而只有真的付诸行动，才会有成功的可能。

　　如果你是一个渴望拥有卓越成就、拥有更美好人生的人，抛弃甘于平庸的观念是第一步。无论你现在处在人生的高峰还是低谷，都需要有更上一层楼的欲望，也需要有迈向更高点的决心。不甘平庸是优秀品质，也是潜在财富。

突破现状，追求卓越

久入职场者，难免会有激情消失、创意不再、情绪低落、落落寡合的状况出现。 这时，你是应该喋喋不休地抱怨，还是应该好好反省一下自己？ 其实新鲜感来自对工作、对生活的细微发现。

1.突破现状

上班族面对每天的工作，总是会渐渐形成一种习惯，从好的方面来说，这表示对工作逐渐上手、越来越熟练了，碰到各种状况都知道应该如何去处理。 但是从另一个角度来看，如果每天面对每一个状况，都是用同一种思考模式、同一种方式来处理，很可能就会故步自封，成为整个团队向前迈进的障碍。 所以，我们应该自觉地求新求变。

2.追求卓越

卓越的员工很多都是通过后天的努力成功的，他们追求卓越的过程值得每一个人参考。 一个人会成为卓越的员工，关键是他有勇气追求卓越，不随便妥协，也不随便放弃，不过分自傲，对事务非常执着。

3. 与众不同

与众不同，即能独立思考与判断，不人云亦云，不盲信盲从、盲目追随流行，更不哗众取宠。 当然，更不能为了讨好上司、同事而放弃原则或失去立场，不能不顾真理和正义。

4. 能原谅别人

在工作上，不论是与同事之间还是与客户之间，每天的互动都是频繁的，都可能会发生不愉快的事。 当不愉快的事情发生后，又往往不见得能够有机会、有时间好好去处理，于是有些人把这些不愉快放在心里，而且总是忘不了。 久而久之，我们的工作就会变得很不快乐。

原谅别人，说起来倒是很简单，可真要做起来却并不是那么容易的。 我们常常会面临需要原谅别人的状况，这时候，是趁机好好报复他，还是不计前嫌、真心去帮助他，因为我们累积了太多的伤心往事在内心深处，潜意识里已经深埋着对这个人的怨恨。

5. 进取的脚步不要停留

你可以选择维持"勉强说得过去"的工作状态，也可以选择卓越的工作状态，这取决于你有无进取心。

尽职尽责的员工仅仅是一个称职的员工，而绝不是个优秀的员工。 要想出类拔萃，必须要有进取心，不能安于平庸。

满足现状意味着退步。 一个人如果从来不为更高的目标做准备，那么他永远都不会超越自己，永远只能停留在自己原来的水平上，甚至会倒退。

生活中最可悲的事莫过于此：一些人满怀希望地开始他们的职业旅程，却在半路上停了下来，满足于现有的工作状态，然后一生碌碌无为。 由于缺乏足够的进取心，他们在工作中没有付出所有的努力，也就很难有任何更好、更具建设性的想法或行动，最终只能做一个拿着微薄薪水的普通职员。 只有不安于现状、追求完美、精益求精的人，才会成为工作中的赢家。

不管你在什么行业，不管你有什么样的技能，也不管你目前的薪水有多丰厚、职位有多高，你仍然应该告诉自己要做进取者，你的位置应该在更高处。 这里所说的"位置"是指对自己工作表现的评价和定位，不仅限于职位或地位。

不断追求更高的自我定位，让每一个与你交往的人——你的上司、同事或者朋友，都能感觉到从你身上散发出的进取的、积极的力量。 这样，每一个人都会意识到你是一个不断进取的人、一个能给自己和他人带来更多物质和精神财富的人。 于是，他们将会被你吸引，乐于来到你的身边，你也会从中发现更多的机会。

第七章

在努力中修行，与人和谐相处

尊重朋友，赞美朋友

在人生的道路上需要友谊，一个没有朋友的人是孤单的、无助的、可怜的。生活中我们需要亲人的关怀、爱人的眷恋、友人的情谊，缺少其中一样就显得不够完美。在很多时候，我们心中有一些话不能对父母说，也不能对爱人讲，所以只能向朋友倾诉。朋友常常比家人更能使我们获得理解和安慰。因此，生活中能有几位知心好友是非常珍贵和幸运的。那么，我们如何赢得朋友并使一般的友谊不断升华呢？

（1）尊重别人的个性和理解别人的缺点

有人认为，只有性格相近的人才能彼此理解、相交成友。其实不是这样的，尽管个性的差异很容易造成人们认识上、行为上的距离，给建立友谊带来困难，但人都有共同的属性，比如，人们都希望被人理解和支持，希望得到别人的帮助。因此，人与人之间都能找到契合点。

人的个性是各不相同的，有人豪爽大度，心直口快；有人谨小慎微，沉默寡言；有人活泼开朗，乐天知命；有人郁郁寡欢，多愁善感……但我们不能因个性的不同，来给人界定好坏。 我们在与人交往的时候，尊重别人的个性，这一点是相当重要的，因为在生活中我们都有各自的价值观和评价善恶的是非标准。 需要记住的是：我们自己的并非是最好的。 有了这条，我们为人处世就容易很多了。 如果我们一味地以自我为中心，那么肯定会失去别人相应的尊重和理解，也就无法与人建立友谊。

（2）懂得赞美别人

是人都喜欢被赞美，尤其是发自内心的真诚的赞美，最能打动人心。 黄宗英采访柑橘专家曾勉时，以一个外行的身份谈到她了解到老专家的"枝序修剪法"与众不同，这样一来，老专家知道对方是真诚地尊重自己，居然了解到自己的具体专业成就，也就沟通了情感。

那赞美别人有哪些技巧呢?

（1）赞美要发自内心、真心真意

只有名副其实、发自内心的赞美，才能显示出它的光辉、它的魅力。 赞美的内容应该是对方拥有的、真实的，而不是无中生有，更不能将别人的缺陷、不足作为赞美的对象。 比如，对一个嘴巴大的人，你夸他："瞧，你的小嘴多可爱！"或对一个胖子说："呀，你多苗条！"还有比这更糟糕的赞美吗? 这种赞美不但不会换来好感，反而会使人反感，造成彼此间的隔阂、误解，甚至反目成仇。

（2）赞美要具体

赞美越具体，表明你对他越了解，从而越能拉近关系。另外，不要赞美他身上众所周知的长处，应赞美他身上既可贵又不为人知的优点。

（3）赞美要适时

真诚的赞美最好在事情发生的时候或不久后及时给予，因为这时人的心情是格外舒畅的。

（4）赞美要注意分寸

适度的赞美能使人树立信心。反之，会使人反感、难堪。所以，赞美要讲究分寸，要恰如其分。

珍惜机缘，善待同事

大千世界，茫茫人海，能够相遇已是不易，而能够有幸成为同舟共济的同事，这份机缘不能不叫人深深感动。

同事是一种既定的安排、偶然的组合。同事不同于父母兄弟，有着血缘的羁绊和根深蒂固的道德理念；同事不同于夫妻，要以感情为依托，彼此承担着义务和责任；同事也不同于朋友，需要百般照顾和精心呵护才能维护友情。不管你喜欢也好讨厌也罢，也不管你们是情投意合的密友还是针锋相对的对头，你都得去面对同事并与之相处，在慢慢的接触中去适应对方。

同事既不可凭你的喜好去选择，也不能因你的厌恶而放弃。同事是一根绳上的蚂蚱、一架车上的战马、一台机器上的零件，在冥冥之中被无形的手结合在一起，各人拥有各人的位置，发挥着不同的作用，离了谁不行，少了谁也不行。

拥有好的同事是人生的一大幸事。好的同事如诗，隽永耐读；好的同事如酒，浓郁香醇；好的同事如太阳，热情奔放。和好的同事相处会轻松愉悦，获益匪浅。

同事首先应该是良师益友，彼此要以诚相待，相互关怀、相互信任。当你遇到困难时，他会热情相助；当你遇到烦恼时，他会好言宽慰；当你快乐时，他会和你一起分享；当你伤心时，他会陪你流泪。好同事不会打肚皮官司、给人穿小鞋，更不会当面阿谀奉承、背后设绊插刀。

　　同事是一种特定的社会关系，为共同的目标而拼搏。因而，同事之间只有分工和机遇的差异，而无人格的高低。不要因为你是领导就盛气凌人，也不要因为你位卑而自暴自弃。只要你有真才实学，你就是无言的权威。不必考虑太多，也无须计较得失。

　　同事之间能力有大小，竞争也难免，但贵在公平、乐在奉献，切忌机关算尽、明争暗斗。当同事取得成功、获得晋升时，你应当替他高兴、为他自豪，并送上你真诚的祝贺，千万不要心胸狭窄、嫉贤妒能、搬弄是非。当同事在人生的道路上不慎摔跤时，你应该伸出热情的手搀扶一把，切忌幸灾乐祸、冷嘲热讽、落井下石。当然，就像稻田里不可能没有稗子一样，同事中也可能会有卑鄙小人、无耻之徒，对这些人你最好是敬而远之。

　　在特定的环境里、在融洽的氛围中，同事之间也应当充满情趣。当有同事结婚时，大伙儿可以凑份子，增个喜庆、添个热闹；周末节假日，可以纵情欢歌一场，然后进餐馆"撮一顿"，也可以和同事相约，找一个风和日丽的日子，带上好心情去野外踏青寻芳。

　　相识是缘，既然命运把大家安排在一起，就让我们好好珍惜这份机缘，善待同事吧。

想获得别人的尊重，先尊重别人

作为职场中人，一天中除了家人，相处时间最长的就数同事了。同事之间互相尊重，营造融洽的工作氛围，自然有利于工作。反之，彼此之间矛盾重重，不但工作得不到对方的支持和帮助，还会降低团队的战斗力。所以，不尊重同事的员工，在公司里往往是"孤家寡人"，没有人愿意跟他交往。而一个失去人脉基础的人，上司是不会让他担当重任的。

俗话说得好，"尊重别人就是尊重自己"。意思是说，只要你主动去尊重别人，就会获得别人的尊重。

在职场中，自高自大、谁也不放在眼里的员工，毕竟是极少数。这类人，说到底是太自恋了，太把自己当回事了。殊不知，职场中竞争激烈，能跟你站在一起的，能力可能和你不相上下，即使你确实出类拔萃，但终究会有不及他人之处。

有的员工，不能说他不尊重人，他只是在选择对象的时候，戴着"有色眼镜"，正所谓"势利眼"。那些对他加薪和晋升起决定作用的人，比如说他的上司、公司董事，他无比尊重。 对待身边的同事，他先是分出三六九等来，比他优秀的，他会尊重，因为这些人有可能晋升成为他的上司，况且，他还想学习他们的能力；跟他同一水平的，他则爱理不理；比他差的，也就是他眼里所谓的小人物，他就不屑一顾了。 其实，越是公司里的小人物，越在乎别人对自己的态度。 你不尊重他，他不但不尊重你，还会传播你的坏话。 俗话说，"好事不出门，坏事传千里"。 你不尊重一个你认为无足轻重的同事，结果变成对所有的人都不尊重，你的声誉自然会受到贬损。 你若敬他一尺，他就敬你一丈。 况且，他们之中也许有藏龙卧虎之人，说不定哪天会晋升到你上头，如果你平时不尊重他，那时又该如何自处呢？ 即使他们不能晋升，但也许跟公司里某位大人物有特殊关系，照样对你的职场发展起到不可忽视的作用。

　　吴为是从公司市场部竞聘到总经理办公室秘书这个职位的。他以前是市场部的统计员，对市场很了解，又具备很强的文字表达能力，所以很受总经理赏识。他特别善于察言观色，懂得领会总经理的意图，有时总经理还没发话，他就知道总经理准备干什么；有时总经理还没安排，他就知道给总经理准备哪些资料。渐渐地，总经理就养成了依赖他的习惯，简直有点离不开他了。

　　平时，吴为对公司的副总和各级主管们非常尊重，因为他知道，那些副总都是经常在老总身边转的人，也深得老总的信任，给他们留下好的印象，如果他们在老总面前美言自己一句，比自己说多少好话都管用；那些主管，说不定哪天就会获得晋升，也不能轻视。所以，吴为获得了副总及主管们的一致好评。

对待身边的同事，吴为可没有那么好的态度。他自以为是老总的红人，就觉得比同事高人一等，不但对同事爱搭不理的，说话也是颐指气使的，似乎为了从同事身上体会一下当老总的感觉。所以，同事都很讨厌他。

在起草一份市场营销方案时，吴为提了两点建议，得到了老总的肯定，并在执行中起了显著的作用。不久，就从公司高层传出吴为将晋升为总经理助理的消息。吴为听说后心花怒放，干得更加卖力了。

这天，公司传达室的那位相貌平平的女工上楼来送报纸，报纸在办公桌上没有放稳，滑落到地板上了。还没等女工弯腰捡，吴为就严厉地命令道："快把报纸捡起来！"他没想到女工不甘示弱，回击道："请你态度放尊重点！"吴为冷笑道："一个送报纸的，还要怎么尊重？"女工气得一时说不出话来，摔门而去。

办公室里的一个女同事不一会儿也跟着出去了，她找到那个女工安慰道："你别生气了，别跟他那样的小人计较。别说你了，我们这些经常跟他打交道的，都整天受他的气。他就那副德行，只知道拍上司的马屁，从不把同事放在眼里！你跟老总反映反映，老总会相信你的话的。"

说完，这个女同事就幸灾乐祸地偷着乐了，因为她知道，这个女工是老总乡下的一个表妹。

吴为见提拔他任总经理助理的事没了下文，而且老总对待他也不像以前那样热情了，正想跟人力资源部主管打探一下情况，忽然一纸调令将他调回了市场部。他拿着调令找到老总，坦率地说："我想知道我做错了什么。"老总说："从你这一段时间的工作来看，你还不成熟，还需要在基层部门锻炼。工作无止境，不要以为自己已经做得很好了。相信你回去以后，能够改进自己，做得越来越好。那时，会有重要的岗位让你担当重任的。"

老总这样说，吴为就不好再问，只好垂头丧气地去市场部报到了。后来，他从别人对自己的议论中获悉传达室的女工是老总的表妹，这才知道自己被调离的真正原因。老总鞭策自己的那番话，只不过是老总的借口而已。

有的员工并没有戴"有色眼镜"看待同事，只是觉得同事与自己处于相同的地位，没有必要把尊重表现出来，只要不歧视同事，或者不恶意对待同事就足够了，刻意去尊重同事，反而有一种难为情的感觉。其实，尊重同事是一种工作态度，是职场必备的素质。所以，尊重同事不仅要想在心里，还要落实到行动上。那么，我们要在哪些方面表现出尊重同事呢？

（1）同事见面主动问候

在同一个单位里共事，彼此熟悉了，见面也免不了互相问候。试想一下，别人主动问候你时，你是一种什么感觉？当然是一种受尊重的感觉，心里也很高兴。所以，同事见面时要主动问候对方，而不是等着对方向你问候了才作出回应。

（2）热情地对待同事

你以一副冷漠的神情对待同事，即使你没有不尊重对方的意思，却会使对方容易联想到你瞧不起他，特别是在同事有困难请求你帮助时，你板着一副冷漠的面孔，显出一副事不关己、不感兴趣的样子，一定会伤了对方的心。反之，你热情对待同事，对方就会产生一种受尊重的感觉。即使你对同事的请求无能为力，同事心里也会感到暖暖的。

（3）宽容同事

你的同事不小心做了对不起你的事，他向你赔礼道歉，你就应该原谅对方。即使同事给你造成了伤害，你也要宽容对方。这样，同事就会觉得你尊重他，并从心里感激你。

（4）真诚地关心同事

无论你的同事是取得了成绩，还是遭遇了失败，你都应该及时表示关心。这样会让他觉得他在你心中有一定的地位。所以，你要向取得成绩的同事表示真诚的祝贺，向遭遇失败的同事表示安慰和鼓励，而不是无动于衷、漠不关心，尤其不要对遭遇失败的同事进行冷嘲热讽。这样做的后果只会使你化友为敌，并让众人对你敬而远之。

多点理解和宽容

　　作为企业的一员，搞好团结、融入团队是非常重要的。要团结同事，与同事和谐相处，信任是必不可少的，而宽容就是赢得信任的最好方法。职场就像一个大家庭，各个成员之间在生活经历、文化背景、兴趣爱好、脾气性格等方面都有着很大的差异。同事每天至少有三分之一的时间都生活在一起，难免会产生这样那样的矛盾，有可能是工作中的分歧，也有可能是交流中的误解，等等。面对这些问题，我们都应该从维护大局出发，从维护团结出发，互相理解、互相帮助，这就是宽容。

　　如果你凡事锱铢必较，就会加深与同事之间的矛盾。反之，如果你感觉有人总跟自己过不去，最好的办法不是你也跟他过不去，而应先从自身找找原因，宽容一点、大度一些，甚至吃些无关大局的小亏，那不仅能化解矛盾，还能赢得同事的信任。

　　　孟华和宋佳都是刚刚毕业的大学生，在一次招聘会上被同时招进了一家生产家具的公司，开始担任电子数控方面的技术人员。因为在毕业时间、学历、技术和技能方面，两个人都差不多，无形中就成了竞争对手，孟华对宋佳处处表现出敌意，甚至在背后说他的坏话。但是宋佳对这一切都假装不知道，见了面仍然热情客气地打招呼。

有一天临近下班的时候，因为偶然的失误，孟华把一组急需的数据弄丢了。这下他可急坏了，因为主管已经交代过，第二天一早，就要带着这组数据去开一个重要的会议。而这组数据非常难整理，就算他加班，明天也不一定能整理出来。这时候，宋佳安慰他说："别着急，咱们一起整理吧，明天早上一定不会耽误事情的。"

那天晚上，他们俩一直忙活到凌晨4点多，终于把数据整理出来了。看着宋佳熬得满是血丝的眼睛，孟华惭愧地说："对不起，以前都是我不好，不该……"宋佳没让他说下去，拍拍他的肩膀说："都过去了，就别再提了。"因为这件事情，孟华对宋佳最初的敌视态度很快就转变成一种工作中的热情友谊了。他还对其他同事说："宋佳宽容大度，是个值得信任的人。"

宽容是理解、博大、包容，也是一种高尚的品格，是一种上乘的人生境界。 人非圣贤，孰能无过？ 每一个人在工作中都难免犯错，因此我们要宽容同事的错误，允许他改正，不能以牙还牙，或者揪着他的小辫子不放。 如果缺乏宽容的品格或者不注重这方面的修养，在工作中就会人为地制造很多矛盾，或者在矛盾出现之后火上加油，造成更多更大的矛盾，这既不利于自己，更不利于工作的开展。

工作中，同事之间本是唇齿相依的关系，就如泥土与牡丹的关系。人们赞美牡丹的鲜艳，不一定会想到泥土的芬芳，如果没有泥土的养分，又哪来牡丹的鲜艳呢？又何来对牡丹的赞美呢？同事之间也是如此，只有多一点宽容、多一点理解，才能促进关系更加和谐，也才能在工作中取得更大的成绩。

宽容一点，我们就能发现同事的优点，包容他们的缺点。"生活中不是缺少美，而是缺少发现美的眼睛。"在每个人身边都会有美的存在，我们要以宽容的心态去发现工作和生活中的美，只有善于发现美，我们才会有激情和活力，工作才会有动力。只有以宽容的心态去发现同事的优点，工作才会有凝聚力。

常言道："处世让一步为高，退步即进步的根本；待人宽一分是福，利人是利己的根基。"请微笑面对那些曾经伤害过你的同事吧！宽容同事，就是善待自己。

友情是一笔无价的财富

真正的朋友彼此之间能寻求到一种语言与情感的相通，这是一笔无价的财富，让你一生一世都享用不完。

"在家靠父母，出门靠朋友。"靠朋友什么？靠朋友帮忙、靠朋友谋事、靠朋友结识朋友。朋友是一条线，以线牵线，以线织网，就能拥有自己的朋友圈了。朋友也是一条路，会走的路路通、路路顺，不会走的则四处碰壁、走投无路。"为人一条路，惹人一堵墙"，此乃经验之谈。

有一个关于维克多连锁店的故事：

维克多从父亲的手中接管了一家古老的食品店，很早以前就存在而且已出名了。维克多希望它在自己的手中能够发展得更加壮大。

一天晚上，维克多在店里收拾，第二天他将和妻子一起去度假。他准备早早地关上店门，以便做好准备。突然，他看到店门外站着一个年轻人，面黄肌瘦、衣衫褴褛、双眼深陷，典型的一个流浪汉。

维克多是个热心肠的人。他走了出去，对那个年轻人说道："小伙子，有什么需要帮忙的吗？"

年轻人略带腼腆地问道："这里是维克多食品店吗？"他说话时的口音带着浓重的墨西哥味。"是的。"维克多回答道。

年轻人更加腼腆了，低着头，小声地说道："我是从墨西哥来找工作的，可是整整两个月了，我仍然没有找到一份合适的工作。我父亲年轻时也来过美国，他告诉我，他在你的店里买过东西，喏，就是这顶帽子。"

维克多看见小伙子的头上果然戴着一顶十分破旧的帽子，那个被污渍弄得模模糊糊的"V"字形符号正是他的店的标记。"我现在没有钱回家了，也好久没有饱餐一顿了。我想……"年轻人继续说道。

维克多知道了眼前站着的人只不过是多年前一个顾客的儿子，但是，他觉得应该帮助这个小伙子。于是，他把小伙子请进店内，好好地让他饱餐了一顿，并且还给了他一笔路费，让他回国。

不久，维克多便将此事淡忘了。过了十几年，维克多的食品店越来越兴旺，在美国开了许多家分店，于是决定向海外扩展，可是由于他在海外没有根基，要想从头发展也是很困难的。为此，维克多一直犹豫不决。

正在这时，他突然收到一封从墨西哥寄来的陌生人的信，原来正是多年前他帮过的那个流浪青年。

此时，那个年轻人已经成了墨西哥一家大公司的总经理，他在信中邀请维克多到墨西哥发展，与他共创事业。这对于维克多来说真是喜出望外，有了那位年轻人的帮助，维克多很快在墨西哥建立了他的连锁店，而且发展得异常迅速。

再来看看下面这个故事：

杰克·伦敦的童年贫穷而不幸。14 岁那年，他借钱买了一条小船，开始偷捕牡蛎。可是，不久之后就被水上巡逻队抓住，被罚去做劳工。杰克·伦敦瞅准机会逃了出来，从此便走上了流浪水手的道路。

两年以后，杰克·伦敦随着姐夫一起来到阿拉斯加，加入淘金者的队伍。在淘金者中，他结识了不少朋友。他这些朋友三教九流干什么的都有，而大多数是美国的劳苦人民，虽然生活困苦，但是他们的言行举止中充满了活力。

杰克·伦敦的朋友中有一位叫坎里南的中年人，来自芝加哥，他的辛酸历史可以写成一部厚厚的书。杰克·伦敦听坎里南的故事经常潸然泪下，而这更加坚定了他心中的一个目标：写作，写淘金者的生活。

在坎里南的帮助下，杰克·伦敦利用休息的时间看书、学习。1899 年，23 岁的杰克·伦敦写出了处女作《给猎人》，接着又出版了小说集《狼子》。这些作品都是以淘金工人的辛酸生活为主题的，因此赢得了广大中下层人士的喜爱。杰克·伦敦渐渐走上了成功的道路，著作的畅销也给他带来了巨额的财富。

刚开始的时候，杰克·伦敦并没有忘记与他共患难、同甘共苦的淘金工人们，正是他们的生活给了他灵感与素材。他经常去看望他的穷朋友们，一起聊天、一起喝酒，回忆以往的岁月。

但是后来，杰克·伦敦的钱越来越多，他对于钱也越来越看重。他甚至公开声明只是为了钱而写作。他开始过起豪华奢侈的生活，而且大肆地挥霍。与此同时，他也渐渐地忘记了那些穷朋友。

有一次，坎里南到芝加哥看望杰克·伦敦，可杰克·伦敦忙于应酬各式各样的聚会、酒宴和修建他的别墅，对坎里南不理不睬。一个星期中，坎里南只见了他两面。坎里南头也不回地走了。同时，杰克·伦敦的淘金朋友们也永远地从他的身边离开了。

离开了朋友，离开了写作的源泉，杰克·伦敦的思维枯竭，他再也写不出一部像样的著作了。1916 年 11 月 22 日，处于精神和金钱危机中的杰克·伦敦在自己的寓所里结束了自己的一生。

金钱有价，朋友无价。德国的卡西尔说："没有朋友的人，只能算半个人。"俗话说，"一个篱笆三个桩，一个好汉三个帮"。每一个成功者都离不开朋友的帮助，一个人独行是很难成功的。

第八章

燃烧自己，用热情点燃生活激情

将工作压力转化为动力

只要有工作，压力就会存在，压力其实是你工作中无法回避的组成部分。压力大与小，能不能承受与纾解，关键在于面对压力时，你自己的心态与应对的方法。

面对压力，不同的人有不同的态度：有人抱怨，有人感叹，有人改变。显然，第三种最可取，压力在一定情况下可以转化为动力。所以，面对压力要有正确的心态。压力是一柄双刃剑。正确地对待压力，可以使人进步，压力是动力；反之，可以使人失败，压力便是阻力。

美国麻省理工学院曾经做了一个很有意思的试验：试验人员用很多铁圈把一个成长中的小南瓜圈住，以便观察当南瓜逐渐长大时，对铁圈的压力有多大。

最初试验人员估计这个南瓜最大能够承受大约 500 磅（1 磅≈0.45 千克）的压力。

在试验的第一个月，如预期一样，南瓜承受了 500 磅的压力。

试验到第二个月时，这个南瓜承受了1500磅的压力，已经远远地超出了原来的估计。

当它承受到2000磅的压力时，为了避免南瓜将铁圈撑破，研究人员不得不重新对铁圈进行了加固。

等到试验进行到第三个月，铁圈对南瓜的压力增加到了3000磅！

最后当研究结束时，这个小小的南瓜竟然承受了超过5000磅的压力。

当试验人员充满好奇地打开南瓜时，发现南瓜里面充满了一层层坚韧牢固的纤维。

为了冲开铁圈的压力，小小的南瓜把压力转化成生存的力量，向所有能够触及的地方伸展根系。最后，这棵南瓜的根系竟然占据了整个花园。

小小南瓜能够承受如此巨大的压力，实在令人惊奇。其实，人也是如此。个人潜能的开发只有在重压下才能实现。压力越大，动力也就越大。

有一位哲人说过："要想有所作为，要想过上更好的生活，就必须去面对一些常人所不能承受的压力，你得像古罗马的角斗士一样去勇敢地面对它、战胜它，这就是你必须走的第一步。"的确，压力中潜藏着成长的机缘。哪里有压力，哪里就有成长的契机。只有不断在压力中获得重生的人才能茁壮成长，同样，也只有那些顶着压力一步一步向前走的员工，才能为公司创造更大的价值。

一个博士毕业生找了一份满意的工作，但公司总是不断地给他工作上压担子，他感到压力很大，就去向他的导师请教。导师没有立即回答他的问题，反而领着他外出散步。他们像往常一样一边走一边漫谈，不知不觉在操场上转了一圈。导师看了一下表说，你看我们已经走了一圈了，用了近10分钟，现在你一个人便步走一圈吧。学生不明白导师的用意，只得信马由缰地走了一圈，回到导师身边。导师又看了一下表说，你这次走一圈用了6分多钟，现在请你把身边的那块石头扛在肩上，再走一圈吧。学生只得把那块石头扛在肩上，他感到很沉，只好小跑了一圈，回到导师身边已经是大汗淋漓、气喘吁吁了。导师又看了看表说，这次你只用了3分多钟，你说是怎么回事呢？学生想了想说："老师，我明白了，第一次，因为我们漫无目的，所以用了最长的时间才走完一圈；第二次，我心里有了走完一圈的目标，但没有压力，所以用的时间也较长；第三次，因为我心中有了走完这圈的目标，也有了肩上的重压，所以反而只用了最短的时间。"导师赞许地点点头说："这就是公司给你压力的原因呀。"

可见，一个人在一定的压力范围内，他的工作业绩与压力是成正比的，对于强者，压力从来就不是包袱。 因为适当的压力会转化为个人内心的动力，有利于保持良好的状态、挖掘自己的潜能、提高工作效率。

"铁人"王进喜说："油井没有压力打不出油；人没有压

力做不好工作。"有压力才有动力，对任何人都一样。面对压力，与其一味退缩、逃避，还不如勇敢地面对，并把它化作前进的动力。这样，我们就能获得更多的力量去克服工作中的困难，从而去完成那些看似无法完成的工作。

有一位知名泰国企业家因玩腻了股票，想尝试做一些其他的，他把视线转向了房地产。他把自己的积蓄和银行贷款全部投了进去，在曼谷市郊盖了15幢配有高尔夫球场的豪华别墅。但时运不济，他的别墅刚刚盖好，就面临亚洲金融风暴肆虐，他的别墅一栋也卖不出去，贷款也还不起，这位企业家只能眼睁睁地看着别墅被银行没收，连自己住的房子也被拿去抵押，还欠了一屁股的债。

这位企业家一时被突如其来的巨大压力压得喘不过气来，他怎么也没想到对做生意一向轻车熟路的自己会陷入这种悲惨的境地。

他决定重新白手起家，他的太太是做三明治的能手，于是就建议丈夫去街上叫卖三明治，企业家经过一番思索后答应了。从此曼谷的街头就多了一个头戴小白帽、胸前挂着售货箱的小贩。

昔日亿万富翁沿街叫卖三明治的消息传到大街小巷，有的顾客出于好奇，有的出于同情，买三明治的人越来越多。许多人吃了这位企业家亲手做的三明治后，被这种三明治的独特口味所吸引，于是消费者就经常光顾，回头客不断增多。后来这位泰国企业家的三明治生意越做越大，他慢慢地走出了人生的低谷。

他叫施利华，他以自己不屈的奋斗精神赢得了人们的尊重。在 1998 年泰国《民族报》评选的"泰国十大杰出企业家"中，他名列榜首。

作为一个创造过非凡业绩的企业家，施利华曾经备受瞩目，在他事业的鼎盛期，他认为自己尊贵得像城堡中难得一见的皇帝。当他失意时，习惯了发号施令的施利华亲自推车叫卖三明治，无疑需要极大的勇气。然而，他顶住了压力，获得了成功。施利华的故事告诉我们：勇于接受挑战并承受住压力，是获得事业成功的重要保证。

无论我们从事什么样的工作，都不可避免地会遇上压力。面对压力，其实重要的是一个人的态度问题。只要你能够放开胸怀去面对，压力不但能化解于无形，更能成为成就你的动力。在竞争激烈的职场中，只有那些能够正确面对压力，通过积极的努力化压力为动力，最终出色完成任务的员工，才会脱颖而出，得到企业和社会的高度认可。

在压力下工作和生活，是每个人的常态。所以，我们不必逃避，要以积极的态度去面对、去化解，并将压力转化为自己前进的动力，享受工作压力下的乐趣，追寻工作的成就感。

点燃工作的激情

每个人的体内都蕴藏着巨大的潜能。在工作中，只有发掘出这些潜能，才能点燃对工作的激情，才能真正认真而专注地投入到工作中去，才能发挥永不止息的开拓精神，并在这种精神的指引下，最终实现自己的理想。

高林候在海外留学的时候，曾经有一段时间在一家餐馆打工，从洗盘子到端盘子再做到侍应生，最后成为比利时收入最高的侍应生，日薪5000元。他是怎样做到这一点的呢？

洗盘子原本是一件很枯燥的事，可是他却从中找到了乐趣。开始时，他也很痛苦，后来想既然干了就要把它干好，不能因为工作而丢失了好心情。于是，他就开始尝试快乐地工作，他换着法儿地洗盘子，创造了"飞盘"等一系列动作。他这样做不仅不会枯燥，而且还提高了工作效率。

原本很疲惫无聊的事，却让他做得有声有色。他想了个增加乐趣的办法，就是看看自己一只手能端多少个盘子。终于练到装满菜的盘子，一只手能端 6 个，在没有人帮助的情况下，两只手可以拿 17 个高脚杯。这样一来，乐趣找到了，工作也越做越好。后来他开始做侍应生，因为记人名字几乎过耳不忘，所以很快成为全比利时小费最高的侍应生。

在同事们的一致认可下，他后来有机会和时间观察大厨们如何炒菜，渐渐地也开始传菜。之后他更主动地做一些事，有一天看到院子里草长长了，觉得除草应该也是一件很有意思的活儿，于是又在院子里干起除草的活儿来。这时候老板看到了他，很欣赏他对工作投入的兴致，拍拍他的肩膀让他下周到前台报到。

看起来很平凡、很无聊的工作，高林候却能从中找到乐趣并越做越好，他的经历值得每一个喜欢抱怨的职场人深思。如果你觉得工作岗位太卑微、工资太少、埋没了你的才华，从而懈怠你眼前的工作，那么你还能做好什么呢？

要知道，每一份工作都有其枯燥的一面，善于发现工作的乐趣，点燃自己的工作热情才是最重要的。那么，要想做到这一点，应该怎么做呢？

（1）拓展自己的学习领域

当今世界，科技的发展日新月异，知识的丰富多彩对学习提出了更高的要求。真正有意义的学习，不是一味地吸取知识，而是通过学习懂得如何运用知识，并能用经验和智慧填补自己的不足之处。新的知识会对工作产生积极影响，使工作开拓出新的天地。这样一来，懈怠的工作热情就会被重新激发起来。

（2）体会工作的快乐

一个人一旦体会到了工作的快乐，就会热爱工作，全身心地投入到工作中去。尤其是当自己默默无闻的工作换来领导和同事的认可、换来新的成绩、换来自身能力和素质的提高时，那份自我价值得以实现的满足感岂是一份薪水可以衡量的？也只有在工作中不断地创造快乐，并以这种快乐影响和激励自己，才能在工作中始终保持昂扬的斗志和激情。

（3）同事间相互鼓励

在工作中遇到困难虽然是非常普遍的事，但是却很容易打击你的工作积极性。每个人都希望把工作做好，把任务完成得漂亮，但是力不从心、事与愿违的情况还是很常见。因此，在团队中，要学会与同事相互鼓励，更要学会自我激励，以此来渡过难关，重新找回自信。只有不断地自我勉励，才是保持长久工作激情的基础。另外，身体力行，营造一种集体的工作氛围也很重要。记住，公司是一个整体。成员之间相互鼓励、相互认可，这种精神上的支持是无价的。

（4）找到自己的兴趣点

一般来讲，人们只会对自己擅长的事、喜欢的事充满热情。据调查，有28％的人正是因为找到了自己最擅长的职业才掌握了自己的命运，并怀着高度的热情，将自己的才华发挥得淋漓尽致。

工作不仅是生存的必需，也是人实现理想的必由之路。因此，只有对工作真正产生兴趣，真正地培养出对工作的兴趣，才能在工作中真正有所作为。如果没有兴趣，那么其中的乐趣就没有了，只是例行公事地按照程序去工作，是无法激发对工作的热情的。

（5）小事中倾注热情

我们在工作中处理的很多事情看起来都是平凡小事，对此，要端正自己做事的心态，不要因事小而不为。其实哪怕是最平凡的小事，只要投入我们的热情，也能使我们在工作中充满活力。古希腊哲学家伊索说过："工作对于人来说是一种享受。"林肯也说过："人生的乐趣隐藏在工作中，如果充满激情地工作，就能享受到更快乐的人生。"只有把每一件小事做好，才会有成大事的本领。

其实人的一生要负载很多东西，谁也不知道自己会面临哪些沉重的问题，并把这些东西扛在肩上风雨兼程地向前赶路。如果有些工作上的困难注定是我们无法逃避、必须面对的，我们不妨以一种积极的态度去面对。人生有了压力，才会产生前进的动力，工作才能充满激情，生命因激情而走向成熟。就像船，没有负重的船会被大浪掀翻；就像心灵，没有激情的心灵会飘忽如云。

（6）把工作和人生目标联系起来

人有了目标才能有动力。工作的激情来自于人生的目标，只有将工作的激情和人生的目标统一起来，才能实现自我价值最大化。因此，我们会为了目标的实现而殚精竭虑、一往无前。工作的激情源于对人生完美的追求，源于对事业蓬勃的冀望，也存在于对人生目标追求的过程中。在这样的目标指引下，只要工作着，人就会充满斗志和激情，更会激发出无穷无尽的创新能力。

将工作视为一种精神享受

潘石屹曾说过："要将工作过程变为一种精神享受，只有充分领会自己工作的意义和价值才能实现。 在我的理解中，工作作为我们人类最有价值的行为活动，它至少有以下几个方面的意义：工作是一个团结他人与服务他人的过程，也是通过它实现社会价值而证明自己是一个合格的人或者说成功的人的过程……"

职场中的我们，只有先将工作当成一种精神享受，才能在工作中不断地去探索和求新求变，从而提高自己的工作能力，最终取得辉煌的成就，成为职场中的佼佼者。

以知性和智慧著称的凤凰卫视知名主持人曾子墨，在谈起自己从事新闻业十余年的心得体会时，她感慨地说："我很喜欢我的工作，而且这个工作让我很享受。"而正是因为她将工作当成了一种享受，才会充满快乐地去工作。 对她来说，人生最大的快乐不是拥有多少财富，而是感觉自己每天都在改变着世界。 这就如同卡尔文·库基说过的那样："人生真正的快乐不是无忧无虑，也不是去享受，因为这样的快乐是短暂的。而一份充满魅力的工作才是快乐的源泉。"然而现实中能感受到工作中的幸福感的人却寥寥无几。一个人如果缺乏快乐和幸福感，就应当学会到工作中去寻找。下面这个小故事就生动地说明了这一点：

有位英国记者到南美的一个部落采访，这天是个集市日，当地土著人都拿着自己的物品到集市上交易，这位英国记者看见一个老太太在卖柠檬，5美分一个。

这位老太太虽然看起来非常开心，但她的生意显然并不好，一上午也没卖出去几个柠檬。这位记者便打算把老太太的柠檬全部买下来，以便使她能"高高兴兴地早些回家"。当他把自己的想法告诉老太太的时候，她的话却使记者大吃一惊："都卖给你？那我下午卖什么？"

其实，人生最大的价值就是把工作当成一种享受，这是一种智慧。爱迪生说："在我的一生中，从未感觉是在工作，因为我觉得自己从事的一切工作都是对我的安慰……"然而，在职场中，像卖柠檬的老太太那样把自己所从事的工作当成享受的人并没有多少。大部分的人不是把工作当作乐趣，而是视工作为苦差事。早上一醒来，头脑里想的第一件事就是：痛苦的一天又开始了。磨磨蹭蹭地来到公司，无精打采地开始一天的工作。好不容易熬到下班，立刻就高兴起来，和朋友"花天酒地"时，总不忘诉说自己的工作有多乏味、有多无聊。如此周而复始，到最后，损失最大的却是自己。

职场中，如果我们对工作提不起半点兴趣，那么每天的工作对我们而言就好比毒药一样，怎么可能甘之如饴，令我们倾心付出呢？ 如果我们热爱自己的工作，那么上班就不再是苦差事，而是真正的享受。 我们只有进入这样的状态，才能创造出不一样的成果，而这种成果日积月累下来，不仅能为企业创造非凡的价值，更能成就自己的未来。

不要把工作看成是一种谋生的手段，而应把它看成一种爱好，全身心地投入进去，甚至为它痴狂，这样所有困难都会迎刃而解，因为工作已经成为一种快乐和享受。 我们可以试着从以下两点着手，将工作变为一种享受。

（1）在工作中发现乐趣

如果你想变得更优秀，那么你应该明白，工作就是工作，它永远不可能像休闲度假一样充满新奇和喜悦，关键是你如何在其中发现乐趣。

（2）全身心地投入工作

把个人的智慧、心血、才能都倾注到工作中，那么一段时间后，你就会取得一定的成绩。 此时，你就会觉得很有成就感，并且会很享受这种成就感。

培养坚韧的品质

在成功的道路上，没有任何东西比坚韧不拔的意志更重要。那些得到重用并且成为某一领域权威的人士，无一不是性格坚韧的。他们也许并不具备聪明灵活的头脑，也许没有和蔼可亲的态度，但肯定缺少不了坚韧的性格。

一旦你具备了坚韧的性格，即使没有受到老板的器重，也不会因此而沮丧。坚韧的性格能使做苦力者不厌恶劳动，使劳碌者不觉疲倦。它所产生的力量源源不断，如能加以控制和引导，就能变成一种执着，提高自己对挫折的忍受力。

当你看到他人成就斐然，而自己始终一无所获时，是否会倍感沮丧、自觉平庸？真正有韧性的人，能将种种悲观情绪抛在脑后，不断进取。

追求人生目标的决心愈坚定，你就愈有耐心和韧性克服阻碍。

有一位推销员在为公司推销日常用品。有一天，他走进一家小商店里，看到店主正忙着扫地，他便热情地伸出手，向店主介绍和展示公司的产品，然而对方却毫无反应，默然地望着他。

推销员一点也不气馁，他又主动打开所有的样品向店主推销。他认为，凭自己的努力和推销技巧，一定会说服店主购买他的产品。但是，出乎意料的是，那店主却暴跳如雷，用扫帚把他赶出了店门。

推销员却没有因此愤怒和放弃，决心要查出店主如此恨他的原因。于是，他就去询问其他推销员，了解那个店的情况，终于他了解了店主对他不满的理由了。原来，是之前的推销员推销不当遗留下来的问题，由于之前的推销员的失误，使得那个店主存货过多，影响了店主的资金链运转。

于是，这个推销员疏通了各种渠道，重新做了安排，请求一位较大的客户以成本价格买下他的存货。不用说，他受到店主的热烈欢迎。这个推销员运用自己坚韧不拔的精神，在坚持中不断地寻找突破逆境的途径。

在一个人的修养中，坚韧不拔是很重要的一种品质。如果你没有恒心和毅力的话，就会无法忍受挫折和失败，甚至在生活的道路上刚一开始迈步，就会被逆境打倒。只有拥有坚韧不拔的意志，你才能成为人生赢家。

有一位清苦的农民，生活本来就不富裕，更加让他痛苦的是，他又受到了瘫痪的打击。可是，他的意志力战胜了身体的不幸，他的坚韧不拔给他的生活带来了新的转机。他忍受着生活的艰辛，开始思考怎样创造财富。最后，他决定把农场改为生产香肠的场地。后来，他的产品几乎家喻户晓。

卓越人生

将来的你，一定会感谢现在努力的自己

杨建峰 编著

成都地图出版社

图书在版编目(CIP)数据

卓越人生. 将来的你一定会感谢现在努力的自己／杨建峰
编著. — 成都：成都地图出版社有限公司，2021.5
　　ISBN 978-7-5557-1674-7

Ⅰ. ①卓… Ⅱ. ①杨… Ⅲ. ①人生哲学 – 青年读物
Ⅳ. ①B821-49

中国版本图书馆 CIP 数据核字(2021)第 032613 号

卓越人生·将来的你一定会感谢现在努力的自己

ZHUOYUE RENSHENG · JIANGLAI DE NI YIDING HUI GANXIE XIANZAI NULI DE ZIJI

编　　著：杨建峰
责任编辑：陈　红　赖红英
封面设计：松　雪
出版发行：成都地图出版社有限公司
地　　址：成都市龙泉驿区建设路 2 号
邮政编码：610100
电　　话：028-84884648　028-84884826(营销部)
传　　真：028-84884820
印　　刷：三河市众誉天成印务有限公司
开　　本：880mm×1270mm　1/32
总 印 张：25
总 字 数：600 千字
版　　次：2021 年 5 月第 1 版
印　　次：2021 年 5 月第 1 次印刷
定　　价：150.00 元(全五册)
书　　号：ISBN 978-7-5557-1674-7

前　言

　　人生就是一段旅程，我们在旅行中不断成长，不断在摸爬滚打中变得成熟、坚强。

　　成长中，我们都会受伤，都会疼痛。伤过，就会明白，人生并不是一马平川；痛过，就会懂得，生活不会一帆风顺。生活，总有坎坷，总有心酸，在经历过生活的五味杂陈后，我们需要时刻警示自己：幸福很近，需要前进；幸福很远，继续努力。

　　人的成长在于经历，个人的经历有多有少，有浓有淡，有顺有逆，有成有败，喜怒哀乐尽在其中。任何经历，无论是成功或者失败，总会在人生的轨迹上留下些许痕迹，蓦然回首时从中受益。当有一天我们回首往事，回首人生路时，是丰富多彩还是苍白一片，是辉煌灿烂还是风尘弥漫，这取决于昨天的我们究竟到过什么地方，做过哪些事情，有过什么追求，取得过哪些成绩，明天的我们又将开始怎样的旅程，又会去结识怎样的人，经历怎样的阴晴圆缺、悲欢离合。

　　任何经历都是一种积累，积累得越多，人越成熟。经历过险恶的挑战，生命有高度；经历过困苦的磨炼，生命有强度；经历过挫折的考验，生命有亮度。

人都是在历练中慢慢成熟的。经历的事多了，心就坚强了，路就踏实了。

我们每个人内心都渴望成长，渴望成熟，而心智成熟的道路绝不是一帆风顺的。但只要我们有决心、有毅力、有勇气去面对现实、面对挑战，有勇气去改变自己、完善自己，总有一天你会发现，自己已经变得更坚强了。愿本书能在一段路途中带给你力量，将来的你，一定会感谢今天拼命的自己！

2021 年 1 月

目　录
CONTENTS

第一章

找准自己的方向，人生才不会跌跌撞撞

做正确的事远比正确地做事重要

正确地做事，更要做正确的事，这不仅仅是一个重要的方法，更是一种宝贵的生活态度。任何时候，对于任何人而言，在生活中"做正确的事"远比"正确地做事"重要。

那是阳光明媚的一个中午，在美国明尼阿波利斯市区，米勒先生经过一家名叫"石邸"的餐厅，想吃顿简单的午餐。

餐厅就餐的人非常多，赶时间的米勒先生很幸运地找到了一张在吧台旁边的凳子坐了下来。几分钟后，有位年轻人端了满满一托盘要送到厨房清洗的脏碟子，匆匆地从他的身边经过。年轻人用余光看到了米勒先生，于是停下来，回头问道："先生，有人招呼您了吗？"

"还没有，"他说，"我赶时间，只是想来一份沙拉和两个面包圈。"

"我马上替您拿来，先生。您想喝点什么？"

"麻烦来杯健怡可乐。"

"对不起，我们只卖百事可乐，可以吗？"

"啊，那就不用了，谢谢。"米勒先生面带微笑地说道，"请给我一杯水加一片柠檬。"

"好的，先生，马上就来。"

过了一会儿，他为米勒先生送来了沙拉、面包圈和水。

又过了一会儿，年轻人突然为米勒先生送来了一听冰凉的健怡可乐。

米勒先生高兴之余，却又有些疑问："抱歉，我以为你们不卖健怡可乐。"

"没错，先生，我们不卖。"

"那这是从哪儿来的？"

"街角杂货店，先生。"

米勒先生惊讶极了，"谁付的钱？"他问。

"是我，才2块钱而已。"

听到这里，米勒先生不禁为年轻人专业的服务所折服，他原本想赞叹："你太棒了！"但实际却说："少来了，你忙得不可开交，哪有时间去买呢？"

这个面带笑容的年轻人，在米勒先生眼里似乎变得更高大了。"不是我买的，先生。我请我的经理去买的！"

"正确地做事"与"做正确的事"有着本质上的区别。"正确地做事"是以"做正确的事"为前提的，如果没有这样的前提，"正确地做事"将变得毫无意义。首先要做正确的事，然后才能正确地做事。

　　我们的生活、工作中有许许多多的事情需要去做，这些是否都是"正确的事"呢？不是的。比如，你第二天有重要的工作要做，现在需要充分休息，可这时接到一个朋友的电话，邀请你去酒吧喝酒。那么，"休息"就是"正确的事"，而"去酒吧喝酒"就不是"正确的事"。

　　我们每天面对众多的事情，怎么才能区分哪些是需要做的"正确的事"呢？其实，按照轻重缓急的程度，可以将我们遇到的事情分为以下四个类型：一是重要而且紧迫的事情；二是重要但不紧迫的事情；三是紧迫但不重要的事情；四是既不紧迫又不重要的事情。只要遵循这个标准，那我们就是在做正确的事。

人生路上，别走错方向

有效的行动来自于正确的努力，如果方向不正确，事情就会与预想背道而驰，只有一开始就将力道用对，我们的行动才能产生最大的效能。

有一天，小海马做了一个梦，梦见自己拥有了7座金山。从美梦中醒来之后，小海马觉得这个梦是一个神秘的启示：它现在全部的财产只有7个金币，但总有一天，这7个金币会变成7座金山。

于是，小海马带着仅有的7个金币毅然离开了家，去寻找梦中的7座金山。小海马是竖着身子游动的，游得很缓慢。它在大海里艰难地游动，心里一直在想：那7座金山会突然出现在眼前。然而，金山并没有出现，出现在眼前的是一条鳗鱼，鳗鱼在得知小海马要找金山但却游得太慢时，提议可以卖给小海马一个鳍，如果它肯出4个金币的话。小海马爽快地答应了。

小海马戴上买来的鳍，发现自己游动的速度果然快了一倍。小海马欢快地游着，心想金山马上就会出现在眼前了。然而，出现在小海马面前的是一只水母。水母又给小海马出了一招："你看，这是一艘喷气式快速滑行艇，你只要给我3个金币，我就可以把它卖给你。有了它，你可以在大海里飞快地行驶，想到哪里就能到哪里。"

小海马坐上神奇的小艇，速度一下子快了5倍。小海马想，用不了多久，金山就会出现在眼前了。然而，金山还是没有出现，出现的是一条大鲨鱼。鲨鱼对它说："你太幸运了，对于如何加快你的速度，我有一套完美的解决方案。我本身就是一艘在海里飞快行驶的大船，你只要搭乘我这艘大船，就会节省大量的时间。"大鲨鱼说完，就张开了大嘴。

"那太好了，谢谢你，鲨鱼先生！"小海马一边说一边钻进了鲨鱼的口里，向鲨鱼的肚子深处欢快地游去……

"没有比漫无目的地徘徊更令人无法忍受的了。"这是荷马史诗《奥德赛》中的一句至理名言。高尔夫球教练也总是说："方向是最重要的。"其实，人生何尝不是如此。然而在现实生活中，有很多的人都没有明确的方向，过着漫无目的的生活。这种没有方向的人生注定是失败的人生。

一粒种子的方向是冲出土壤，寻找阳光，而根的方向是扎进土层，汲取更多的水分。人生亦如此，正确的方向让我们事半功倍，错误的方向则会让我们误入歧途，甚至葬送一生。

依照目标和计划行事

现实生活中，想必你肯定搭过顺风车。如果你能表明你的目的地，那么你将能搭上更多的车，这就是有明确目标的作用。但要做到的是，一边准备搭车，一边朝着要去的地方前进。

你不是预言家，却能够用一个最简单的问题预测一个人的未来："你的人生有何明确的目标？你计划怎样达成目标？"

如果你问 100 个人同样的问题，其中 98 个人这样回答："我要让自己过得好，努力追求成功。"这个答案乍一听似乎言之有理，但是仔细一想，你就会发现，这个答案里面根本没有具体可执行的达成目标的计划。

以前，一个名叫纳尔逊·史威德克的人，写了一个关于发明家的故事，他自己也从故事中得到启示，并且成功地改变了自己的一生，否则他至今可能还是一个穷作家。

他放弃了记者工作，回学校攻读法律课程，准备做一名专利律师，认识他的人对于这个决定都极为惊讶。他不想当一名普通的专利律师，他要成为"全美国最顶尖的专利律师"。他把计划付诸行动，凭着这份热忱，他在短时期内，完成了法律课程。

开业之后，他选择接办最棘手的案件，很快扬名全国，案件接踵而至，让他应接不暇，即使收费很高，他所推掉的客户还是比接办的更多。

一个人只要依照目标和计划行事，就会有很多机会。如果你不知道自己想要什么，不知道自己该何去何从，那么你如何追求成功呢？你必须要有明确的目标，才能克服所有的挫折和阻碍。

李·马朗兹是美国各类加盟店的鼻祖。他知道自己要什么，也知道该怎么做。马朗兹是机械工程师，他发明了一种自动的冰激凌冷却器，能够制作松软可口的冰激凌。他希望从美国东岸到西岸开设冰激凌连锁店，于是拟订计划并且付诸行动，终于梦想成真。

他帮助别人达成目标，进而促成了自己的成功。他提供设备及营运企划，协助别人开设冰激凌店，这种做法在当时是一项创举。他以成本价卖出冰激凌制造机，然后从冰激凌成品的销售额中获得利润。结果呢？马朗兹冰激凌连锁店如雨后春笋般，在美国各地纷纷开业。

"如果你对自己、对你正在做的事情及你想要做的事情都很有信心，就没有克服不了的难题。"他说。

如果你想要成功，从今天开始，拟订出切实可行的计划，把你的未来掌握在自己手中，现在就可以预见你的将来。

你一定要先确定目的地，并且带好地图，才能开车出远门。然而，一百个人当中，大约只有两个人清楚自己一生想要的是什么，并且有可行的计划以达成目标。这些人都是各行各业中的领导者，是没有虚度此生的成功者。奇怪的是，这些人和其他庸庸碌碌的人比起来，机会都一样多。

如果你确实知道自己要什么，对自己的能力有绝对的信心，你就会成功。如果你不知道自己的一生想要追求什么，那么现在就开始，想好自己要什么，有几分决心，什么时候能做到。在此，你可以按照以下四个步骤达成你的目标：

（1）把最想要的东西，用一句话清楚地写下来，当你得到你想要的东西或完成你要做的事，你就成功了。

（2）写出明确的目标，并清楚地写出为达成这个目标，你要如何做。

（3）制作完成既定目标明确的时间表。

（4）牢记你所制定的目标，每天复述几遍。

遵照这几个步骤，很快地，你会惊讶地发现，你的人生愈变愈好。这一套模式将会替你除去途中的障碍，带给你梦寐以求的有利机会。持续进行这些步骤，你就不会因为别人的怀疑而动摇。

记住，任何事情都不会偶然发生，包括个人的成功。成功者都是下定决心、相信自己会做到的人。成功是切实的行动、谨慎的规划，以及不懈的努力的结果。

沃尔特·克莱斯勒用所有的积蓄买了一辆车。他想要从事汽车制造业，所以必须彻底了解汽车的构造与性能。他把汽车拆开，再重新组合起来，耗费了很长时间。他的举动让他的朋友感到非常惊讶，大家都认为他的心理有问题。然而，他坚持目标，终于在汽车界赢得了一席之地。

居里夫人发现镭，爱因斯坦揭示原子分裂产生巨大能量，有许多意志不够坚定的人，都认为那是不可能的。明确的目标让"不可能"变为现实，它是所有成功的起点。而它不用花一分钱，每个人都可以轻易拥有，只要你下定决心，切实执行。

一心一意地专注于你的目标和志向，才能确保成功。思考并且规划你想要追求的目标，完全不去理会任何干扰，这就是所有成功人士所遵循的准则。

人生是一个选择的过程。目标不同，对人、对事、对自己的要求也不同，结果就会大不一样。如果你的目标很高，你会觉得很多人、很多事都可以忍受。如果你的目标仅仅是享受生活，就会认为付出太大的代价不值得，其结果就是，一遇到为难之事，就会一再迁就，一再放松，一再退缩，最后竟连一个小小的目标也实现不了。

树立了远大的目标，未必就一定能够实现。但是，只要实施了，无论目标能否达成，一生的成就也要比一般凡夫俗子大。假设你的目标是成为一流商人，最后虽然只成为二流商人，"衣食无忧"肯定早就没有问题了。

事实上，你确立了一个宏伟的目标，必然会对自己、对他人严格要求。一旦将自己和团队的潜力发挥出来，就有力量实现看似不可能实现的目标，创造出奇迹。

矶田一郎是一个喜欢创造奇迹的人，曾让多家大企业从困境中起死回生。1977年，他应邀出任日本住友银行总经理。住友银行曾经是日本第一大银行，由于受世界性石油危机的冲击，加上管理失当，造成2000亿日元的损失，元气大伤，排名跌到第五位。

上任第一天，矶田一郎在就职演说中大胆宣布：一定要在3年之内领导住友银行夺回日本第一大银行的荣誉。

以住友银行当时的处境来说，这一目标无异于妄想。与会者都露出怀疑的目光，认为这可能只是一个玩笑。很显然，如果矶田一郎将实现目标的时间定为30年，人们一定觉得更合理。

但矶田一郎很快用行动证明他不是在开玩笑。他立即着手成立一个前线指挥部，开始了紧张的工作。他放弃舒适的家庭生活，住在公寓里，每天工作16个小时以上。他这种拼命工作的劲头，感染了身边的每一个人。一时间，整个住友银行都呈现出一种紧张的决战气氛。

两年多的疲劳战，使矶田一郎的体重下降了十几公斤，他还得了老年性消化不良症和一个绰号——死不服输的逞强汉。

矶田一郎为什么要将公司目标定得如此之高呢？为什么要将自己逼到成功希望渺茫而一旦失败就颜面无存

的境地呢？这正是许多人感到疑惑的问题。

矶田一郎认为，一个优秀的企业家，要敢于摒弃按常规办事的陈规陋习，在必要时要敢于冒大的风险。否则，就算不上第一流的企业家。他还直言不讳地说："从我参加工作的那一天起，我就决心不做二流企业家，优柔寡断不是我的个性。"

凭着这种信念，矶田一郎创造了奇迹：在他担任总经理的第三年，住友银行重登全日本第一大银行的宝座。矶田一郎本人还被美国《投资者》杂志评为"1982 年度世界最佳银行家"。

无论个人还是团队，都应该把目标"悬挂"出来，让自己和别人看到。如果只是让它留在心里，不过是一个想法而已。"悬挂"出来后，无疑会带来很大的压力，但是压力即动力，它能激发人的斗志，激活团队的潜力。

盛田昭夫与他的朋友共同创办了索尼公司，最初以生产录音机及配套的磁带为主。产品的销路在本国取得突破后，他们将目光瞄准了国际市场。当时日本货在国际市场上的信誉度不高，一向因质量低劣而遭轻视。鉴于此，盛田昭夫给公司制定了一个宏大的目标：用高质量的日本产品赢得世界的信赖。

当时，日本经济刚刚从"二战"后的萧条中苏醒过来，技术基础非常薄弱。为了生产高质量的产品，盛田昭夫决定引进美国最先进的技术，制造市场上还没有的产品。当他听说美国有人发明了晶体管时，就力排众议，以高价买下了这项专利。凭借这项专利，索尼公司制造出了世界上第一台晶体管收音机。

不久后，美国一家著名的电子公司派代表找到盛田昭夫，建议由该公司在美国及其他国家代销索尼的产品，前提是将索尼产品的制造者改为这家公司，并换上这家公司的商标。从商业角度看，这是一个互利互惠的条件，为索尼产品进入美国以及世界市场打开了通道，盈利前景十分乐观。任何一个以赚钱为目标的老板都不会错过这个良机。然而，盛田昭夫的目标是"用高质量的日本产品赢得世界的信赖"，一旦产品改了厂名、商标，还能算"日本产品"吗？所以，他毫不犹豫地谢绝了这个建议。

几年后，索尼公司终于成功地打开了美国市场，这是所有日本公司以前想做而没有做到的。所以，盛田昭夫获得了"日本企业在美国的成功拓荒者"这一荣誉。

盛田昭夫并未因此而满足，为了让更多产品进入世界市场，他决定不断开发新产品，以保持技术的领先优势。

在盛田昭夫的领导下，索尼公司全体员工为公司目标不懈努力，创造了多个世界第一：第一台手提式磁带录音机、第一台微型单放机（随身听）、第一台微型电视机、第一台大角度彩色电视机……索尼公司也逐渐发展成一家拥有72个子公司、3000多家工厂的超级公司，产品行销世界各地，盛田昭夫完全实现了他当年提出的宏伟目标。

个人不宜以享受生活为目的，应该有出人头地的追求；公司不宜仅以赚钱为目的，应该有为国争光、服务大众的目标。所以，想做一个成功的大商人，要把追求出人头地和服务国家与社会融合到一起。因为享受生活没有标准，没有标准就无所谓好坏；赚钱没有止境，没有止境就无所谓成败。当一个人处于没有好坏、成败的状况时，事实上已失去目标，得到的只是迷茫失落，永远也享受不到成功的喜悦。

此路不通彼路通

天生我材必有用，每个人来到这个世界上都有他存在的价值，关键看他能否找到真正适合自己的道路。

英国政治家丘吉尔，少年时在校成绩很差。

他的数学和外语很差劲，人又很顽皮，是个使人感到相当棘手的少年。丘吉尔的家庭是贵族，很有钱，所以他父亲想让他进入牛津大学或剑桥大学。可是他的成绩无法进入大学，因此不得不去报考英国陆军军官学校。这在英国属于第三流学校，可是他竟然也名落孙山。他在家过了两年补习生活，还请了家庭教师，还是考不上。到了第三年才好不容易考上，但是是最后一名。

很多人有这种观念，认为像丘吉尔这样的人，外语与数学成绩不好，又是不良少年，是不可能成功的。

丘吉尔数学虽然不好，可是他在文学方面却具备才能，绘画方面也有天赋。他是一个多才多艺的人，并且能活用自己的才能为自己服务，还在文学方面取得了伟大的成就，获得了诺贝尔文学奖。

从这件事看来，我们可以说学习成绩与事业成功并没有太大关系。为了证明这点，另外举一个例子来给各位作参考，那就是美国棒球王贝比·鲁斯的故事。

贝比·鲁斯的故乡是在船上工作的底层劳动者聚居的地方，环境并不是很好。在这里长大的贝比·鲁斯尤其是个让大家感到棘手的不良少年，例如他看到邻居从市场买菜回来时，就突然从旁边跳出来，把人家的蔬菜打落，然后跑掉。由于非常喜欢恶作剧，后来他被送到感化院。

感化院的老师为了教育他就让他打棒球。棒球是最需要团队精神的一种运动，需要共同作业，不许擅自活动，必须尊重别人的立场。老师想利用这个运动来锻炼他的人格。感化院规模很大，很快就组建了一支棒球队，常常跟许多学校举行比赛。在比赛中，贝比·鲁斯被某个裁判认为非常有打棒球的天分，这就为他成为世界第一流全垒打王奠定了基础。

所以，即便你是个落伍的人，可能也会有被埋没的才能，这种才能有时需要靠别人来发掘，但是最好能自己发掘，并且充分发挥这种才能，就有希望通往成功。

如果你失去了一份没干好的工作，这不是绝望的来临，而是希望的开始。 你有希望开始一份适合自己的工作。

有个年轻人讲他在没有工作而走投无路时，如何把注意力放在好的一面。 他说："我当时在一家信息公司工作，待遇虽然不怎么好，但以我的资历，还是可以的。 那时效益不好，公司不得不裁员。 因此，对公司来说可有可无的员工就成为被遣散的对象了。 一天，我也接到了通知，接下来的几小时我真是万念俱灰。 后来，我决定把它看成是外表不幸、其实万幸的事。 我一直不太喜欢这份工作，要是一直留在那里，也没有什么前途。 所以，失去工作正是找一份自己真正喜欢的工作的好机会。 果然，不久我便找到一份更称心的工作，而且待遇也比以前好。 因此，我发现被辞退这件事，不能说不是件好事。"

寻找到适合自己的人生之路，并不是一件很容易的事，有时需要经过很长时间的摸爬滚打。 作家贾平凹曾深有感触地说："要发现自己并不容易，我花了整整 3 年时间啊！"所以，成功需要耐心和不间断的探索。

贾平凹的创作经历是这样的：

上大学时，在校刊上发表了一首顺口溜，于是努力写诗，两年之中写了上千首诗，质量平平。接着，他写起古诗来，也不怎么样。后来，学写评论、散文、随笔，同样没有突出的成绩。当第一篇短篇小说发表之后，他才意识到，这种文学体裁最适合自己。于是他写了很多短篇小说，在中国文坛上崭露头角。

不见得每一个人都能发掘自己的才能，"知己"如同"知彼"一样，并非易事。正因为这样，每个人根据自身的特点，选择合适的成才目标，是要经过一番摸索和实践的。人无全才，各有所长，亦有所短。所谓发现自己，就是充分认识自身所长，扬长避短。

第二章

接纳并相信自己，未来才会更广阔

生命不可能尽善尽美

悦纳自己，爱自己，你才会发现自己的美，你的人生才能因此而美丽，充满阳光与鲜花。

悦纳自己是自信的表现。没有自信的人，不管有多大的能耐，最后都会被自己击垮。理解这个问题，并非难事。每个人的生命只有一次，而且不可选择。命运又总是跟人开玩笑，让你有这样那样的缺陷：或是长相，或是个性，或是智力，或是运气。这怎么办呢？要学会看到自己的优点，悦纳自己。

有一位长相并不出众的现代女性曾经历过一段灰暗的日子，之后重新审视自己，改变了态度，开始悦纳自己。她说："青春时期我也因为无知，为自己的丑陋自卑了好几年，但长时间地为丑而郁闷，丝毫不能改变现状，而且还在一张本来就丑的脸上徒然多添了一层压抑……尔后年龄愈大，面相愈发丑了，但客观规律不以个人的意志为转移，我索性放任自流，干脆丑出个性来。"这使她走出了自卑，不再为缺陷所累，发挥自己的长处，获得了自信。

其实，不管美丑，生命都是平等的，都有存在的价值。热爱自己的生命首先就要克服自卑自贱的心理，树立自信心。

我们必须明白，生命不可能尽善尽美。不足与缺陷是自然存在的，接受这个现实，我们就能以平常心对待自己，就不会自惭形秽，自我贬低。

你知道世界名丑珍妮花·狄安其罗吗？她面部畸形——曲鼻子，只有一只耳朵，但她内在的美吸引了很多英俊的年轻男人争相与她约会。

为什么她那么受欢迎呢？就是因为她不因自身的缺陷而自卑，并且自信地展现她生命内在的美。

相反，一位名叫雪莉的年轻女人，长得非常漂亮，却非常自卑，总觉得自己有某些地方不如别人。虽然有很多男人追求她，但是一经接触之后却都不欢而散。因为自卑，她总爱说一些否定自己价值的话。她根本不相信有谁会爱她，因为她自己都觉得自己不值得爱，又怎么会得到别人的爱呢？

让信念贯穿整个生命

在英国伦敦，有个名叫斯尔曼的年轻人，他是一对著名登山家夫妇的儿子。在斯尔曼11岁时，他的父母在乞力马扎罗山上遭遇雪崩不幸双双遇难。父母临行前，留给了年幼的斯尔曼一份遗嘱，希望他们的儿子斯尔曼能继承他们的事业，像他们一样，登上一座座世界著名的高山。遗嘱中赫然罗列着一些高山的名字：乞力马扎罗山、阿尔卑斯山、喜马拉雅山……

这样的遗嘱，对于斯尔曼来说，简直就是一场灵魂的地震，因为他是一个残疾的孩子。他的一条腿患上了慢性肌肉萎缩症，走起路来都有些跛，甚至有资深医生预测说："用不了多少年，斯尔曼必须锯掉他的那条残腿！"但捧着父母遗嘱的那一刻，残疾的斯尔曼并没有害怕和退缩，他的眼睛里流露着一缕火焰般的坚毅："爸爸妈妈，请你们在那几座高山之巅等待着我，我一定会征服那一座座高山，并在世界之巅和你们的灵魂相会！"

以后的六七年里，斯尔曼抱着征服世界巅峰的坚定信念，马不停蹄、坚持不懈地锻炼着自己年轻却又残疾的躯体：他跛着腿参加越野跑，跟随南极科考队在白雪皑皑的南极适应冰天雪地的艰苦生活，甚至远行非洲，到一望无际的撒哈拉沙漠上考验自己在弹尽粮绝时的野外生存能力。

终于在19岁那年，凭着坚强和毅力，斯尔曼不远万里来到了尼泊尔，来到了世界第一高峰珠穆朗玛峰的脚下——他要首先登上这座世界最高的雪山，在珠峰之巅和他父母的灵魂相会。一个身有残疾的人要征服珠穆朗玛峰，斯尔曼的壮举引起世界各国新闻媒体的瞩目。

经过半个月艰苦卓绝的攀登，在暴风雨、雪崩、零下几十度的严寒威胁下一次次死里逃生后，斯尔曼终于以残疾之躯登上了世界最高峰珠穆朗玛峰，站到了地球之巅。他的壮举，赢得了世人的崇敬。当他载誉归来，众多媒体争抢着采访他，当时他只说了一句话："这只是我父母遗嘱中提到的一座山，还有阿尔卑斯、乞力马扎罗等许多高山在等着我呢！"

21岁时，斯尔曼登上了阿尔卑斯山。

22岁时，斯尔曼登上了乞力马扎罗山。

28岁前，斯尔曼登上了父母遗嘱中所列给他的所有高峰。在他登完最后一座高山后，为了表达人们对这位身残志坚的勇士的崇敬与钦佩之意，欧洲多家慈善机构联合捐助，请来世界上最优秀的外科医生，为斯尔曼实施了截肢手术，给他装上了世界上最先进的脉感反应假肢。

假肢装上并适应了一段时间后，斯尔曼可以一口气轻而易举爬上 20 层高的大楼，也可以行动自如地骑马、游泳、打高尔夫球，正常人可以做的事情他都做到了。当人们为他祝福并满怀期待地希望他能再创下其他什么纪录时，却传来令人惊骇不已的消息：28 岁那年的秋天，斯尔曼在他的寓所里触电自杀了！

在自杀现场，人们看到了斯尔曼留下的遗书。在遗书中，斯尔曼不无颓废地写道："这些年来，作为一个残疾人，我创造了那么多征服世界著名高峰的壮举，那都是父母的遗嘱给我的信念。如今，当我攀登完所有的高山之后，功成名就的我感觉无事可做了，我没有了新的目标，我厌倦爬山、上楼甚至走路，对生活和生命有了一种乏味的感觉。假若再有几座比珠穆朗玛峰更高的山峰，或许我会攀登到 50 岁或 60 岁，可现在没有了。我感到了无奈和绝望……"

斯尔曼的观点固然是极端的、片面的，但或许真的如他所言，如果不是过早地征服了乞力马扎罗山、阿尔卑斯山、喜马拉雅山，那么他肯定还会顽强地生活着、不懈地努力着，因为他心中有目标、有信念。斯尔曼的悲剧在于他没有及时为自己找到新的生活目标，没有将已有的信念及时更新并贯穿始终。

人生就像一根蜡烛，能燃烧多久，并不取决于蜡的长短，而取决于烛芯的长短。足够长的烛芯可以让蜡全都燃烧成绚烂的火焰；而烛芯太短，当它燃烧到尽头时，即使蜡尚余，也会芯尽光竭的。

　　生命如蜡，而信念如烛芯，只有让信念贯穿我们的整个生命，我们的生命才会发出永恒的烛光。

打消自我怀疑的念头

一位内科医生每次给病人看病时耳边就会响起一个刺耳的声音：我要是诊断错了该怎么办？ 我是个蹩脚的医生，当初我是怎么混进医学院的？

一位高管失业了，虽然此前有过 25 年的辉煌职业生涯，他还是不断地告诉自己：我是个失败者。

一位知名学者接到了政府请他担任某个高级职务的邀请，他的第一反应却是：他们肯定是搞错了。

如果这些真实的事例对你来说非常熟悉，那么你的头脑里可能也会有那么一个严厉的声音在回荡。 心理学家称，很多人都备受苛刻的自我怀疑的折磨。

周坤大学毕业后经历了一段非常波折的求职经历。作为一所名牌大学毕业的高才生，毕业都快一年了，他却始终没能找到满意的工作，这是不正常的。

"我的各方面都很优秀。"周坤说，"毕业之初，我对自己的工作问题是非常有信心的。但因为后来发生的一些事情，不知道为什么，我开始不断怀疑自己，担忧自己没有承担重任的能力，无法胜任心仪的工作。"

原来，周坤毕业后应聘几家公司都没能通过，遭遇打击的他开始不相信自己、怀疑自己。

"我往很多家大公司投的简历都没能得到回复，应聘了几次也没能顺利通过，我为此而恼火至极，但又不知道问题出在了哪里，于是我就在网上联系同学，想听听他们的看法。同学们的意见不一，有的说是我要求太高了，有的说是我没有选对口，本想让他们给些指点，但意见多了反而使我陷入了迷茫。"周坤如是说。

当遇到问题时，找别人帮忙分析是对的，但需要注意的是不要过分在意别人的意见，否则很容易使自己丧失主见，无法判断分析对错，最终陷入自我怀疑的陷阱。

很多人都有过周坤的这种经历，无论在生活上还是事业上，类似的事情都会经常发生。那么，我们该如何应对呢？其实办法很简单，就是解除自我怀疑。那么我们又该如何解除自我怀疑呢？我们先来看看周坤是怎样做的。

"我一度沉浸在别人的意见之中，甚至在晚上睡觉的时候都会把每个人的意见从头到尾分析一遍。经过不断反复思考后发现，在所有意见当中，唯独没有我自己的意见。我这才恍然大悟，自己竟成了别人思维的复制者，完全丧失了自己的主见。意识到自己正在犯一个非常愚蠢的错误后，我开始重新整理思维。我将每个人的意见一一列在纸上，然后根据自己的实际情况逐个分析，吸收好的、排除坏的，最后整理出了几点自己的确存在的问题，再加以改进，结果我不但完善了自己的不足之处，自我怀疑的心理也排除了。"周坤总结道。

是的，要想排除自我怀疑，就必须要有自己的主见，要相信自己是绝对有能力完成某件事情的，不能听风就是雨，听了别人的意见后不进行仔细思考就拿来用。要结合自己的实际情况，认真分析后再吸取意见中的优点进行自我完善。

周坤通过仔细思考和认真分析找到了自己问题的真正所在。

"其实我完全有能力找到令自己满意的工作，"周坤说，"只是毕业之初心情有些浮躁，在应聘几次都失败后就开始担忧起来。我开始担心自己无法找到满意的工作，认为一定是自己的能力不足，那些公司才不肯聘用我的。于是，我便开始自我怀疑起来，不断否定自己，这才导致了后来一系列问题的发生。"

其实，大多数人陷入自我否定的陷阱都与周坤的经历相同，都是从出现问题到征求别人的意见再到发生问题。也就是说，如果我们能在征求他人意见的同时保持自己的主见，认真分析所遇到的问题后再采取行动，就能有效地避免这类事情的发生。

一个人要想突破自己，首先要做到的就是解除自我怀疑，打消消极的念头。成功者的思想里只有成功，没有失败。他们也会接受别人的意见，但从来不会怀疑自己取得成功的能力。这是一种非常强大的自信心，也是对一个人坚强的毅力最有力的支撑。因此，我们除了在吸取他人意见时要保持谨慎外，还要相信自己，要有必胜的决心。只有这样，我们才能始终坚定自己的立场，坚持自己的主见，不被别人左右。

接纳自己，给自己一份信心

为什么有时候总会觉得自己在别人面前矮三分，总觉得自己的人际关系不如别人，总觉得自己不如别人的气质好，总觉得懂的东西没有别人的多……自己不如别人的太多，好像别人总有优点，自己却一无是处。

其根本的一个原因就是自己的自卑心理在作怪，明知道自卑有时会成为自己成功路上的绊脚石、拦路虎，可就是改不了。要想成功，得首先学会接纳自己，一个人如果连自己都不信任，那么还如何去谈让别人去接受你。

给自己一份信心，首先就要能够接纳自己，让自卑远离自己。世上没有十全十美的人，每个人都是在生活中遇到挫折后不断地磨炼自己，从此改掉缺点，让自己在生活与学习中不断充实自己、完善自己，不要只生活在自己画的圈子里。

一位知名企业家，此人个头儿十分矮小，其貌不扬。他在一个大会上讲述了自己的一个故事：

多年前的一个傍晚，一位名叫亨利的移民站在河边发呆。这天是他 30 岁的生日，可他不知道自己是否还有活下去的必要。因为亨利从小在福利院长大，身材矮小，其貌不扬，讲话又带着浓厚的法国乡下口音，所以他认为自己是一个既丑又笨的乡巴佬，哪儿都不敢去应聘，没有工作，也没有家。就在亨利徘徊于生死之间的时候，同他从小在一块长大的约翰兴冲冲地跑过来对他说："我刚从收音机里听到一则消息，拿破仑曾经丢失了一个孙子，播音员描述的相貌特征与你丝毫不差！""真的吗？我竟然是拿破仑的孙子？"亨利一下子精神大振，联想到了当年的爷爷曾经以矮小的身躯指挥着千军万马，用带着泥土芳香的法语发出威严的命令，他顿时便感觉到了自己矮小的身材同样充满了无比的力量，讲话时的乡下口音也带有几分高贵和威严。第二天，亨利便满怀信心地来到一家大公司应聘。过了 20 年之后，成为此大公司总裁的亨利对自己的身世进行了查证，最终确定自己并非拿破仑的孙子，然而对于这些早已不重要了。"是的，大家也许已经猜到了，亨利就是我。"企业家的表情由微笑变为严肃，"接纳自己、欣赏自己，将所有的自卑全都抛到九霄云外，我认为，这就是我之所以成功最重要的一个前提条件！"

人只有做到了接纳自己才能克服诸多烦恼，笑对人生。

生命是非常短暂的，犹如花开花落一样。 人唯有接纳自己，感情和理智才不会发生矛盾，才不会造成痛苦和彷徨。

苏格拉底在风烛残年之际，知道自己时日不多了，就想考验和点化一下他的那位平时看来很不错的助手。他把助手叫到床前说："我的蜡烛所剩不多了，得找另一根蜡烛接着点下去，你明白我的意思吗？"

"明白，"那位助手赶忙说，"您的思想光辉是得很好地传承下去……"

"可是，"苏格拉底慢悠悠地说，"我需要一位最优秀的承传者，他不但要有相当的智慧，还必须有充分的信心和非凡的勇气……这样的人选直到目前我还未见到，你帮我寻找和发掘一位好吗？"

"好的，好的。"助手很温顺、很尊重地说，"我一定竭尽全力地去寻找，以不辜负您的栽培和信任。"

苏格拉底笑了笑，没再说什么。那位忠诚而勤奋的助手不辞辛劳地通过各种渠道开始四处寻找，可他领来一位又一位，总被苏格拉底一一婉言谢绝了。有一次，当那位助手再次无功而返地回到苏格拉底病床前时，病入膏肓的苏格拉底硬撑着坐起来，抚着那位助手的肩膀说："真是辛苦你了，不过，你找来的那些人其实还不如你……"

"我一定加倍努力。"助手言辞恳切地说，"就算找遍城乡各地、找遍五湖四海，我也要把最优秀的人选挖掘出来举荐给您。"

苏格拉底笑笑，不再说话。半年之后，苏格拉底眼看就要告别人世，最优秀的人选还是没有眉目。助手非常惭愧，泪流满面地坐在病床边，语气沉重地说："我真对不起您，令您失望了！"

"失望的是我，对不起的却是你自己。"苏格拉底说到这里，很失意地闭上眼睛，停顿了许久，才又不无哀怨地说："本来最优秀的就是你自己，只是你不敢相信自己，才把自己给忽略、给耽误、给丢失了……其实每个人都是最优秀的，差别就在于如何认识自己、如何发掘和重用自己……"话没说完，一代哲人就永远离开了他曾经深切关注的这个世界。

那位助手非常后悔，甚至自责了整个后半生。

为了不重蹈那位助手的覆辙，对于每一位向往成功、不甘沉沦者，都应该牢记先哲的这句至理名言："最优秀的就是你自己！"

镭的发现者——居里夫人，当初穿着沾满灰尘和油污的工作服，从堆积如山的铀沥青中寻找镭的踪迹时条件非常艰苦，但她信心百倍。成功之后她对朋友说："无论做什么事情，我们都应该有恒心，特别是自信心。"

由此可见，事业上的成功固然由多种因素组成，但自信心是成功者的必备特征，拥有了信心就拥有了成功的一半！同样能说明这个道理的还有这样一个故事：

有这样一位公司负责人，他身为董事长却总是蹑手蹑脚地走进董事会议室，就好像是一个无足轻重的人，就好像他完全不能胜任董事长的职位。作为董事长，他竟然还感到奇怪：自己为什么只是董事会中一个无足轻重的人？自己为什么在董事会其他成员中威信这么低？自己为什么很少受人尊重？

他应该好好反思一下，如果他给自己全身都贴满无能的标签，如果他像一个无足轻重的人那样立身、行事、处世，如果他给人的印象是他并不了解自己、相信自己，那么他又怎么能希望其他人好好地对待他呢？

如果我们对自己的前途有更清楚的认识，如果我们对自己有更强的信心，那么我们将取得更大的成果。只要我们能更好地了解我们身上的潜力和高贵的一面，我们就会对自己充满信心。由于我们总是往坏的方向、差的方面想，因此我们总是认为自己渺小、无能和卑劣。如果我们想达到高贵、杰出的境界，就应该向上看，应该多想想我们好的、积极的一面。

因此，你的目光往往决定了你的行为，有些人处世失败，是败在自己的错觉上。那么，怎样改变自己的错觉而保持心理平衡呢？首先要了解自己陷入的误区，然后针对不同的误区找到精神的出口。

第一个误区是：喜欢用自己的弱点同别人的优点比，用自己的失败跟别人的成功比，由此认为自己一无是处，永远不如别人，心甘情愿为他人做嫁衣。

过分夸大自己的弱点，选择自己的弱项，你就会给自己贴满无能的标签。如果一个天才认为自己是侏儒，那么他就会真的成为一个精神上的侏儒。

一个人目前的整体能力是不是很强，这一点倒不大重要，因为自我评价将决定自己的努力结果，将决定他是否能成为成功者。一个自信心很强但能力平平者所取得的成就，往往比一个具有卓越才能却自暴自弃者所取得的成就要大很多。

第二个误区是：以别人的评价来决定对自己的评价。

别人的评价经常是情绪化的，而不是理智的，因而这种评价也是盲目的。如果我们按别人的评价来认识自我，将会陷入迷局。

学会欣赏自己

有的人活着仅仅只会欣赏别人，而不会欣赏自己，其实自己也和别人一样，有着属于自己的一片风景与天空，寒来暑往，甚至还有别人所未曾拥有过的一朵花、一阵鸟鸣……欣赏一下自己吧！此时的你就会发现，天空一样高远，大地一样宽广，平凡的你也有属于自己美丽的风景，正如书上说的："人生就像一幅画，而时间就像是画笔，当你走一步，时间就在你身上画一道色彩，等你走完了一生，一幅绚丽的风景画也就制作成功了。"其实，也不是每个人都能这样感知人生，有些人在生活上仅受到点点的挫折，在事业上受到丁点儿的不如意，就如同走到了生命的尽头似的，头也不回，甚至没有一点儿留恋，对于如此的人生算是感知人生吗？

在纽约郊区的一个贫民区里，一位家境贫穷的黑人小女孩儿从小失去了父亲，她和体弱多病的母亲相依为命。她母亲没有文化，没有技术，只能靠打零工维持母女俩的生计。小女孩儿很自卑，因为她从来没穿戴过漂亮的衣服和首饰。在这样极为贫困的生活中，小女孩儿一天天地长大了。

在她18岁那年的圣诞节，女孩儿的妈妈破天荒给了她10美元，让她给自己买一份圣诞礼物。

女孩儿很兴奋，她决定给自己买一件礼物。但是她没有勇气从大街上大大方方地走过，她捏着钞票，绕开人群，贴着墙脚朝商店走去。

一路上，她看见所有人的生活都比自己好，心中不无遗憾地想，我是这个街区最寒碜的女孩子。看到自己特别心仪的小伙子，她又酸溜溜地想，今天晚上盛大的舞会上不知道谁会成为他的舞伴呢！她就这样一路想着心事躲着人群来到了商店。

一进门，女孩感觉自己的眼睛都被刺痛了，她看到柜台上摆着一批特别漂亮的缎子做的头花、发饰。

正当她站在那里发呆的时候，售货员对她说："小姑娘，你的亚麻色的头发真漂亮！如果配上一朵淡绿色的头花，肯定美极了。"

她看到价签上写着8美元，就想着太贵了，但还是忍不住试了。这个时候，售货员已经把头花戴在了她的头上，并拿起镜子让她看看自己。

当这个姑娘看到镜子里的自己时，突然惊呆了，她从来没看到过自己这个样子，觉得这一朵头花使她变得像天使一样光彩照人。

而且，这时售货员也赞叹道："漂亮极了，你简直是上帝派到人间的天使！"女孩儿不再迟疑，掏出钱来买下了这朵头花。她的内心无比陶醉、无比激动，接过售货员找的两美元后转身就往外跑，结果跟一个刚刚进门的老太太撞了一下。她仿佛听到那个老太太在叫她，但她已经顾不上这些，就一路飘飘忽忽地往前跑。

女孩儿不知不觉就跑到了街区最热闹的地方，她看到所有人投给她的都是惊讶的目光，她听到人们在议论说，没想到这个街区还有如此漂亮的女孩子，她是谁家的孩子呢？

女孩儿又一次遇到了自己暗暗喜欢的那个男孩儿，那个男孩儿竟然叫住她说："今天晚上，我能不能荣幸地请你做我圣诞舞会的舞伴？"

这个女孩儿简直心花怒放！她想：我索性奢侈一回，用剩下的两美元回去再给自己买点东西吧。于是，女孩儿又一路飘飘然地回到了小店。

刚一进门，那个老太太就微笑着对她说："孩子，我知道你会回来的，你刚才撞到我的时候，这朵头花也掉下来了，我一直在等着你来取。"

这个女孩儿是幸运的，一个小小的发饰就帮她找回了自信。但在生活中，却有许多人沉溺于自卑中而不能自拔。比如，一位经营者认为自己没有读过 MBA，经营能力不如别人，更不敢抓住机会去扩大经营规模；年轻女子迷人可爱，但与邻居的女孩儿相比较后，便对自己的社交能力颇为失望……这些人本来非常优秀，但在内心却憎恶自己，他们内心焦虑不安，没有自己的主见，总是用别人的判断标准扼杀自己的信心。

其实，只要正确、客观地认识自己，相信自己的能力，自信就会回到我们身上。而有了自信，我们的人生才会美丽。

一位心理学家说过："相信自己美的人会越来越美。"因为相信自己美，就会大大方方地从事各种社交活动，在活动中展示自己的特长；相信自己美，就会心情愉快、活得潇洒。自信的人往往走路时都会昂首挺胸，由内而外散发的气质自然最吸引人。笑脸比哭脸美，自信的人总比自卑的人有魅力。

你如果长相一般，那么你可能拥有白皙的皮肤或是迷人的眼睛；假使你不太聪明，那么你可能拥有灵巧的双手或是非常好的想象力。总之，人无完人，关键是你如何去发现你的美丽。也许你少了珍珠，但你会拥有钻石；你可以放弃任何人，但你永远不能放弃挖掘自我。连自己都对自己没有信心，还指望谁让夜明珠在白天光彩夺目？

学会欣赏自己，不要让别人的光芒将你灼伤。在某些方面你可能只是一颗普通的石子，就不要和宝石争夺光芒。在自己薄弱的方面，小小的不切实际会让自己迷失前进的方向。

学会欣赏自己，相信你是最特别的一个。不要在观察别人时，眼睛能发现任何一处美丽的地方，而对于自己却显得那么愚钝，将所有的优点忽略不计。对自己宽容一点儿、大度一点儿，始终相信再多一点点耐心，自己就会释放出无穷魅力。

相信自己很重要，因为你的一举一动牵动着许多人的心，有你的世界和没你的世界不一样。只要你有一个朋友，你就是与众不同的，你就是美好事物中的一员，至少你身上的品质感染过别人，你被别人信任过，这就够了，这就是你的魅力所在！

每个人都像一个水晶球，晶莹闪烁，然而一旦遭遇不测或挫折，或许有的人就会让自己在黑夜中悄悄消殒。但是，欣赏和肯定自己的人不会放逐自己，他会将世界五颜六色的光折射到自己生命的各个角落来遮住暗淡和悲伤，坦然面对一切，心跟着美丽，生活也跟着焕然一新，快乐不也来了吗？

欣赏和肯定自己的人会悄然为自己挽一个心结，让自己洞穿一切的眼睛，穿过满是疮痍的篱笆，在生活中攫取快乐之光。

欣赏和肯定自己的人会对自己说，花开不是为了凋谢，而是为了结果，结果也不是为了终结，而是为了更生；叶落不是无情，而是为了蕴蓄，当然也是为了来年的新生。欣赏和肯定自己，让自己倾尽所有，全心付出，真诚奉献，让世界多些幸福，让自己快乐也让他人快乐。

经常为自己鼓掌

　　人生需要经常为自己鼓掌来增强自己的信念。作为一个平凡的自我，大多数人也许只能在灯光的背后呢喃自己的独白，没有人会关注，没有人会在意，没有人会给自己簇拥的鲜花和热烈的掌声。面对如此情景，有些人会感叹自己的渺小和微不足道，感怀别人的优秀与成功，其实又何必呢？鲜花固然美丽，掌声固然醉人，它们只能肯定某些人的成就，只能肯定某些人的价值。只要你真真实实地生活，活出一个真真正正的自我，那么即使所有的人把目光投向别的地方，你还拥有你的最后一个观众，你还可以为自己鼓掌。

　　人生需要做到经常为自己鼓掌。在我们失败、遭遇到挫折之后，失落、自卑常常团团围绕在我们周围的时候，我们要学会为自己鼓鼓掌，这样就会使自己充满信心。"宝剑锋从磨砺出，梅花香自苦寒来"，对于一切的成功均须付出自己的一番努力。要坚信，前方总会出现光明；要相信，即使在茫茫的荒漠里也存在着美丽的绿洲。

人生需要经常为自己鼓掌。当我们受到别人的冒犯与怠慢的时候，当我们遇到不如意、不顺心的事情的时候，我们不要只会流泪与诅咒，有句话说得好："眼前的一切都会过去的。"我们应该为自己鼓足勇气，树立信心，不被别人的冷言冷语击垮。我们更应该为自己鼓掌，相信自己一定是有能力的，自己不是怯懦之人。

　　我们每个人都要懂得人生就如同舞台，我们每个人都是这个大舞台之上的演员，在平时，台下有很多双眼睛看着你的一言一行、一举一动。如果你的言行举止非常精彩，台下自有很多掌声回报你。但是，你要明白掌声不是说来就来的，它时常与人们做着不规则的游戏。一般来说，掌声总是垂青于成功者，一个人要想在人生舞台上分分秒秒地演好每场戏，并且时时能够得到一片片精彩的掌声，恐怕是非常难的。因为对于一个人来说根本不可能永远是常胜将军，无论做什么事情总有失败的时候。

　　做到为自己鼓掌并不难，只需我们多看看自己的长处就可以了。著名演员潘长江虽然个头儿有点矮，但他想得开："我个子矮咋啦？我比你离天高！"正是凭着这种自信，他发挥自己在表演上的优势，不照样也成了大明星！《简·爱》中有句话："我贫穷、低微、不美丽，但当我们的灵魂走过坟墓时，我们都是一样的。"这话是对的，放飞心情，看重自己，扬起自信的风帆，多为自己鼓掌加油吧，这样你就会更容易到达成功的彼岸。

　　为自己鼓掌可谓是一种精神的复活，它能够让你从逆境中走出来。这是因为，有了自己的掌声，就会让自己远离流言蜚语，给自己一份明澈的心境；自己为自己鼓掌，你就会在自己掌声的氛围中燃烧起希望的火种。

为自己鼓掌也是一张珍贵的药方，不但可以使你的心情感到无比愉悦，同时还能够治愈你悲观而沮丧的毒瘤。现实生活中，我们根本不可能做一个常胜将军，然而我们却一定能够争做一个生活强者，可以做一个永远不知"愁滋味"的人；成功也罢，失败也罢，我们可以永远不必理睬别人那贵如黄金的掌声。

为自己鼓掌就是一枚不可多得的金牌，它能够让你多一份荣耀，少一份失败者的自卑，会激励你永远去奋斗、去努力拼搏，什么苦也吃得了，什么累也受得住，最后成为一个事业有成、不可多得的胜利者。

有一个学校举行文艺会演，结果实在很糟。刚开始的时候，一位同学因裙子太长而摔了一跤，另一个同学因太紧张而乱了方寸，一曲还未终结就下台了，台下的观众在那里放肆地吹口哨、喧哗。在嘈杂声中，人们意外地听到了一阵有力而单调的掌声，声音来自上台演出的同学的班主任。

在演出开始之前，她就对自己班里将要演出的同学说："无论演出的结果如何，我都永远支持你们。"我们都知道，无论是老师还是全班同学，都希望此次演出能够成功，甚至获奖，然而台上所发生的一切却不尽如人意。

在演出结束之后，班主任对参加演出的几位同学说：

"虽然没人为你们鼓掌，但是你们要学会为自己鼓掌。给自己一份信心、一份希望，即使最后失败了也没有关系。"

事实确实是这样的，当我们站在人生大舞台上时，都害怕孤独，都希望听到人们能够高声地为我们喝彩；当我们风雨兼程地跨过365公里路程的时候，都害怕孤独，都想让希望的掌声响起来。然而，我们所希望的这一切都没有发生，没有使我们忍不住掉下眼泪来的喝彩和掌声，没有飞向我们的爱。

千万不要因为没有人为我们喝彩而感到灰心丧气，我们要知道自己是可以为自己喝彩的。因为只有我们知道自己每天都在一点一点地进步，一点一点地不断成长。只要我们把这一点点记在日记里，就会知道我们是如何战胜困难的，就会看到我们成长的足迹，就自然能够扬起我们前进的风帆。

别人不为我们鼓掌，我们可以自己给自己鼓掌，不一定非要刻意地去追求外界的赞扬；没有歌声，我们可以自己给自己唱，不一定非要去听别人的赞歌！普天之下道路多，条条大路通罗马。

每个人都应该首先学会为自己鼓掌。卡耐基说过一段耐人寻味的话："发现你自己，你就是你。请记住，地球上没有一个同你一样的人……在这个世界上，你是一种独特的存在。你只能以自己的方式歌唱，只能以自己的方式绘画。你是你的经验、你的环境、你的遗传造就的你。不论好坏与否，你只能耕耘自己的小园地；不论好坏与否，你只能在生命的乐章中奏出自己的发音符。"

的确是这样，世间的每一个人都是独一无二的，这个独特的"我"既有优点也有不足。一个人只有充分地自我接纳，懂得为自己鼓掌，才能够使自己有良好的自我感觉，才能自信地与他人进行正常的交往，出色地发挥出自己真正的才能与潜力。假如一个人不懂得欣赏自己、接纳自己、为自己鼓掌，而老是以怀疑的、否定的态度看待自己，就有可能限制甚至扼杀自己的生命力。事实上，在我们的身边有很多因为自卑自怜、自暴自弃等各种心理原因而造成的自寻短见的事例，这不仅给家人造成了痛苦，同时也给社会造成了重大的损失，当然也就更难去谈如何赢得别人的欣赏和肯定了。

　　为自己鼓掌并不是傲视一切的孤芳自赏，也不是唯我独尊的狂妄不羁。因为它不需要大动干戈的勇气，也不需要改头换面的毅力，它只属于一种醒悟、一种境地、一种面对困难能给予自己信心的源泉、一种推动自己向挫折与失败挑战的勇气与动力。

　　人的一生多磨难，我们每个人都应该做到不断地为自己鼓掌。风又如何，雨又如何，笑又如何，哭又如何！为自己鼓掌，人生的道路就自然会越走越宽广，人生之路也会越走越坦荡！

　　当暴风雨袭来时，最好的办法就是勇敢地面对它、超越它。如果你能够跨越人生道路上的重重障碍，迎接你的将是更加灿烂的明天。

第三章

讲究方法，找到通往成功的捷径

灵活变通，游刃于职场

现实生活中，有些人内心方正，有些人内心圆滑，有些人对外方正，有些人对外圆滑。从这个角度来看，人的个性呈现四种形态：内方外方，内方外圆，内圆外圆，内圆外方。"到什么山上唱什么歌"，和不同的人打交道，要用不同的交际之道。

（1）对内方外方的人要诚实委婉

日常交往中，有些人直来直去，有棱有角，从而不太讨人喜欢。他们个性太直，情太真，血太热，气太傲，往往处世认真，不留余地。这类人便是内方外方的人。表里如一、秉公立世，是对这些人的赞美。忠心耿耿的屈原、刚直无私的包拯，是这类人的典型代表。

同这类人交往，一要诚实。内方外方的人不会口蜜腹剑，不会阳奉阴违，是值得信赖、值得尊重的人物，所以要待之以诚，关心爱护。如果对他们虚伪猜忌，往往会使他们产生强烈的反感情绪。二要委婉。当看到内方外方的人口无遮拦、尖锐抨击时，要采用合适的方式转移话题，或者幽默一下，赞扬一句，巧妙地加以引导。

（2）对内方外圆的人要有礼有节

内方外圆的人，他们洁身自好，处世练达，唯唯诺诺，谨小慎微，既有原则性，又有灵活性。聪明强干，而又锋芒不露，喜怒不形于色。洞明世事的诸葛亮、谦虚自律的曾国藩，是这类人的典型代表。

同这类人交往，一要有礼有理。内方外圆的人虽然表面随和，但内心却厌恶粗鲁，仇视邪恶，无礼无理的人是不能和这类人结为至交的。如果想缩短同这类人的心理距离，就必须表现出积极、健康、向上的心态。二要有节有度。内方外圆的人，即使对他人相当反感，也不会把不满情绪表现在脸上。他表面上对你很友好，但内心究竟如何却使你捉摸不透。因此，同他们交往，要讲究分寸，把握适度，不要因为他的脸上挂着微笑，就得寸进尺，忘乎所以。

（3）对内圆外圆的人要有板有眼

有些人长于研究"人事"，偏重于个人私利，该低头时就低头，该烧香时就烧香，该拉关系时就拉关系，该糊涂时就糊涂，该下手时就下手。这类人便是内圆外圆的人。这类人的代表，当属一些市井无赖。

同这类人交往，要有板有眼。对他们的不当做法，应该明确指正，不要因为爱面子，便不好意思将实情说出口，使自己受委屈。另外，与内圆外圆的人合作，要有所保留，有所提防，不要过于相信他们。内圆外圆的人非常清楚自己的缺点，所以也害怕别人不讲义气、不守诺言。因此，和这样的人打交道，要清楚地示意他们：如果你讲信用，那么我就守诺言。这样才能够与他们正常交往。

（4）对内圆外方的人要灵活变通

有些人张口人民利益，闭口党纪国法，但肚子里却装的是男盗女娼、个人私利。他们在台上慷慨激昂，俨然一副正人君子模样，台下却干些乌七八糟、见不得人的丑事。这类人便是内圆外方的人。因为搞言行两张皮，玩弄两面术，所以极具欺骗性。罩着金色光环的贪官，披着华丽外衣的恶人，就是这类人的典型代表。他们很会包装自己，如果剥开这层包装，就会原形毕露。"金玉其外，败絮其中"，是对他们恰如其分的评价。

同这种人交往，要灵活变通。由于他们嘴上一套，心里一套，所以和他们打交道，既不能不听他们说的，又不能完全相信他们说的。如何交往，运用什么策略，采用什么方式，说出什么内容，要根据当时情况灵活变通，切不可被他们的"精彩论述"迷住了双眼，进入死胡同。与这类人交往，首要的是根据各方面信息，分析出他的真实想法，然后再对症下药，巧妙引导。如此的话，就能够与他们正常交往。

寻找解决问题的敲门砖

有这样一则寓言故事：

有两只蚂蚁一同来到一堵墙的下面，它们要翻越这堵墙，去寻找食物。其中一只红色的蚂蚁毫不犹豫地向上爬，它一直坚持着，就在爬了一半的时候，因筋疲力尽而跌落下来。然而，红蚂蚁并没有气馁，一次次跌落下来，一次次重新开始。就在红蚂蚁不断爬墙、跌落的过程中，黑蚂蚁认识到：翻越这堵墙太难了。于是，它决定另辟蹊径，绕过墙去。很快，它就来到了食物的面前。结果显而易见，就在红蚂蚁还在奋斗的时候，黑蚂蚁已经开始享受美味的食物了。

看了这则寓言，或许很多人都会觉得红蚂蚁真笨，做着无谓的坚持。其实，红、黑两只蚂蚁正好代表了职场中的两种人：做事一根筋，不会变通，如红蚂蚁；带着智慧去工作，能采用有效的方法解决问题，如黑蚂蚁。

在职场中，我们都会遇到一些无法回避却又难以解决的问题。面对这些接踵而至的问题，红蚂蚁般的员工只会一味地坚持，不会转变思维，从另外一个角度分析问题；而像黑蚂蚁一样的员工，会运用自己的智慧找到解决问题的方法，最终成就辉煌的事业。

正如拿破仑·希尔所说的："你对了，整个世界就对了。"当工作陷入僵局的时候，我们不妨换一种思维，从另外一个角度去考虑，也许一切就豁然开朗了。正所谓，方法是解决问题的敲门砖，只要掌握了方法，一切问题都会迎刃而解。

美国前总统罗斯福在参加总统竞选的时候，竞选办公室为其制作了一份宣传册，里面有关于罗斯福的一些竞选信息和照片。然而，就在准备分发宣传册的时候，突然传来消息说这本宣传册里的一张照片的版权出了问题，说这张照片归某家照相馆所有，他们无权使用。

这时，如果分发下去，就意味着要支付一笔巨大的版权索赔费。如果重新制作，时间又来不及。按照常理，竞选办公室应该立即派人去照相馆协调，以最低的价格，买下这张照片的版权。然而，竞选办公室却没有这么做。

竞选办公室只是通知照相馆说："竞选办公室将在制作的宣传册中放一幅罗斯福总统的照片。目前有好几家照相馆的照片都在备选之中，而贵照相馆中的一张照片也在其中，竞选办公室决定以拍卖的方式来决定最后使用的照片，出价最高的照相馆将得到这次机会。"

没过多久，竞选办公室就收到了这家照相馆的竞标书和支票。

面对这样一个突如其来的问题，竞选办公室通过巧妙的方法解决了问题。竞选办公室之所以能够把局面扭转过来，在于采取了正确的方法。工作亦是如此，只要我们掌握了正确的方法，就能在工作中化被动为主动，将烦人的问题完美地解决掉。

方法胜过勤奋

俗话说，"勤奋出天才，方法出效益"。 在现代企业里，由勤奋而生出的天才不在少数，但是真正用方法带来效益的却凤毛麟角。 成功一定要勤奋，这是绝对没有错的。 但勤奋也要讲究方法，只有勤奋而没有方法、没有思考，那就是瞎忙，不仅浪费时间，更浪费精力，甚至是在浪费自己的生命。 有不少员工经常抱怨没有休息时间，经常在加班，经常有忙不完的事情，但是忙来忙去又产生不了什么成果。 这个时候，不妨停下来问问自己，是不是有更好的方法能让工作进行得顺利些。

1995 年，玄彬毕业于某大学汉语言文学专业，毕业后被分配到一家大型建筑企业办公室工作。在工作中，玄彬接触到了不少涉法问题，如劳动争议处理、建筑施工合同签订、工程款诉讼等，心中逐渐萌生了自学法律的想法。

但是，玄彬不是法律专业出身的，再加之在职，学习起来困难可想而知。然而，玄彬觉得只要勤奋就能抵达胜利的彼岸，于是买来法律方面的书籍在工作之余慢慢啃起来。两年下来，不知道牺牲了多少休息时间，放弃了多少与亲人团聚的机会。

1998年，玄彬报名参加了当年的司法考试，结果没有考过，而且分数低得可怜。但玄彬没有气馁，再次捧起了书籍。2006年，司法考试报名时，玄彬再次报名，结果又没考过。之后，玄彬在2007年和2008年，又连续两次失败。当时，玄彬真的死心了，他知道自己已经拼尽全力了，还是没考过，那就只能说明是自己头脑太笨！

就在玄彬决定放弃时，意外地遇到了自己高中时的老师。老师对他说："别灰心，总会有方法的。"真是"听君一席话，胜读十年书"，玄彬回想起自己这几年的学习经历，除了自己死啃书本外，其他什么都没想过。于是，他向其他人请教，并找到了一位志同道合的朋友，他们的复习进度基本上保持一致，互相讨论交流，有时为了一个问题争得面红耳赤。同时，玄彬还参加了培训班，研究历年真题，并尽可能地参与到公司的案件中。2009年，玄彬终于如愿以偿地通过了国家司法考试。

之后，玄彬总爱说一句话："勤奋对于成功至关重要，但是没有正确的方法，勤奋常常没有结果！"

由此可见，我们要学会思考，讲究方法，这样才能更快取得成功。如果我们把工作比喻成一只鸟，那么勤奋就是鸟的双脚，而方法则是鸟的翅膀。鸟没有翅膀也可以前进，但是很慢，如果给鸟一双翅膀，那么它可以飞得更高更远。

把问题简单化

无论是在生活中还是在工作中，我们常常看到这样一种现象，有些人在处理日常生活或工作中的一些事情时，总是不自觉地把简单的事情复杂化，结果大大降低了办事效率。

实际上，有人把简单的问题复杂化，也有人把复杂的问题简单化，这主要与个人的思维方式有很大关系。有的人一遇到事情就不由自主地往复杂的地方想，认为解决问题的方式越复杂越好，如果不够复杂就好像不够重视一样，结果是自己钻进了"牛角尖"里出不来。这当然不是说做事情就可以粗枝大叶，而是说做事情不能总是左右延伸，上下挂钩。其实，很多事情并没有我们想象的那么复杂，试着把问题简单化，会让你的工作变得轻松很多。

有一次，爱迪生递给助手一个梨形的灯泡，让他测量一下这个灯泡的体积。

这名助手接过灯泡后，沉思了一会儿，然后就开始了工作，他先是用标尺测量了灯泡的各种尺寸，然后又列出了几十个复杂的数学公式，接着再把各种数据放入公式里进行计算，试图得出这个灯泡的体积。但是几个小时过去了，这名助手算来算去总是算不出结果。他又换了不同的方法和公式，但还是没有计算出来。怎么办呢？助手有点不知所措，于是他找来各种书籍，准备再重新计算一次灯泡的体积。

这时，爱迪生进来了，看见助手不知所措的样子，觉得很奇怪，便问道："你在干什么？灯泡的体积还没有算出来吗？"

"还没有，可是我已经用了很多种方法，几乎用遍了所有体积公式，所以我打算从书中再找一些公式重新计算一遍。"助手回答说。

爱迪生无奈地看着助手说："有那么复杂吗？"

"当然了，您知道，这个灯泡是个不规则形状，它的半径就有好几个。"助手解释说。

爱迪生没有说话，他拿起灯泡，将灯泡按入倒满水的量杯里说："这样不就得出我们所需要的答案了吗？"

助手顿时恍然大悟：原来这个问题如此简单，自己却把它弄得这么复杂。

其实，"复杂"不一定就是好事。很多时候，"复杂"都会成为累赘，甚至是画蛇添足。无谓的"复杂"只会让你忙乱不堪。所以，在工作中，我们应该学会把复杂的问题简单化，这样既能更好地解决问题，又能大大地提高工作效率，何乐而不为呢！

　　世界知名企业宝洁公司就有一项有意思的规定：一份报告的长度必须要控制在一页纸以内，而且必须尽量做到精简。否则，你的报告是不会被通过的。有人曾简单地把世界上的人分为两种：一种人总希望把复杂的问题简单化，另一种人则总喜欢把简单的问题复杂化。后者通常将问题想得比较复杂，办事效率很低，因为这种人往往会把一件事弄成两件事甚至更多的事来做；而前者却总能够把复杂的事情抽丝剥茧，提纲挈领，拆分成几个简单的步骤，这样就事半功倍了。所以，对于在职场打拼的人来说，要学会把复杂的问题简单化，以最短的时间把事情做到最好，这才是能胜任工作的表现。

编排好优先次序

在工作中，我们常常会遇到各种琐事，有很多人由于没有正确的工作方法而被琐事缠身，结果被弄得筋疲力尽、心烦意乱，到最后还是该做的事情没有做。有的人虽然看上去做的都是那些十万火急的事情，但却常常被"急"所蒙蔽，而落下了重要的事情，结果白白浪费了时间和精力，却收获甚微。

我们之所以会把有些重要的事情放在后面，是因为我们总是不自觉地依照某种准则决定事情的优先次序，比如我们会先做喜欢的事、熟悉的事、容易的事、花少量时间就能做完的事、已经安排好的事、迫在眉睫的事……这些也许是我们工作或做事时最容易遵循的优先次序，但很显然，这些准则并不符合高效的工作方法。因为我们工作的最终目的是要实现目标，在所有围绕实现目标而需要做的事情中，究竟哪些应该先做，哪些可以延后呢？最大的准则就是依照事情的重要程度来编排优先次序。

王宏从一名小职员升到公司的副总仅仅用了4年的时间，很多人对他的升职都抱着一种鄙夷的态度，都觉得他一定是靠某种关系才升到副总位置的。尤其是和王宏一起进入公司的李哲更是觉得委屈，在王宏第一次升职的时候，李哲就曾经找总经理谈过，他说王宏在平时的工作中总是漫不经心，总是做一些不着边际的事情。但是，听了李哲对王宏的"控诉"，总经理并没有说什么，而是从抽屉里拿出了一张表格递给李哲。李哲看了半天，还是一头雾水。这时，总经理拿过表格对李哲解释说："这是王宏给自己每天的工作所做的分类……"

　　表格上，王宏画了一个坐标，横坐标是"紧迫的工作"，纵坐标是"重要的工作"，并以此划分出了四个象限，第一象限是"紧迫且重要的工作"，第二象限是"重要但不紧迫的工作"，第三象限是"既不重要也不紧迫的工作"，第四象限是"紧迫但不重要的工作"。总经理又给李哲解释说："你看，这样一划分，什么事情该做，什么事情可以不做，什么事情要先做，什么事情可以放一放就一目了然了。重要且紧迫的事情，比其他任何一件事情都值得优先去做，只有这部分事情得到了解决，你才有可能顺利进行下面的工作；重要但不紧迫的事情，需要你们有更多的主动性和自觉性，因为不急迫，所以很多时候我们会拖延下去，直到最后才后悔当初为什么没有重视；紧迫但不重要的事情，随时随地都可能出现，如果你总是在应付这些事，那么虽然你很忙碌，但却不见成效；还有既不紧迫也不重要的事情，但却是你感兴趣的或是习惯的事情，如果你毫无节制地沉溺下去，就会浪费大量宝贵的时间。怎么样？王宏这个方法是不是不错啊？你也应该学一学，把自己每天的工作做一个分类，看看哪些事情一定要先做，哪些事情可以缓一缓，不要总是不分主次地乱干一通，搞得自己很累，但却总是没有功劳。"

李哲看着这张简单的表格，钦佩地点了点头。下班回到家里，李哲回想王宏和自己在工作上的差别：王宏做事分主次，尤其是上班后他做的第一件事，无论什么也打扰不了他；而自己却不是这样，一个电话，同事的一个请求，都会让自己放下手中的工作。看来，王宏的升职的确是必然的，他从没有耽误过重要的工作，而自己却总是被一些琐事缠身。想到这儿，李哲心里不再不平衡了，而打心底里佩服王宏。

著名的管理大师彼得·德鲁克发现，那些整天忙碌但却效率低下的人几乎把90％的时间都花在了第四象限，而剩余的10％的时间又用在了第三象限，而那些工作高效的人却恰恰相反，他们把80％的时间用在了第一象限，20％的时间用在了第二象限。这样，他们永远都在做着重要的事情。所以，在我们的工作中不妨也拿出一点时间来给工作做个分类，看看你的时间都花费在了哪个象限。如果是第三象限，那么你肯定每天都忙乱不堪，既没有工作效率，也没有工作效能，除了浪费时间，你将一无所获；如果是第四象限，那么你的工作效率就可想而知了，你的工作总是由别人的轻重缓急来决定，你始终被别人牵着鼻子走；如果是第一象限，那么你肯定是一个被老板赏识的人，但你每天都会很辛苦，长此以往，恐怕你会吃不消；如果是在第二象限，那么恭喜你，这才是卓有成效的个人管理的方法。 虽然这些事情不是迫在眉睫的，但却决定了你的生活质量、品味培养、工作业绩等等，这样一个"做要事不做急事"的习惯，会让你工作起来驾轻就熟，并能保持良好的状态，这是最值得推荐的。

第四章

战胜悲伤，坦然面对生活中的黑暗

坚决地战胜不幸

　　悲伤的事情一旦发生了，就要去面对并接受它，要想想应对的良策。这样做，总比整天沉浸在悲伤中更有意义。要知道，"坚强"的代名词就是"勇气"，它包含了承受悲伤的勇气和果敢。

　　有些人在遭遇不幸后，被悲伤情绪包围，往往会被激起否认的心理反应。这种行为，反映了人内心深处的一种逃避思想，比如，有人患了癌症后，不愿相信这是事实，老怀疑医院是不是搞错了，是不是和别人的检查结果搞混了。等检查结果确认无误后，却承受不起，不愿正视现实。

　　在一次车祸中，无情的车轮碾断了阿柔的右腿。原本幸福的生活，一下子被蒙上了阴影，快乐的她变得忧郁、消沉。在那阵剧烈的肉体疼痛消失后，继而便是一阵灵魂的抽搐，它深深地刺痛着她，使她在精神上背上了一个沉重的包袱。

当时，整天萦绕在阿柔脑子里的，尽是一些消极的思想：完了，这辈子算完了。时空一下子变得苍茫、昏暗，一瞬间，阿柔犹如掉进了一个冰窟，寒冷彻骨，使她深深地陷入绝望中，难以自拔。

直到有一天，阿柔被几个朋友"挟持"着拖上大街，行至十字路口，忽然看见一个身影，只见他双手握着板凳，一推一送地拖着他那失去双腿的身子，步履艰难地"走"了过来。

阿柔不由得停下脚步，望着他。当他走过阿柔身边时，他看了看她，随后对阿柔笑了笑，依然"迈着"坚定的步伐向前走去。那臂膀如此坚实，那身影异常稳健，更有那深邃的目光，透露出坚定不移的自信。

就这样，阿柔被震撼到了，看着那逐渐消失的身影，她开始沉思、自省。终于，就在这一瞬间，阿柔领悟了人生的真谛：一个人遭遇不幸在所难免，回避就是逃避，只有接受不幸才能走出不幸。

逃避，永远是懦夫的行为，只会让自己更痛苦。不愿承认现实，否认已经存在的事实，其实是正常的心理防卫机制。但我们需要做的是，面对现实、接受现实，继而改变现实。

卢梭曾说过："人要是惧怕痛苦，惧怕折磨，惧怕不测，那么他的人生就只剩下'逃避'二字。"俗话说，"人生不如意事十之八九"。没有人的一生是一帆风顺的。

人生际遇不是个人力量可以左右的，在多变的环境中，唯一能使我们迎接伤痛而不被其击倒的办法便是正视它、接受它。

　　史铁生说："对困境，先要对它说'是'，接纳它，然后试着跟它周旋，输了也是赢。"当我们在生活中遭遇不幸，最好的解决办法便是控制好自己的悲伤情绪，"迎上去"。当你有勇气面对任何悲伤的时候，也就不怕伤痛的侵扰了。所以，惨痛的经历很可能会以意想不到的方式给你以后的人生带来幸福和圆满。

从悲痛中凝聚力量

当我们在生活中遭遇不幸时，与其沉浸在痛苦之中，不如化悲痛为力量，满怀热情地投入工作和生活。

在常春藤联盟的一所大学里，一位名叫杰利的年轻人在练习橄榄球，他的水平还不足以在定期的球季比赛中踢球。但是在4年里，这个勤奋的年轻人，从未错过练球。教练对杰利坚持不懈地练球印象深刻，同时也为他对父亲的诚挚的爱感到惊讶。有好几次，教练看到杰利和前来探访的父亲手挽手在校园内散步。

在赛季中最重要的比赛前几天的一个晚上，教练听到有人敲门。打开门，他看到杰利满脸悲伤。

"教练，我爸爸刚刚去世。"杰利喃喃道，"我可不可以这几天不练球就回家？"

教练说："我听到这消息很难过。当然，让你回家是毫无问题的。"

当杰利低声说"谢谢"并转身离去时，教练补充说："请你不必在下星期六比赛前及时赶回来，你当然也不必担心比赛。"杰利点头后离开了。

但是就在星期五晚上，杰利又再一次站在教练的面前。"教练，我回来了！"他说，"我有一个请求，可不可以让我参加比赛？"教练原本想借着说明这场球赛对球队的重要性，来说服他放弃请求。但是，最后他却同意了。

那晚，教练辗转反侧："我为什么会对这个年轻人说可以呢？对方球队一般会赢我们3个球。我需要让最佳的球员参与整场比赛。假设开球轮到杰利，而他失误了；假设他参加比赛，而他们输了五六个球……"但他已经答应了。

所以，当乐队开始演奏，观众兴奋吼叫时，杰利站在目标线上，等着踢开场球。"球可能不会到他那边。"教练自己这么想。

"喔，不！"当开场球正中杰利怀中时，教练呻吟着。但是，未出现教练预期的失误，杰利紧紧控住球，闪开了3个冲刺的防卫，跑过中场后被扭倒在地。

处于优势的对手愣住了。那小子是谁？他甚至不在敌队的情报记录中，直到那个时候，他一年仅仅参赛3分钟。

在下半场，杰利继续激励自己的队友。最后枪响时，他的球队赢了。由于打赢了一场不可能打赢的胜仗，球员休息室中闹哄哄的。教练找到杰利，发现他把头埋在手中，远远躲在角落里安静地坐着。

"孩子，刚刚在外头发生了什么事?"教练抱住他问，"你不可能打得像刚才那么好，你没有那么快、那么强壮，也没有那么纯熟的技巧。怎么回事?"

　　杰利望着教练，慢慢地说："你知道，教练，我父亲是盲人。这是第一次他可以看到我参加比赛。"

跳出悲伤的陷阱

　　人活在世间有很多无奈，就像秋叶不肯离开大树的怀抱，春花为不能永久绽放而伤心憔悴却也不得不枯萎一样，一些我们憧憬已久的美好梦想，在现实中无情地破灭。但我们不能就此伤感不已。我们还要生活，还要勇敢地用微笑迎接属于我们自己的快乐，徒劳的伤感只会让自己更痛苦。

　　甄珍全身心爱上了一个已婚男人，有些不顾一切，不惜和父母闹崩，离家独居。而那个男人呢，许诺的离婚竟像水中月一样，看得见却触及不到。甄珍从21岁等到了25岁，朋友们劝她："分了吧，你有多少青春可以这样等待，还要等多久？"她说："我要一直等下去。"

　　4年的青春年华里，她不平、愤懑、幽怨，在爱与恨交织的感情里进行着一场没有硝烟的战争。她会自卑，问道："难道我真的没有他老婆好，不如她漂亮、贤淑？"她会神经质地穿上浮夸的衣服，去酒吧喝个通宵；有时朋友和她在街上走着走着，她会突然泪流满面；她会和别人讨论各种自杀方式的利弊；她会玩消失，不向单位请假，不告诉任何人，跑到一个清静的地方玩上几天。

一个阳光的午后，朋友和甄珍在桌前吃樱桃，看鱼缸里养的小龟，朋友丢了一颗樱桃核进去，小龟马上爬过去，啃了起来。甄珍赶忙扔进一块樱桃肉进去，小龟却看也不看一眼，一味地啃着樱桃核。其实那颗樱桃核一点肉也没有，小龟费力地啃着，却是徒劳。甄珍着急地说："吃樱桃肉啊，笨蛋，放弃那颗樱桃核吧！"

小龟费力啃了半天，终于放弃了，转向那块樱桃肉，很欢畅地吃了起来。朋友说道："看，放弃是多么好的一件事！"甄珍怔了怔，若有所思。

没多久，甄珍和她的男友分手了，干净利落。她只是笑笑说："我不能比小龟还笨，我也懂得放手。"到年底，甄珍有了新的男朋友，一个斯文帅气的男孩，对她很体贴，让人很羡慕。失去了并不属于自己的爱情其实是幸福的开始。

对于无法得到的东西，如果我们还苦苦追求，长时间陷入不良的情绪中，只是徒增伤痛罢了。当你跳出悲伤，也许会别有洞天，发现一片新天地。

属于自己的要拿好，不是自己的就不要勉强，该放手的时候就要放手，自己也轻松，别人也轻松。成全也是一种美德，成全了自己，也成全了别人。

人生有所得也有所失，失去的东西，其实从来不曾真正地属于你，所以不要惋惜和悲伤。

战胜孤独情绪

人的一生非常短暂，每个人都希望生活得多姿多彩，都想追求的美满生活，都渴望拥有美丽精彩的人生。如果你也有这样的追求，那就千万不要让生活趋于枯燥，别让心灵孤独。

有一部名为《中锋在黎明前死去》的电影，讲的是一名著名的足球中锋队员，他曾经率领自己的球队获得过无数次荣誉。后来，一位百万富翁看中了他，并高价聘请他。不过，这位富翁并不是让他去踢球，而是让他跟一位物理学家和舞蹈家一起，在自己的豪华别墅里作为"展品"存在，以满足其虚荣心和占有欲。离开了球场的中锋，虽然享受着优越的待遇，但整天无所事事，这让他陷入了一种无法忍受的孤独之中，最终在忧郁中死去。

这个故事说明，人是具有社会性的，离开了社会生活和人际交往，人的性格就会被扭曲变形，这是十分可怕的。因此，罗姆说过："人之最根本的需要是克服分离，挣脱其孤独的牢狱。"

有一位心理学家认为，真正的孤独往往出现在那些与外界没有任何情感和思想交流的人身上。实质上，无论你身居何处，如果你对周围的环境缺乏了解，与外部的世界无法沟通，你就会陷入孤独的情绪当中。

战胜孤独情绪的最好办法是成熟一些，接受它并面对现实。但如果你真的寂寞难耐，不知怎么办才好，又不太习惯向他人倾诉，不妨考虑找点事做。想做什么就做什么，根据你的意愿而行，这可以帮助你驱赶孤独的情绪。当你全身心地投入到自己最喜欢的事情之中，自然可以忘掉一切，再没有多余的时间来感慨孤独和无奈了。

结识几个志趣相投的朋友，并与他们分享你的喜怒哀乐。

大自然是人类灵魂深处的归宿，置身于大自然的怀抱，可以心平气和、和谐愉悦。闲暇时在公园散步、慢跑或骑单车，可驱散所有压抑，重新为自己注入新的生命活力。

过度的工作量也会加重人的孤寂感，因此工作切忌过量。不少人终日只顾埋头工作，减少了与他人交流的时间，久而久之就会加重个人的孤寂感。工作并非逃避孤寂的有效方式，更好的途径可以是看话剧、听音乐会、朋友聚会等。

如果你的住处邻近父母或相熟亲戚的家，就应该经常去拜访一下。因为你们有着相同的背景或相同的血脉，无论你身处何种境况，家人都会站在你的身边支持着你。

生活中，选择适合自己的时间规划，参加各种义工服务，能够很好地提升你的心灵境界。

战胜孤独，就要走出自我封闭的状态，敞开心扉，多和别人交流，增进感情。

孤独就像是一封感染了病毒的电子邮件，时间越久，毒害越深。所以，拿出你的杀毒软件，勇敢地消灭它吧。

学一点自我关怀的技巧

艾琳的父亲叫莫里斯，住在他祖父在内布拉斯加州的农场附近。有一天，一把无名火烧掉了祖父的农场，祖父也被烧死在屋里。

艾琳说，火灾后，家里的每一个人都认为父亲会发疯。所有的家人都悲伤地谈论这一悲剧。而此时此刻，莫里斯租了一台推土机，把残破的房屋夷为平地。莫里斯要在那里埋葬他的父亲。他不停地工作，任何人、任何事情都不能使他停下来，甚至他的妻子求他进屋，他仍继续平整那块地。他的衬衫被汗水浸湿了，脸上也布满了灰沙，像是一副可怕的面具。

莫里斯的这种举动，是以一种他所特有的方式来表达悲伤。他只流泪，不需说话，只想铲平土地，不愿停下，直到断壁残垣被夷平为止。莫里斯要在埋葬他父亲的土地上耕种。为什么要这样做，他自己也不知道。但艾琳知道，她的父亲含着悲伤在做某件事，有事做总比没事做好，这或许是他目前所能做的最好的事。

有时候，一些不可解释的行为可能会使我们的悲伤得到宣泄。

人们在悲伤时，往往对显而易见的事情也不会注意，求生的技巧与对生活的追求常被忽视。其实，在悲伤的时候，我们需要学会一点自我关怀的技巧，这样会让自己更舒服些。

当一个人运动扭伤了足踝时，他不能马上再去打球，潜在的、有害的活动应暂停下来，等它自然复原。若不以扭伤的足踝来支撑全身的重量，足踝就会自然复原。悲伤的人也是如此，需要一段时间来保护与照顾自己的情绪。

一个人悲伤时，最好避免接触某人或某地。一个年轻妇女刚离婚，如果她的父亲只会戳她的痛处，说："我知道那家伙是什么人，早在 12 年前我就预料到你的婚姻有问题。我劝过你，但你还是不顾一切地与他结婚。"那么她就不必去看他了，何必在自己的伤口上撒盐呢？

悲伤的人不久就会发现，到处都有人说"我曾告诉过你那个人存在问题"。当你感觉情绪不稳时，谨防别人再踢你一脚。就像你扭伤了的足踝疼痛而且肿大，有人拿铁锤再敲它几下，你的脚肯定好不了。

当你处于易受伤害的时期，不论做什么事你都需要学会保护自己。所有的创伤在复原时都需要有滋养性的环境。

如果你把羊圈在草场上，你不必去控制它，因为羊在广阔的草地上如鱼得水。人在遭遇不幸后，也需要一片广阔的"草地"来翻滚，这样，悲伤的情绪才不会失控。

第五章

改变思维，你能把握的就是你自己

脑子里多装个"为什么"

很多事，只要我们多问，就不会在行动中失去方向，走上歧途；而只有在多问的基础上，我们才能获得思考带来的益处。

丰田汽车工业公司总经理大野耐一认为，他之所以能发明"丰田生产方式"，根本原因在于他从不满足，善于"在没有问题中找出问题"。在世人看来，"不满足现状"总是不好的，但在丰田工厂里却有一个口号："不满足是进步之母"。丰田工厂鼓励员工对现状不满，但要求把这个不满足同改革结合起来，而不是和牢骚结合起来。大野耐一本人就是个善于从不满中发现问题，并加以改进的人。大野耐一曾总结他发现问题的秘诀，在于凡事要问5次"为什么"。

有一次，生产线上有台机器老是停转，修了多次都无效。大野耐一就问："为什么机器停了？"

工人答："因为超负荷，保险丝烧断了。"

大野耐一又问："为什么超负荷呢？"

答："因为轴承的润滑不够。"

大野耐一再问："为什么润滑不够？"

答："因为润滑泵吸不上油来。"

大野耐一再问："为什么吸不上油来？"

答："因为油泵轴磨损，松动了。"

大野耐一继续问："为什么磨损了呢？"

答："因为没有安装过滤器，混进了铁屑。"

于是，大野耐一下令给油泵安上过滤器，终于使生产线恢复了正常。倘若不是这样打破砂锅问到底，只满足于换一根保险丝，或者换一下油泵轴，过一阵仍会出现同样的故障。大野耐一说："丰田生产方式就是积累并运用这种反复问 5 次'为什么'的科学探索方式才创造出来的。"

"多问几个为什么"，虽说是老话重提，对于我们从表象推向问题的深层本质却是行之有效的纵向思考方式。

纵向思维就是要问"为什么"，实际上"为什么"这三个字表达了一种深入开掘的欲望。很多时候，对那些寻常的事物，我们自认为很熟悉，想不起要问个"为什么"，殊不知，事物的真正本质和改变创新的机遇，往往就隐藏于对寻常事物再问一个"为什么"的后面。

我们主张进行积极的思维活动，不管遇到什么问题，都要多问几个为什么。当你恰到好处地利用纵向思维这把开启脑力的钥匙后，整个世界也就为你敞开了大门。

利用集体的智慧

水击产生涟漪，石击产生火花。思想与思想的碰撞会激发新的思想，智慧与智慧的碰撞会启发新的智慧。

有一年，美国北方格外严寒，大雪纷飞，电线上积满冰雪，大跨度的电线常被积雪压断，严重影响通信。过去，许多人试图解决这一问题，都未能如愿以偿。后来，电信公司经理应用奥斯本发明的头脑风暴法，尝试解决这一难题。他召开了一种能让头脑卷起风暴的座谈会，参加会议的是不同专业的技术人员，要求他们必须遵守以下规则：

首先，自由思考，即要求与会者尽可能解放思想，无拘无束地思考问题并畅所欲言，不必顾虑自己的想法或说法是否"离经叛道"或"荒唐可笑"。

其次，延迟评判，即要求与会者在会上不要对他人的设想评头论足，不要发表"这主意好极了""这种想法太离谱了"之类的"捧杀句"或"扼杀句"。至于对设想的评判，留在会后组织专人考虑。

再次，以量求质，即鼓励与会者尽可能多而广地提出设想，以大量的设想来保证质量较高的设想的存在。

最后，结合改善，即鼓励与会者积极进行智力互补，在增加自己提出设想的同时，注意思考如何把两个或更多的设想结合成另一个更完善的设想。

遵照这种会议规则，大家七嘴八舌地议论开来。有人提出设计一种专用的电线清雪机；有人想到用电热来化解冰雪；有人建议用振荡技术来清除积雪；还有人提出能否带上几把大扫帚，乘坐直升机去扫电线上的积雪，对于这种"坐飞机扫雪"的设想，大家心里尽管觉得滑稽可笑，但在会上也没有提出批评。相反，有位工程师在百思不得其解时，听到用飞机扫雪的想法后，大脑突然受到冲击，一种简单可行且高效率的清雪方法冒了出来。他想，每当大雪过后，出动直升机沿积雪严重的电线飞行，依靠高速旋转的螺旋桨即可将电线上的积雪迅速扇落。他马上提出"用直升机扇雪"的新设想，顿时又引起其他与会者的联想，有关用飞机除雪的主意一下子又多了七八个。不到 1 个小时，与会的 10 名技术人员共提出 90 多个新设想。

会议结束后，公司组织专家对设想进行分类论证。专家们认为设计专用清雪机、采用电热或电磁振荡等方法清除电线上的积雪，在技术上虽然可行，但研制费用高，周期长，一时难以见效。那些因"坐飞机扫雪"激发出来的设想，倒是大胆的新方案，如果可行，将是一种既简单又高效的好办法。经过现场试验，发现用直升机扇雪真能奏效，一个久悬未决的难题，终于在头脑风暴会中得到了解决。

俗话说，"三个臭皮匠，赛过诸葛亮"。一个人的智慧不够用，两个人的智慧用不完。集体的智慧无穷尽，集体的大脑是智慧库、思想库。在思维的领域中，一加一大于二，大于三。利用集体的智慧，通过互相交流、启发和激励而产生新思想的方法，就是头脑风暴法。

头脑风暴法在使用过程中应遵守如下原则：

（1）庭外判决原则。对各种意见、方案的评判必须放到最后阶段，此前不能对别人的意见提出批评和评价。认真对待任何一种设想，而不管其是否适当和可行。

（2）欢迎各抒己见，自由鸣放。创造一种自由的气氛，激发参与者提出各种"荒诞"的想法。

（3）追求数量。意见越多，产生好意见的可能性越大。

（4）探索取长补短和改进办法。除提出自己的意见外，鼓励参与者对他人已经提出的设想进行补充、改进和综合。

勇于改变规则

如果你能找到一种办法来改变游戏规则，让游戏规则适合你而不适合你的竞争者，那么这种变化就会赋予你一种独特的优势。

20世纪90年代早期，苹果公司推出了它的便携式助手：牛顿。这是一种先进的创新，使用了一种新兴的技术——手写辨认。你在屏幕上写字，软件就会辨认你写了什么。遗憾的是它做得还不够好。事实证明，让软件来辨认不同人的字迹非常困难。几家其他的公司尝试后均以失败告终。掌上电脑公司（Palm）改变了规则，它用一种称作涂鸦的特殊文本输入技术实现了创新。不是让掌上电脑（PDA）学会辨认你的字迹，而是你必须知道字迹的涂鸦风格，然后所有一切都变得很简单了。与计算机相比，人类的适应能力与学习能力更高。

海因茨在他的西红柿酱汁中遇到了一个问题。这种酱汁过于浓稠，这使得酱汁流出瓶子的时候速度很慢，顾客们必须用力摇晃瓶子才能使酱汁流出来，而竞争者的酱汁很容易就能倒出来。由于这种状况普遍存在，许多公司都努力使他们的酱汁减少黏性。但是海因茨找到了一种不同的方法，从缺点中找出了优点。他改变了广告手法，对酱汁流出速度慢作了强调，暗示快速流出的酱汁其质量一定不好，他还使为取出酱汁而敲击瓶底看起来非常酷。随后，他提供了可挤压的塑料瓶装的酱汁，这样顾客就可以选择可挤压的塑料瓶或者选择敲击玻璃瓶子。

你会怎样开始着手于找到一种新的体育运动呢？你可以从一张白纸开始，写下各种古怪的念头。一个不同而又可能有效的方法是从一种现有的游戏开始，看一看，如果你一条一条地打破游戏规则会发生什么情况。足球比赛的一条规则是不能用手。正是大胆打破了这条规则才导致橄榄球比赛的出现。橄榄球比赛的一条规则是不能向前传球。正是大胆打破了这条规则才导致美国足球比赛的出现。再拿网球比赛来试一试，如果场上有三个队员会出现什么情况呢？如果球不是被猛击出线而是可以弹回来重新比赛会出现什么情况呢？如果中间没有网会出现什么情况呢？如果没有球拍会出现什么情况呢？如果球不能弹起来会出现什么情况呢（像羽毛球一样）？你很快就会看到，每条规则被打破后都会诞生一项新的体育运动，其中一些与壁球、长曲棍球、羽毛球等相似。

与体育运动一样，在企业中要发展一项新的业务，经常更容易通过改变现有企业模式来实现，而不需要从头开始设计一些东西。 亚马逊公司的杰夫·贝索斯通过运用互联网而不是传统的分销渠道，打破了书刊行业的规则。 理查德·布兰森的维尔京集团在多个行业使已经建立的企业模式感受到了压力。 零售连锁店梅体小铺的创立者安尼塔·罗德蒂克有意与这个行业内的专家们反着干，并且这项策略使她获得了成功。规则是需要打破的。 在体育运动中，裁判员会惩罚你，但是在企业中，市场担任裁判员，它会奖励通过创新来创造价值的规则打破者。

在 20 世纪 80 年代早期，如果你想在英国为汽车办理保险，你就要到大街上去找一位保险经纪人，他会在各种表格上记下你所有的细节，然后把它们发给保险公司，取得报价。 保险经纪人坚持认为他们会利用他们所有的技巧和经验来为你取得一张好的保单。 但是彼得·伍德做这项业务时采取了一个不同的视点，他完全忽略了保险经纪人。 他的直线保险公司使用存有最新信息的计算机数据库，通过话务员银行即刻通过电话报出富有竞争力的价格。 这就重写了这个行业的规则，使直线保险公司发展成为英国最大的汽车保险公司。

彼得·伍德所做的一切只是利用电话与数据库技术，在当时，两者中哪一项都不是特别新的技术——把它们按照一种创新的方法运用，从而找到一种新的而且更好的办法来赢得顾客并为他们提供服务。 把新的(或几乎新的)技术运用于传统的业务中，是在市场中实现创新以及绕过竞争者的"马奇诺防线"的典型方式。 亚马逊公司在使用互联网来避开传统的销书渠道，实现向各地用户销售第一批书籍，然后销售 CD 和其他商品的时候，它就做了一件类似的事情。

迈克尔·戴尔在 1984 年建立他的公司的时候只有 18 岁。他的目标是要与统治个人计算机业务的强大的 IBM、康柏一较高低。它们都通过零售商建立了完善的渠道，零售商持有它们的存货，再把产品卖给它们的顾客。由于计算机仍然被看作是复杂的产品，当时尚未被改写的规则是个人计算机通过零售商以标准机型进入销售渠道，然后由零售商提供顾客所需要的帮助与支持，戴尔大胆地打破了这些规则。他没有利用渠道，而是直接向最终用户销售。他允许用户把包括磁盘容量和内存等在内的配置具体化。这些产品的质量都很好，因此他不需要现场服务工程师。而且，通过按照订购进行制造，戴尔计算机公司可以降低存货量，这样当竞争对手持有 75 天到 100 天的销售存货的时候，戴尔只持有 4 天的存货。在快速变化的个人计算机行业，这意味着成本更低，顾客能够从最新的科技中受益。

打破规则的另一个例子是处于美国新闻纸行业的《今日美国》（USA Today）的故事。在它于 1982 年成立之前，首要报纸分析员约翰·莫顿抛弃了他对成功的期望："自二战以来发行的大型报纸清单不只是很短——它根本就不存在。"报纸主要在不同的地区发行，但是《今日美国》从第一天开始就面向全国发行。通过使用彩色版，以及刊登通俗文化、体育和娱乐方面的短篇文章，这家印刷业的新贵，戏剧般地爆发出来了。它发现了一个新的读者群体——商务旅行者，这些读者想要在他们的早餐时间阅读全国以及地方的主要新闻。它找到了赢得这些顾客的新途径，即把旅馆和飞机场作为目标。当《今日美国》从现有的巨头如《华尔街日报》和《纽约时报》等手中夺取了大量的市场份额和广告收入时，这些巨头们也被迫增加彩色报纸，降低枯燥程度，模仿这位年轻的挑战者。

IBM 的唐·埃斯特奇在 1980 年和他的小组设计 IBM 个人计算机的时候就打破了规则。在那个时候，从 IBM 到其他牌子的所有计算机都是使用专有的结构。设计是秘密进行的，并且受到版权的保护。埃斯特奇使 IBM 成为一个开放的系统，这样每个人都可以拿到说明书。这种计算机是用大宗买进的标准可用部件制造的，这一点与 IBM 其他的计算机不同，IBM 的其他计算机的部件都是 IBM 自己制造的。当 IBM 个人计算机在 1981 年推出的时候，它就必须要和市场领导者苹果公司以及其他竞争者如数据设备公司、王安电脑公司、柯摩多尔公司等进行竞争。它并不能提供更好的性能，但是由于通过提供公开的说明书从而打破了规则，它获得了巨大的利益。人们可以很容易地设计与增加他们自己需要的部件、卡与元件。它成为整个行业的标准平台。史蒂夫·乔布斯为此大受震动，他向埃斯特奇提供 100 万美元的薪水和 200 万美元的红利，并让他出任苹果公司的总裁，但是埃斯特奇拒绝了他的邀请。1985年，他在一场飞机坠毁事故中不幸丧生，但是他将作为"PC机之父"永远被人们记在心中。

具有讽刺意味的是，IBM个人计算机成功的秘密——它的开放性，成为了IBM失去在此行业中的领导地位的原因。康柏、戴尔和其他公司模仿IBM个人计算机，制造出更好的产品，大量地抢占了市场份额。IBM一度选择微软来向它提供辅助部分——操作系统，但是微软后来在此基础上建立起了一个庞大的帝国。微软不开放它的操作系统DOS和Windows，对此独家占有。最终它受到来自Linux的挑战。Linux是一位名叫林纳斯·托瓦兹的芬兰学生在1991年开发的"开放代码"的操作系统。他允许任何人自由使用Linux程序。这意味着这个系统可以由全世界的程序员进一步开发和调整。

Linux模式成为人们在一个完全不同的环境中打破规则的范例。1989年，罗布·迈克文成为加拿大安大略红湖矿山的大股东，这是一座年代久远、经营不善的金矿。他断定高等级的金矿石就在某处，但是他找不到。在一次计算机技术论坛上，他听说了Linux的有关事情，并听说了如何把该操作系统的程序代码提供给每一个人，从而人们可以对这个系统进行改进。他认为完全可以把这个观点放在采矿业中进行改进。因此，他在他的网页上公布了有关他的矿山的所有地理数据与统计数据，使每个人都可以得到有关他的矿山的信息。在2000年3月，他发出了一项挑战，即黄金公司挑战，向能够预计出最佳黄金钻探位置的人提供总共 50 万美元的奖金。采矿业的其他公司对此行为震惊之余又疑惑不解。他打破了采矿业最古老的规则之———勘探与储备数据非常保密，不会泄露给任何一个人，以防有人故意收购。但迈克文是一个外行，他使用了一种非常激进的新方法。

他发出的挑战受到了公众的广泛关注。世界上有 1400 多个科学家和地质学家下载了这些数据，并进行了实际勘探。胜利者是来自澳大利亚与不规则图形和泰勒华尔协会的两个小组。他们从来没有见过这座矿山，但是针对这座矿山，他们开发出了非常具有说服力的 3D 图解模型。事实证明他们的预计非常准确，就如接下来的四个参赛者所做的那样。2001 年，在挑战赛之后，矿山的产量是它以前产量的 10 倍，并且每盎司的成本达到了更低的水平。通过运用一个不同的视点，把另一个领域的观点进行改进，打破这个行业的规则，迈克文获得了非凡的成就。

安尼塔·罗德蒂克发现大部分药房只是一个销售化妆品、香水和药膏的令人乏味的地方，而且这些物品包装昂贵，使用的包装瓶五颜六色。她使用了完全相反的做法对这些商品进行包装，放在梅体小铺里进行销售，使用贴有普通标签的廉价塑料瓶。这不仅节省了一大笔没必要的成本，还表明包装内的东西才是最重要的。她对梅体小铺的定位是简单自然、高尚，并且与周围友好的顾客保持协调。

彼得·伍德、迈克尔·戴尔、唐·埃斯特奇、罗布·迈克文和安尼塔·罗德蒂克都是他们所在行业中思想独特的人。他们大胆打破规则，对传统智慧提出挑战，由此带来了冲击。

穷人用蛮力做事，富人用脑子做事

看到富人的名车豪宅，自己依然落魄，一些穷人难免会非常绝望地想："为什么我那么努力，却没有得到应有的回报，依然为生活发愁？难道'爱拼才会赢'是骗人的鬼话？""爱拼才会赢"，当然没错，但是如果觉得爱拼一定赢就错了。不拼搏一定不会成功，但是拼搏了不一定就会成功，盲目地付出甚至会带来更大的失败。一个只会用蛮力拼搏的人不可能成为富人。

有些人开始的时候总是凭着一腔热血，不思考，盲目地付出。遇到困难后，不是退缩就是硬碰硬，从不去思考该怎样解决问题。总是看见有些人忙忙碌碌却没有结果，在为别人工作时如此，在为自己的事业打拼的时候同样如此。所以，当你为自己付出而没有获得回报喊冤的时候，应该认真审视一下，自己是不是只用蛮力做事，而不动脑子。

真正的富人会思考、思考、再思考，当困难来临时他们会想办法去解决，而且一定会找到最有效的解决办法。一个现代的富人碰上愚公移山的问题，他一定不会动员全家老小用锤子和榔头夜以继日地敲敲打打几十年，而是会买来炸药，请专业的爆破人员，几天内把山炸平。富人重视动手，更重视动脑。

2008 年，美特斯邦威成功上市，周成建从负债 20 万元的"负翁"变成了坐拥 20 亿元的富翁，从一个不为人知的"练摊"个体户变成了拥有著名品牌的"衣王""世界裁缝"。

如果说从什么脏活儿累活儿都干，负债 20 万元来到温州谋生的 20 岁小伙子到有了自己的小服装店，每天工作 16 个小时的小店主，再到一年收入几百万元的百万富翁，凭借的是他的吃苦耐劳、细心观察，以及当时的社会机遇的话，那么能够拥有自己的服装品牌和 20 亿身价，则更多的是凭借他的思考与智慧。

他打算创立自己的品牌时，遇到了大多数创业者都头痛的资金问题。通过积极的思考他创立了中国第一个"虚拟经营"模式，创造了最受年轻人追捧的中国休闲服装品牌。这些创造让他成为中国服装界最具开拓精神和最有经济头脑的人物之一。

他的"虚拟经营"模式最初时备受争议。人们认为他在做一个"皮包公司"，然而他用成功证明了这种模式的正确性。

周成建在考察市场后发现国内的企业大多都在生产西装。在休闲服饰方面根本就没有品牌的概念，而且品质和款式都不好，大家只是在比谁的价格低。而国外的休闲服装品牌刚刚进入中国市场，并且没有本土化，价格和款式都与中国的国情不符。于是，他就想创立一个自己的品牌。但是几百万元的资金根本不够运作一个品牌，他初步算了一下，至少需要3亿元的资金保证。

怎么办？他不想放弃。在学习国外企业的成功经验时，他发现有的企业运用的是"借力打力"的运营模式。所谓借力打力就是集中社会上的资源为自己的公司运作出钱出力，然后实现大家共赢。

他开始在中国市场上寻求这样的机会。终于，他发现在广州、江苏等地有很多拥有一流生产线的企业，因为没有订单而陷入半停产状态。于是他就与这些企业协商，让他们生产标有美特斯邦威商标的服装。如今已经有250多家企业为美特斯邦威代加工成衣，年产能力达到2000万套以上。他就用这种方法解决了需要投资几亿元才能建立的生产线，而在销售上他又通过加盟的方式，在全国各地建立了1500多家专卖店。

品牌创建后，怎样推广品牌成了周成建面临的新问题。在还没有创立品牌的时候，周成建就显示出了非凡的推广智慧。他在做小作坊的时候就曾经掏出800元钱在当地媒体上打了个小广告，称"我给出成本价，你随便加点钱衣服就拿走"，此举在温州引起了很大的轰动。美特斯邦威创立后，推广变得更加迫切，他选择了当时国内不多见的明星代言，而且他还不惜花重金请来了郭富城，令美特斯邦威迅速在人们心中建立了"一线"品牌的形象，之后的周杰伦代言则是为了建立美特斯邦威的定位。周成建在品牌推广上的创新，让美特斯邦威成了年轻人追捧的对象，让美特斯邦威成了"不走寻常路"的个性宣言代表。

周成建没有和温州服装专业市场的其他商家一样，用苦苦的价格战获得财富，而是调动智慧的力量，选择了品牌创立之路。在遇到资金问题时，他也没有不顾自身的能力，负债投资，而是仔细观察市场，认真思考，最终找到了"四两拨千斤"的省力之法。

　　在创造财富的道路上，总会遇到这样或那样的选择和困难。面对这些问题的时候勇气和勤奋是必要的，但是如果只是一味地付出和拼搏，凭借一股蛮力，不是事倍功半就是功亏一篑。

　　周成建在激烈的市场竞争中脱颖而出，不在于他的威猛，而在于他的冷静思考和智慧，善于用脑子去发现市场的空白，善于运用和调动外在的资源和力量。

　　人类之所以能够成为地球上最强大的生物，不是因为人类的力气比大象、老虎大，而是因为头脑比它们聪明，比它们更懂得运用智慧的力量。

　　李彦宏的合作伙伴在谈及对他的印象时，不约而同地都说了"睿智"二字。在李彦宏准备回国创立搜索引擎的时候，美国已经崛起了一批引擎，竞争压力已经很大。他并没有退缩，也没有一味地与强者碰撞，而是选择了定位于中文搜索引擎。但是，创业并非是一帆风顺的。当时世界上所有使用"人气质量定律"的搜索引擎公司经营得并不怎么样，不是遭人收购，就是推迟上市。

　　面对困境，李彦宏开始思考"百度"的未来之路，他发现了企业告知市场的需要，制定了"自信心定律推出竞价排名"，谁对自己的网站有信心，为这个排名付钱，谁就排在前面。他开创了互联网的收费模式，将"百度"的目标群体瞄准了数十万的中小企业网站。不久，"百度"也因此摆脱了严峻的市场竞争环境的限制，获得了迅速发展。李彦宏带领"百度"绕道而行，获得了阶段性的成功。

竞争来临的时候，愚者横冲直撞，智者靠智慧取胜，或者绕道而行，这是实力弱小者与实力雄厚者对抗获胜的秘诀。不过，实力雄厚者面对实力弱小者，同样需要智慧。因为一艘大船与很多小船碰撞后也有可能形成一个一个的小洞，危及大船的稳固。

用蛮力做事，富人也可能变成穷人；用脑子做事，穷人也会成为富人。

在奋斗过程中，是用脑子还是用蛮力，决定了这个人能否成功。在做任何事情的时候，我们都应该调动大脑的力量，充分发挥聪明才智，以便获得成功。具体操作如下：

（1）为每一个问题找到最佳解决方案。奋勇拼搏不等于莽撞，相信任何一个问题都有一个最佳的解决办法。

（2）遇事不要恐慌、暴躁，不要急于出手，而要冷静思考，注意观察分析。

（3）当不知道怎么办的时候就暂停脚步。

（4）平时要注意积累，任何智慧都不是一天成就的，而是在经历漫长的观察、分析、思考后，逐渐萌发的。如果平时不注意积累，幻想着某天只要动脑就有办法，那么注定在你遇到问题的时候，要么选择放弃，要么不得不使用蛮力。

穷人想改变生活，富人想改变命运

两个穷困潦倒的人领到了 100 元救济金，都非常开心。

一个人用 100 元批发了一堆袜子，拿出去卖，第一天获得了 100 元的利润。他留了 50 元买米买面，其他的钱又拿出去做生意，慢慢地富裕了起来。

另一个人则马上跑到超市去买油、买米、买菜，饱餐了好几顿。钱很快就用完了，他又恢复到一贫如洗的生活。

这便是穷人和富人对待财富的态度。穷人获得钱财，只是想改变当下的生活；富人则看得更远，他们想改变的是命运。

穷人总是不懂富人的追求，他们总是心存疑惑：富人们挣那么多钱是为了什么呢？这些钱给我一辈子都花不完，要是我就拿着钱出去旅游，吃好的、喝好的，每天睡到日上三竿。

何必忙忙碌碌的？一不小心还有可能投资失败，赔个精光。

富人则有自己的想法，最初的时候他们可能是因为生活的贫困而被迫创业。后来，他们会有更大的目标，因为他们发现了人生的价值。

　　新东方让许多人认识了俞敏洪，他博闻强识、娴于辞令、幽默儒雅的儒商气质让许多的年轻人都对他崇拜有加。现在他站在演讲台上以一个成功者的身份谈论着他的奋斗史，看似辉煌，其实一路艰辛。

　　农村的孩子俞敏洪在这条改变命运的人生道路上有好多次险些成为为"改变生活"而奋斗的穷人。1989年，经过了三次高考才考上北大，在北大任教四年的俞敏洪终于分得了一套10平方米的房子，这让他非常兴奋，他开始安于这样的生活。但是，一个渴望改变命运的人总是无法克制追求的冲动。一个个同窗好友跨越太平洋去了彼岸，这令他开始重新审视自己的生活。他想要过一种不被他人和社会控制的生活，他要奋斗，他决定留学。

　　于是，他开始为出国积极准备，然而出国留学不是成绩好就行，还需要一定的资金支持，而他没有，他必须面对承担学费和生活费的现实问题。这时，如果换了别人可能会选择放弃，安心在北大好好教书，为副教授或者教授的职称努力。毕竟评上职称要现实得多，能够更快地改善生活。但是，俞敏洪没有放弃，为筹集留学资金，他在校外办起了托福班。

　　然而在当时教师在外办班还不曾被人理解，不久，北大以俞敏洪在校外用北大名义办培训班为由对他进行了处分。这个消息传遍了北大的角角落落，让俞敏洪颜面扫地，离开成了他当时唯一的选择。

离开北大后的俞敏洪开始专心致力于培训班，他开始了由一个老师到一个经理人的转变，打磨自己，甩掉了"眼睛向下，鼻子朝上"的北大姿态。他开始学习怎样推销自己和培训班，还学会了和各类人打交道。

在经历了种种磨难后，俞敏洪终于取得大家的认同，新东方成了中国民办教育的典范。这时候，俞敏洪已不再缺钱了，他的生活早就风生水起了，他本可以选择功成身退，过上他所期望的自由自在、四处游历的惬意生活，但是他却选择了让公司上市。他解释说，他希望用严格的美国上市公司管理规则来规范内部，以制度说话，避免出现人情和利益纠葛，从而实现自身的救赎，让企业顺利发展。

问及之后的路，他说："我希望办一所真正的私立大学，完全是非营利的，由我出资建立基金会，由基金会的人来运作，大半学生是来自农村有发展潜力却又贫穷的孩子。我希望通过运作基金所获得的回报和学生自己的勤工俭学来让他们完成学业，这所学校已经在筹备中。"

但是，要把这样的学校办下去需要充足的资金，他曾经半开玩笑地对媒体说："我的钱还不够支撑这所学校的开支。"同时他又严肃地说："从新东方目前上市运作的情况来看，只要新东方不失败，未来做私立大学的钱可能还是够的。"

回忆自己走过的路，他说："如果我当年落榜、留学失败、被北大处罚后接受大家的劝说，安静地过日子，现在我可能是个农民，可能是个外语系副教授，我可能和很多人一样过着单位、社会为我们设计的被动生活。"

而如今，他成功地改变了自己的命运，拥有了决定自己人生走向的能力。

如果当年落榜，他选择做个农民，他可以不用经历三次看不见未来的高考的痛苦，他可以通过种地获得足够温饱的粮食，而不是到大学依然靠学校每月22元的资助过日子；如果他选择安逸，他就不会开培训班，他可以在北大享受悠闲的大学教师生活，当上副教授，衣食无忧；如果他不从北大离职，随着时间的流逝，大家会淡忘对他的处分，他依然是一名令人羡慕的北大教师，然后成为教授。

但是，俞敏洪没有把目标仅仅定在改善生活上，他要改变自己的命运，最终，他成为一名富人。

穷人们以追求改变生活为出发点，眼光狭隘，只停留在为看得见摸得着的各种职业培训、学历证书而努力，信仰书本，不关心周遭人的行为和周围世界的改变。

富人们以改变命运为出发点，努力从情商、智商等方面综合地提升自己，他们善于从周围的现实世界里获得感悟。

希腊船王亚里士多德·苏格拉底·奥纳西斯创立的

企业成为百年企业，被世人瞩目。然而，多灾多难的他虽然在年少时期受到了良好的小学和初中教育，但是16岁时就因战乱辍学了。

他之所以成功，除了他不放弃的勇气外，还有他从小具备的经商能力。他的父母是经营烟草生意的商人，经常与一些船运老板洽谈有关运输方面的事宜。这时候，奥纳西斯总是饶有兴趣地站在一旁，仔细认真地观察对方的言行举止。他从小就接触并掌握了烟草行业的许多术语，还对船运知识有了一定的了解，而且熟悉了商场上的很多规则和交往法则。他经常效仿那些沉稳而又精明的商人的言行，并期待自己也朝着这一方面发展。

对父母与其他商人的观察，让他能够在之后与其他商人的接洽中游刃有余；对烟草的了解，让他在1929年经营烟草，成为百万富翁，积累了资本；对航运的了解，让他能够在1931年经济一片萧条的时候，有勇气用12万美元买下6艘船，开始了他的运输事业；沉稳的性格让他在经历商海沉浮时镇定自若，最终拥有世界上最大的私人商船队，他的名字也成了希腊船运的代名词。

穷人为改变生活而努力，时常为既得利益打乱人生规划，不管是学习规划还是事业规划。穷人永远只能追赶生活，被生活牵引着做一些事情。

富人为改变命运而努力，目光长远，有步骤地经营自己，把一生作为一个整体，步步为营，踏踏实实地学习。

穷人要想成为富人，在行动上应该注意以下几点：

（1）面临生活的困境，不要把目标限制在改善生活层面，要把目标定得更高远些。"取法乎上，仅得其中；取法乎中，仅得其下。"

（2）在平静的生活中，不要让生活和工作消磨掉了进取的意志。

（3）要敢于放弃眼前的利益，只有敢于放弃，才有机会为自己的高目标拼搏，才有机会成功。

（4）整体规划自己的人生，拥有一份属于自己的事业。开始和中途时有可能没有回报，甚至是亏本，但是真正把事业做大做强后，获得的回报会更大。

（5）在为目标和事业拼搏的过程中，要敢于不断地开拓、创新，这样才能越走越远，越攀越高。

穷人跟自己妥协，富人跟自己较劲

一位犯罪分子被判处极刑，临刑前他痛哭流涕，后悔不迭，说："都是我自己害了自己！"

这让人不由得想起这样一句广为流传的话："人最大的敌人是自己。"

在生活中，我们每个人都想成为强者，但我们必须和"自己"这个最大的敌人不断较量，才能最终品尝成功的快乐。体育运动员要艰苦地训练，战胜自己的惰性，在赛场上还要调整自己的心态，战胜自己的紧张，这样才能赢得胜利。同样，我们在创造财富的竞争中，要战胜自己的弱点，战胜自己的不良情绪，不断地超越自我，才能拥抱财富，拥抱未来。一个能够不断超越自我的人，才能够成为最伟大的强者。

在现实生活中，很多人虽然雄心勃勃，常常把战胜自己挂在嘴边，但是他们在行动上却总是打折扣，跟自己妥协。他们制订的计划常常落空，他们想创业却被自己的负面情绪吓倒，他们一失败就被心理阴影罩住再也走不出来。最终，他们只能躺在穷人安逸的温床上或者倒在失败的泥潭里，再也站不起来了。

小王是农村出身的大学生，家境贫穷，长相也不出众，他一直都很自卑。在上大学时，他只知道学习，不愿在班上或学校的活动中露面。

可是，他心中却一直渴望出众，渴望被人认同。于是，大二时他鼓足了勇气，自己创业。他通过了解，找到了市里的一家批发市场，批发了一些小贺卡，打算在圣诞节时向同学们推销贺卡，这些他谁也没有告诉。一切都准备就绪，可是到了圣诞那天他却对着自己进的那100元的货发起了呆。他想象着自己在校园摆摊的情景，当众被人围观的感觉，还有好多熟人，他实在没有勇气走出这一步。班里同学会不会笑他穷得摆地摊了？他的犹豫和胆怯最终让他错过了圣诞节的机会，那些贺卡一张都没有卖出去。这次失败在他心里留下了阴影，他一直认为自己软弱，甚至一直逃避社交。

大学毕业时，同学们都在各处奔波，而他却一直拖着。直到毕业后几个月，他才找到了一份普通的工作。他找工作也只找那种和人接触少的、竞争压力小的工作。他心里一直想再创业，可又始终觉得自己肯定失败。他就这样一直活在自己的空虚和感叹中。

其实，小王也是渴望创造财富、被人肯定的。按道理，他出身贫寒，应该更有动力，并且他也不乏潜质，可他为什么跳不出自卑的心理怪圈呢？为什么没有了创业的勇气，甚至没有挑战好工作的胆量呢？归根结底，是他自己把自己打败了，自己跟自己的软弱妥协了。

向自己妥协，必将被自己打败；跟自己较量，才能转变命运的劣势，成为掌握自己命运的强者。一个能成为富人的人，绝不会屈服于命运，绝不会妥协于自己。

张雪萍小时候由于一场高烧，得了小儿麻痹症。为此，小小年纪，她就不得不拄拐杖。

她一直想摆脱拄拐杖的命运，在小学的一次篝火晚会上，她甚至把双拐扔进了火里。回家时没有拐杖，她就扶着沿街的围墙一点点地挪。到了没什么可扶的地方，她就拖着双腿爬过去。从此以后，她再没有拄过拐杖。别人上学走十几分钟的路，她要"走"一个多小时。由于她的腿得到了锻炼，为以后的行走创造了条件。后来，在父母的支持下，她到医院做了骨骼整形手术，在医院一待就是4年。做的手术多得记不清了，受的苦也一言难尽，但张雪萍一直不放弃，最终，她真正走起来了。虽然每走一步都非常艰难，每迈一步都感觉浑身疼痛。

张雪萍就是一个不断和自己较量的人。在创富的路上，她更是如此。

张雪萍的父亲是一位有名的裁缝，受父亲熏陶，她从小就会摆弄针线。1980年，高中毕业后，听说有家服装厂招工，张雪萍虽然很会做针线，但是想想自己是残疾人，便犹豫了。一家追逐利益的企业，怎么会让她这种残疾人去做事呢？周围的人会不会歧视她？她心底的茧似乎要包裹住她时，她毅然握紧了拳头，前去报了名。服装厂的考试是缝纽扣，张雪萍做得很认真很卖力，得了第一名，顺利进了服装厂。她知道，别人能，自己就能，战胜自己就能赢得机会。

第一天缝纽扣，她比老工人都干得快。但由于行动不便，她只能请别人帮她把衣服抱来给她缝，缝好后再请人抱走。一天干下来，有的工人就开始有怨言了："同样是缝纽扣，我为什么要给她抱衣服呀？"厂里只好把她辞了。

虽然技术好，也很努力，但因为是残疾人，丢掉了工作。张雪萍很伤心，她心底的阴影开始蔓延。她甚至有点自闭，不敢面对这个社会和那些健全的人。

不过，她并没有因此一蹶不振，她终究是个要强的人。她想，既然能进工厂工作，说明我是有才华的，工厂解雇我，不是我的错，而是他们的错。如果我自己再悲观，那岂不是要自己解雇自己吗？人最怕的是自己解雇自己。想到这里，她振作了起来。

她开始帮做裁缝的父亲卖布，有的时候父亲进的布不好卖，张雪萍就拿回去裁裁剪剪，给自己做一件衣服。没想到，她一穿到店里，便有很多顾客围过来，问她衣服是在哪儿买的，她说是用店里的布自己做的。顾客纷纷买下她的布，请她照着那个样子做，积压的布很快就卖了出去。她这时发现，原来自己还很有设计衣服的天赋。于是，再遇到卖不动的布，她就花心思给自己做一身漂亮衣服，结果积压的布就这样都被卖了出去。

卖布卖了 10 年，与自己较量了 10 年，她对自己越来越有信心了，她的心也越来越高。她在 1996 年注册了自己的公司——圣梓龙实业有限公司，开了个服装厂，生产销售自己设计的衣服。

经营公司的历程是艰难的。她是残疾人，有很多不便，比如进货要出门在外，由于不方便，每次出差在外都不敢吃也不敢喝，怕大小便不好解决。她和丈夫到杭州进货，也舍不得花几十块钱找个旅馆暖和一下，就相拥着，在车站等天亮。张雪萍每次出差一两天，回来就像大病了一场，得等几天才能恢复精力。

虽然艰难，但是她从没有放弃。她在跟命运抗争，更是在和自己较劲。她努力提高自己的服装设计水准，用心设计服装的式样，因而生意越做越好。"非典"的时候，商场冷清，她的生意也大幅缩水。衣服卖不掉，资金收不回。可商场的租金要交，工人的工资要付，她开始考虑多种经营。她关了商场的专柜，开始做团体服装，并涉足珠宝业和医疗器械。经过多年的发展，各项工作都做得有声有色。现在，她不仅自己闯出一片天地，还吸收了 30 多个残疾人在她的企业工作。

张雪萍用实际行动告诉我们，她虽然肢体残疾，虽然有时也会低落，但她始终没有向自己妥协，她努力与自己斗争，最终战胜了自己，改变了命运。

所以，要做一个具备开拓精神的人，就不要再自怨自艾，不要再向自己妥协了。只有跟自己较量，才能拥有强大的自我，才能披荆斩棘，走向成功。

穷人依惯性思考，富人常保持好奇心

苏轼有一句非常著名的诗："横看成岭侧成峰，远近高低各不同。"意思是说，同一座山，从不同的角度，却能看出"岭"和"峰"之别，看出远近高低的不同。

这其实也正是我们在追求财富的过程中所应具备的思维方式的写照。思考方式不同，做事方式可能就会大相径庭，赚取的财富就会存在着天壤之别。不少人总是喜欢惯性思考，具体表现为安分守己，故步自封，缺乏进取心和开拓精神，总是重复地在做一件事，结果被惯性的"紧箍咒"套住了脑袋，他们最终难以摆脱贫穷。

而另外一些人不喜欢墨守成规，总是保持着孩子一样的好奇心。在好奇心的诱导下，他们表现得更有胆识，更有开拓精神，更有创新精神，更富有进取心。

江南春是学文学出身的，他在大学时代还出过一本诗集《抒情时代》。但是，这位颇具文才的诗人，并没有依惯性安静地在象牙塔里吟诗作赋。在成功竞选担任学生会主席后不久，一家广告公司到学校招聘兼职广告业务员，江南春果断地决定前去应聘。他的第一个客户是汇联商厦，他要做的是影视广告策划。江南春很刻苦，他连夜写了剧本，随后客户痛快地投入了十几万元拍广告。第一笔打工收入有 1500 元之多，这使江南春改变了想法，他把学生会的工作放下，开始全身心做广告，沿着淮海路"扫"商厦，这为江南春以后的发展提供了丰富的经验。

1994 年，颇具开拓精神的江南春兴起了自己创业的念头。他成立了永怡广告公司，自任总经理，带着几个合作伙伴一起创业。江南春特别努力，为了争取到与客户短短 15 分钟的见面机会，他可以等候七八个小时。大学还没毕业，江南春就已经成为大学生中少有的百万富翁了。

然而，在广告代理业辛苦打拼七八年后的江南春，却痛苦地意识到一点：在广告产业的价值链中，广告代理公司处于最下游，最为脆弱，付出最多的劳动，收入却是最少的。江南春倍感迷茫，这么大的问题摆在了眼前，该如何去解决呢？他连续几天在上海汉源书屋思索，他想："为什么非要一直在广告代理的战术层面上反复纠缠，不跳到产业的战略层面上去做一些事情呢？就像坐公共汽车一样，与其跳上挤满人的巴士，你争我抢，费尽周折获得一点狭窄的立足之地，还不如寻找无人的巴士。"

他决定寻找新的天地，他看到商业楼里经常是一片空白，很多上班下班的人在等电梯的时候经常无聊得发呆。这立刻触动了他的好奇心。他想，为什么这里不能放台电视播放节目给大家看，然后兼做广告呢？普通人想不到或者不敢想，江南春却坚定地去执行了。他把目光锁定到商业楼宇液晶电视联播网。这是一个巨大的空白市场，而且锁定的正是月收入3000元以上的"三高"（高收入、高学历、高消费）人群，在每天至少4次等候电梯的短暂时间中，几乎强制性地观看广告，而成本只有传统电视广告的十分之一。

几个月后，江南春成立了分众传媒，开始了跑马圈楼。一开始江南春还只想在自有资金基础上滚动式开发，但是，绝妙的创意、优异的业绩和广阔的前景已经让投资商垂涎，很多人都主动找上门来。2003年5月，著名风险投资基金软银也为他提供了资金。此后，维众等风险投资也闻风而来。

在投资商的支持下，分众传媒的扩张大大加速，没多久就扩张到了全国各大城市。2003年分众传媒的收入是6000万元，2007年达到了2.4亿元。

上市以后，分众有了更多资金的支持，江南春又一次在商业模式方面实现了创新。他把业务扩张到了写字楼外，建立了大卖场联播网、高尔夫球场联播网、机场联播网、高档美容场所联播网等。

江南春成功地打入了纳斯达克，开创了中国分众传播新时代。他年仅33岁就拥有了6.9亿美元的身价，跻身胡润富豪排行榜前 30 名，超过了数字英雄张朝阳……

　　从萌生一个创意，到建成一个商业帝国；从找到一种模式，到公司市值 200 亿元，个人财富 30 亿元——这一切，江南春只用了 3 年。3 年 30 亿元，意味着每天都进账 300 万元。江南春大胆抓住了人们在等待电梯或飞机的无聊时间，进而演绎出成长迅速、潜力巨大的"无聊经济"。他的成功就在于他不甘现状，充满好奇心，敢于去探索新的东西。

　　"在创意面前，生意是不平等的""想象力创造利润"，这就是江南春对自己财富之路的总结。

　　创意就是财富，拥有好奇心将会驱动你的财富发动机。

　　你小时候肯定用过带橡皮头的铅笔吧，你知道这个是美国一位潦倒的画家李浦曼，在用铅笔画画时找不到橡皮擦之后萌生的创意吗？你知道这为他带来了 55 万美元的创意转让费吗？诸如此类的例子举不胜举。无论是分众传媒的创意，还是这个带橡皮的铅笔的创意，它们都能带来巨大的财富。如果你渴求打开财富大门，那么你就要常常保持好奇心，这将让你的财富获得持久的生命。为此，以下建议可供你参考：

　　（1）经常有意地观察周围的事物，留心它们的细节，多问几个为什么：为什么这个东西是这种形态的呢？为什么那个东西是那样运转的呢？它们的存在和运转是否就是合理的呢？

　　（2）不要忽视你生活中遇到的麻烦，这可能就是你打开财富大门的机会。遇到了麻烦，首先要思考：这是不是很多人都会遇到的麻烦呢？如果是，那证明它有市场。那么，接着思考：有什么好的方法可以简便地解决这个问题呢？

（3）当你做完一项工作时，仔细回想刚才所做的一切：是不是一切都无可挑剔呢？是不是有多余的步骤呢？是不是有可以简化的步骤呢？是不是这项工作可以直接用别的方法或手段取代呢？

（4）随身携带一个小本子，把这些奇思妙想记下来。过后再慢慢揣摩，分析它们是否可行。看似不好的点子也不要立即扔掉，暂且放一边，或许一点改变就能够触发出神奇的效果。

（5）一旦产生一个令自己和周围人非常看重的商业创意，就应该立即付诸实践。

（6）不要守着既有成绩自我欣赏，要不断地保持好奇心，不断地开拓新的境界，才能不断地赚取更多的财富，发掘出自身更多的潜在价值。

穷人只想碰运气，富人靠自己积累

在谈论别人的成功和富有时，有些人常常把一句话挂在嘴边："人家的运气好，咱没那个命。"在他们的观念中，似乎运气是决定一切的。

不光是在谈论时，他们在做事的时候，也抱定运气决定一切的观念。他们把自己的前途都押在了碰运气上，而不是脚踏实地地去积累财富。

有时运气固然重要，但运气充其量只是助推器，而不是发动机。如果一天到晚只幻想走大运，不愿意脚踏实地一步步地去拼搏和积累，那么自己的财富之梦只能是镜中花、水中月。

朱先生原本在一家工厂做普通工人，干了几年，有了点积蓄。他看到别人做生意发财了，也按捺不住了。几个月后，他决定辞掉工作，拿自己的钱去做生意。可是做什么呢？很多行业他都想过，但是他感觉来钱都太慢了，他觉得赚钱主要还是靠运气。于是，他到处搜集信息，妄想能投机倒把，赚上一笔。

他通过朋友得知，桂林市出现了"抢购板蓝根风"，药价已哄抬到每包 20 元—50 元。听到这个信息后，他马上决定倒卖板蓝根发财。第二天，他通过在某药厂工作的亲戚，以每包 15 元的高价，买了每件 60 包装的板蓝根 5 件。当天晚上，他算了一下账，如以每包 50 元售出，可净赚 10000 余元，他激动得一夜未眠。

可是，第二天上午，满以为可发一笔意外之财的他却从报纸上读到了市政府要严肃查处哄抬板蓝根价格坑害消费者行为的报道。结果，朱先生再也不敢高价出售自己高价买来的板蓝根。抢购板蓝根的风波平息了，朱先生的发财梦也破灭了。

朱先生本可以用自己的积蓄开个店或者做别的创业项目，一步步去获取成功，可是他等不及，妄想一下赚很多钱，本为碰运气，却摊上了霉气。

我们不能否定运气的作用，但也不能把自己的梦想都寄托在碰运气上。运气有很大的不确定性，能碰上运气的人少之又少，一心要碰运气，往往会翻船。

一个人要发财，还是要靠自己拼搏，靠自己积累。应该把自己的主要精力放在如何提高自己的能力、如何规划和完善自己的事业上。

一个能成为富人的人，必定是个求真务实的实干家。万丈高楼平地起，发展再快的大富翁，财富也是靠自己的努力一步步积累起来的。

"做了就要一步一个脚印，专注是成功的前提。"这就是娅茜国际内衣连锁集团董事长黄栩潇的感慨，他自己的事业正是这句话的完美体现。

随着娅茜国际内衣连锁集团的发展，公司董事长黄栩潇已跻身亿万富翁的行列。从两手空空到家财亿万，他的财富是如何积累起来的呢？

1993年，黄栩潇打算创业，他为自己选定了一个方向：做内衣。

黄栩潇创业之初是非常困难的，他只有租来的3间民房和10台家用缝纫机。刚开始生产内衣时，由于真正懂内衣的技术人员一个也没有，设备也简陋，运转相当困难。但他认准了这个目标，无论遇到什么困难，他都没有动摇。他经常骑着一辆摩托车不辞辛苦地在金华周边跑市场，带着自己的小作坊生产的内衣在杭州、义乌、衢州等商业繁华的地区一家家上门寻找代销商。在他的努力下，事业有了起色，积累了一些资本。

黄栩潇并没有小富即安，一年后，他扩大再生产，租了600平方米的厂房，购买了几十台工业缝纫机，实现了规模生产的愿望。当上了老板也并不轻松，他既担任内衣设计师，还得担任技术员，还要兼维修工。他自己修不了，就背上30多千克重的机器前往内衣业发达的广东维修。为了省点钱，他就在车厢过道上站几十个小时，实在熬不住就钻到座位下打个盹儿。为了宣传自己的产品，他决定去广交会。但是进广交会要交一笔摊位费，他舍不得这笔费用，就站在门口发公司产品的宣传资料。通过宣传，产品的市场影响扩大了一些，公司又有了一定的发展。

黄栩潇之后去了欧洲考察，第一次去欧洲，他可真算是大开眼界。欧洲人设计的内衣简直美妙绝伦。他深深知道，他生产的内衣和国际一流水准还差得很远。差距是很大，但他下决心要做得更好！从欧洲回来，他开始大力提高产品品质，用质量说话。同时，企业也开始引入新的营销模式，开始向国外发展。1997 年，黄栩潇接到了第一张外贸订单，公司的产品轻松进入欧洲市场。接着他又开辟了美国、加拿大、俄罗斯、韩国、澳大利亚等国家的市场。外商不断来公司洽谈合作，公司的品牌终于在国外打响了，黄栩潇的口袋里也开始装起了"洋钱"。

随着企业规模的不断扩大，黄栩潇深知自己作为掌门人，没有文化和眼界是不行的。于是，他开始加紧学习，他先后参加各类企业经理培训班、领导艺术与沟通管理讲座、营销战略讲座等大大小小的培训班数十个。他经常是只要有讲座、有培训班，不管多忙，都要挤时间去听。他先是取得了大专文凭，后来又陆续拿到健峰高级经营管理师证书、清华大学 EMBA 研修班证书。他努力跟上时代的步伐，脚踏实地去创业。

黄栩潇确实跟上了时代的步伐，产品进入了国际市场后，局势变幻莫测，黄栩潇深深意识到创新对于一个企业的意义。要想做大做强，就必须大胆创新。于是，他果断地在产品款式和公司管理以及市场营销上进行创新。公司的创新成果颇丰，最具代表性的有：在行业内独创"娅茜1＋1营销"模式；投入巨额资金，成功签约香港著名艺人温碧霞代言，成为国内文胸行业首家请明星代言的企业……正是这不断的创新让娅茜的知名度不断提升。年销售额也在逐年迅猛增长，2003年完成销售额8100万元，2004年销售收入首次超亿元，2006年完成销售额1.6亿元。靠自己的努力，黄桐潇最终积累起了巨额财富。

财富不会从天而降，与其幻想靠"天"吃饭，看"天"的脸色，不如自己沉下心踏踏实实从头开始，一步步积累各种资本和条件，专注于自己的事业，财富之梦终会实现。 需要指出的是，财富的积累往往不是匀速的，而是加速度的，积累的各种资本和条件越多，你赚到的财富也就越多，就像滚雪球一样。

要想实现自己的财富之梦，先要抛弃碰运气的投机心理。以下建议供你参考：

（1）当周围和社会上出现狂热的"靠运气赚钱"的现象时，一定要提醒自己冷静，分析这些做法是否违法，是不是不可靠的短期投机行为。 如果是，那就要不停地提醒自己不要盲目跟风。

（2）认真评估自己和自己拥有的资源、条件，选择一个最适合自己的项目，作为自己财富积累的立足点。

（3）不断地学习。 要获取更多的财富，先要丰富自己的大脑，改变自己不切实际的思维方式，积累自己的知识、技能、经验，提升自己的水平。

立足现实，一步步推进自己的事业。 当赚到钱时，要思考如何通过改进和创新，让自己的财富增长率提高，也就是如何去赚更多的钱。

虽然不能迷信运气，但是如果有机遇，也一定要该出手时就出手，果断地把握住机遇。 多数的机遇是要靠自己去发现、创造的。 能够不断地发现、创造机遇，才能将自己的未来牢牢地掌握在自己手里。

第六章

拼一把，让明天的你感谢今天的自己

永远领先一步

很多能够把对手"挑落马下"的人，其实并无任何绝招可言，只不过是在机遇面前比对手快了一点。

在激烈竞争的商场上，谁能在最短的时间内发挥出自己的优势，谁就可以"称王"。

现代企业的发展随着时代与社会的进步已经深深地打上了时间的烙印，能否有效利用时间逐渐成为衡量一个企业健康与否的重要尺度。在商业竞争中，时间就是效率，时间就是生命。

比尔·盖茨在长期的实践中，对这一点体会最深，正是凭借着这笔难得的财富，他才能总在公司的若干重大危急关头，采取果断措施，抢在他人前面。

"永远比对手快一步"是微软在多年的实战中总结出来的一句名言。这句名言在微软与金瑞德公司的一次争夺战中，表现得淋漓尽致。

金瑞德公司根据市场需求，经过潜心研制，推出了一套旨在为那些无法使用电子表格的客户提供帮助的"先驱"软件。这是一个巨大的市场空白，毫无疑问，如果金瑞德公司取得成功，那么微软不仅白白让出一块阵地，而且还有其他阵地被占领的危险。

面对这一情况，比尔·盖茨感到自己面临的形势十分严峻，为了击败对手，他迅速作出了反应。1983 年 9 月，微软秘密地安排了一次小型的会议，将公司最高决策层和软件专家都集中到西雅图的苏克宾馆，开了两天的"高层峰会"。

在这一次会议上，比尔·盖茨宣布会议的宗旨只有一个，那就是尽快地推出世界上最高速电子表格软件，以赶在金瑞德公司之前占据大部分市场份额。

微软的高级技术人员在明白了形势的严峻之后，纷纷主动请缨。

比尔·盖茨在经过反复的衡量之后，决定由年轻的工程师麦克尔挂帅，组建一个技术攻关小组，主持这套软件的研发。麦克尔与同仁们在技术研讨会议上透彻地分析与比较了"先驱"和"耗散计划"的优劣，议定了新的电子表格软件的规格以及应具备的特性。

为了使这次计划得到全面落实与执行，比尔·盖茨没有隐瞒设计这套电子表格软件的意图，从最后所确定的名字"卓越"中，谁都能够嗅出挑战者的气息。

作为这次开发项目的负责人，麦克尔深知自己肩上的担子有多重，对他而言，要实现比尔·盖茨所号召的

"永远比对手快一步"，首先意味着要超越自我，征服自我。

在各种各样的商战中，谁在时间上赢得主动，谁就能领先一步在行动中掌握取胜的主动权。

与强者合作

　　1980 年 8 月的一天，IBM 公司有人给比尔·盖茨打电话，说有两个人希望能够见见他，请他安排一个时间。比尔·盖茨以为不过是普通的生意洽谈，因为此前 IBM 公司曾与他商量过购买软件的事。而他这天刚好有个约会，便告诉来电话的人，说会晤是可以的，但只能定到下周。对方却没有理睬他的话，只是说这两个人是 IBM 公司的特使，两个小时后就将飞抵西雅图。

　　比尔·盖茨做梦也没有想到，大名鼎鼎的 IBM 公司的人会派特使主动来访。他马上意识到事情重大，就毫不犹豫地取消了原来的约会，打起精神去准备迎接 IBM 公司的特使。

　　IBM 公司，即全球国际商业机器公司，创建于 1911 年。20 世纪 20 年代，它是最大的时钟制造商，后来又因成功研制电动打字机而独霸市场。从 1951 年起，这家公司开始经营电脑。到 70 年代，它控制了美国 60% 的电脑市场与大部分欧洲市场。因这家公司数以千计的经营人员身着蓝色制服出没于世界各地，因而被人称为"蓝色巨人"。

到 1980 年，IBM 公司已有 34 万雇员，在电脑硬件制造方面可谓是独占鳌头，占据了 80% 以上的大型电脑市场，并且他们的软件也一向自行设计，不依赖微软公司之类的软件设计公司。这也是比尔·盖茨对 IBM 公司不抱有多大热情的原因。

那么，IBM 公司为什么派特使"下顾"微软这么一家小公司呢？原来，IBM 公司一向致力于发展大型电脑，对微型个人电脑根本不屑一顾。当微型电脑市场呈现蓬勃之势时，IBM 公司才意识到犯了一个大错误。为了迎头赶上，公司决策层打算收购发展潜力最佳的苹果公司。然而，此时的苹果公司势头正旺，并没有出售的打算。

于是，IBM 公司只得决定实行"象棋计划"，组成一个委员会，专门负责开发自己的个人电脑。委员会的成员详细研究了苹果公司及其他一些公司在这一领域领先一步的经验，得出了两个结论：一是鼓励和支持那些独立的软件开发公司，让它们大量开发软件；二是建立起一个公开的结构，带动一大批软件公司发展。委员会决定沿这个路子走，这等于改变了 IBM 公司过去一贯的"自力更生"的传统。为了给日后的宣传造势，这个委员会决定与其他公司秘密合作，以取得一鸣惊人的轰动性。

这个委员会发现微软公司在众多软件公司中尤为引人注目，该公司包括 BASIC3 在内的几个基本软件均已经在微型电脑领域成为标准，它的产品销售量每年都要翻一番，显示出了很强的发展前景。因此，该委员会决定同微软公司接触。

尽管比尔·盖茨对那个电话的确切含义还拿不准，但知道肯定是一件大事。为了稳妥起见，他找史蒂夫·鲍尔默一同来商量。鲍尔默也猜不透 IBM 公司的用意何在。但他也同样认为，对 IBM 特使的到来，应该认认真真地对待。

会晤的那天，他们穿得整整齐齐，这种情况在微软公司实在是并不常见。在这里，员工惯常的装束是圆领衫、休闲裤与耐克运动鞋。也许是没穿惯西装的缘故，比尔·盖茨的西装非常不合适，也没有派头。所以一开始，IBM 的特使萨姆斯和哈灵顿还以为比尔·盖茨仅仅是微软公司的办事员。

但是很快地，他们的想法改变了。他们认为比尔·盖茨是他们所见过的最了不起、最聪明的人。这就叫作"行家一伸手，便知有没有"。

鲍尔默也参与到了那天的会谈，在会谈之前，他们被要求先在 IBM 公司协议上签字。协议规定任何一方均不得泄露专利信息和同 IBM 合作的秘密，但可以自由地披露讨论中没有限制的内容。

为了保密，萨姆斯和哈灵顿并未透露 IBM 的"象棋计划"，仅仅是暗示 IBM 正在考虑某种项目，可能是和另一种电脑一样的插入式卡，并说这是一个十分紧急的任务。

萨姆斯掌握了许多关于微软公司的情报，但他没想到微软公司已经有了40名雇员和一间十分不错的办公室。他掌握的是微软公司几个月前的情况，他的确想不到这家小公司的发展会这么快。萨姆斯坚信微软公司能够成功地为 IBM 搞出软件来。但能否按 IBM 提出的日子交货，他还是有些担心。萨姆斯对安全问题尤其担心，在他看来，以比尔·盖茨一伙人的本事，很容易偷窃一两个 IBM 技术，为此，他要求比尔·盖茨必须降低这方面的危险。

　　萨姆斯和哈灵顿返回 IBM 时，对微软公司已有了初步的了解，他们确信这伙年轻人的确是能干大事的人。

　　比尔·盖茨对 IBM 公司的主动合作既惊讶又惊喜，这是美国电脑市场上最大的一家客户，一个小小的软件公司能够与它做成生意，真是一件了不得的事。再看 IBM，果然是与众不同，不论是经济实力、技术实力、管理水平还是市场形象，无一不显示出大家的风度。只不过，合作项目到底是什么，比尔·盖茨还是猜不透，因为 IBM 公司的特使没有说明。

　　1980 年 8 月 16 日，IBM 公司终于确定该合作项目为开发 8088 芯片。此前，IBM 公司还给微软公司送来 3 页正式的文件，上面详细说明了微软公司应履行有关保密责任的临时条款。

　　文件上称，对于 IBM 的机密消息，微软公司不得泄露给第三方，同时必须采取防止泄密的措施；IBM 可以在不预先通知微软公司的情况之下，随时检查微软公司履行保密责任的情况。另外，该协议还规定，IBM 不愿意接受微软公司方面的机密信息，因而也不负保密责任。

这个临时条款，使 IBM 立于不败之地。而微软公司却丧失了许多权利，稍有闪失，将付出很大的代价。

尽管比尔·盖茨知道这是一个"不平等的条约"，还是十分爽快地签了字。因为他知道，除非他不想与 IBM 公司做生意，否则就没有任何讨价还价的余地。

自从签订了这一"不平等条约"之后，微软开始渐露王者之气。之后，微软频频同 IBM、苹果等大公司合作。

和强者合作才是微软走向成功的捷径。

抢占先机

商机本身无先后，然而发现和利用商机的人却有先后。抢占先机之精要是商家睿智果断地先他人一步发现和利用商机，独占市场。

1996 年 10 月，洛阳一实业公司经理郭先生在北京开会，听说当时棉纱非常紧俏。郭先生是个行为果断的人，一回厂便决定建立棉纺厂。

可是，当时棉纺设备在市场上极为紧缺。经过调查，了解到某棉纺厂有个老工人可以牵线，联系购买到棉纺设备。郭先生除了亲自登门拜访这位老工人外，还从老工人的话中分析判断出设备在 Y 县水寨附近。第二天，便乘车直奔水寨，几经周折，终于看到了设备，证实了老工人所说的话。

郭先生回来后立刻又去找老工人研究购买一事，但对方却推诿说过几天再去。郭先生心知情况有变，有新的买主出现了，老工人正在待价而沽呢。他决定直接去同这批设备的拥有厂联系，他连夜找到原在 Y 县工作的老同学，在第二天凌晨 5 点乘车到水寨，两人和厂方展开谈判。郭先生怕夜长梦多，很快答应了对方的条件。到 6 点 30 分时，双方达成协议，以 10 万元成交，签订了合同，还当场交了定金。最后，郭先生又细心地用红纸将安放设备的屋子的门窗封好，才放心离开。

郭先生刚刚离去，又一个买主来了，他愿意出 15 万的大价钱。可是厂方已和郭先生签订了合同并收了定金，不好反悔。郭先生仅仅抢先了一步，就占得了先机，在这场购买设备的竞争中获得了胜利，他买来的棉纺设备很快为公司创造了一大笔利润。

商场如战场，时间就是金钱。抓住机遇、利用时间，先下手为强，对生意成败是很重要的。须知时不我待，转瞬即逝，没有时间观念，没有抢占先机的果断决策，即使机遇迎面走来，也会与你擦肩而过。

一个偶然的机会，罗先生在废旧汽车上发现了软车座的构造与沙发的造型极为相似。那时罗先生新婚不久，为了添购家具，他跑遍了全城也买不到一套沙发，正在发愁。这一偶然的发现触动了灵感，原来，沙发的原理就这么简单，不过是坐垫下支几个弹簧而已。买它干吗，为什么不自己做呢？

于是，他利用自己的钳工知识，制作了一套沙发自己用。沙发做好后，放在新房里，娇妻连连叫好，赶来贺喜的同事朋友们也一致赞许，要求罗先生帮忙。定做的人一批接一批，难以应付。于是，罗先生灵机一动，何不趁机办个家具厂，专门加工沙发呢？

罗先生说干就干，他找了要好的朋友，开办了第一个属于自己的工厂——家具加工厂。

家具加工厂一开业就相当顺利，因为看中了市场紧缺沙发之机，加工出来的沙发供不应求。1979年，家具加工厂如日中天，他还特地在中央电视台打出了家具广告。

只有先于别人看到商机，才能先人一步抢占先机。

精心准备

俗话说："磨刀不误砍柴工。"在成功的道路上也同样如此，要想抓住成功的机遇，就要做好精心的准备。

莱斯·布朗与他的双胞胎兄弟出生在迈阿密一个非常贫困的社区，出生后不久就由帮厨女工梅米·布朗所收养了。

由于莱斯非常好动，又含含糊糊地说个不停，因而他小学就被安排进一个专门为学习有障碍的学生开设的特教班，直到高中毕业。毕业之后，他成了迈阿密市滩的一名城市环卫工人，但他却一直梦想成为一名电台音乐节目的主持人。

每天晚上，他都要把他的晶体管收音机抱到床上，听本地电台的音乐节目主持人讨论摇滚乐。就在他那间狭小的、铺着已经破损的地板革的房间内，他创建了一个假想的电台——用一把梳子当麦克风，他念经一般喋喋不休地练习用行话向他的"影子"听众介绍各种唱片。

透过薄薄的墙壁，他母亲及兄弟都能听到他的声音，就会对他大吼大叫，让他别再耍嘴皮子而去睡觉。然而，莱斯根本就不理睬他们，他已经完全沉醉在自己的世界里，努力想要实现他的梦想。

一天，莱斯利用在市区割草的午休时间，勇敢地来到了当地电台。他走进经理办公室，说他想成为一名流行音乐节目的主持人。

经理打量着眼前这位头戴草帽、衣衫不整的年轻人，然后漫不经心地问道："你有广播方面的背景吗？"

莱斯答道："我没有，先生。"

"那么，孩子，我们这儿可能没有适合你的工作。"

于是，莱斯非常有礼貌地向他道了谢，然后转身离去了，经理以为再也不会见到这个年轻人了。然而，他却低估了莱斯·布朗对自己理想的投入程度。要知道，莱斯还有比成为一名音乐节目主持人更高的目标——他要为他所深爱的养母买一幢更好的房子。电台音乐节目主持人的工作仅仅是他迈向这个目标的一步而已。

梅米·布朗曾经教莱斯要去努力追寻自己的梦想。因此，莱斯觉得无论电台经理怎么说，他都一定会到这家电台找一份工作。

于是，莱斯连续一周天天都到这家电台去，询问是否有空缺的职位。最后，电台经理终于让步了，决定雇他跑跑腿，但没有薪水。刚开始的时候，莱斯的工作是为那些不可以离开播音室的主持人们取咖啡，或者是去买午餐和晚餐。

正是莱斯对工作的积极热情，使他终于赢得了音乐节目主持人的信任，他们让他开着他们的凯迪拉克去接电台邀请来的一些名人，像诱惑合唱团、黛安娜·罗斯，还有至高无上乐队，等等。他们不知道年轻的莱斯竟然没有汽车驾驶执照。

在电台里，无论人们让莱斯做什么，莱斯都会去做——有时候甚至做得更多。整日与主持人们待在一起，他便自学他们的手在控制面板上的动作。他总是尽量待在控制室里，潜心地学习，直到他们让他离开。晚上回到自己的卧室，他就认真投入到练习当中，为他确信一定会到来的机遇做好准备。

一个星期六的下午，莱斯还待在电台里，有一位叫罗克的主持人一边播着音，一边喝着酒。而此时，整个大楼里除了他就只有莱斯一个人了。莱斯意识到：照这样下去，罗克一定会喝出问题的。莱斯密切注意着，在罗克的演播室窗前来来回回地踱着步子，还不停地自言自语道："喝吧，罗克，喝啊！"

莱斯跃跃欲试，而且他早就为此做好了准备！如果此时罗克让他去买酒的话，他会冲到街上去给他买更多的酒。正在这时，电话铃响了，莱斯立刻冲过去，拿起了听筒。果不出莱斯所料，正是电台经理打来的。

"莱斯，我是克莱恩先生。"

"嗯，我知道。"莱斯答道。

"莱斯，我看罗克是不能把他的节目坚持到底了。"

"是的，先生。"

"你能打电话通知其他主持人，看他们谁方便过来接替罗克吗?"

"好的,先生,我一定会办好的。"

但是,莱斯一挂断电话,就自言自语道:"马上,他就会认为我一定是疯了!"

莱斯确实打了电话,但却并不是打给其他主持人。他先打电话给他妈妈,然后是他女朋友。

"你们快到外面的前廊去,打开收音机,因为我就要开始播音了!"他说。

等了大约15分钟之后,他给经理打了个电话。"克莱恩先生,我一个主持人也找不到。"他说。

"小伙子,你会操作演播室里的控制键吗?"克莱恩先生问道。

"我会,先生。"他回答道。

莱斯箭一般地冲进演播室,轻轻地把罗克移到一边,坐到了录音转播台前。他准备好了,并早就渴望这个机会来临。他轻轻打开麦克风开关,说:"注意了!我是莱斯·布朗,人称'唱片播放大叔',可以说是前无古人,后无来者,因此我是举世无双、天下唯一。我年纪轻轻,喜欢与大家在一起倾听音乐,品味生活。我的能力是经过鉴定的,绝对的真实可靠,一定能够带给你们一档丰富多彩的节目,让你们满意。注意了,宝贝,我就是你们最喜爱的人!"

正因为有了精心准备,莱斯才能如此从容。他赢得了听众和总经理的心。从那个改变一生的机遇起,莱斯开始了在广播、政治、演讲和电视等方面不断获取成功的职业生涯。

一切都要靠自己

在你去实现人生梦想的时候，会经常遇到这样或那样的问题，而问题的出现会同时把你推到选择的时点上。如果你抓住了这一机遇，并且作出了正确的选择，你的潜能就会得到更好的开发，从而登上成功的顶峰。

有句话说得好，"自己的水要自己去挑，自己的柴要自己去砍"。同样的道理，你的潜能也有待自己去开发。潜能激励专家魏特利曾经说过这样一句话：在开发潜能时，没有人会带你去钓鱼。

魏特利在年少时，便学会了自立自强。二战时，他父亲身在国外，当时他只有9岁。在圣地亚哥他家附近，有一个陆军炮兵团，驻扎的士兵与他成了好友。他们会送魏特利一些军中纪念品，像陆军伪装钢盔、枪带及军用水壶，魏特利则用糖果、杂志或邀请他们来家中吃便饭作为回赠。

魏特利家境并不怎么富裕，无法供应丰盛的食物，但也衣食无缺。他们从未饿着肚子上床，他母亲总能让仅有的几件衣裳洁净如新。

魏特利永远难以忘记那一天，自那一天之后，他明白这样一个道理：在开发潜能时，没有人会带你去钓鱼。他回忆道：

"那天，我的一位士兵朋友对我说：'星期天早上5点，我带你到船上去钓鱼。'我兴奋不已，高兴地回答：'哇哈！我好想去。我甚至从未靠近过一艘船，我总是在桥上、防波堤上或岩石上垂钓。眼看着一艘艘船开往海中，真让人羡慕！我总是梦想，有一天我能在船上钓鱼。噢，太感谢你了！我要告诉我妈妈，下星期六请你过来吃晚饭。'

"周六晚上我兴奋地和衣上床，为了确保不会迟到，还穿着网球鞋。我在床上无法入眠，幻想着海中的石斑鱼与梭鱼在天花板上游来游去。

"凌晨3点，我爬出卧房窗口，备好了渔具箱，另外还带了备用的鱼钩及鱼线，把钓竿上的轴上好油，带了两份花生酱和果酱三明治。4点整，我就准备出发了。钓竿、渔具箱、午餐及满腔热情，一切准备就绪的我坐在我家门外的路边，摸黑等待着我的士兵朋友出现。

"而他失约了。那时，我正处在选择的时点上，那可能也是我一生中，学会要自立自强的关键时刻。

"我没有为此对人的真诚产生怀疑或自怜自艾，也没有爬回床上生闷气或懊恼不已，向母亲、兄弟姊妹及朋友诉苦，说那家伙没来，失约了。相反，我十分果断地作出了有生以来的第一个选择，我跑到附近汽车戏院空地上的售货摊，花光我帮人锄草所赚的钱，购买了那艘上星期就已经看过的单人橡胶救生艇。近午时分，我才把橡皮艇吹满气，我把它顶在头上，里头放着钓鱼的用具，活脱脱一个原始狩猎人。我摇着桨，滑入水中，假装我将启动一艘豪华大油轮，航向海洋。我钓到了一些鱼，享用了我的三明治，用军用水壶喝了些果汁，这是我一生中最美妙的日子之一，那真是我生命中的一大高潮。"

魏特利时常回忆那天的光景，沉思所学到的经验，即使是在9岁那样稚嫩的年纪，他也学到了极为宝贵的一课："首先学到的是，只要鱼儿上钩，世上便没有任何值得烦心的事了。而那天下午，鱼儿的确上钩了！其次，士兵朋友教会我光有好的意图是不够的。士兵朋友要带我去，也想着要带我去，但他并没有赴约。"

然而对魏特利而言，那天去钓鱼是他最大的愿望。他立即着手设定各种目标，使愿望成真。魏特利极有可能被失望的情绪所击溃，也极有可能只是回家去自我安慰："你想去钓鱼，但那士兵没来，这就算了吧！"相反，他心中有个声音告诉他：仅有欲望不行，还要立刻行动，要自立自强，自己开发属于自己的那一片沃土——潜能。

不论有多少外在的助力，归根结底，都只有靠自己。

适时放弃

懂得选择，懂得放弃，是每一个成功人士所具备的素质。一个懂得放弃的人，才能不迷失事业发展的方向，才能抓住成功的机遇，才能攀登事业辉煌的巅峰。

说起麦当劳，还应该提及麦克与迪克两兄弟，是他们开始了这一事业，但是将其真正发扬光大的却是克罗克。

在遇到克罗克之前，兄弟俩十分糊涂，他们根本不知道"麦当劳"三个字的价值，缺乏远见卓识，这正是他们失败的原因所在。

1954年的一天，克罗克与麦氏兄弟正式达成了代理连锁的协议，克罗克正式获得了为麦当劳餐厅发展连锁店的权利。不久，麦当劳公司正式挂牌成立了，他充分运用他的经验开始创造独特的连锁哲学。

进入20世纪60年代，麦当劳公司发展前景良好，但公司如何快速发展，已成为一个日益迫切的问题。

此时，一个不可避免的问题愈加清晰地出现在公司面前——随着公司连锁店的发展，麦氏兄弟对公司发展的阻碍作用也愈发明显。这一方面表现在麦氏兄弟的思想保守与眼光短浅上，使得克罗克的连锁哲学很难彻底发展；另外一方面，麦氏兄弟依据合约拿走连锁店0.5%的营业收入，也使得麦当劳的发展严重缺少资金而无法迅速壮大。此时，麦当劳公司内部的一致声音为：麦氏兄弟不离开，公司就无法再发展下去。

事实也的确如此，麦氏兄弟的做法与公司的经营方针完全是背道而驰的。

有一次，麦氏兄弟竟然在没有通知克罗克的情况下，把克罗克投资营建的一家连锁店以5000美元的价格卖给了弗雷德冰淇淋公司。这桩买卖害得克罗克后来只得以25000美元的价格从该公司手中再买回来。麦氏兄弟甚至在他们自己经营的连锁店里改变了"麦当劳"的样子，有的经营者甚至随意更改食谱，有的任意改变汉堡的质量。麦氏兄弟还时不时地到各地的连锁店逛一逛，指手画脚地乱来一通，几乎打乱了公司的正常运营。

面对这种情况，麦氏兄弟既不道歉，也无任何内疚的表示，因为他们自始至终以为是他们的名字让克罗克获得了成功。

克罗克想，公司要发展，就必须摆脱麦氏兄弟的约束，否则的话，公司的美好前景就会毁于一旦。

他首先通过其他人间接打探，问麦氏兄弟是否愿意出让麦当劳连锁的契约权。麦氏兄弟起初并没有作任何表示，既不肯定也不否定，显然他们是想抬高价格，狠宰克罗克一把。

最后，麦氏兄弟开出了一个高价，简直是无法想象的高价，克罗克气得脸色都变了。270万美元的天价，这无异于逼人自杀。

270万美元，而且必须是现金，这对1961年的麦当劳公司而言，实在是一个天文数字。在1960年已开业的220多家麦当劳连锁店的营业额为3780万美元，而麦氏兄弟从中获取的权利费用为18万美元，而公司这一年的利润仅为7万多美元，并且还背负着十分沉重的债务负担，公司的债务是本身资产的数倍。

经过克罗克与其同事们的艰苦努力，公司最终从多渠道筹得了这笔巨款。

尽管当时这是个十分巨大的数目，但从今天看来，这一决策所付出的高额代价是非常值得的。因为当时如果不从麦氏兄弟手里接管全部权利，按现在整个公司一年近300亿美元的销售额计算，每年就要向麦氏兄弟支付1500万美元的权利费用。更何况若无这一决策，20世纪90年代的麦当劳是否能成为麦当劳王国，恐怕就要另当别论了。

由此可以看出克罗克不同于其他人的高明之处。

总的来说，麦当劳在付出了惨重的代价之后，终于获得了独立与自由，克罗克可以放开手脚大干一番事业了，270万美元换回了麦当劳的腾飞。

积极行动

　　"天上掉馅饼"这种想法，任何人都知道仅仅是妄想，非常不切实际。但生活中偏偏就有一些人终日沉湎于幻想之中，整天做着春秋大梦，认为成功就如同馅饼一样，总有一天会从天而降落在自己的头上。这样的人不会成功，永远不会。因为这样的人根本不知道：成功关键在于行动，因为机遇更垂青那些有行动的人。

　　有一位名叫西尔维亚的美国女孩，她的父亲是波士顿一位有名的整形外科医生，母亲在一家声誉很高的大学担任教授。

　　她的家庭对她有着很大的帮助和支持，她完全有机会实现自己的理想。

　　她从念大学的时候起，就一直梦想着能当电视节目主持人。

　　她觉得自己具有这方面的才干，因为每当她与他人相处时，即便是陌生人也都愿意亲近她并和她长谈。她的朋友们称她是他们的"亲密的随身精神医生"。

她自己常这样说："只要有人愿给我一次上电视的机会，我相信一定能成功。"但是，她为实现这个理想又做了些什么呢？其实什么也没做！她一直在等待奇迹出现，希望一下子就能当上电视节目主持人。这种奇迹当然永远也不会到来，因为在她等奇迹到来的时候，奇迹已经从她的身边悄然离去了。

你明白为什么这样的人注定不会成功了吧？光有梦想是完全不够的，要想成功，你必须有为自己的理想奋斗到底的决心，并且马上行动起来。

梦想是成功的起跑线，决心则是起跑时的枪声，行动犹如跑者全力的奔驰，唯有坚持到最后一秒，方可获得成功。

哥伦布还在求学的时候，偶然读到一本毕达哥拉斯的著作，知道了地球是圆的，他就将此牢记在脑子里。

经过很长时间的思索与研究后，他大胆地提出，如果地球真是圆的，他便可以经过十分短的路程而到达印度了。

自然，许多大学教授和哲学家们都讥笑他的想法。因为，他想向西方行驶而到达东方的印度，那不是痴人说梦吗？

他们告诉他：地球不是圆的，而是平的，然后又再次警告道，他要是一直向西航行，他的船将驶到地球的边缘而掉下去，这不是自寻死路吗？

然而，哥伦布对于这个问题很有自信，只可惜他家境贫寒，没有钱让他实现这个冒险。他想从别人那儿得到一点钱，以助他成功，他一连空等了17年，还是无人资助。他决定不再等下去，于是启程去见王后伊莎贝拉，沿途穷得竟以乞讨糊口。

王后赞赏他的理想，并答应赐给他船只，让他去从事这种冒险的工作。让他为难的是，水手们都怕死，不愿意跟随他去，于是哥伦布鼓起勇气跑到海滨，找到几位水手，先向他们哀求，接着是劝告，最后用恐吓手段逼迫他们去。一方面他又请求王后释放了狱中的死囚，同意他们如果冒险成功，就可以免罪恢复自由。

一切准备妥当。1492年8月，哥伦布率领三艘船，开始了一场划时代的航行。

刚航行几天，就有两艘船破了，接着又在几百平方公里的海藻中陷入了进退两难的危险境地。他亲自拨开海藻，才让船得以继续航行。

在浩瀚无垠的大西洋中航行了六七十天之后，也不见大陆的踪影，水手们都大失所望，他们要求返航，否则就要把哥伦布杀死。哥伦布兼用鼓励和高压两种手段，总算说服了那些船员。

也许是天无绝人之路，在继续前进中，哥伦布忽然看见有一群飞鸟向西南方向飞去，他立即命令船队改变航向，紧跟这群飞鸟。因为他知道海鸟总是飞向有食物和适合它们生活的地方，所以他预料到这附近可能有陆地。果然很快便发现了美洲新大陆。

可以想象，如果哥伦布再继续等下去，必然会蹉跎一生，成功的桂冠永远不会属于他。 哥伦布最终成了英雄，从美洲带回了大量黄金珠宝，得到了国王的奖赏，并以新大陆的发现者名垂千古，这一切都是行动的结果。

第七章

做幸福快乐的自己

快乐是一种内心感受

怀着一份感激的心情去面对生活，感谢每一缕阳光、每一棵大树、每一份关爱、每一次收获……用心灵去触摸快乐，让快乐充满我们的世界。

人人都在寻求快乐，但要真正找到快乐，就必须学会控制你的思想。快乐不关乎外界的情况，而主要是内心的感受。

林肯曾说："多数人的快乐同他们所决意要得到的差不多。"有一个人曾看到过这一真理的一个生动的例证。一次，当他在纽约的长岛车站走上阶梯的时候，看到前面有三四十个残疾的儿童，拄着拐杖勉强迈上阶梯，有一个男孩还需要人抱着上去，但他们的快乐使他惊奇。他对他们的一位管理人员提及这一情形。"噢，是的，"他说，"当一个儿童明白他将要终生残疾的时候，他最初很惊惶，但惊惶过后，他就听天由命，比正常儿童还快乐些。"

白德格开始是卡狄纳的第三棒球名手，后来成为美国一位最成功的保险商。他曾说，他多年前研究得出结论，会微笑的人永远受欢迎。 所以，在走进一个人的办公室以前，他总停留片刻，想想他应感谢的许多事，然后面带微笑进入室内。他相信这种简单的方法与他销售保险成功有很大的关系。

　　一个人快乐与否，不在于他拥有什么，而在于他怎样看待自己所拥有的东西。 生活是快乐的源泉，有了生活，快乐就不会枯竭。 生活中并不缺少快乐，缺少的是发现快乐的眼睛，缺少的是感到快乐的心灵。

为自己喜爱的事业忙碌不停

　　一群年轻人整日游手好闲，他们到大街上闲逛，到酒吧里喝酒，到公园的长椅上百无聊赖地闲坐或睡觉。"这样的生活，简直是无聊透顶，我已经过够了！"一个青年说。"对，与其这样无聊透顶地活着，不如我们去寻找快乐！"于是一群年轻人出发了。

　　他们在街上遇到一个哼着小曲的马车夫。"瞧他那得意的样子，悠闲地叼着烟斗哼着小曲，心里肯定快乐极了，我们去找他问一问！"这群年轻人拦住了马车夫。马车夫说："快乐？我当然很快乐，刚刚有一位老板雇用了我的马车，而现在，又有一位先生雇用我的马车，我这半天都有活儿干了，你们说我能不感到快乐吗？"靠给别人干活儿换取快乐？年轻人可不想这样做，于是这群年轻人不满地走开了。

　　他们在庄园边遇到了一个笑眯眯的农夫，他们拦住满脸自足的农夫说："你这样高兴，肯定生活得十分快乐，你能告诉我们，你生活得如此快乐的原因吗？"农夫说："我种了二十多亩地，今年又风调雨顺，我的庄稼一天一个样，到了秋天，我肯定能多收不少粮食，一家人从此吃喝不愁，你们说我能不快乐吗？"原来只为庄稼长得好，秋天可以多收一些粮食就值得这样快乐？他们十分失望，又上路了。

他们遇到过牧人，牧人为发现一片肥美的水草地而快乐；他们遇到过木匠，木匠为完成一把小木椅而快乐；他们也遇到过乞丐，乞丐为得到别人施舍的一小块面包而快乐。他们越来越不明白，为什么那么微不足道的小事，却能让那么多的人感到快乐呢？

最后，他们找到了一位哲人。哲人听了，微笑着说："这很简单，如果你们能够造出一条船来，那么你们就各自找到自己的快乐了。"他们听了，就半信半疑地上山了。有力气的上山伐树，喜欢设计的忙着画图纸，而喜欢做木工的则推拉刨锯干起了木工活儿，还有喜欢雕刻的则在木头上搞起了雕刻来。一个多月过去了，虽然他们个个累得浑身酸痛，但依然兴趣不减，有的半夜来了灵感，还要兴味盎然地爬起来干上一阵呢。

木船造好了，既大又漂亮，他们把船推下水，一边奋力划桨，一边快乐地齐声歌唱了起来。哲人问："年轻人，你们快乐吗？"他们个个脸上挂满了喜悦的笑容，回答说："我们当然快乐了！"

哲人说："快乐就这样简单，当你在某一个时候为你的目标而忙碌得无暇顾及其他的事情时，快乐就会光顾你了。"

快乐其实就这么简单，当你为你喜爱的事业忙碌不停的时候，快乐就在其中。

勤于做 "心灵大扫除"

　　李洁，一个非常善于自我整理的女人，她的生活井然有序，神情看起来总是很轻松。自创业以来，她公司的业绩每天都有增长，各方面都很顺利。朋友们羡慕她，总想向她取经，希望自己也同她一样顺。

　　"你是如何打理的？向我们传授一下经验嘛！"

　　"其实，我过去也是个比较懒散的女孩，后来我改正了，并且坚持下来养成习惯，结果一切就都改变了。"

　　"那么，你是如何改变的呢？给我们介绍介绍吧！"在朋友的再三追问下，她开始讲述起了自己的故事。

　　"10多年前，我曾有过一次印象比较深刻的搬家经历。由那次搬家，我真正懂得人要懂得适时、适地取舍，比如，有些当初爱不释手的摆饰，摆在旧房子里很好，我就都带走，一点儿也舍不得丢。但是，在新房子里，这些摆饰却和新环境格格不入，甚至变成了最碍眼的累赘。为了把新房子布置得美观，让人舒心，后来我舍去了很多旧东西，当然也保留了一些适合新房子的摆设。

"从那以后，我就开始从思维方式、生活习惯、性格爱好等方面改变自己。这就叫作舍旧换新。

"多年以来，我一直坚持这样一个习惯：每个周六的早上，把自己的办公室彻底打扫干净，一张废纸都不留。每天晚上睡觉之前，我也会在床边或者桌子边坐上一会儿，总结一天中发生的事，顺便计划明天该做的事。

"我称这是'向过去说拜拜'的清扫方式，跟从前的自己作一个了结，然后迎接一个全新的开始。我很喜欢这样做，时间长了，坚持下来也就成了习惯，而且成功也总是接踵而至。

"我总告诫自己：'一定要让自己放空，重要的不是回头看，而是往前看，接下来的路该怎么走，向更高的山峰攀登要如何去走。'"

朋友们感慨万千，并深深地佩服她。

一个朋友问："你事业做得那么好，如果在事业与家庭之间作一个选择，你会选择哪个？"

"除了家庭以外，我什么都可以放弃。"李洁毫不考虑地回答，"对我而言，'家'是最适合进行心灵大扫除的场所。有些人下了班之后到处找乐子，开派对狂欢，甚至玩到很晚也不回家，好像非得把所有的精力耗尽才罢休。对此，我很反感，这些人没有充分的休息，他们又将如何面对明天?"

李洁每天勤于做"心灵大扫除",所以她没有什么值得烦恼的事。 不过,即使未来出现新的情况,她依然能够适应,因为她充满了自信。

卓越人生

别在该动脑子
的时候动感情

杨建峰 编著

成都地图出版社

图书在版编目（CIP）数据

卓越人生．别在该动脑子的时候动感情／杨建峰编著．— 成
都：成都地图出版社有限公司，2021.5
ISBN 978-7-5557-1674-7

Ⅰ．①卓… Ⅱ．①杨… Ⅲ．①人生哲学－青年读物
Ⅳ．①B821-49

中国版本图书馆 CIP 数据核字（2021）第 032614 号

卓越人生·别在该动脑子的时候动感情

ZHUOYUE RENSHENG · BIE ZAI GAI DONG NAOZI DE SHIHOU DONG GANQING

编　　著：杨建峰
责任编辑：陈　红　赖红英
封面设计：松　雪
出版发行：成都地图出版社有限公司
地　　址：成都市龙泉驿区建设路 2 号
邮政编码：610100
电　　话：028-84884648　028-84884826（营销部）
传　　真：028-84884820
印　　刷：三河市众誉天成印务有限公司
开　　本：880mm×1270mm　1/32
总 印 张：25
总 字 数：600 千字
版　　次：2021 年 5 月第 1 版
印　　次：2021 年 5 月第 1 次印刷
定　　价：150.00 元（全五册）
书　　号：ISBN 978-7-5557-1674-7

前　言

　　喷泉之所以漂亮是因为它有了压力，瀑布之所以壮观是因为它没有了退路，水之所以能穿石是因为它从未放弃坚持。人生也是如此，你所谓的绝境，其实是在逼你走正确的路，哪怕荆棘重重，也要坚持走好自己选择的路，别因为困难而轻易放弃。

　　人活着就要自强不息。　你要堕落，神仙也救不了；你要成长，绝处也能逢生。　方向对了、方法对了，剩下的就是坚韧不拔的努力。　没有人会替你成长，再难走的路也得你自己走，不要妥协于"我不行"，永远告诉自己"我一定可以"。累了就歇一歇，苦了就自我安慰安慰，实在憋屈了偷偷地哭一场，但昂起头时又得干劲十足地走下去。

　　奋斗不丢人，不努力才丢人。　只要不违背良心，有时候脸皮得厚些。　这也不好意思，那也不好意思，一无所有的你还是得好意思活着。　出错了并不是你出丑了，做事的人都会出错，只有不做事才不会出错。　明明有能力胜任的工作，你却怕被拒绝而望而却步，连尝试的机会都不给自己，你的脸就真的留着给一事无成了，到头来更丢人。 只有成长，只有让能力与日俱增，你才能挣脱没面子的境况。

　　绝境是自己放弃得来的，只要多争一口气，坚持多迈一道坎，绝处也可逢生。

2021 年 1 月

目 录
CONTENTS

1

第一章

经历浮沉，生命才能散发芬芳

抓住机会，用苦难磨炼自己

对于一个人来说，苦难确实是残酷的，但如果你能充分利用苦难这个机会来磨炼自己，苦难就会馈赠给你很多。

人生不会是一帆风顺的，任何人都会遇到逆境。 从某种意义上说，经历苦难是人生的不幸，但同时，如果你能够正视现实，从苦难中发现积极的意义，充分利用机会磨炼自己，你的人生将会得到不同寻常的提升。

我们可以看看下面这则故事：

由于破产和从小落下残疾，人生对格尔来说已索然无味。

在一个晴朗的日子里，格尔找到了牧师。牧师现在已疾病缠身，去年脑出血彻底摧毁了他的健康，并遗留下右侧偏瘫和失语等症，医生断言他再也不能说话了。然而，仅在病后几周，他就重新学会了讲话和行走。

牧师耐心听完了格尔的倾诉，说："是的，不幸的经历使你心灵充满创伤，你现在的生活的主要内容就是叹息，并想从叹息中寻找安慰。"他闪烁的目光始终燃烧着格尔，"有些人不善于抛开痛苦，他们让痛苦缠绕一生直至死去。但有些人能从痛苦中获得生命悲壮的感受，从而对生活恢复信心。"

"我给你看样东西。"他向窗外指去。那边矗立着一排高大的枫树，在枫树间悬吊着一些陈旧的粗绳索。他说："60年前，这儿的庄园主种下这些树护卫牧场，他在树间牵拉了许多粗绳索。对于幼树嫩弱的生命来说，这太残酷了，这创伤无疑是终身的。有些树面对残酷的现实，能与命运抗争；而有一些树消极地诅咒命运，结果就完全不同了。"

他指着那棵被绳索损伤并已枯萎的老树说："为什么那棵树毁掉了，而这一棵树已成为绳索的主宰而不是其牺牲品呢？"眼前这棵粗壮的枫树看不出有什么疤痕，能看到的是绳索穿过树干，几乎像钻了一个洞似的，真是一个奇迹。"关于这些树，我想过许多。"牧师说，"只有体内强大的生命力才可能战胜像绳索带来的那样终身的创伤，而不是自己毁掉这宝贵的生命。"沉思了一会儿后，他又说："对于人，有很多解忧的方法。在痛苦的时候，找个朋友倾诉，找些活儿干。对待不幸，要有一个清醒而客观的全面认识，尽量拋掉那些怨恨情感负担。有一点也许是最重要的，也是最困难的：你应尽一切努力愉悦自己，真正地爱自己，并抓住机会磨炼自己。"

在遇到挫折困苦时，我们不妨找方法让精神伤痛远离自己的心灵，利用苦难来磨炼自己的意志。尽一切努力愉悦自己，真正地爱自己。我们的生命就会更丰盈，精神会更饱满，我们就可能会拥有辉煌的人生。

苦难是未来人生的本钱

人的一生中会遇到各种各样的苦难。正如一位智者所说的："没有苦难的人生不是真正的人生。"一个人只有经过困境的磨砺，才能焕发出生命的光彩。沿着岁月的河道，我们回溯到几千年前的古印度，无数先哲们在雾山上，用修行的方式来印证生命的不凡，让人读懂了苦难的真义。其实，当我们仔细地去品味诸如蚌病生珠、万涓成河、蛹化成蝶的生命故事时，我们的心灵会在刹那间被一种战胜苦难的神奇力量击中。

高耸的大树，其挺拔的身姿是在与狂风暴雨的搏斗中磨砺出来的；精良的斧头，其锋利的斧刃是在铁匠手中经千锤百炼打造出来的。古今中外都存在一个不容忽视的现实：顺境中的人往往"苗而不秀""秀而不实"，那是因为"温室"里的幼苗禁不起风吹雨打。所以，一帆风顺的人生不是完整的人生，因为缺少了苦难，就缺少了生活的磨炼，也缺少了积累人生无价财富的机会。

俗话说，"火石不经摩擦就不会迸发出火花"。同样，人若不遭遇苦难，生命之火就不会有火焰的灿烂。因为苦难并不可怕，它可以磨炼人的意志，可以给人信心、毅力和勇气。正如《真心英雄》里唱的那样："不经历风雨，怎么见彩虹。"是啊，不曾跌倒的人不会知道跌倒的滋味，更不会知道跌倒了该如何爬起来。要知道，勇气和毅力正是在这一次次的跌倒又爬起来的过程中增长的。

由此看来，经历苦难并不是一件坏事，相反，它是成功的人生所必经的阶段。可以说，苦难是一种财富，是未来人生的本钱。

著名汽车商约翰·艾顿出生在一个非常偏远和闭塞的小镇，父母早逝，他的姐姐靠帮别人家洗洗衣服、干干家务获得的微薄收入将他抚育成人。可是姐姐出嫁后，姐夫将他撵到了舅舅家，苛刻的舅妈规定正在读书的约翰·艾顿每天只能吃一顿饭，还得收拾马厩、剪草坪。

后来，约翰·艾顿有了工作，但他依然租不起房子，有一年多的时间，他都是在郊外一处废旧的仓库里睡觉……

但是，正因为这样的苦难，磨炼了约翰·艾顿的品质，在苦难中他学会了坚韧，终于凭借自己的努力走上了成功之路。

可见，在坚韧不屈的人面前，苦难会化为一种礼物，一种人格上的成熟与伟岸，一种意志上的顽强和执着，一种对人生和生活的深刻认识。

苦难本是生命旅途中一道不可不观的风景。苦难是蹲在成功门前的看门犬，怯弱的人逃得越急，它便追得越紧；苦难是火焰熊熊的炼狱，灵魂在苦难中涅槃，就会显露出金子般的成色……四季轮回，既然有春天的葱茏，也就有秋天的落叶，既然有夏天的繁盛，也就有冬天的飘零。我们没有理由不正视苦难，没有理由拒绝苦难。

苦难只是单音符，快乐才是人生主旋律

亚里士多德说，生命的本质在于追求快乐。可见，快乐才是我们人生的主旋律。没有不快乐的人生，只有不肯快乐的心灵。正是因为很多乐观的人都善于控制自己的情绪，乐观面对困境，才没有被困难压倒，用"心"为自己制造一个幸福的天堂，让自己活在快乐之中。

英国有一个天性乐观的人，他从不拜神，这令神非常生气，因为神的权威受到了挑战。

他死后，神为了惩罚他，便把他关在很热的房间里。7天后，神去看望这位乐观的人，看见他非常开心。神便问："身处如此闷热的房间7天，难道你一点也不辛苦?"乐观的人说："待在这间房子里，我便想起在公园里晒太阳，当然十分开心啦!"（英国一年难得有好天气，一旦天晴，人们都喜欢去公园晒太阳。）

神不开心，便把这位乐观的人关在一间寒冷的房间

里。7天过去了，神看到这位乐观的人依然很开心，便问他："这次你为什么开心呢？"这位乐观的人回答说："待在这寒冷的房间里，便让我联想起圣诞节快到了，又要放假了，还要收很多圣诞礼物，能不开心吗？"

神不开心，又把他关在一间阴暗又潮湿的房间里。7天又过去了，这位乐观的人仍然很高兴，这时神有点困惑不解，便说："这次你能说出一个让我信服的理由，我便不为难你。"这位乐观的人说："我是一个足球迷，但我喜欢的足球队很少有机会赢。但有一次赢了，当时就是这样的天气。所以，每遇到这样的天气，我都会高兴，因为这会让我联想起我喜欢的足球队赢了。"

最后，神无话可说，只得给了这位乐观的人自由。

其实，在工作和生活中，很多事情也是这样，乐观的情绪总会带来快乐而明亮的结果，而悲观的心理则会使一切变得灰暗。

命运不会吝啬于给我们苦楚，可是如果我们保持乐观的心态，那么即便是有再多的苦楚，我们也能将其掩埋在微笑之下。

钟爱东，百亩鱼塘的主人，被评为广东省"巾帼科技兴农带头人"。

从一名普通的下岗女工到身价千万的养殖大王，已届不惑之年的钟爱东仍然勤劳淳朴。事业几经起落，她说，横下一条心，没有过不去的坎儿。

1997年1月1日，是钟爱东不能忘却的日子，这一天，本以为捧上"铁饭碗"的她下岗了。在这家工厂工作了近20年，还成了厂里的"一把手"，钟爱东说，她把全部的心血、最好的青春年华，都给了工厂，甚至没有时间照顾年幼的孩子。"当时觉得，心里有什么东西被人硬掰了下来。"那天，她哭了。

　　下岗后，她接到的第一个电话，是花都区妇联打来的，她说，就是这个电话，在最艰难的时候教会她"用笑容去迎接困难"。钟爱东在当厂长的时候就经常与周围的农民接触，知道养殖水产有赚头，看准这一点，她拿出了仅有的2000元"箱底钱"，又东奔西走借了些钱，一咬牙承包了200亩低洼田。资金不够，就赚一分投入一分，滚动式周转。钟爱东说，那时鱼塘就是她全部的生活了，她每天早上都要花一个小时绕鱼塘走上一圈。

　　钟爱东没想到，生活中的第二次打击来得这么快。1997年5月8日，是钟爱东伤心的日子，那一天，一场大洪水淹没了她刚刚兴旺的鱼塘，站在堤坝上，看着不断上涨的洪水一点点吞没了鱼塘，钟爱东绝望地回了家。"哪里跌倒就从哪里爬起来。"钟爱东说，这是当时丈夫说的唯一一句话。倔强的她这次没有流泪，她开始带着工人挖塘、养苗，引进新技术、新鱼种，被洪水淹没的鱼塘一点点"回来"了。

　　钟爱东成了远近闻名的英雄，鱼塘越做越大，还办起了企业。多年的艰难经营，养鱼为生的钟爱东对技术情有独钟：一个没有创新、没有新产品的企业，就像脱了水的鱼。

　　钟爱东有个温暖的四口之家，她说，在最困难的时候，家人的支持成了她的精神支柱。"当初好多次想到放弃，是他们帮我挺过了难关。"屡经磨难，钟爱东说："最重要的是要学会如何看待苦难，下岗、失败都不可怕，路是自己走出来的，认定目标走下去，一定会成功。"

　　生命，有起有落，有悲有喜，起伏不定，但是太阳依然光亮，月亮仍然美丽，星星依旧闪烁……而生命，依然会有着更绚烂的色彩亟待我们去发现。明天，总是美好的，只要我们有信心，在艰难中咬紧牙关，就能够在痛苦中盼来新的晨曦。但是，如果不及时调整，只是一味地在苦难中忧虑下去，折磨自己，那么事情只会变得更糟。

逃避问题并非好办法

在面对难相处之人时，我们的第一个选择是逃避，避免与他们进行交流，假装不认识或不重要，并扼杀我们内心产生的一切感觉。

很多人每天都在这样做，这是他们赖以生存的唯一方法。有些人在这方面做得很出色，以至于逃避和拒绝成了他们处理人际关系的主要手段。曾经有这样一个女人，她在和丈夫吵完架以后的六个月里没与他说过一句话，但这期间，她却一直同他生活在一个屋檐下。

在某种特殊情况下，逃避是可以理解的。如果一个人并不期待永久性地改善某种困难关系，或者改善这种关系是一件不可能的事，那么以不作为的方式来处理这种情况，完全符合逻辑，这个人也没理由做无谓的尝试。

不幸的是，导致人们选择逃避的绝望感通常是过去的残留物，而不是当下的指示剂。如果在成长的过程中，一个人的需求没有得到满足，也没受到足够的关爱，他（她）很可能会认为，现在这个世界会以和过去一样的方式做出回应。因此，他(她)会更倾向于逃避交际中遇到的问题，因为他(她)会自然而然地认为努力也无济于事。

解决这一问题的诀窍就是，放开过去，全心全意处理此时此刻的新问题。当然，说起来容易做起来难。

以逃避应对难相处之人是没用的，这有两个基本原因。首先，人与人之间的问题不会不治而愈，什么都不做的话，问题只会持续得更久。其次，问题总是挥之不去，它们会一直萦绕在我们心头。

有时候，这些受压抑的感觉会体现在我们的行为上。这些负面情绪可能导致我们暴饮暴食、沉溺于赌博、买很多我们根本不需要的东西或超出自己经济负荷的东西等。

有时候，这些受压抑的感觉会用我们的身体来证明它们的存在。在讲习班上，老师带领大家做过一项需要闭上眼睛的练习。在做这项练习时，人们能够体验到身体对关系问题的感觉——如肩膀的紧绷、颈部肌肉的疼痛或胸部的憋闷等。对很多人来说，这种完全感觉到身体受压抑的体验是第一次。事实上，这些身体上的反应一直都在，只是人们通常不会把它们与对困难关系的那些未解决的感觉联系在一起，直到这项练习触发了这种联系。

我们可以将这一观念再深入一步。医学界已对精神与身体之间的关系做了足够的研究，并从统计学角度将受压的情感与很多疾病联系在了一起。相关研究表明，癌症、心脏病以及其他很多"无声的杀手"都与消极的情绪状态有关。

在一种情况下，什么都不做是行得通的，那就是当事双方都需要一个冷却期。 有时候，当情绪过于激动时，在采取行动前先冷静一下倒不失为明智的选择。 但是，在这种情况下，我们并不是在逃避或拒绝困难，而是有意识地作出了选择，实际上是在以不变应万变，但最终还是应该迈出解决问题的一步。

忍得羞辱，成就大事

提起维克多·格林尼亚教授，人们自然就会联想到以他的名字命名的格氏试剂。无论哪一本有机化学课本和化学书籍里，都有关于维克多·格林尼亚的名字和格氏试剂的论述。但是，你可知道这位伟大的发明者曾走过一段曲折的道路？

1871年5月6日，维克多·格林尼亚出生在法国瑟堡的一个有名望的资本家家庭，他的父亲经营着一家船舶制造厂。在维克多·格林尼亚青少年时代，由于家境优裕，加上父母的溺爱，使得他在瑟堡整天游荡，盛气凌人。他没有理想，没有志气，根本不把学业放在心上，整个瑟堡都知道他是一个有名的纨绔子弟。

在一次午宴上，一位刚从巴黎来瑟堡的波多丽女伯爵竟然不客气地对他说："请站远一点！我最讨厌被你这样的花花公子挡住视线！"这句话如同针扎一般刺痛了他的心，要知道由于他长相英俊，瑟堡年轻美貌的姑娘都愿意和他谈情说爱。一开始他为这句话而自卑、疯狂、偏执，不久之后，他开始悔恨过去，产生了羞愧和苦涩之感。从此他发奋学习，发誓要追回过去浪费掉的时间，而每当灵魂和肉体麻木的时候，他就用这句话来刺痛自己。后来，他离开家，并留下一封信，上面写道："请不要探询我的下落，容我刻苦努力地学习，我相信自己将来会创造出一些成就来。"

维克多·格林尼亚来到里昂，拜路易·波尔韦为师，经过两年刻苦学习，终于补上了过去所落下的全部课程。后来，他又进入里昂大学插班就读。在大学期间，他因刻苦赢得了有机化学权威菲利普·巴比尔的器重，在巴比尔教授的指导下，他把老师所有著名的化学实验重新做了一遍，并准确地纠正了巴比尔教授的一些错误和疏忽之处。终于，在这些大量的平凡实验中格氏试剂诞生了。

维克多·格林尼亚一旦打开了科学的大门，他的科研成果就像泉水般地涌了出来。1912 年，维克多·格林尼亚与他的同事法国化学家保罗·萨巴捷一同获得了诺贝尔化学奖。此时，他收到波多丽女伯爵的贺信，信中只有一句话："我永远敬爱你。"

其实，人生的各种境遇，都是我们学习的功课。一个人用什么样的心态面对自己所处的环境，这就要看他"忍辱"的功夫做得够不够。在佛经里，"忍辱"的含义是丰富而又深刻的。一般人受到冤屈，心里总是愤愤不平，难压心头之火。 然而，正因为愤恨难消，痛苦煎熬也如影随形、挥之不去，最终受累的还是自己。 如果借着打击来磨炼自己的心智，甚至把打击你的人看成是给你锻炼自己、提升自己机会的人，你自然能化悲愤为力量，不断前进。

茶陵郁禅师是守端禅师的师父，有一天他骑驴子过桥，驴子的脚陷入桥的裂缝，他摔下驴背，忽然感悟，当场赋诗一首："我有明珠一颗，久被尘劳关锁。今朝尘尽光生，照见山河万朵。"

这首诗守端很喜欢，并铭记在心。有一天，他去拜访方会禅师。

方会问他："茶陵郁山主过桥时跌下驴背突然开悟，我听说他作了一首诗，你记得吗?"

守端听此不禁暗暗得意并不假思索地完整背诵出来。等他背完了，方会却大笑一阵，起身走了。守端很是费解，想不出是为什么。翌日清晨，他就赶去见方会，问他大笑的原因。

方会问："你昨天见到那个为了赚钱而逗人乐的江湖卖艺人了吗?"

"我见到了。"

方会说："你连他的一点点都比不上呀。"

守端听了吓了一跳，说："大师此言怎讲?"

方会说："他喜欢人家笑，你却怕人家笑。"

守端听了，刹那间顿悟了。

羞辱，可以成为浇灭一个人理想之火的冰水，也可以成为鞭策一个人发奋的动力。要知道，受辱是坏事，但也能变成好事。心理学家认为：人有三大精神能量源——创造的驱动力，爱情的驱动力，压迫、歧视的反作用驱动力。羞辱就是一种精神上的压迫，它像一根鞭子，鞭策你鼓足勇气，积满力量，奋然前行。

　　记得一位先哲说过，一个人无论怎样学习，都不如他在受到羞辱时学得迅速、深刻、持久。羞辱可以使人学会思考，体验到顺境中无法体会到的东西；它使人更深入地去接触实际，去了解社会，促使人的思想得以升华，并由此开辟出一条宽广的成功之路。善于从羞辱中学习，是成就事业的一个重要因素。

每一次丢脸都是一种成长

我们曾经听说过很多在"丢脸"当中不断成长最终取得了巨大成就的人，著名英语口语教育专家李阳就是其中之一。

李阳从英语不及格到成为世界上有名的英语教师，从不敢接电话、不敢和陌生人说话到成为全球著名的中英文演讲大师，从一个自卑的人成长为千万人学习的榜样……李阳创造了一个个奇迹，而在激励别人的时候，他总是喜欢说，我们要为"热爱丢脸的人"喝彩。

中国传统英语教学存在"不敢开口、不习惯开口"两大心理障碍及怕丢脸、怕犯错误的心理陋习。李阳极力鼓励他的学生大声说英语，他认为疯狂英语的第一步就是要突破不敢开口、害怕丢脸的心理障碍。他说："我特别喜欢犯错误丢人，因为犯的错误越多，取得的进步就越大。如果你想一辈子不犯错误，那么结果只有一个：当你80岁的时候，你仍然只会对人讲一句'My English is very poor'。朋友们，请大家暂时把脸皮放进口袋里，尽管大声去说吧！重要的不是现在丢脸，而是将来不丢脸！"于是，"I enjoy losing my face（我热爱丢脸）"就成了李阳和广大英语学习者的行动口号。

别怕犯错误丢脸，因为你犯下的错误越多，学到的知识和积累的经验就越多，你进步的可能性就越大。可是，传统观念里，人们总是为保住自己的颜面而努力，甚至于有些人，为了保住面子丢失了性命也在所不惜。

公元前 206 年，项羽占有楚魏东部九郡之地，自封为西楚霸王，又违背先入关中者为关中王的前约，改封先入关中的刘邦为汉王，刘邦心中非常不快。

项羽的谋臣亚父范增知道刘邦的不满，也知道他一定会东山再起，于是建议项羽找借口杀掉刘邦。

项羽命人将刘邦找来，想试探一下他的态度。他若去，一定有储备实力、自封为王之心；若不去，正好可以杀死他。

刘邦听说项羽召见，虽然明知此去凶多吉少，但是又不能公然抗命不去，便在心中盘算着怎样应对这场智斗。刘邦来到殿前，恭恭敬敬地伏在地上，谦恭的样子使项羽异常受用，当即放松了警惕，就对刘邦放行了。刘邦谢恩退出大殿，急忙回到自己的营地，稍加打点，便率军急匆匆地向巴蜀进发。他决心以巴蜀偏塞之地为依托，招兵买马，养精蓄锐，待力量充实了，再还三秦，谋取天下。项羽闻知刘邦率军已向巴蜀进发，才感到范增所言极是，立即派季布带三千人马前去追赶，然而为时已晚。

后刘邦广纳贤才，休兵养士，最终在众贤士的帮助下，使得不可一世的西楚霸王自刎乌江，从而统一天下。

刘邦能够放下颜面，向项羽低头，从而获得了积累实力的机会；反观项羽，只因"无颜见江东父老"，就舍弃了自己的性命，自刎乌江。可见，面子问题一直是中国人的软肋，无数的英雄志士都曾为了面子问题而纠结。

可是，人的一生，谁又能保证不犯错？谁又能一次面子都不丢呢？如果你想逃避丢脸而一辈子不犯错，那么结果只有一个：当你白发苍苍的时候，你仍然什么都不会，因为你什么都不曾尝试去做。

民谚云："要了脸皮，饿了肚皮。"有时害怕丢脸，就是白白让出了一条路。所以，不要害怕丢脸，更不应该躲避"丢脸"的历练，而应该拿出自己的勇气，勇敢面对一次又一次的挫折，让自己在一次又一次的"丢脸"当中成长起来。

被批评不是什么坏事

被日本国民誉为"练出价值百万美金笑容的小个子"、美国著名作家奥格·曼狄诺称之为"世界上最伟大的推销员"的推销大师原一平，最初是一家保险公司的年轻推销员。他虽然每天都在勤奋工作，但收入仍少得可怜，为了省钱，他甚至不吃午餐、不搭电车。

一天，原一平来到一家名叫"村云别院"的佛教寺庙。被请进庙内后，他与寺庙住持吉田相对而坐，接下来便口若悬河、滔滔不绝地向这位老和尚介绍起投保的好处来。

老和尚一言不发，很有耐心地听他把话讲完，然后平静地说："听完你的介绍之后，丝毫不能引起我投保的意愿。"原一平一下子泄了气。

老和尚接着又说："人与人之间，像这样相对而坐的时候，一定要具备一种强烈吸引对方的魅力，如果你做不到这一点，将来就没什么前途可言了。"

原一平哑口无言。

老和尚又说了一句："小伙子，先努力改造自己吧……"

接下来，原一平组织了专门针对自己的"批评会"，每月举行一次，每次请5个同事或投了保的客户吃饭。为此，他甚至不惜把衣物拿去典当，目的只为让他们指出自己的缺点。

"你的个性太急躁了，常常沉不住气……""你有些自以为是，往往听不进别人的意见，这样很容易招致大家的反感……""你面对的是形形色色的人，你必须要有丰富的知识，你的知识不够全面，所以必须加强自身修养，以便能很快地与客户寻找到共同的话题，缩短彼此间的距离……"

一次次"批评"使原一平像一条成长的蚕，随着时光的流逝悄悄地蜕变着。到了1939年，他的销售业绩荣膺全日本之最，并从1948年起，连续15年保持全日本销量第一的好成绩。

由此可见，批评并不一定都是坏事，善于接受别人的批评和建议的人才能取得成功。 一个人，如果不能坦然面对别人的批评，不能接受别人的意见，最终只会跟成功擦肩而过。

成功的人所具备的素质就是，当有人对自己不满意时，不是去抱怨别人，而是积极努力地完善自己。

生气不如争气，翻脸不如翻身

有些人总是容忍不了自己受委屈。一旦他们觉得自己吃亏了，就有很大的情绪波动。于是，有一些人会暗自发牢骚，向朋友倾诉自己所受的委屈，甚至在心理上开始排斥那个欺负他的人，发誓不再跟那个人有任何来往。也有一部分人，会冲上去跟对方理论，宁可抓破脸，也要让对方明白自己的不满，并且让他看到自己的强烈抗议，让他知道自己并没有那么软弱。

其实，在你冲上前去理论的一刹那，你已经在生活的棋局上输了一局。生活在一个圈子里的人，怎么可能不产生矛盾？他看轻你了，或者为难你了，但是你不一定要打破鼻子抓破脸的。生气不如争气，把自己由对方引爆的情绪看作是一种向上的动力，让他看看，他的做法是错的。让他自己去悔悟，往往要比你自己冲上去更加有效果。

很多人大概都知道，陈鲁豫毕业找工作的时候，曾经接受过一个机场广播电台的面试。当她出现在面试官面前时，面试官一直在摇头，似乎在说，这样又瘦又小的形象怎么可能当主持人？陈鲁豫明白了对方的意思，也没说什么，默默地走开了。可是，若干年后，陈鲁豫以其独特的主持风格，在凤凰卫视闯出了一片天。

大多数女性朋友都喜欢看周星驰的电影，都会对周星驰电影的搞笑风格惊叹不已。可是，周星驰自己却说，人生都是从小人物开始的。一本书里这样写道：

……没有导演看重外形瘦弱另类的周星驰，因为观众的鲜花与掌声只献给美女与英雄。失落之余，他转行做儿童节目主持人，一做就是4年，他以独特的主持风格获得了孩子们的喜欢。但是当时却有记者写了一篇《周星驰只适合做儿童节目主持人》的报道，讽刺他只会做鬼脸、瞎蹦乱跳，根本没有演电影的天赋。这篇报道深深地刺伤了周星驰，他把报道贴在墙头，时刻提醒和勉励自己一定要演一部像样的电影。于是他重新走上了跑龙套的道路，虽仍要忍受冷眼与呼来唤去，仍是演那些一闪而过的小角色，但他紧紧抓住每次出演的机会，拼尽全力展示最独特的自己，就像一束束瑰丽的焰火冲向漆黑的夜空。一年之后，也就是1987年，他在真正意义上参演了第一部剧集《生命之旅》，虽然差不多还是跑龙套，但是终于有了飞翔的空间。从此，他开始用小人物的卑微与善良演绎自己的人生传奇……

红遍海峡两岸的"SHE"也曾经去过一个剧组试镜，可是才刚开始，剧组的主创人员就全盘否定了她们的表演。在演艺路上，也许"SHE"走得很艰辛，可是在歌唱事业上，她们却发展成了红透半边天的女子组合，身价过亿。

　　谁的人生都会有波折，没有一个人可以说，我的人生之路是平坦的。你该怎样面对你的人生？面对那些否定你或者看轻你的人，冲上去理论无疑是最肤浅的行为。就学学陈鲁豫、周星驰、"SHE"，在遭遇别人的轻视时，在承受人生的冷遇时，生气不如争气，翻脸不如翻身。你说我不行，我偏要让你看看，我是可以的，我能行！

　　所以，生气不如忍下这口气对自己更有利，翻脸不如适时弯曲对自己更有利，这是不言自明的。在弯曲时不忘积极进取，当显示出强者的实力时，自然会赢得别人的尊重。

畏首畏尾会让你的人生不断倒退

也许，躲在安乐窝里会感觉到暂时的安全。然而，风雨是每个人都必须经历的。逃避的人，最终会被暴风雨掀翻安乐的小窝，独自在风雨中瑟瑟发抖。

一个人越是畏首畏尾，不敢冒风险，其面临的风险就会越大；越是敢于冒风险，风险率反而越低，成功率自然越高。

从前，有一个农夫，他有很大的一块地。

在播种的季节，有人问他："你种麦子了吗？"

农夫回答说："没有，我担心天不下雨。"

那人又问："那你种棉花了吗？"

农夫回答说："也没有，我害怕虫子把棉花吃掉。"

最后，那人又问："那你打算种点什么呢？"

农夫说："什么也不种，我要确保安全。"

到了收获的季节，当别人都满载而归的时候，农夫的地里还是一片荒芜。

据说，很多水陆两栖的小动物都是后天自己学会游泳的，而非天生。本来，小鸡也可以在水中生活的，可是，小鸡的祖先不敢冒风险。

有一次，小鸡看到伙伴们都在水里嬉戏，也很想和它们一起玩，但它自己不会游泳，它就问小猪："小猪，我可以游泳吗？"

小猪说："那可不行，学游泳可不是闹着玩的，弄不好会有危险，还是不学的好。"

小鸡听了，转身就走。看到小鸡要走，小鸭问："怎么又不学了？"

小鸡说："我怕被淹死。"

小鸭说："不会的。你看我们这么多学游泳的，不都没出事吗？来，我教你。"

小鸡听小鸭这么一说，又想学了。刚要下水，被小狗看见了，小狗说："学游泳有什么用，要是出了事可就晚了，不会游泳的多着呢，又有什么关系呢？"

小鸡一听，就又不学了。于是，从此鸡就不会游泳。

转眼到了第二年，那个夏天雨下得很大，大雨冲进了小鸡的房子，小鸡不会游泳，眼看着有危险，小鸭正巧游过这里，就把小鸡救了出来。小鸭对小鸡说："这回你遇到的不是会游泳的危险，而是不会游泳的危险。"

现实生活中有很多这样的人，总是害怕做事时会遇到各种各样的风险，于是就什么都不做，到头来，既没有了生存的技能，也没了生存的本钱。他们害怕受苦和悲伤，结果自然是遇到了更大的痛苦与悲伤。 毕竟，苦难并不会因为你的躲避而错过你。 我们只有学会改变、接受、成长，才能在风险来临之际，勇敢地拿出真本领，与命运搏击，这样才能成为真正的强者。

那些被自己的畏缩态度所束缚的人，就像是丧失了自由的奴隶。 那些不愿意冒风险的人，不敢有所主张，因为他们害怕被扣上愚蠢的帽子，遭到别人耻笑；他们不敢否认，因为害怕自己的判断失误；他们不敢向别人伸出援手，因为害怕一旦出了事情会被牵连；他们不敢暴露自己的感情，因为害怕自己被别人看穿；他们不敢爱，因为不敢冒不被爱的风险；他们不敢希望，因为不敢冒失望的风险；他们不敢尝试，因为不敢冒可能失败的风险……这种种可能会遇到的风险，让那些胆小的人畏首畏尾，举步维艰。 他们茫然四顾，不知道自己的出路在何方，殊不知，人生中最大的冒险就是不冒风险，畏首畏尾只会让自己的人生不断倒退。

当危险到来的时候，流泪和躲避都是没有用处的，只有坚强面对才是唯一出路。 但愿那些害怕风险的人，不再学鸵鸟，遇到危险就把自己的头插到沙土中获得心灵的解脱，而是时刻准备着去坚强面对，因为困难和风险也是一个欺软怕硬的主儿，不是有那么一句话吗："困难像弹簧，你弱它就强。"

萎靡不振只会让你更加沉沦

萎靡不振终归是于事无补的，以积极的心态来应对不幸的事才能收到良好的效果。

通常来说，我们是无法控制不幸的事在我们身上发生的。不过，我们对于发生不幸的事的反应是可以控制的。

假如我们被人欺骗，我们决不能因此萎靡不振。否则不但于事无补，还对身体十分有害。萎靡不振就好像是一种麻醉品，把麻醉品储存在体内比储存在体外危险更大。

那么，如何对待人生遇到的各种不幸呢？智者的做法是：把苦恼、不幸、痛苦等看作是人生不可避免的一部分。当他们遭遇不幸时，会不断地对自己说："这一切都会过去。"

这样做是很有好处的。因为只要不断燃着希望的灯火，就不怕难以忍受的黑暗。

从前，有一个小盲人跟着老盲人学弹琴，他们弹着琴弦，相互搀扶着四处流浪。

小盲人问老盲人："师父，我们的眼睛还有复明的希望吗？"

"当琴弦弹断1000根时，我们的眼睛就可以复明。"

可老盲人一生只弹断了999根琴弦，就去世了。

他没有见到光明。

小盲人沿着老盲人指点的道路继续走下去，岁月让他变成老盲人。老盲人也带了一位同样的小盲人，他给小盲人讲述了同样的信念。

终于有一天，老盲人拼尽力气弹断了第1000根琴弦。小盲人激动地问道："师父，你看到光明了吗？"

老盲人眼前仍然一片漆黑，师父生前的预言没有实现，可老盲人醒悟了过来，对小盲人说："我看见了光明，那就是希望的光明。"

老盲人悟到的，你是否也悟到了呢？

成功始于觉醒，心态决定命运。这是今天的伟大发现，是成功心理学的卓越贡献。成功心理、积极心态的核心就是主动意识，或者称作积极的自我暗示。反之也一样，消极心态，就是经常在心理上进行消极的自我暗示。

如果你坚持认为你是一个无足轻重的人，是"一个尘世上的可怜虫"，不如其他人，那么一段时间以后，你就会真的相信这一切。

如果你坚定地宣布自己完全有能力实现你决意实现的伟大崇高的人生目标，那么这种充分自信的心态，就使得你的思想积极主动，极富创造力。

用积极的行动去改变你的现状

遇到困难，与其痛苦地哀叹，不如放松心情，想办法解决问题。

一个人，倘若总是处在痛苦、压抑、烦躁的状态之中，那么，即使不得病，也可能会浑身不舒服。然而，如果一个人以积极的心态去对待疾病，哪怕是绝症，他心灵的无穷潜力也会被激发出来，从而坦然接受现实，并努力地改变它，甚至创造医学奇迹。

某肿瘤医院近来接连死了两个癌症患者，这使医院的气氛显得压抑而沉重。许多住院病人情绪低落，有的茶饭不思，有的不肯打针吃药。负责这些病人的主治医生很着急，连忙向心理医生求助。

心理医生做了细致深入的调查，他发现很多病人都认为癌症是绝症，无药可治，因此伤心失望。于是，心理医生针对他们消极的心理编了一套"不必伤心"的劝说词：

"癌症并非不治之症。患了癌症有两种可能：一种是早期患者，一种是晚期患者。早期患者可以根治，你不必伤心。晚期患者也有两种可能：一种是经过治疗可以治愈，一种是一时未能治愈但还能活上几年。可以治愈的当然不必伤心，能够再活几年的也有两种可能：一种是今后随着医学技术的发展可使症状缓解，存活期延长；一种是到时确实医治无效去世。存活期延长的不必伤心，医治无效嘛……也不必伤心，因为你已经多活了这几年了，还有什么可伤心的呢？"

听到这里，病人们"扑哧"一声笑了。于是，笼罩在病房里的阴霾就这样被驱散了。

很多时候，我们就是因为钻牛角尖，把问题想得太悲观而看不到其积极的一面，从而增加了不少烦恼。与其痛苦地哀叹，不如放松心情，想办法解决问题。

曾经有这样一个故事：战争中，敌机把家园炸成了废墟。许多人在那里痛哭流涕，悲痛欲绝，而唯有一个男子默默地从废墟中捡出一块砖，又一块砖，放到一边——这是重建家园所需要的。他的行动影响了众人，大家不再哭泣，也默默地捡起来。

不错，我们的一生会遇到许多次低潮，忧愁会成为生命中一时难以承受之重。要祛除这沉重，达观安然的哲学态度是一剂良方；另一剂良方就是行动，行动可以有效地转移你的注意力。用行动去积极地改变你的现状，行动会使你找回自信和力量，行动也会直接产生实际成果，从而更加鼓舞你。

一帆风顺是人们心中一种美好的期待。"人世难逢开口笑，不如意事常八九。"忧愁烦恼，作为自然的心理反应，在所难免，但切不可沉溺其中。人需要尽快调整心态和情绪，采取积极的行动来改变现状。当你从困境中走出来，再回头看时，会发现当初似乎要压垮你的困难，不过是一片乌云而已。你会庆幸自己及时地调整了心态，采取了行动。不然，你可能还在那里唉声叹气，而境况依旧，甚至更糟。

总之，在挫折面前你应有的态度是：驱散忧愁的乌云，坦然地应对生活中的一切变故。

摆脱厄运的办法是不向它低头

当你遭遇厄运的时候，坚强与懦弱是成败的分水岭。摆脱厄运的办法是不向它低头。

你能否战胜厄运、创造奇迹，取决于你是否赋予它一种信念的力量。一个在信念力量驱动下的生命即可创造人间奇迹。

公元前100年，苏武受汉武帝之命，以中郎将的身份为特使，拿着汉武帝亲手交给他的旌节，与副使张胜以及助手常惠和百余名士兵，携带着送给单于的礼物，护送以前扣留下来的全部匈奴使者回匈奴去。

当苏武在匈奴完成任务准备返汉时，一件意外的事情发生了。前些时候投降匈奴的汉使卫律有个部下叫虞常，想要谋杀卫律归汉。这个虞常在汉朝时与张胜私交甚好，就把整个计划跟张胜说了，张胜赠送钱物以示支持，没想到虞常的计划还没实施就泄露了。苏武因张胜而受牵连，他怕受审公堂给汉朝丢脸，想拔刀自杀，被张胜、虞常制止。虞常受审，经受不住酷刑供出了张胜，因为张胜是苏武的副使，单于命令卫律去叫苏武来受审。苏武不愿受辱，又一次拔刀自杀，被卫律抱住，夺下刀来，但苏武已受重伤，血流如注，晕死过去。

苏武视死如归，单于佩服他的勇气，希望苏武能够投降为他效力。单于早晚派人来问候，企图软化苏武，但苏武不肯屈服。

苏武恢复健康后，单于命令卫律提审虞常和张胜，让苏武旁听，在审讯过程中，卫律当场杀死虞常以此威胁张胜。张胜胆怯跪下投降，卫律又威胁苏武，并举起宝剑向苏武砍来，苏武面不改色地迎上前去，卫律看软化、威胁都不能使苏武屈服，就报告单于。

单于听说苏武这样坚强，就更加希望苏武投降。他下令把苏武囚禁在一个大窖里，不给一点吃喝。当时正下着大雪，苏武就躺在那里，嚼着雪团和毡毛一起咽进肚里，几天以后，仍顽强地活着。

单于一计不成，又命人把苏武迁移到北海没有人烟的地方，让他独自放牧公羊，说是等公羊生子才让他归汉。在荒无人烟的北海，苏武白天拿着汉朝的旄节放羊，晚上握着它睡觉。没有口粮，他就挖掘野鼠洞里藏的草籽充饥。单于又派人劝降，并告知他母亲已死，兄弟自杀，妻子改嫁，儿女下落不明、死活不知的消息，想以此达到动摇他信念的目的，但又一次被他斩钉截铁地拒绝了。

苏武在荒凉酷寒的北海边上，忍饥挨饿、受尽苦难，但仍以坚强的毅力，度过了漫长艰苦的岁月。

一直到公元前81年的春天，经几度交涉，苏武、常惠等9人才终于回到了久别的长安。

苏武出使的时候，是个40岁左右的壮汉，他在匈奴过了19年非人的生活，归汉时已是个须发皆白的老人。

后来，苏武坚忍不屈、不怕磨难、永不失节的事迹轰动了朝野上下，被编成歌曲在百姓中间广泛流传。

从自杀到顽强地活下来，苏武的所作所为都是在逆境中显示出来的一种尊严。

两次自杀是怕大堂受审给朝廷丢脸，说明他是一个将生死置之度外的硬汉。后来又在极其恶劣的生活条件下坚持了19年之久，这是在向单于示威：我虽无力反抗，但我决不投降。

他抱定了"我顽强地活给你看"和"不回汉朝，死不瞑目"的信念，克服所有的困难，承受着非人的折磨，终于坚持到归汉。

坚定的信念创造了奇迹，苏武在不可能的条件下生存了19年，实现了自己的夙愿。

挫折是生活的浪漫插曲

在人生道路上，我们总会与挫折相遇。挫折可以使人趴下，也可以使人奋起；挫折可以使人退缩，也可以使人前进；挫折可以使人自暴自弃，也可以使人重振旗鼓；挫折可以使人晕头转向，也可以使人头脑清醒。如果一个人只把眼光拘泥于挫折的痛苦中，那么他就很难再想一想下一步如何努力，最后如何成功。

生活中，有些人遇到挫折便一蹶不振，有些人遭遇挫折却更加勇敢，前者多半采取的是逃避、畏缩的态度，后者大多是敢于微笑迎接挑战的人。

没有人能够逃避命运，也没有人能够逃避挫折。遭遇挫折或许并不值得人们感动，让人感动的是在挫折中再次奋起的勇气和毅力。挫折并不可怕，可怕的是我们在对待挫折时没有一个正确的态度。

我们要学会善待挫折、感谢挫折。因为人生有了挫折，就多了些宁静，少了些喧闹；多了份成熟，少了份单纯；多了种坚强，少了种懦弱；多了些曲折，少了些平淡。有了挫折我们的人生更显得壮美，我们的生活更加绚丽多彩！

麦士是位成功的商人，却不幸患上了白内障，视力严重受损，不要说阅读写作，就连驾车外出都极其困难。与他一同患病的一位病友受不了这种折磨，每天不是喝得酩酊大醉，就是对别人大发雷霆，仅仅过了半年，那位病友便离开了人世。目睹此景，麦士倍感凄凉。因为疾病，他已不得不结束原来的生意，他的生活渐渐困难起来。

在那段举步维艰的日子里，书给了酷爱阅读的麦士很大的慰藉。因为患病，麦士深深体会到视力不良者的不便。经过将近一年的研究，他创造出了麦士字体，不但对视力有障碍的人大有帮助，而且能提高一般人的阅读速度。于是，麦士把自己仅有的15000美元存款从银行里取了出来，把新研究出来的字体整理妥当，全面推广。麦士在加利福尼亚州自设印刷厂，第一部特别印刷而成的书面市了。一个月内，麦士接到了订购70万本的订单……

挫折并不可怕，可怕的是我们先在思想上被打倒。遇到挫折，只有两种结局：要么打倒挫折，要么被挫折打倒。当真的跨过去时，我们就会觉得这只是一种经历而已。"塞翁失马，焉知非福。"很多时候，挫折何尝不是一种机遇？就像麦士，如果不是因为眼疾，他也许就不会有这项成就，因为他不会有这种特殊的体验。

在人生旅途中，想要成就事业，不遭遇困难和挫折几乎是不可能的。因此，面对挫折时应该抱有积极的心态，换一角度来看，把挫折当作成功的机遇，当作通向成功的阶梯。困难和挫折绝不会因为人们对它的畏惧而有丝毫改变，成功也绝不会怜惜那些甘于平庸的懦夫。

第二章

强者征服今天，懦夫哀叹昨天

与其抱怨，不如提升自己

许多人抱怨自己为单位辛苦工作，为公司立下"汗马功劳"，却一直得不到老板的赏识，蜗居在平凡的岗位上，似乎永远也得不到提升。细细思考一下，自己是否在自己的岗位上持续努力并为公司带来恒久的效益了呢？在如今这个竞争激烈的年代，如果不主动升值就意味着不断贬值，那么等待你的不是升职，而是被淘汰的命运。如果躺在过去的"功劳簿"上，只是沉浸在过去成功的喜悦之中，晋升势必彻底与你无缘。

对于任何一个员工来说，抱怨自己的职位是没有任何作用的。我们不应该将精力放在"自己没有升职"上，而应该将注意力集中在"为什么自己没有升职"上，找到自己的不足，给自己一个准确的定位。当我们不再对现状一味抱怨，而是为将来的提升做好准备工作时，我们的升职之路将会展现无限光明。

奥尼斯初进戴尔公司的时候只是一名普通的业务员，后来一步一个脚印，由业务员成长为公司的市场部经理，随后又成为公司的市场总监。奥尼斯究竟是如何一步一步成长起来的？让我们看看他从市场部经理成长为市场总监的过程吧。

在成为公司的市场部经理之后，奥尼斯很快就对自己的工作有了一个正确的定位。在企业的营销过程中，市场部经理的位置十分重要，一个优秀的市场部经理，在很大程度上能够协助市场总监完成营销战略任务。奥尼斯认为一个优秀的市场部经理必须具备四种基本素质：具有营销策划的能力；具有品牌策划的能力；具备产品策划的能力；具有对市场消费态势潜在性的分析能力。

后来，奥尼斯又认真研究了大多数公司对市场部经理的更高要求，他觉得自己应该在目前的能力基础上进一步学习，以提高自己的工作能力。

首先，他从掌握各项营销政策入手进行学习，因为他过去从事的是广告策划工作，对营销政策知之甚少。其次，他开始不断强化自己的执行力，因为他发现自己对于公司营销推广的整个过程的监控力度不够。最后，奥尼斯认识到自己的市场应变能力很差，缺乏市场销售过程的锤炼和亲身的市场销售体验，这是他在工作中最大的软肋。

有了这些深刻而全面的认识之后，奥尼斯开始逐步提升自己的业务素质。他首先对自身这些软弱的因素进行弥补，先让自己成为一名优秀、称职的市场部经理。

后来，他又用了三年的时间来亲身体验市场营销实践。与此同时，奥尼斯又学习了丰富的组织管理知识、全面的法律知识和财会知识，因为这些知识在工作的时候很有用处。当然了，修炼对团队的掌控能力也是奥尼斯学习的一个重要方面，如果控制不了团队，那么一切都是空谈。

通过几年的认真学习和实践锻炼，奥尼斯终于如愿以偿地成了公司的市场总监，他为公司的市场营销工作作出了极大的贡献。

奥尼斯成长的例子告诉我们，工作中每一步台阶都需要相应的能力与之相匹配，让自己的能力升值，给老板一个提拔你的理由。

也许你还在抱怨自己劳苦功高却职位低，但是对现在的环境却视而不见。据统计，25周岁以下的从业人员，职业更新周期是人均一年零四个月。为公司作出的贡献永远只能代表自己的过去，只有不断为公司创造业绩，才能为自己赢得升职的机会。

企业永远都选择最优秀的员工，并不会为了照顾某一位老员工而提拔他。一些人面对自己职业上的停滞，更多的是埋怨企业没能给他们职位提升的空间，这种思维是不对的。要突破这种职业停滞期，我们就要学会"自我革命"，只有不断地突破自我，才能够不断成长。

抱怨的牺牲者是自己

有位哲人说："这个世界上最多的'东西'不外乎两种：贫穷和抱怨，而且两者之间存在着鸡和蛋的关系——贫穷（抱怨）孕育了抱怨（贫穷），抱怨（贫穷）又孵化了贫穷（抱怨）。人们越穷越抱怨，越抱怨越穷。"这虽然有失偏颇，但也有一定的道理。我们之所以抱怨，就在于我们认为抱怨能为我们带来某些好处，比如同情、认可和优越感。但就像哲人说的那样，事实上我们不仅"越抱怨越穷"，还会由于抱怨招致一连串的麻烦。到头来，我们反倒成了抱怨的最大受害者。

先说说抱怨与同情。生活中，有相当一部分人有过抱怨自己的身体不舒服的经历，但是这些人却并非真的生病，而是因为他们知道，"病人"的角色能让他们获得附带的好处。抱怨可以赢得同情，但是这里有一个度的问题，如果你认定抱怨一定会赢得他人的同情，无疑是大错特错，最典型的例子就是鲁迅先生笔下的祥林嫂。

祥林嫂一生坎坷，两任丈夫都因病去世，儿子也惨死狼口。为了排解心中的痛苦，她逢人便讲儿子的死和自己的悲惨遭遇，逐渐被乡里人所厌恶，甚至远远地见到她便躲开。再后来，连东家鲁四老爷也厌恶她，先是不让她插手祭祀，后来一怒之下将她赶出鲁家。流落街头的祥林嫂，很快便结束了她贫穷、艰难的一生。

虽然我们并不能据此说是抱怨害死了祥林嫂，毕竟真正造成这一悲剧的是万恶的封建制度，但是我们至少可以从侧面看出，一味地抱怨非但换不来同情，反而会招人反感。而且同样是祥林嫂，在她没有抱怨以前，她是颇受鲁家和众人喜欢的。可见，还是及早放弃抱怨为妙。

接下来再说说抱怨与认可的关系。

一位招聘经理曾经说过这样一段话："每次面试，我都会问应聘者'你为什么离开上一家公司'，之所以问这个问题，是想正面了解他对以前所在公司的评价。如果他说他以前的公司多么多么不好，有这样那样的问题，那么不管这个人有多么优秀，我也不会录用他。因为我相信，那些整天喜欢抱怨的人，肯定一事无成！"

当然了，企业中的抱怨者远远不止那些已经离开的人。当公司利益与个人利益发生冲突时，各种"声音"立即会从各个角落传来。有的人虽然口头不说，但他们会立即用行动来发泄自己的不满，比如偷奸耍滑、钻空子等，反正绝不会任劳任怨。这样一来，工作必然是一塌糊涂，抱怨和被抱怨自然在所难免。这样的人，往往也会很快出现在其他公司的招聘经理面前。

　　所以，试图通过抱怨别人或抱怨环境以期得到他人的认可，其实是最不明智的做法。也许有的环境确实不太适合你，但是与其抱怨，你还不如选择离开；当你选择留在这里的时候，就应该为它而努力。唯有高度的敬业和忠诚，才有可能改变环境以及他人对你的看法，实现企业和个人的双赢。否则，即便是自己创业，这种恶习也会给你带来各种不利影响，甚至直接从根本上导致你与成功无缘。

　　还有一种人的抱怨动机，源自他们认为抱怨对方可以使自己显得更为优秀。我们常说的"贬低别人等于变相地抬高自己"，就是这个道理。然而我们同样知道，人不是"抬"高的，无论你把对方贬得有多低，你仍然是你，跟他有多高多低，甚至跟有没有他，都没有必然的联系。所以说，这种抱怨的背后不是为了掩饰什么，就是自夸或吹牛，而这样的人，通常都是一些没有安全感、不能明确自我价值的人。他们的抱怨，无形中向人们传递出了"自己是受害者"的信息，而这样一来，往往会招致更多的加害者，随之而来的，自然是更多的怨天尤人。

抱怨就是往你鞋子里倒沙子

正如法国启蒙思想家伏尔泰说的那样："使你疲惫的不是远方的高山，而是你鞋子里的一粒沙。"你若烦恼，烦恼则更多；你若抱怨，抱怨则更多。

抱怨的人总是以为自己经历了世上最大的困难，他忘记了听他抱怨的人也可能同样经历过这些，只是感受不同。不必抱怨，抱怨有什么用呢？不会因为你的抱怨，老板就会给你升职加薪；不会因为你的抱怨，老板就转变对你的态度，由原来的不喜欢你而变得喜欢你；不会因为你的抱怨，周围的同事就完全变成你喜欢的人；不会因为你的抱怨，一切就都好起来。

所以，你必须得明白抱怨无济于事，现实绝不会因为你的牢骚满腹而发生改变。为什么老是跟自己过不去呢？为什么不想想自己应当怎样在既定条件下，发挥自己的主观能动性去改变现状呢？

在法国北部的一个小山村里，住着一户人家。这户人家很贫穷，只有夫妻二人是壮年劳动力，其他的不是老人就是孩子，而且其中一位老人——丈夫的父亲、孩子们的祖父，已经90多岁了，生活几乎不能自理，所以家中每天都必须有人来照顾他。因为家中的条件艰苦，所以3个孩子都很懂事。他们常常会在父母外出劳动的时候照看年迈的祖父，或者去采一些蘑菇给家里人吃。

查理斯是这户人家里最小的一个孩子，虽然年龄小，但是他很懂事，知道怎样可以为家里人分忧。一天，查理斯和哥哥出去采蘑菇，姐姐留在家里照看祖父。这一次，查理斯和哥哥采回了很多又大又丰满的蘑菇，够家里人吃几顿了。等他们回到家以后，姐姐负责做饭，哥哥去拾柴，而查理斯则负责叫回在烈日下劳作的父母。看到孩子们已经炖好了一锅蘑菇，父母很高兴。母亲要先给祖父喂饭，依照惯例，还是父亲和几个孩子先吃饭，可是查理斯不知又跑到哪里去玩了，所以只有哥哥、姐姐和父亲一起吃饭。

就在一顿饭刚刚吃到一半的时候，祖父、父亲、哥哥和姐姐都感到胃里难受得厉害，母亲急忙去寻找村里的一位大夫，路过邻居家时又委托邻居帮自己找回小儿子查理斯。正在和村里的小伙伴们一起玩游戏的查理斯被邻居叫回家时，他看到当地的一位乡村大夫正摇着头告诉母亲，所有的人都已经无法救治了，祖父、父亲、哥哥和姐姐都因为吃了有毒的蘑菇而死去。村里其实早有过这样的事情发生，但是查理斯从来没有想到过这样的事情会发生在自己家，而且让他一下子就失去了四位亲人。

母亲几乎要崩溃了，但是看到年幼的查理斯，她想：自己必须要好好地活下去。就这样，母子二人相依为命。到查理斯13岁的时候，城里有人来招工，查理斯谎称自己已经16岁，然后就来到了城里，那个城市正是巴黎。

到了巴黎，一起来的孩子们才知道，他们干的工作有多么辛苦——每天几乎要工作16小时以上，条件很艰苦，而且工资还很少。尽管如此，查理斯知道，自己只能在这里干下去，因为他对巴黎不了解，而且也没有什么钱。查理斯在工厂里的一个放废品的角落里发现了一本医学专著。在其他人都累得倒头大睡时，查理斯如饥似渴地读着这本书。以他的文化水平，这本书的很多地方读起来很难懂，但是查理斯却像着了迷一般，一有空就捧着书看。渐渐地，查理斯居然成了这里小有名气的小医生。

正在他决定要在医学道路上发展时，他得到了从家乡传来的消息：母亲得病身亡了。母亲的去世让他痛苦极了，他觉得上天对他太不公平了。正在他感到灰心的时候，他偶然在一本书中看到了美国著名作家华盛顿·欧文说过的一段话："如果有人总是抱怨自己的天赋被埋没的话，那通常都是推辞，是那些慵懒的人和意志不坚定的人在公众面前故作姿态而已……"

这些话一下子激励了他，查理斯又振作起来。他在日记中这样写道："所有对世界的抱怨都是不公正的。我从来没有见到一个真正被埋没的天才。一般情况下，是那些失败者自己的错误导致了他们的霉运。"

查理斯果然没有失败。几年之后，他成为巴黎最有名的医生，凭借高超的医术赢得了崇高的威望。

查理斯在一个又一个的困难面前没有抱怨，而是积极主动地去挑战生活中的一切困难，最终他获得了成功。

抱着享受的心态来追求目标

生命之帆不会永远顺风顺水，一时的苦难和挫折在所难免。用积极乐观的心态重新审视你的人生吧，你会发现：只要心灵充满阳光，世界就会变得阳光明媚！

生活犹如一张无边的网，充满着剪不断、理还乱的事。健康的心灵恰似一道无形的屏障，为我们阻隔着生活中的纷纷扰扰，让我们轻松向前。

打开心灵之门，勇敢地追求属于自己的成功和幸福吧，这才是人生最神圣的使命。

不管我们的生命多么卑微，不管生活给予我们的资源多么匮乏，只要信念不灭、执着依旧，就能让平凡的生命绽放出美丽的花朵。

心态决定命运，这句话一点儿不假。以消极悲观的心态面对人生，得到的只会是失败和忧伤；只有以积极乐观的心态努力生活的人，才会得到幸运之神的垂爱。

生活是千变万化的，没有恒久不变的真理，更没有一成不变的规矩。勇于打破常规，机智灵活地应对各种问题，才能化不利为有利，永远立于不败之地。

希望是生命存在的根本，一旦丧失了希望，人生就会变得暗淡无光，失败、贫穷和疾病也许会将我们置于艰难困苦的境地，但只要心中还有希望，生命就一定会重放光彩。

在这个世界上，有许多用常理无法解释的事情被人们称为"奇迹"。然而，对那些创造奇迹的人来说，奇迹不过是坚定的信念和乐观的态度自然而然形成的一种结果罢了。

最不能激发人的两个字就是"随便"，它意味着你混混沌沌、随遇而安，既缺乏奋斗的方向，也没将命运把握在自己的手中。持有"随便"态度的人不但不会成功，还会不知所终。所以，在选择奋斗方向时，一定要准确地把握好自己的追求，努力为自己争取机会，没有人随随便便就能成功。

世上没有相同的两片树叶，更没有相同的两个人，哪怕是孪生姐妹，在性格、经历等方面也会有所不同。满怀信心、勇敢地面对生活吧！无论什么时候，都不要轻易地否定自己，因为你是世上独一无二的！

乐观者在灾难中看到希望，悲观者在希望中看到灾难。如果你无法改变生命的历程，何不改变一下生活的态度呢？换一种心情看世界，也许你就会看到温暖和希望。

只要有希望，我们就能坚定地走下去。不管路途有多么遥远、坎坷，希望是我们的精神支柱，伴随我们前行。

成功最大的喜悦不是成功本身，而是在过程中克服种种困难、体验峰回路转的那份欣喜。这也是大多成功者不喜欢过多谈论成功本身，而常常去回味遇到的挑战、磨难以及自己心情起落等的原因。 所以, 追寻目标的过程中, 我们要抱着一种"享受"的心态。

人生其实就是一次最有意义的探险。 当我们为追求一个目标艰苦跋涉的时候, 面对重重困难, 精力和信心会被消磨, 甚至觉得目标总是遥不可及。 此时, 只要紧盯目标, 坚持每天往前走, 每天有所进步, 成功自会悄悄降临你的身上。

人生从来不曾完美过, 有缺憾、有痛苦才是真实的人生。如果人生太完美、太顺利了, 反而会成为一种束缚, 让我们觉得生活索然无味。

人生中, 有些重要的机会的确只有一次, 比如诚信、生命, 一旦错过了、失去了, 便永远不会再有。 因此, 当机会降临时, 我们必须全力以赴, 好好把握。

自信是成功的向导, 一个缺乏自信的人就如同一只在黑夜里摸索前进的羔羊。 世界上最优秀的人其实就是你自己, 只有相信自己、肯定自己, 才能一步一步走向成功。

生活就如同品茶, 只有那些不怕苦、不怕涩, 耐心品味的人才能品尝到生活的甘甜。 如果一尝到苦味就烦躁不安甚至轻言放弃, 那他永远也尝不到幸福的滋味。

任何时候, 灾难和希望、机遇和挑战都是并存的, 能否从灾难中看到希望、从挑战中看到机遇, 关键在于你自己。 不同的看法带来不同的结果, 成就不同的命运。

生命是一个漫长而又短暂的过程, 起点是"生", 终点是"死"。 这个过程充满了成功、幸福和快乐, 也包含着失败、痛苦和忧伤。 但无论如何, 我们还是应该耐心等待, 仔细体会。 因为一个个"等待"的过程串联起来, 就是我们的一生。

也许你无法改变生存的环境，但你完全可以改变自己的心态。 心态变了，对生活的认识、对生命的体悟也会跟着改变。 拥有良好心态的人，即使身处荒凉的沙漠中，也能找到美丽的繁星。

幸运并不偶然，它是对敢于追求幸福的勇敢者的嘉奖。

世间并没有真正意义上的障碍，有的只是不同的心态、不同的路径。 人有时候应该像水一样前进，如果前面是座山，就绕过去；如果前面是平原，就漫过去；如果前面是张网，就渗过去；如果前面是道闸门，就停下来，等待时机。

与其抱怨，不如努力

如果你放下了抱怨，选择了努力，那么成功的机会你一定能抓住。

一位伟人曾说："有所作为是生活中的最高境界。而抱怨则是无所作为，是逃避责任，是放弃义务，是自甘沉沦。"不论我们遭遇到的是什么境况，光是喋喋不休地抱怨，不仅于事无补，还会把事情弄得更糟，而这绝不是我们的初衷。

有一个小药店的店主，一直想找一个能干一番事业的机会。每天早晨他一起来，就希望自己今天能够得到一个好机会。然而，很长时间过去了，他认为的机会并没有出现。对此，他抱怨不已，他认为自己有干大事业的本事，却没有干大事业的机会。生活中的大部分时间，他并不是去研究市场，而是经常在花园里进行所谓的"散心"，而他经营的小药店也因此门庭冷落了。

在现实生活中，像这个店主一样的人不在少数。他们看见别人的成功无形中便会生出点嫉妒，并且在这种嫉妒之余，常常还会妄自菲薄，总以为别人的工作才是最好的，而自己总是看不到什么希望。他们总是把别人的成功归于运气好，于是他们也梦想着好运能早一天降临到自己的头上来。

后来，这个药店的店主战胜了自己这种消极的态度，而他接下来的所作所为，我们可以将其视为榜样。那么，他是怎么做的呢？他的办法其实很简单：无论什么人，不管他们的地位是高还是低，他都主动去和他们接触。

有一天，他这样问自己："我为什么一定要把自己的希望、自己未来的奋斗目标寄托在那些自己一无所知的行业上呢？为什么不能在自己现在相对熟悉的医药行业干出一番大事业来呢？"

于是，他下定决心改变自己以前的那种怨天尤人的心态，就从自己的药店做起，他把自己的这一事业当作一种极为有趣的游戏，以此来促进生意的发展。他用那种发自内心的热情告诉别人，他是如何尽量提高服务质量使顾客满意，以及他对药店这一行业有多么大的兴趣。

"如果附近的顾客打电话来要买东西，我就会一面接电话，一面举手向店里的伙计示意，并大声地回答说，'好的，赫士博克夫人，二十片安眠药，一瓶三两的樟脑油，还要别的吗？赫士博克夫人，今天天气很好，不是吗？还有……'我尽量想些别的话题，以便能和她继续谈下去。

"在我和赫士博克夫人通电话的同时，我指挥着伙计们，让他们把顾客所需要的东西以最快的速度找出来。而这时负责送货的人，脸上带着笑容，正忙着穿外衣。在赫士博克夫人说完她所要的东西之后不到一分钟，送货的人已带着她所需要的东西上路了。而我则仍旧和她在电话中闲谈着，直到等她说：'嗨，瓦格林先生，请先等一等，我家的门铃响了。'

"于是我笑了笑，手里仍拿着话筒。不一会儿，她在电话中说：'喂，瓦格林先生，刚才敲门的就是你们的店员，他给我送东西来了！我真不知道怎么会这么快，简直是太不可思议了。我打电话给你还不过半分钟呢！我今天晚上一定要把这件事告诉赫士博克先生。'

"因为我这里有优质的服务，过了不久，几条街以外的居民也都舍近求远地跑到我们店里来买药了。以至于后来城里好多别的药店老板都跑到我这儿来取经，他们想知道，为什么偏偏我的生意会做得这样好。"

这便是查尔斯·瓦格林成功的方法，也正是这一方法，使得他的小药店生意兴隆，其分店几乎在全美遍地开花，以前所未有的速度迅速地占领了美国医药业的零售市场。在当时的美国医药零售业中，他的公司拥有的分店数量及其规模占全国第二，并且他的事业还在继续健康地发展着。

如何得到真正的快乐

不管任何人，也不管他做了任何事，做这些事情的动机或者目的都可以归结为两点：追求快乐或者逃避痛苦。这两点还可以往一处归纳，那就是：我们人生中所做的一切事，只有一个最终目的——寻找快乐，拥有愉悦的情绪和感受。所以，可以这样说，我们每个人一生中都只在干一件事：寻找快乐。实际上，早在两千年前，亚里士多德就指出："快乐是生命的意义，也是人存在的全部目标和终极目的。"

用错误的方法寻找快乐是得不偿失的。

仔细地想一想，你就会发现，你所做的每一件事，都是为了寻找快乐这么一个共同的目的。试想一下，有哪件事能逃离这个最终目的的控制呢？可以说，快乐的情绪和感受是我们每个人的终生追求。

令人遗憾的是，由于我们基本上都没有经过情绪及行为控制训练，不知道如何使用正确的方法寻找快乐。结果，在这方面很多人犯下了不可挽回的错误——他们主观地、想当然地、自以为是地用错误的方法寻找快乐，到头来才发现，快乐没有得到，得到的却都是痛苦，有的甚至是一生中都摆脱不掉的痛苦。 我们知道，很多人靠吸烟、酗酒、赌博、无节制的上网、纵欲、疯狂购物甚至吸毒来得到快乐，这种所谓的快乐其实根本算不上是快乐，这只不过是一种暂时的躲避方法，用外力来麻醉自己，或是借助昙花一现的快感来逃避所谓的不快乐。 可到最后才发现，快乐没有得到，坏习惯却养成了，瘾戒不掉了，整日痛苦不堪，如行尸走肉一般。 这些看似不用付出多大代价就能得到的、用金钱可以买到的、来自外在的快乐，刚开始时，好像没有多大害处，容易让人麻痹并掉以轻心，殊不知，不知不觉中就上瘾了，等意识到危险的时候，已经太晚了。

人生有如乘着橡皮舟在大河上漂流，当你留恋于两岸的湖光山色而纵情享乐的时候，却不知道危险常常紧随其后，当有朝一日发现所乘之舟漂到瀑布边缘的时候，再想弃舟登岸为时已晚，只好在满脸惊恐和手忙脚乱中摔下深渊。 倘若在人生的上游就能及早采取行动，不放纵自己的情绪和行为，灾祸就会在不知不觉中被化解。

很多人想靠不劳而获得到快乐，想靠抓住眼前的能用金钱买到的东西使自己快乐，结果是不但没有得到快乐，反而得到一大堆痛苦。 痛苦的根源在于不知道如何寻找真正的快乐。

其实，要想得到真正的快乐，要学会控制自己的情绪，保持乐观，不让痛苦主导自己的情绪，也不让坏的习惯和其他事物来影响自己的心志。 只有这样，你才不会迷失在短暂的快乐中。

良好的情绪源于正确的思考

　　良好的情绪是事业成功和生活快乐的基础，而正确的思考则是良好的情绪的基础。因此，要想获得事业成功和生活快乐就要控制你的情绪，而要控制你的情绪就要先控制你的思考。遗憾的是，很多人一生都没有学会正确地思考，所以只能让情绪控制自己，而不是由自己控制情绪。

　　每个人都拥有无穷无尽的潜能，只要你愿意努力，只要你愿意学习，任何人都可以学会正确地思考问题，轻松地拥有成功者所应具备的情绪和状态，从而激发自己的潜能，使自己的生命焕发出绚丽的光彩。

　　"塞翁失马"的故事里那位聪明的边塞老人不因大家所认为的坏事而悲伤，不因大家所认为的好事而狂喜，始终保持心灵的平静，无疑是一位能正确思考问题的智者。智者由于能正确地思考，所以才能始终保持心灵的平静，而愚者则条件反射般的一会儿因失马而悲，一会儿因得马而喜，心中始终难以平静。

在匆忙和躁动不安的生活中,在芸芸众生都在为生存而激烈竞争、不断争斗的时候,我们仍可以看到一些办事有条不紊、从容不迫的人,他们像日月的运行那样坚定地迈向自己的目标。他们给我们一种力量,一种平静的感受和一份自信。他们知道如何正确地思考,他们懂得自信、快乐和心灵平静的秘密。

这种超常的自我控制能力能使一个人最大限度地发挥他的力量——精神的力量。自我情绪控制是迈向成功的第一步,且每个人都可以获得这种能力。

很多人因为不能正确地思考,所以整天被恐惧、忧虑、愤怒、怨恨等负面情绪所控制,这样不但会一生一事无成,而且整个生命过程也被弄得混乱不堪,在给别人带去痛苦的同时,自己的一生也在吞咽思维混乱的苦果。

学会正确地思考,使自己能随时随地保持乐观、自信、进取、从容的情绪状态,从而获得事业的成功和快乐而美好的人生。学会正确地思考,不要再让自我毁灭的情绪占据我们的心灵,哪怕是一时一刻。

假如一个人能自由掌控自己的情绪,能瞬间抛弃负面情绪,迅速将自己调整到一个生活和事业的成功者所需要的良好心境之中,那么这个人肯定前途不可限量,想不成功都难。

现实生活中,不管是亿万富翁还是街头乞丐,不管是帝王将相还是平民百姓,不管是红得发紫的明星还是广大的影迷、歌迷、球迷,每个人都会遇到情绪问题的困扰,每个人都需要学习控制自己的情绪。情绪控制能力好的人能很快走出负面情绪的阴影,而无法控制自己情绪的人则成为负面情绪的俘虏,甚至还会导致心理疾病。

正确疏导自己的愤怒

生活并不会时时受那些繁杂的琐事所困扰，但一定会因一些烦琐的小事而影响心情。轻易击垮人们的并不是那些看似灭顶之灾的挑战，而往往是那些微不足道的极细微的小事，它左右了人们的思想，改变了人们的意志，最终让大部分人一生一事无成。

愤怒在某些情况下是一种自然的反应，但并不是在每一种情况中都要如此反应。我们所处的社会是靠彼此的合作和帮助才得以维持的。我们要承认别人与自己都有情绪存在——但是我们不能拿它当借口，每次有什么情绪，就无所顾忌地发泄出来，这样做只会得不偿失，没有任何意义。

一位刚毕业的大学生，花费了很大精力找到了一份海上油田钻井队的对口工作。在海上工作的第一天，领班要求他在限定的时间内登上几十米高的钻井架，把一个包装好的漂亮盒子送到最顶层的主管手里。他拿着盒子快步登上高高的狭窄的舷梯，气喘吁吁、满头是汗地登上顶层，把盒子交给主管。主管只在上面签下自己的名字，就让他送回去。他又快跑下舷梯，把盒子交给领班，领班也同样在上面签下自己的名字，让他再送给主管。

他看了看领班，犹豫了一下，又转身登上舷梯。当他第二次登上顶层把盒子交给主管时，浑身是汗，两腿发颤，主管却和上次一样，在盒子上签下名字，让他把盒子再送回去。他擦擦脸上的汗水，转身走向舷梯，把盒子送下来，领班签完字，让他再送上去时他有些愤怒了，他看看领班平静的脸，尽力忍着不发作，又拿起盒子艰难地一个台阶一个台阶地往上爬。当他上到最顶层时，浑身上下都湿透了，他第三次把盒子递给主管，主管看着他，傲慢地说："把盒子打开。"他撕开外面的包装纸，打开盒子，里面是两个玻璃罐，一罐咖啡，一罐咖啡伴侣。他愤怒地抬起头，双眼喷着怒火射向主管。主管又对他说："把咖啡冲上。"年轻人再也忍不住了，"啪!"他一下把盒子扔在地上，"我不干了!"说完，他看着扔在地上的盒子，感到心里痛快了许多，刚才的愤怒全释放了出来。这时，这位傲慢的主管站起身来，直视他说："刚才让你做的这些，叫作极限训练，因为我们在海上作业，随时会遇到危险，所以要求队员身上一定要有极强的承受力，承受各种危险的考验，才能完成海上作业任务。可惜，前面三次你都通过了，只差最后一点点，你没有喝到自己冲的咖啡。现在，你可以走了。"

有时，你的愤怒情绪将会阻止你干好任何一件事情。成大事者是不会被愤怒情绪左右的。在关键时刻不能让你的怒火左右情感，不然你会为此付出惨痛的代价。在现实生活中，也不乏因盛怒而身亡者。俗话说："一碗饭填不饱肚子，一口气能把人撑死。"人因盛怒而做出一些不理智的、最终导致死亡的事屡见不鲜。承受痛苦压抑了人性本身的快乐，但是往往就是在你承受了常人承受不了的痛苦之后，才会在某个方面有所突破，实现最初的梦想。可惜，许多时候，我们总是差那一点点，因为一点点的不顺而怒火中烧，这也正是很多年轻人的缺陷，正如上面的例子，一点小事都承受不了，最后的结果只能是丢了自己的第一份工作。

　　"人生一世，草木一春。"短短的几十年人生，何不让自己活得快活一点、潇洒一点，何必整天为一些鸡毛蒜皮的小事生闲气呢？如果被误解，气量大一点，装装糊涂，别人生气我不气，一场是非之争就会在不知不觉中消失，你也落得潇洒，而等到最终水落石出时，人家还会更加敬重你这个人。

　　宋朝初年一位名叫高防的名将，他的父亲战死沙场，他16岁时被澶州防御使张从恩收养，后来做了军中的判官。有一次，一个名叫段洪进的军校偷了公家的木头打家具，被人抓获。张从恩见有人在军队偷盗公物，不觉大怒。为严肃军纪，下令要处死段洪进以儆效尤。为了活命，段洪进情急之下编造谎言，说是高防让他干的。本来这点事也不至于犯死罪，张从恩对其的处理有些过头，高防是准备为其说情减罪的，但现在自己已被他牵连进去，失去了说话的机会，还让自己蒙上不白之冤，能不气吗？但转念一想，军校出此下策也是出于无奈，想到凭自己与张从恩的私交，应承下来虽然自己名誉受损，但能救下军校的性命也是值得的。所以，张从恩问高防是否属实，高防就屈认了，结果军校段洪进果然免于一死，可张从恩从此不再信任高防，并把高防打发回家。高防也不作任何解释，便辞别恩人独自离开了。直到年底，张从恩的下属彻底查清了事情真相，才明白高防是为了救段洪进一命，代人受过。从此，张从恩更信任高防，又专程派人把他请回军营任职。云开雾散之后，高防获得了更多人的尊重。

现实生活中，让人生气的事是随时可能发生的，但作为一个有头脑的冷静的人，为了更好地、安宁地生活和工作，理智地处理各种不愉快，就需要控制愤怒。如果不忍，任意地放纵自己的情绪，首先伤害的是自己。如对方是你的对手、仇人，有意气你、激你，你不忍气制怒，不保持头脑清醒，就容易被人牵着鼻子走，被别人算计，到头来弄个得不偿失的下场，比如三国时的周瑜就是一例。孔子云："一朝之忿，忘其身，以及其亲，非感与？"言下之意即因一时气愤不过，就胡作非为起来，这样做显然是很愚蠢的。愤怒体现的是理性的不健全。愤怒到极限时，最容易导致丧失理性，说出本来不该说的话，做出本来不该做的事。所以，我们要学会控制自己的情绪，不要轻易发怒。

如果你是一个易于愤怒却不善于控制的人，建议你不妨写一本愤怒日记，记下你每天的愤怒情况，并在每周作一个小总结。 这样，就会使你认识到：什么事情经常引起你的愤怒。寻找处理愤怒的正确方法，从而使你逐渐学会正确地疏导自己的愤怒。

处理好自己的烦躁情绪

一位白领满怀忧愁回到家中，整个工作日她一直忙乱、苦恼，充满攻击性，并且随时可能发怒。当她这样停止工作回到家里时，也就带回了残余的怒气、困顿、匆忙与忧虑。对待丈夫和家里人，她特别容易发怒。虽然在家里绝不可能解决工作中的问题，但她还是一直想着办公室里的事。这样的情绪很容易让她工作做不好，家庭关系也处于紧张之中。

情绪的紊乱还会造成失眠。很多人休息的时候都带着未解决的难题上床，他们在心理和情绪上仍然想要处理事情，而这时却又是最不适宜做事的。

白天我们需要各种不同的情绪和心理。与老板、顾客交谈时，你需要不同的心情，在你和生气的或爱发脾气的顾客交谈之后，你必须改变一下自己的心情，才能和下一位顾客交谈。否则，一种情况里的情绪搅和在另一种情况里，是不适于处理好问题的。

一个大公司的老板发现他的一个助理莫名其妙地以粗野、生气的口气接电话。这个电话恰巧是公司正在举行的一个重要会议上的人打来的，那时这位助理正处在困境和敌意之中。不用说，她那充满敌意的如棒槌击打一般的口气使打来电话的人吃了一惊，公司的人对这位助理的行为火冒三丈。针对这件事，这家公司规定：以后所有的助理在接电话以前，必须先冷静五秒钟，并且要保持微笑。

　　情绪的紊乱还会引起意外事件。追查意外事件起因的保险公司及其代理人发现，很多车祸的发生都是由于情绪的紊乱。

　　还有一种反应会引起烦恼、不安与紧张，那便是对不存在的东西进行情绪反应的坏习惯。这种东西，只存在于你的想象之中。

　　许多人不会对实际环境中的小刺激作出过分的反应，而却在想象中虚构出稻草人，并且在自己的心理图像里作出情绪反应。他们老是想：也许会发生这种情况，要不就是那种情况，要是发生了我该怎么办呢？自找麻烦却不自知。跳伞教练发现，那些在舱门处停留太久的人，往往再也不敢跳下去了，因为他们已被自己过于丰富的想象吓坏了。你要知道，人的神经系统无法分辨出真正的经历或想象出来的经历。

　　就你的情绪而言，对忧虑图像的适当反应就是完全不去理睬它。在情绪上，你要分析你的环境，认识那些存在于环境里的真实物，然后自然地进行反应。为了做到这一点，你必须全神贯注地关注现在所发生的事。这样你的反应一定是恰当的，而对于虚构的环境，你就不会有时间去注意了。

不要拿别人出气

老板毕先生对公司的事务不满意。他举行了一次集会并在会上说:"同仁们,现在我们必须组织起来,你们有人上班迟到,有人下班早退,甚至没有对工作的神圣责任感。现在,我以公司董事长的身份重整一切。从现在开始,如果每个人都能好好工作,并尽最大的努力,就会有一个很有前途的公司出现。"

像许多人一样,毕先生的意图是好的,但是几天以后,在乡村俱乐部的一次午餐中,他看报看得太入迷了,以至忘了时间。等他意识到时,大为吃惊,几乎把咖啡杯摔掉。他叫道:"啊!我的天!我非得在十分钟内赶回办公室不可。"他跳起来,冲到停车场,迅速跳进汽车内把车开走。他在公路上将车开得几乎飞了起来,因而被交通警察开了超速开车的罚单。

毕先生真是愤怒到了极点。他对自己抱怨说:"今天真是活该有事。我是一位善良、守法的公民,这个警察居然跑来给我一张罚单。他该做的是去抓罪犯、小偷与强盗，不应当找纳税公民的麻烦。我汽车开得快并不表示不安全。真是可笑！"

他到办公室时，为了转移别人的注意，就把销售经理叫了进来。他很生气地问一件销售案是否已经定案了。销售经理说："毕先生，我不知道哪儿出了什么差错，我们失去了这笔生意。"

现在，你就可以想象毕先生是多么烦乱了。他愤怒地对销售经理喊道："你不知道吗？我已经付你18年薪水了！现在我们终于有一次机会做大生意，它能使我们扩大生产线，而你到底做了什么呢？你把它弄黄了。让我告诉你，你最好把这笔生意争回来，否则我就开除你。你在这里待了18年，并不表示你有终生雇佣合同。"啊，他真是太烦乱了。

再看看这位销售经理的情形吧。他走出毕先生的办公室，气急败坏地抱怨说："真是没事找事。18年来我一直为公司卖力，我负责拉所有的生意，公司靠我才经营下去。毕先生是一个傀偶，公司少了我就会停顿。现在仅仅因为我失去一笔生意，他就恐吓要开除我。岂有此理！"

销售经理嘴里仍然嘀咕不停。他把秘书叫进来问："今天早上我给你的那五封信打好了没有？"她回答说："没有。难道你忘了，你告诉我希拉的客户服务第一优先吗？所以我一直在做那件事。"销售经理冒火起来说："不要找任何卑鄙的借口。"他指责道："我告诉你，我要这些信件赶快打好，如果你办不到，我就交给其他人去做。你在这里待了7年并不表示你有终生雇佣合同。这些信今天要寄出去，不得有误。"啊，他也变得烦乱了。

请继续看这位秘书的情形。她用力关上销售经理办公室的门，并对自己抱怨说："真是烦透了。7年来我一直尽力做好这份工作，几百小时的超时工作却从未有一分加班费，我比其他三个人做得更多，我使公司团结在一起。现在就因为我无法同时做两件事情，他就恐吓要开除我。岂有此理！"

她走到接线生那里说："我有一些信件要你帮忙。我知道这并不是你分内的工作，但你除了坐在那里偶尔听听电话以外，并没有做什么事。这是急事，我要这些信件今天就寄出去。如果你无法办到，最好让我知道，我会叫别人做。"啊，她变得烦乱了。

请再看接线生的情形吧。她大发脾气。"这真是从何说起？"她说，"我是这里最努力的职员，且待遇最低，我要同时做4件事，每次他们进度落后时，总要找我帮忙，真是不公平。要我帮忙还用这种态度，真是开玩笑！如果没有我，公司的事情早就停顿了。再说他们也没有办法用两倍的薪水找到任何人来接替我的工作。"她把信件打出来了，但是她做的时候心里很不是滋味。

她回到家时仍在发怒。进了屋子，她猛地关上门，并直接进入孩子的小房间。她看到的第一件事情是她12岁的儿子正躺在地板上看电视，第二件事情是他的短裤破了一个大洞。在极度愤怒之下，她说："我告诉你多少次了，放学回家后要换上你的家居服。我供养你，送你到学校念书，还要做全部的家务，已经被折磨得要死。现在你必须到楼上去。今天你的晚饭就别吃了，以后三个星期不准看电视。"啊，她也变得烦乱了。

现在，再看看她12岁的儿子的表现。他走出小房间说："真是莫名其妙。我正在替她做一些事情，但是她不给我机会解释到底发生了什么事。"大约就在这时候，他的猫走到面前。小孩重重地踢了它一脚，并说："你给我滚出去！你这臭猫。"

显然，猫可能是这一连串事件中唯一无权改变事情的对象，这使我们想起一个简单的问题：毕先生为什么不干脆直接从乡村俱乐部走到接线生家里去踢那只猫？

让我们看看对各种情况的一系列反应吧。你对幽默有什么反应？对微笑有什么反应？对你赞许的人有何表示？当你做成一笔生意或人们对你有礼貌时，你有什么反应？对一个美丽的女子，或一位很有礼貌的侍者，你有何反应？我敢打赌你会高兴，报以微笑，并且有礼貌；我敢打赌你会感谢所有这些事情，它们会使你成为一位友善的人。你明白，任何人在这些情况下都会作出合理的反应。

当某人冒犯你时，你是否会立刻反唇相讥呢？当身后的汽车司机猛按喇叭，而此时交通堵塞，两边车辆大排长龙，你该怎么办？你是否会走下汽车，板起面孔，挥拳相向呢？当你的妻子或丈夫向你发泄不满时，你会有什么反应呢？

你对消极事物的反应，大体上决定了你成功和快乐与否。

每个人的成就不同是因为对生活的消极面反应不同而产生的必然结果。一般人的反应是博得别人的同情，并借酒浇愁。成功的人碰到相同或更大的问题时却有积极的反应，并寻求问题好的一面。

用适当的方式发泄心中的怨气

很多人生气时敢怒而不敢言，不知道自己为什么那么痛苦。这种闷气如果不发泄出来，仅仅在心里头闷着，久而久之，不但人会闷闷不乐，可能还会闷出病来。

当遇到一些不开心的事时，不妨说出来，这样能够缓解压力，调节情绪，安慰自己，从中得到精神上的鼓舞，摆脱心理负担。心理学家的研究表明：自言自语就是一种最健康的解决精神压力的方法，是一种行之有效的精神放松方法。

当你感到整天被工作所累，人仿佛一下子老了许多时，不妨仔细看看镜中的自己，自言自语道："不错嘛，并不太老，还是颇具魅力的，依然年轻！"能够有意识地欣赏自己，学会自我解嘲、自我排遣。这样一来，心情就会好许多，信心也变得十足了。

当你挨了上司的批评，心中愤愤不平时，可以一个人躲起来独自"控诉"："哼！有什么了不起！你也有犯错误的时候，就算我有点不对，也不必这样盛气凌人嘛！我根本没兴趣理你!"一番喃喃自语后,气也顺了,怒也消了,还是努力工作吧。

当你在日常生活中或与人接触时受了一些气时,回到房间里静静地坐一会儿,甚至躺一会儿,或是去散散步,到各种娱乐场所去玩玩,这些都是排遣心中烦恼的好方法。 总之,应当用一切方法来排遣自己的烦恼,直到恢复平静的心情为止。

有一个叫布莱德的商人,每次生气和人起争执的时候,就以很快的速度跑回家去,绕着自己的房子和土地跑三圈,然后坐在田地边喘气。布莱德非常勤劳,他的房子越来越大,土地越来越广,财产也越来越多。但不管房子有多大、土地有多广,只要与人争论生气,他还是会绕着房子和土地跑三圈。

"布莱德为何每次生气都绕着房子和土地跑三圈?"所有认识他的人心里都有疑惑,但是不管怎么问他,布莱德都不愿意说。直到有一天,布莱德很老了,他生气地拄着拐杖艰难地绕着土地和房子走。等他好不容易走完三圈,太阳都下山了。

布莱德独自坐在田边喘气,他的孙子在身边恳求他:"爷爷! 您已经年纪大了,这附近的人也没有谁的土地比您的更大了,您不能再像从前一样一生气就绕着土地跑! 您可不可以告诉我,为什么您一生气就要绕着土地跑上三圈呢?"

布莱德禁不起孙子的恳求,说出了藏在心中多年的秘密:"年轻时,我每当和人吵架、争论、生气,就绕着房子和土地跑三圈，边跑边想：我的房子这么小，土地这么少，我哪有时间和资格去跟人家生气呢？一想到这里气就消了，于是我就把所有时间用来努力工作。"

孙子问道："您年纪大了，也成了最富有的人，为什么还要绕着房子和土地走呢？"

布莱德笑着说："我现在还是会生气，生气时绕着房子和土地走三圈，边走边想：我的房子这么大，土地这么多，我又何必跟人计较呢？一想到这儿，气就消了。"

发怒最易使人丧失理智，因而犯下不可原谅的错误。所以，当发觉自己已经忍无可忍快要发作时，最好立刻设法离开，到一个可以使自己暂时忘记一切的地方去静一静。当你的心平静沉着的时候，你才能够用更理智的方式解决烦恼。

如果你的世界苦闷而无望，那是因为你自己苦闷无望，改变你的世界，必先改变你的心态。每一个人都要懂得适时宣泄自己的不良情绪，让精神放松，升华精神境界。心中的不快缓解和消释了，心境就宁静了，生活就会变得美好了。

摆脱焦虑，学会控制自己

　　踏入职场已三年多的会计晓燕，是属于情人节和男朋友出去吃顿饭都能接到十来个工作电话的人。看着周围的人都在伏案算账，就算自己的工作已经完成了，她仍然会觉得心发慌，赶紧再找个账本来审计审计。这种莫名的焦虑常常让她心神不宁，她不得不承认，自己实在是恨死这份工作了，只要拿起账本来，就会觉得头晕眼花。

　　在某咨询公司上班的李小姐平时是典型的"工作狂"。长假中，她和朋友们结伴去了云南旅游。在游山玩水、倍感惬意之时，她忽然发觉，自己以前错过了这么多生活乐趣，而工作除了带给她薪水和一时的成就感外，一无所有，假期结束后，她开始对工作感到焦虑恐惧，每天晚上都做噩梦。

还有一个更严重的案例：

某个周末，工作了一周的罗先生突然病倒了，被送入医院急救。全身几乎瘫痪，四肢麻木，面部完全僵硬，整个人已不能动弹，唯有意识依然清醒——知道自己是谁，知道出了什么问题——这就是职业"焦虑恐惧症"。身为一家大型航空集团的首席信息官，罗先生的双肩承担着整个企业信息化建设的任务，他深知自己被打垮都是压力惹的祸。老板深谋远虑，对于信息化建设全力支持，但爱之愈深，责之愈切，老板对寄予厚望的信息化不仅要求"只能胜不能败"，还要"质高而价低"；而让员工改变已经轻车熟路的工作方式绝非易事，何况集团内"电脑盲"并不鲜见，当中有不少是中层领导，而他并非人家的行政上级，无法以强权推行"扫盲"运动。于是，"搞信息化是在扔钱"之声不绝于耳，对他本人的误解、嘲讽也是家常便饭，各种直接和间接抵制行为也不少。

　　而罗先生又是个责任心极强的人，凡事总是要一人承担，不愿找借口为自己开脱。在刚开始颁布走信息化之路时，他就遇到了阻力。于是，上上下下，期望与阻力，源自不同的立场、指向不同的方向，再加上工作中的未知与不可控因素汇聚、交织在他的心中，反复纠缠，形成了一种叫作"焦虑"的情绪，不仅腐蚀了他的心，也侵蚀了他的身体，令他不堪重负，最后累得病倒。

古时候，残忍的将军要折磨其俘虏时，常常把俘虏的手脚绑起来，放在一个不停往下滴水的袋子下面。水滴着……滴着……夜以继日。 最后，这些不停滴落在头上的水，变得好像是用槌子敲击的声音，使那些人精神失常。 这种折磨人的方法，以前西班牙宗教法庭和希特勒手下的德国集中营都曾经使用过。

焦虑就像不停往下滴的水，而那不停地往下滴的焦虑，会使人丧失心神，顿觉人生灰暗。 如果一个人乘坐的汽车突然发生车祸，虽然自己没有受伤，但事后一想到这件事，心里就觉得恐惧，这就是常说的"后怕"，其实也就是焦虑。 一个人面临会见重要人物、登台表演时都可能产生焦虑。

现代社会，很多人总是在焦虑中度过一天又一天，以至于经常疑神疑鬼。 其实，心理上的焦虑并不能帮助我们解决什么问题，相反，它会使问题变得更困难。 在焦虑的时候，我们的思考能力也降低了，一个个几乎都成了瞎子、聋子，使我们看不清事情的真相，因而失去很多机会。 这种焦虑，使得我们在考虑问题的时候，往往朝坏的方向想，而很少朝好的方向考虑。 有这种焦虑心态的人，不可能做成任何有价值的事情。 由于过度焦虑使人们产生莫名的恐惧，不能正确把握事态的发展，他们做任何事情都没有正确的方向。 方向都错了，还会有正确的结果吗？ 还会快乐吗？

不要被坏情绪传染

人生变幻莫测，这是不幸，但也是幸运，因为它给予我们努力的希望和勇气。其实，每一个人都希望被人重视、受人尊重，但有时又难免被人嘲弄、被人排挤。生活给予我们快乐的同时，也会给予我们很多伤痛的体验。面对这些痛苦和烦恼，我们该如何应付？是悲观生气、怨天尤人，还是坦然宽心地对待？

当遇到烦恼时，相信每个人都会变得情绪不稳、心神不宁。在这种精神状态下，不仅工作、学习效率大大降低，还可能影响到其他人。很多人可能都有过这样的体验：当别人心情烦躁时，如果我们与之交往，就可能被对方的情绪影响，自己也变得烦躁起来。

其实，谁做事情是为了让自己生气呢？凡事想开一点，做人大气一点，放宽心胸，高兴地过好每一天不是比生气更好吗？

别人的坏情绪会影响到我们，我们的坏情绪反过来又会影响别人，这种恶性循环于人于己都没有好处。相反，若能事事宽解为怀，用包容疏泄怒气，不仅能让自己心态平和，心中充满阳光，还能把好心情传染给别人，让别人也变得快乐起来。大家都快乐，不是比大家都生气更好吗？

下面这个故事让人深思。

一天，小洁来到一个珠宝店的柜台前，把一个装着几本书的包放在旁边。在小洁挑选珠宝时，一位衣着讲究、仪表堂堂的男士也过去看珠宝，为了不挡住对方看珠宝的视线，小洁礼貌性地把包移开了。可是，这个人却突然愤怒地瞪着小洁，告诉小洁说他是个正人君子，绝不会偷小洁的包。他觉得他受到了侮辱，重重地把门关上，走出了珠宝店。

莫名其妙地被人这么嚷了一通，小洁也很生气，本是好意，却被当成了驴肝肺！小洁也没心思看珠宝了，出门开车回家。

马路上的车像一条巨大而蠢笨的毛毛虫，缓慢地蠕动着。看着前后左右的车小洁就生气：哪来这么多车！哪来这么多讨厌的司机，简直就不会开车！这家伙开这么慢，怎么学的车，真该扣他教练的奖金……

后来，小洁和一辆大型卡车同时到达一个交叉路口，小洁想："这家伙仗着他的车大，肯定会冲过去。"当小洁下意识地准备减速让行时，卡车却先慢了下来，司机将头伸出窗外，向小洁招招手，示意小洁先过去，脸上还挂着开朗、愉快的微笑。在小洁将车子开过路口时，满腔的不愉快突然全部消失得无影无踪……

珠宝店中的男士不知因何愤怒，把这种坏情绪传染给小洁；带上这种情绪，小洁眼中的世界都充满了敌意。直到看到卡车司机灿烂的笑容，他用好心情消除了小洁的敌意，让小洁又再次有了快乐的心情。

愉快、喜悦的心情会给人正面的刺激，有益于健康；而苦恼、消极的情绪就会给人以负面的影响。因此，让自己不受坏情绪的影响，保持一个好的心情是非常重要的。面对生活中的不如意，我们要学会让自己宽心，学会"化干戈为玉帛"，不要让那些不值得的琐碎小事破坏了情绪。只有这样，我们的人生才会远离烦恼，拥有更多的快乐。

那么，怎样才能防止自己被坏情绪"传染"呢？主要是要宽容，自己的品格和性情修养，要多一些理性，多一些宽容，认识到为一些鸡毛蒜皮的小事而生气伤身是不值的。家和万事兴，从容岁月长；只要人长久，"面包总会有"；"笑一笑，十年少；愁一愁，白了头"……这些并不仅仅是一些调侃之语，而是有科学依据的。心理学家研究发现，人在心情愉悦时，就会分泌出更多的人体咖啡——内啡肽，从而令人感到快乐，也更能维护身心健康。

当感到别人的坏情绪可能会影响自己时，不妨离开对方。如果火气上来了，那么这时一个眼神、一句话都可能成为彼此争吵的导火线。所以，三十六计，走为上策，选择离开现场，让自己的头脑保持清醒，也许冷静下来后，你会发现其实真是没什么大不了的事，自己完全不值得为此而生气伤身。

第三章

没有人能令你失望，除了你自己

做适合自己的事

不管你是腰缠万贯还是一贫如洗，不管你是达官显贵还是一介草民，只要所做的是自己所喜欢的，你就会全身心地投入，就会体悟到其中的乐趣，就能使自己走向成功，获得幸福。

可以毫不夸张地说，人生的成功，在很大程度上取决于自己对强项和弱项的抉择。 每个人都有自己的强项和弱项，如果抱着自己的弱项不放，那就荒废了自己的强项。

成功学学者的看法是，我们不可以盲目地跟风模仿别人，不能把别人对我们的看法看得太重，从而压抑自己。 其实在很多时候，我们大可显现出真正的自我。 我们要提醒自己，别人眼中的成功不一定会使自己快乐，我们完全可以设定自己的成功标准。

那些仅仅追求外在成功的人实际上没有真正喜欢做的事，他们真正喜欢的只是名利，一旦在名利场上受挫，内在的空虚就暴露无遗。 而成功者大多认为把自己真正喜欢做的事做好，尽量做得完美，让自己满意，才是成功的真谛。

有个男孩出生在一个贫穷的犹太人家里。他的性格十分内向、懦弱，没有一点男子汉气概，非常敏感多愁，总是认为周围环境让他感觉到压迫和威胁，防范和逃避的想法在他心中可谓根深蒂固。

因此，男孩的父亲竭力想把他培养成一个标准的男子汉，希望他具有风风火火、宁折不弯、刚毅勇敢的性格。

在父亲粗暴、严厉而又自负的培养下，他的性格不但没有变得刚烈勇敢，反而更加懦弱自卑，并从根本上丧失了信心，致使生活中每一个细节、每一件小事，对他来说都是一个不大不小的灾难。他在困惑痛苦中长大，整天都在察言观色。他常常独自躲在角落里咀嚼痛苦，小心翼翼地猜度着又会有什么样的伤害落到他的身上。看他那个样子，简直是没出息到了极点。

然而，令人始料未及的是，这个男孩后来却成了20世纪上半叶世界上最伟大的文学家之一，他就是奥地利的卡夫卡。

卡夫卡的成功在于他找到了适合自己"穿的鞋"，他内向、懦弱、多愁善感的性格，使他很适合从事文学创作。在这个他为自己营造的艺术王国中，在这个精神家园里，他的懦弱、悲观、消极等弱点，反倒使他对世界、人生以及命运有了更敏锐和深刻的认识。在作品中，他把荒诞的世界、扭曲的观念以及变形的人格，解剖得更加淋漓尽致，从而给世界留下了许多不朽的巨著。

比尔·盖茨说："做自己喜欢和善于做的事，上帝也会助你走向成功。"从成功学的角度来看，判断一个人是不是成功，最主要的是看他是否最大限度地发挥了自己的优势。科学家通过研究发现，人类有 400 多种优势。这些优势本身的数量并不重要，最重要的是你应该知道自己的优势是什么，然后将生活和事业的发展都建立在你的优势之上，这样才会离成功越来越近。

尊重自己的工作

工作不仅是我们赖以谋生的手段，同时也是我们实现人生价值的舞台，只有在工作中才能真正体现我们人生的意义，才能使我们的生命变得充实。一条小溪由于不断地流动而清澈见底，一旦它停止了流动就会变成一汪浑浊的死水。工作就是人生的小溪，也许它并不起眼，但是没有了工作，我们的生命就会像一潭死水毫无生机。所以，一旦我们从事了某种工作，就一定要尊重自己的工作。如果你尊重你的工作，那么你会全心全意地投入工作，当工作中有了难题，你也会全力以赴，有着这样的心态，还有什么做不好的呢？

南丁格尔是世界医学护理史上一个不朽的名字，甚至颇具传奇色彩。直到现在，以她的名字命名的奖项，通常都是由国家最高领导人颁发，因此南丁格尔奖也成了全世界护士梦寐以求的最高荣誉奖。

在南丁格尔25岁那年，她决心要当一名护士，但是这个想法却遭到了家人强烈的反对。因为在当时，人们认为护士都是"已经丧失品格的女人"，所以大多数人都觉得只有生了孩子的女人才能去干。

但是南丁格尔并没有这样的想法，她认为护士是一个非常伟大的职业，因为护士可以让病人感到更舒服，所以她一直坚持自己的想法——做一名护士是值得全力以赴的伟大事业。对她来说，这也是她一生最伟大的选择。然而面对家人的反对，南丁格尔还是想了一个不是办法的办法——她给家里留了一张字条，写道："我始终坚信护士是一个神圣的职业，我从心里尊重它，并决定为它奋斗终生。"

就这样，在一片反对声中，南丁格尔终于在 31 岁那年进入德国凯塞威尔斯城护士学校，迈出了她作为一名护士的第一步。

1854—1856 年，克里米亚战争中，由于当时医疗条件恶劣，英军的伤病员有 50% 以上死亡。南丁格尔率领护理人员奔赴战地医院，当她看到这种情况，万分焦急，但是凭着对护士工作的热爱，她想到了一个办法：健全医院的管理制度，提高护理质量，在短短数月内把伤员死亡率降至 2.2%，士兵们都亲切地称她为"提灯女神"。

1860 年，南丁格尔在英国创建了世界上第一所正规护士学校。她还撰写了《医院札记》《护理札记》等主要著作，这些都成为后来医院管理、护士教育的基础教材。她的办学思想由英国传到欧美及亚洲各国，南丁格尔也因此被誉为近代护理专业的鼻祖。

1901 年，南丁格尔因操劳过度而双目失明。

1907 年，为了表彰南丁格尔对医疗工作的卓越贡献，英国国王亲自授予她功绩勋章，她也成为英国首位获此殊荣的妇女。

现实生活中，一些在普通劳动岗位上的员工可能会认为自己的工作岗位不体面，不值得尊重，从而对自己的工作产生厌恶。其实，工作本身没有高低贵贱之分，无论你做什么工作，只要你能尊重自己的工作，真诚地热爱自己的工作，在不断追求工作完美的过程中追求人格的完美，就能创造美好的人生。

从前有一个农夫，他有一头老黄牛和一头骡子，两头牲畜一同负责耕作。

一天，骡子对老黄牛说："我们每天都这样低头耕地，还总是被人们抽皮鞭，真让我受不了，咱们装病休息一下吧。"

老黄牛听了，摇摇头，说："不行啊，耕地是我们的工作，你怎么能这么对待工作呢？虽然耕地辛苦，但是我们可以想想别的办法呀。"

骡子听了便嘲笑老黄牛："真是傻瓜，耕地还能有什么办法呢？"

于是，骡子就装病，果然被农夫带回家，还给它弄来新鲜的干草和谷物，好让它尽快好起来，骡子愉快地享受着一切。

到了傍晚，老黄牛才从地里回到家，这时骡子早已美美地睡了一觉，看到劳累的老黄牛，骡子说："你这是何苦呢，难道今天耕完了吗？"

老黄牛回答说："还没耕完，但是我想到一个方法，耕地的时候靠左一点就不那么累了。"

骡子又问老黄牛："今天主人有没有说我什么？"

"没有。"老黄牛回答道。

第二天，骡子照旧装病。老黄牛回来时，骡子又问当天耕种的情况。

"还不错，用我的方法，现在耕地快多了，再有一天就能耕完了。"老黄牛回答道。

"那主人说我了吗？"骡子又问道。

"没听清，"老黄牛说，"他只是和对面的屠夫说了很长时间的话。"

故事到这儿，结局已经可想而知了。当你热爱并尊重自己的工作时，遇到问题时你就会认认真真地想办法，最终一定会有办法解决；当你对自己的工作不屑一顾时，就会不由自主地逃避，不仅办法想不出来，就连这份工作恐怕也不能维持长久。

找准属于自己的位置

这世界上的路有千条万条，但最难找到的就是适合自己走的那条。

每一个人都应该努力根据自己的特长来确定目标，量力而行。根据自己的环境、条件、才能、素质、兴趣等，确定进攻方向。不要埋怨环境与条件，应努力寻找有利条件；不能坐等机会，要自己创造条件；拿出成果来，获得了社会的承认，事情就会好办一些。从事科学研究的人不仅要善于观察世界，善于观察事物，也要善于观察自己、了解自己。每个人都应该尽力找到自己的最佳位置，找准属于自己的人生跑道。

很多成就卓著的人，首先得益于他们充分了解自己的长处，并根据自己的长处来进行定位。如果不充分了解自己的长处，只凭一时的兴趣和想法，那么定位就不准确，有很大的盲目性。

歌德曾经没能充分了解自己的长处，树立了当画家的错误志向，害得他浪费了20多年的光阴，为此他非常后悔。美国女影星霍利·亨特曾经竭力避免被定位为短小精悍的女人，结果走了一段弯路。后来在经纪人的引导下，她重新根据自己身材娇小、个性鲜明、演技极富弹性的特点进行了正确的定位，出演《钢琴课》等影片，一举夺得戛纳国际电影节的金棕榈奖和奥斯卡大奖。阿西莫夫是一个科普作家，同时也是一个自然科学家。一天上午，他坐在打字机前打字的时候，突然意识到："我不能成为一个一流的科学家，却能够成为一个一流的科普作家。"于是，他几乎把全部精力放在科普创作上，终于成了世界著名的科普作家。伦琴原来学的是工程科学，他在老师孔特的影响下，做了一些物理实验并逐渐体会到，这就是最适合自己的行业。后来，他果然成了一个有所成就的物理学家。

在生活中，谁都想最大限度地发挥自己的能量，但是由于种种原因，并不是你想干什么就能干什么的，有许多人都在自己并不喜欢甚至厌恶的岗位上，做着自己并不情愿去做的工作。

不要随意贬低自己

生活中不少人总是爱贬低自己，他们似乎很乐意暗示自己是一个渺小的人，一个毫无价值的人，觉得自己与别人相比简直就如一根稻草一样无用，因而做起事来也显得无精打采，毫无斗志。这些人往往就垮在了自己身上存在的缺点和毛病上，这是因为自我贬低无异于降价处理自己。如果你认为自己身上满是缺点和毛病，如果你自认为是一个笨拙的人、不幸的人，如果你觉得你绝不可能取得其他人所能取得的成就，那么你只会因为自我贬低而失败。

自我贬低是最具破坏力的。有这样一位公司负责人，他身为董事长，却总是蹑手蹑脚地走进董事会议室，就好像是一个无足轻重的人，就好像他完全不能胜任董事长的职位。作为董事长的他竟然还感到奇怪，自己为什么只是董事会中一个无足轻重的人，自己为什么在董事会中的威信这么低，自己为什么很少受人尊重。他没有意识到自己应该好好反思一下。如果他给自己全身都贴满"降价"的标签，如果他像一个无足轻重的人那样立身、行事、处世，如果他给人的印象是他并不了解自己、相信自己，那他怎么能希望其他人好好地对待自己呢？

如果我们对自己的前途有更清醒的认识，如果我们对自己有更大的信心，那么我们将取得更丰硕的成果。只要我们能更好地了解我们身上的潜力和高贵的一面，那么我们将会对自己充满更大的信心。由于我们总是往坏的方面、差的方面想，因此我们总是认为自己渺小、无能和卑劣。如果我们想达到杰出的境界，那么我们应该向上看，应该多想想我们好的、崇高的一面。

自我贬低的不良习惯对一个人成功个性的培养极具腐蚀作用，它会打击人的自信心，扼杀人的独立精神，使人看起来就像没有长脊椎骨一样，整天萎靡不振，找不到生活的支柱。

自我贬低也会使人失去审美能力，感受不到和谐生活的美。真正的绅士可以从容不迫地应付生活，不卑不亢地面对一切。但有些人似乎天生就有一种自我轻视的习惯，他们躲躲闪闪，不敢正视生活。不管去哪里，总是坐到最后一排，或者想尽办法逃离人们的视线。在人的个性中，确实存在着这种令人鄙视的弱点。人们喜欢那些勇敢的人，他们昂首行走在人群中，精神自由，思想独立，过自己想过的生活，称自己是一个真正的人。

如果我们以征服者的心态对待人生，我们会留给人们这样的印象，即我们相信自己将来会有所成就，而且这种信心是坚强有力的，是充满必胜信念的；如果我们以屈服者的心态面对人生，我们就会以悔恨、自我贬损和逃避他人的心态出现在世人面前。 正是这两种不同的心态造成了世界上人与人之间的差别。

爱默生说："如果一个人不自欺，他也不会被别人所欺骗。"拥有坚定和自信的个性，就不会自欺欺人。 总是能对自我和生活作出积极的、实事求是的评价，就可以不断塑造自己的品格。 在生活中，永远不要无端地低估自己、鄙视自己。

应该牢记，自我轻视的态度从来不会造就出一个真正的男子汉，现在不会，将来也不会。 当然，建立在渊博的知识、精明强干的能力和诚实守信基础上的自信，与建立在自我吹嘘、盲目乐观基础上的自高自大有着天壤之别。 自信可以使我们竭尽全力、有条不紊地做自己的事，而自高自大则令人讨厌，最后一事无成。 一个人能自我尊重，对自己的个性作出积极的评价，可以为生活保驾护航，不仅可以有效地纠正不良倾向，也可以在人生之路上避免错误的选择，避免失败。 一个充满自信、注重自我尊严的人是不会自甘堕落的，与人交往时也不会使用下三滥的手法，更不会屈尊忍辱。

确信自己有获得成功的能力

有这样一个故事：

一个纽约的商人看到一个衣衫褴褛的铅笔推销员，顿生一股怜悯之情。他把 1 美元丢进卖铅笔人的盒子里，就准备走开，但他想了一下，又停下来，从盒子里取了一支铅笔，并对卖铅笔的人说："你跟我都是商人，只不过经营的商品不同，你卖的是铅笔。"

几个月后，在一个社交场合，一位穿着整齐的推销商迎上这位纽约商人，并自我介绍："你可能已经记不得我了，但我永远忘不了你，是你给了我自尊和自信。我一直觉得自己和乞丐没什么两样，直到那天你买了我的铅笔并告诉我，我是一个商人。"

推销员以前一直觉得自己和乞丐没什么两样，不就是因为缺乏自信心吗？正是从纽约商人的一句话中，推销员找到了自尊和自信，并开始了全新的生活。缺乏自信常常是性格软弱和事业不能成功的主要原因。对此，著名的推销员齐格曾有过深切的体会。

齐格曾参加过一个在北卡罗来纳州查勒提开办的由田纳西纳什维尔的梅里尔指导的全日制培训课程。

培训结束后，梅里尔先生将齐格留下说："你有很强的能力，你可以成为一个了不起的人，甚至一个全国优胜者。我绝对相信，如果你真正投入工作，真正相信自己，你能冲破一切困难获得成功。"

后来，齐格细细品味这些话时，他惊呆了。你必须理解齐格当时的处境，才有可能意识到这些话对他有多大的影响。他回忆道："当我是个小男孩时，我长得很小，即使在穿得最多时也没超过 120 磅（1 磅 ≈ 0.45 千克）。我上学后，从五年级开始，放学后和周六的大部分时间都在工作，运动方面也不是很活跃。另外，我还很胆小，直到 17 岁才敢和女孩约会，而且还是别人指定给我的一个盲目性约会。一个从小镇中出来的小人物，希望回到小镇上一年赚上 5000 美元，我的自我意识仅限于此。现在却突然有一个受我尊敬的人对我说'你可以成为一个了不起的人'。"所幸的是，齐格相信了梅里尔先生，开始像一个优胜者一样思考、行动，把自己看成优胜者。最后，他真的成为了一个优胜者。

齐格说："梅里尔先生并未教给我很多推销技巧，但那年年底，我在美国一家有 7000 多名推销员的公司中，推销成绩名列第二位。我从用克莱斯勒车变成用豪华小汽车，而且有望获得提升。第二年，我成为全州报酬最高的经理之一，后来我成为全国最年轻的地区主管人。"

　　齐格遇到梅里尔先生后，并未学到一系列全新的推销技巧，他的智商也并没提高，梅里尔先生只是让他确信自己有获得成功的能力，并给了他目标和发挥自己能力的信心。 如果齐格不相信梅里尔先生，梅里尔先生的话对他也就不会有什么影响。

　　生活对于任何一个人都非易事，我们必须要有坚韧不拔的精神，最要紧的是要有信心。 一个人只要有信心，他就能成为他希望成为的人。

别和自己过不去

　　人生中似乎困扰太多，快乐太少，你是否觉得人生本应一帆风顺，那些降临在自己身上的挫折与困难都该统统消失，否则便要怨天尤人？你是否认为众人应该友好、平等地对待你，你所追求的心仪对象应该接受你，否则便会感到沮丧或是焦虑？你是否要求自己尽善尽美地完成工作，一旦稍有失误就会自我否定或是自我谴责？

　　小利是某大型公司的一名员工，整天多愁善感，遇到一点挫折就垂头丧气，总是怪自己太笨了。有时候确实是工作难度太大了，有时候确实是事出有因，有时候是他对自己的要求太高了。可他却不去考虑多方面的因素，只要一遇到不顺心的事，他就一个劲儿地埋怨自己。刚开始朋友还会劝他，可他一直这样，弄得大家也都没有了好心情和耐心，干脆都不去理会他的自责和不高兴。久而久之，他感觉被人冷落了，甚至抑郁成病……

生活中总是难免有烦恼，有时人生的烦恼，不在于自己获得多少，拥有多少，而是自己想得到的太多。有时因为想得到的太多，而自己的能力却难以达到，所以便感到失望与不满，然后就自己折磨自己，说自己"太笨""不争气"等等。小利就是这样的一个典型。

　　人们常说，凡事多往好处想，才能有一个好心情。有一个人老是过得不顺心，可他总是能从好的一面去看问题。有一天出门，他不小心掉到了河里，爬上岸一看，别人都在担心他，可是他却高兴地说："嘿！真走运，口袋里还装了一条鱼。"如果你也能以这种心态去生活，你就会过得很坦然，很快乐。

　　人这一辈子不可能总是春风得意、一帆风顺，肯定会遇到不如意的事。这时候你就得想开点，从容地面对生活，多劝劝自己，千万别跟自己过不去。如果你想不开，弄得自己吃不下、睡不着，又有什么用呢？过多的烦恼和压力只会将你的心灵挤压得支离破碎，而且人体的各个器官在心情烦躁或怒火中烧的情况下会处于紧张状态，往往会引起失眠、神经衰弱等。若是长期处于抑郁状态，还会诱发其他心理疾病。所以，人要学会对自己好一点，避免跟自己过不去。要知道，世上没有跨不过的沟，也没有蹚不过的河，要想得通，放得下。

　　其实，静下心来仔细想想，生活中许多不能完成的事情并不是因为你的能力不强，可能是因为你的愿望不切实际。要知道，一个能力超强的人也并非具备做任何事情的才能，所以，不要强求自己去做一些超出自己能力范围内的事情。

　　在生活中，我们应该时常肯定自己，努力做好我们能够做好的事情。 只要尽力而为了，心中也就坦然了，即便在生命结束的时候，也能问心无愧地说："我已经尽了自己最大的努力，我是无愧于心的。"

在生活中，我们还应该时常换个角度看问题。 生活中的种种困境和不幸也许遮住了你的视线，让你看不到生活中的光明。 但如果你换一个角度去看世界，你会惊奇地发现，世界一片光明，大自然充满无限的生机与活力。

生活是多姿多彩的，活着就是要品尝生活的百味，所以不要钻牛角尖，不要自己和自己过不去。 如果你觉得不开心，那就学会主动去寻找生活中的快乐。 其实获得快乐的方式也很简单，比如，早晨醒来睁开眼睛看着天花板，你可以用快乐的心去感受那纯净的白色；上午在窗前读一本自己喜欢的书，你可以用快乐的心去体味书中的感动；下午坐在摇椅上冥想，你可以用快乐的心去感受太阳的温暖；黄昏到楼下茶馆里去品一杯醇香的红茶，听一曲旋律悠扬的老歌，你可以用快乐的心去迎接黑夜的来临；晚上给家人炖一锅又鲜又香的排骨汤，你可以享受到付出的快乐。

全力以赴

王莲香曾是某军工厂的一名普通职工，多年来一直与蓄电池打交道。她看到，铅酸蓄电池是一种对环境有着极大危害的产品，不仅会污染环境，而且有害人的健康。于是，她便萌发了改造蓄电池，从而消除铅酸污染的想法。

然而，要解决世界化学界全力攻关都未见成效的难题，对于既没有资金，又没有场地，还缺乏专业知识的王莲香来说，谈何容易。

生性刚毅的王莲香一旦认定自己的设想具有重要价值，她就毫不犹豫地投身其中，虽然她也很清楚，这其中的风险是何其的大。

没有场地，她家那间13平方米的小屋便成了实验室，桌上、地下到处摆满了这些瓶瓶罐罐。没有经费，她便变卖家产。王莲香的丈夫在远洋轮上工作，家底还算丰厚，但不到几年时间便被她折腾光了。她不仅耗尽了家中的全部积蓄，还卖掉了丈夫从国外买来的高级摩托车、彩电、冰箱、收录机，甚至是心爱的衣物。当家里再也找不出一件比较值钱的东西时，她只好冒险向人借钱来搞试验。

缺乏专业知识，她就不分昼夜地加强自己的化学知识，查阅所有能查到的专业资料。本在艺术上颇有造诣的大儿子被说服改学了化学，对蓄电池颇为精通的丈夫也成了她的技术顾问。

为了解决胶体电解质的稳定性问题，王莲香不顾身体有病，四处奔波求教。国内哪儿有类似产品，她就跑到哪里考察。几年内，她跑遍了全国20多个省、自治区和直辖市。

为了检测高能胶体电解质的耐低温性能，她在寒冬腊月前往内蒙古通辽去做试验。晚上住的是没有取暖设备的房间，白天做耐寒检测，将王莲香冻得手脚生疮。

为了寻找蓄电池的最佳配方，她同大家一起共测试了整整40个月，每天要不间断地测试24次，仅记录就写满了上百本。

王莲香最终获得了成功，一种高能、无污染、无腐蚀性且耐低温的胶体蓄电池问世了，该产品不仅能满足各种设备的大功率启动的需要，且寿命是铅酸蓄电池的3倍还要多。

当"海王"取得成功的消息传到国外时，德国一家驰名大公司大吃一惊，断言这不可能是中国人干的。当他们知道了这一切是真的时，马上就邀请王莲香访德，并急切要求订货。

科学研究是世界上所有投资中风险最大的领域，通常都由政府或实力雄厚的大公司来承担，因为其失败的可能性太大了。但王莲香却敢于向这一领域的尖端难题发出挑战，并自费承担了全部的商业风险，这不能不说是一项壮举。在科研的过程中，她所表现出的高度的敬业精神，也可谓是世人的楷模。

如果你认定某一目标是有意义、有价值的，那它就是一项值得冒险的事业。为了抓住成功的机遇，你应当尽最大的努力。

尽心尽力做好每一件事

无论你现在正在做的事是多么不起眼，多么烦琐，只要尽心尽力做好每一件事情，你就一定能逐渐靠近你的理想。

很多人都以为：自己有远大的目标，而且有坚定的信心，将来一定能够成功。为此，他们看不起脚踏实地、老老实实做事的人，总以为自己是志向远大的人，非一般人所能及。所以，他们好高骛远，对一些需要脚踏实地的工作不屑一顾，对自己的现状也十分不满，总认为现在所做的这些小事埋没了自己的才华。

事实上，所有的成功人士都是从这些人不屑的小事做起的，他们能把握住生活的每一天，在现实中通过努力来实现自己的目标。

现实生活中，我们必须承受一些问题、压力、失望等，因为它们都是生活中的一部分。人要活在现实中，才有可能应付生活对我们的要求。正如古罗马一位哲学家所说的那样："想要达到最高处，必须从最低处开始。"

从前，有一位年轻人一度认为自己才华横溢，总是梦想着成功。

然而，几年过去了，他越想得到的却越得不到。于是，对生活的不满和内心的不平衡一直折磨着他，使他无心于现在的工作，直到有一天他碰见了一个老渔民。年轻人看着老渔民从容不迫地打着鱼，心里十分敬佩。于是，年轻人问老人："每天你要打多少鱼？"

老人说："嗨，孩子，打多少鱼并不是最重要的，关键是只要不是空手回去就可以了。每天打一点儿，心里就十分满意了。"

年轻人若有所思地看着远处的海，突然想知道老人对海的看法。于是，他说："海是伟大的，滋养了那么多的生灵。"

老人说："那么你知道为什么海那么伟大吗？"

年轻人不敢贸然接话。

老人接着说："海能装那么多水，关键是因为它位置最低。"

年轻人听了，恍然大悟，从此开始脚踏实地，把握现在，努力工作，不久后果然得到了他想要的成就。

因为我们年轻，所以经常谈论理想和抱负，理想和抱负谈得多了以后，就会抱怨我们目前的状况：工作不好，得不到领导的赏识，门路太少，局限性太大，自己没法施展才华等。似乎这些现实的一切与理想的抱负差得太远，自己只有突破这些才能拥有美好的未来。可是，事实却并不像我们所想的，因而陷入了自己设定的困境中。我们要明白，目标是面向将来的，理想和抱负也有待于将来实现，我们所能把握的只有现在。

要知道，每个重大目标的实现都是几个小目标实现的结果。所以，如果你集中精力于当前手上的工作，心中明白你现在的种种努力都是为实现将来的目标铺路，那你就能成功。

对自己的人生负责

在人生的前进过程中，你往往会面临各种各样的选择。可以说，不同的选择就会有不同的命运。当你在进行这些选择的时候，千万要慎重，因为这关系到你将来的命运。然而，许多人面临选择的时候，却与父母所期望的相冲突，不能做自己真正想做的事，因此疑惑不知该如何是好。

诗人纪伯伦说："父母就像一张弓，而子女就是箭。带我们来到人世的是父母，但最终要对我们负责的还是我们自己。"如果你的父母要你当老师或医生，而你想当画家，选择自己想走的路是自私吗？不，不是自私，因为生命是属于你自己的，你可以选择想要的一切。

有一个叫小云的女孩，她在填报高考志愿的时候，和父母有很大的分歧。小云从小喜爱文学，而且在这方面小有才气，已经陆续发表了不少文章。这样她就想填师大的中文系。可是父亲不同意，他认为：文学作为业余爱好还可以，如果以此为职业，风险性大，既清贫又没地位；现在，最好的学生都在学金融，小云有竞争的实力，应该填报财经大学的国际金融系，以后收入高，且接触的不是银行家就是企业老板。母亲是支持父亲的，"小云啊，你还小，满脑子都是幼稚的想法。你父亲见多识广，听他的没错。"小云拗不过父母，只好勉强同意了。

后来，小云考上了金融系。可是她在学校学习得并不顺利，她不喜欢数字和报表。上课时老师讲的知识她怎么也记不住，而且金融系功课很多，大家都忙着学习，小云显得很不合群。第一学期她就亮了两门红灯。寒假回家后，小云埋怨父母当初不尊重她的意见，现在她不想在金融系学习了。

任何人都只能给你人生建议，不能对你的人生负责，毕竟他们无法代替你生活，不是吗？美国思想家爱默生说："做你自己，即你存在的意义。"

每个人都要静下心来，听一听内心的声音，这些声音本来可以指导我们的生活，可人们总是不相信自己的意愿。我们要学会尊重自己的意愿。你是不是常因为自己年轻或者经验不够而对自己说"别听它的，不可能的"？你为什么不倾听这种声音？不管它多微弱，也要坚持自己的观点。一旦你在所选择的领域有所成就，家人往往会引以为傲。他们会说："哦，我孩子在他（她）的领域是挺厉害的。"而忘了当初你表示要去做时，他们曾经大发雷霆的情景。

要忠于自己的想法，不必老是顾虑别人的想法，或总是想要取悦他人。记住，生命的可贵之处就在于做你自己。为自己而做，为自己的梦想而活，为自己的快乐而活。

不论做任何事，都要想到是为自己而做——顺着你心中所想的去做。试想，如果一辈子都不能为自己而活，岂不白活！对于别人而言，你的路他们也没有走过，他们就是再高明，也不过是在替你摸索，别人不是先知，而你得为他们的决定承担后果。面临决定时，别人的意见是要听的，但不应照单全收，也不要屈从，更不要被别人左右，而需要经过自己慎重地考虑，然后再由自己作出判断和选择，这才是对自己的命运负责。

即便你是听了他人的意见而走错了路，也不要将问题归罪于他人。因为只有你才能决定是否采纳他们的意见，所以该负责任的是你。归罪于他人，客观上又将解决问题和作出下一个决定的权利交给了别人。自己的问题最终得由自己解决，只有承担起对自己的全部责任，才能够把事情做得更好，才是对自己最大的关爱。

敞开自己的心扉

有一个年轻人整日忧愁不已，他足不出户，把自己关在斗室里，隔窗看见外边的人个个整天欢歌笑语，他十分羡慕。他想，快乐肯定是有秘诀的，自己一定是没有找到它。如果能够找到秘诀的话，那么自己也一定能够快乐的。

他决定为自己寻找快乐的秘诀。

他请教了许多人，大家都摇摇头说："我们虽然每一天都很快乐，但却从来没有什么秘诀。"有一天，年轻人在一个竹园旁遇到一个篾匠。篾匠一边轻松地劈着竹篾，一边快乐地歌唱着，偶尔也会停下来，快活地对着竹园深处的鸟儿们模仿一串串鸟儿的清丽叫声。年轻人想，这么乐观的人，一定是懂得快乐秘诀的。于是，他问篾匠说："师傅，你这么快乐，一定知道快乐的秘诀是什么吧？"

"快乐的秘诀？"篾匠笑了笑，说，"我当然知道，如果不知道我能这么快乐吗?"

年轻人一听,十分高兴,忙向篾匠求教道:"师傅,你能把快乐的秘诀告诉我吗?"

篾匠说:"怎么不可以呢?"说着,篾匠提起篾刀砍倒了一棵竹子,把竹子递给年轻人说:"小伙子,笛子就是用竹子做的,你能用这根竹子吹出好听的曲子吗?"

年轻人十分为难地说:"笛是用竹子做的,但竹子怎么能吹出动听的曲子呢?"

篾匠说:"其实这很容易。"说着,便在竹子上钻出了一溜小孔,又利落地打通了竹节里的薄薄竹隔,说:"只要打通这些竹隔,竹子就变成笛子了。"接着他便捧着竹笛吹出了一曲曲动人的乐曲。

年轻人看着摇头晃脑吹笛子的篾匠,不解地问:"师傅,做笛子和吹笛子同快乐的秘诀有什么关系呢?"

篾匠说:"当然有的,笛子就是快乐的秘诀。"见年轻人越发不理解了,篾匠只好放下笛子解释说:"竹子之所以吹不出乐曲,那是因为每节竹节里都有竹隔,内心不通畅,所以是不能吹出快乐的曲子的。但如果你能把竹节里的竹隔打开,使竹子内心通畅,让风可以从这端顺利地通向那端,那么沉默的竹子就可以成为快乐而能吹出动人乐曲的笛子了。"

年轻人想了想说:"你的意思是要把自己的心灵彻底打开,不留一点儿心隔,这就是快乐的秘诀了吗?"篾匠高兴地点了点头说:"对,没有了竹隔,沉默的竹子可以成为快乐的笛子。没有了心隔，那么你的心灵就能注满温馨的风和明亮的阳光，那么心灵就能快乐了。"

　　快乐就是这么简单，只要我们能敞开自己的心扉，那么生活就会为我们吹奏出轻快而动人的歌谣。

走自己的路，让别人去说吧

真正成功的人生，不在于成就的大小，而在于你是否努力地去实现自我，喊出自己的声音，走出自己的道路。

"走自己的路，让别人去说吧!"对但丁的这句名言，我们并不陌生。 不过，我们在生活中是否要信奉它、实践它呢? 答案是肯定的。

贝多芬学拉小提琴时，技术并不高明，他宁可拉他自己作的曲子，也不肯做技巧上的改善，他的老师说他绝不是个当作曲家的料。

发表《进化论》的达尔文当年决定放弃行医时，遭到父亲的斥责："你放着正经事不干，整天只管打猎、逗狗、捉老鼠。"另外，达尔文在自传中透露："小时候，所有的老师和长辈都认为我资质平庸，我与聪明是沾不上边的。"

苏格拉底曾被人贬为"让青年堕落的腐败者"。

美国橄榄球教练文斯·隆巴迪当年曾被批评为"对橄榄球只懂皮毛，缺乏斗志"。

爱因斯坦4岁才会说话，7岁才会认字。老师给他的评语是："反应迟钝，不合群，满脑袋不切实际的幻想。"

牛顿在小学的成绩一团糟，他曾被老师和同学称为"呆子"。

罗丹的父亲曾怨叹自己有个白痴儿子，在众人眼中，他曾是个前途无"亮"的学生，艺术学院考了三次都没考上。

《战争与和平》的作者托尔斯泰读大学时因成绩太差而被劝退学。老师认为他"既没读书的头脑，又缺乏学习的兴趣"。

……

试问：如果这些人不是"走自己的路"，而是被别人的评论左右，怎么能取得举世瞩目的成就？

人生的成功自然包含有功成名就的意思，但是这并不意味着你只有做出了举世无双的事业才算得上成功。世界上永远没有绝对的第一。看过马拉多纳踢球的人，还想一身臭汗地在足球队里混吗？听过帕瓦罗蒂歌声的人，还想练习美声唱法吗？其实，如果总是担心自己比不上别人，那么世界上也就没有帕瓦罗蒂、马拉多纳这类人了。

俄国作家契诃夫说得好："有大狗，也有小狗。小狗不该因为大狗的存在而心慌意乱。所有的狗都应当叫……就让它们各自用自己的声音叫好了。"

小狗也要大声叫！实际上，追求一种充实有益的生活，其本质并不是竞争性的，并不是把夺取第一看得高于一切，它只是个人对自我发展、自我完善和美好幸福生活的追求。那些每天一早来到公园练武打拳、跳广场舞的人，那些只要有空就练习书法绘画、设计剪裁服装和唱戏奏乐的人，根本不在意别人对他们的姿态和成果品头论足，也不会因没人叫好或有人挑剔就停止练习、情绪消沉。 他们的主要目的不在于当众展示、参赛获奖，而是自得其乐、有所获益，满足自己对生活美和艺术美的渴求。

第四章

在坎坷的路上留下坚实的脚印

跌倒了要有勇气站起来

有时候，我们没有把事情办好，并不是因为缺乏实力，而是缺乏一种精神，一种永不言败的精神。

有一个少年立志做律师，他写信给林肯，希望林肯给他一些建议。

林肯在回复他的信上说："如果你已经下了决心想做律师，那么你已经成功一大半了……所有成功秘诀中，决心就是最重要的条件。"

林肯深知这个道理，所以他一生都是这样做的，虽然他在学校读书的时间加起来也没有一年，但他特别喜欢看书。有一次，他从家里走到50千米外的地方去借书，到了晚上，便在小木屋中燃起了柴火，借着火光读书。第二天一早醒来，揉揉眼睛继续阅读。

他常常走很远去听名人演讲，回来后便私底下揣摩一番；他常常向杂货店的老板演说，他曾加入学术辩论会，将每天发生的事情作为练习演说的题目，不断反复练习。

曾经害羞的心理常困扰着林肯，尤其是在女性面前，他会羞涩得讲不出话来。他在追求玛丽小姐时，经常默坐客厅一隅，找不到话来谈，只是听玛丽小姐一人说话。而在盖茨堡纪念烈士大会上和第二次总统就职时，林肯缔造了演说史上无与伦比的不朽纪录。

在白宫的总统办公室里，悬挂着一幅林肯的肖像，罗斯福总统说："我碰到犹疑不决的事，便看看林肯的肖像，想象他处在这一个情况下应该怎么办。也许你会觉得好笑，但这是使我解决一切困难最有效的办法。"

你为什么不去试用一下罗斯福的办法呢？如果你在做事的时候碰到了困难，请不要气馁，你可以想一下，当年的林肯要比你困难得多。林肯竞选参议员失败后，他告诉他的同伴说："即使失败 10 次，甚至 100 次，我也决不灰心放弃！"

著名心理学家威谱·詹姆斯有一段名言，希望你每天清晨都诵读一遍——"年轻人不必烦恼自己所受的教育会落空，不论你做什么事业，只要你忠于工作，每天都忙到累了为止，总有一天清晨醒来，你会发现自己是全世界能力最强的人。"

有些人在与他人比较后，沮丧到了极点。殊不知，这完全没有气馁的必要，因为人借着失败才能茁壮成长。

跌倒并不可耻，可耻的是跌倒了却没有勇气再站起来。

我们要学习小草的精神，任凭风吹雨打，也要挺直腰杆、屹立不倒。给自己多一点鼓励，必能无惧狂风暴雨，终会有拨云见日的一天。一句话：永不言败，万事好办。

任何时候都不要放弃希望

　　罗伯特·斯蒂文森说过："不论担子有多重，每个人都能支持到夜晚的来临；不论工作多么辛苦，每个人都能做完一天的工作，每个人都能很甜美、很有耐心、很可爱、很纯洁地活到太阳下山，这就是生命的真谛。"确实如此，唯有流着眼泪吞咽面包的人才能理解人生的真谛。因为苦难是孕育智慧的摇篮，它不仅能磨炼人的意志，而且能净化人的灵魂。如果没有那些坎坷和挫折，人绝不会有这么丰富的内心世界。苦难能毁掉弱者，同样也能造就强者。

　　有些人一遇挫折就灰心丧气、意志消沉，甚至用死来躲避厄运的打击。这是弱者的表现，可以说生比死更需要勇气。死只需要一时的勇气，生则需要一世的勇气。每个人的一生中都可能有消沉的时候，居里夫人曾两次想过自杀，奥斯特洛夫斯基也曾用手枪对准过自己的脑袋，但他们最终都以顽强的意志面对生活，并获得了巨大的成功。可见，一时的消沉并不可怕，可怕的是在消沉中不能自拔。

做一个生命的强者，就要在任何时候都不放弃希望，我们最终会等到转机来临的那一天。

古时候，两军对峙，城市被围，情况危急。守城的将军派一名士兵去河对岸的另一座城市求援，假如救兵在第二天中午赶不回来，这座城市就将沦陷。

整整两个时辰过去了，这名士兵才来到河边的渡口。

平时渡口这里会有几只木船摆渡，但是由于兵荒马乱，船夫全都避难去了。

本来他是可以游泳过去的，但是现在数九寒天，河水太冷，河面太宽，而敌人的追兵随时可能出现。

他的头发都快愁白了，假如过不了河，不仅自己会当俘虏，整个城市也会落在敌人手里。万般无奈，他只得在河边静静地等待。

这是一生中最难熬的一夜，他觉得自己都快要冻死了。

他真是四面楚歌、走投无路了。自己不是冻死，就是饿死，要么就是落在敌人手里被杀死。

更糟的是，到了夜里，刮起了北风，后来又下起了鹅毛大雪。

他冻得缩成一团，甚至连抱怨的力气都没有了。

此时，他的心里只有一个念头：活下来！

他暗暗祈求：上天啊，求你让我再活一分钟，求你让我再活一分钟！也许他的祈求真的感动了上天，当他奄奄一息的时候，他看到东方渐渐发亮。等天亮时他惊奇地发现，那条阻挡他前进的大河上面，已经结了一层冰壳。他在河面上试着走了几步，发现冰冻得非常结实，他完全可以从上面走过去。

他欣喜若狂，牵着马从上面轻松地走过了河面。

因为没有放弃希望，所以这名士兵等到了转机，从而给自己等来了机会。可见，事事没有绝路，只要我们不放弃希望，即使是再危难的处境，也可能绝处逢生。

知难而上是解决问题的最好手段

一次，有人问一位登山专家："如果我们登山时，在半山腰突然遇到大雨，应该怎么办？"

登山专家说："你应该向山顶走。"

他觉得很奇怪，不禁问道："为什么不往山下跑？山顶风雨不是更大吗？"

"往山顶走，固然风雨可能会更大，它却不足以威胁你的生命。至于向山下跑，风雨小些，似乎比较安全，但却可能遇到爆发的山洪而被活活淹死。对于风雨，逃避它，你可能被卷入洪流；迎向它，你却能获得生存！"

很多时候，我们在生活中都面临着这样的处境，迎面是肆虐的风雨，我们本能的选择就是要逃离。但是，逃离往往会让我们走进更大的危险之中，只有迎上去，经历风雨，我们的人生才能够更加辉煌。

林肯，美国历史上一位伟大的总统。在 50 岁之前，他的生命中经历了一次又一次的灾难。

1832 年，林肯失业了，这显然使他很伤心，但他下决心成为一名出色的政治家——竞选州议员。不幸的是，他竞选失败了。在一年里遭受两次沉重的打击，这对他来说无疑是痛苦不堪的。

后来，林肯着手自己开办企业，可一年不到，这家企业又倒闭了。在以后的 17 年间，他不得不为偿还企业倒闭时所欠的债务而到处奔波，历经磨难。

1834 年，林肯决定再一次竞选州议员，这次他成功了。他内心萌发了一丝希望，认为自己的生活有了转机。

1835 年，他订婚了。但离结婚还差几个月的时候，未婚妻不幸去世。这对他精神上的打击实在太大了，他心力交瘁，数月卧床不起。

1836 年，他得了神经衰弱。

1838 年，林肯觉得身体状况良好，于是决定竞选州议会议长，可失败再次降临在他身上。

1843 年，他竞选美国国会议员，仍然以失败告终。

至此，他已连续遭受了 7 次重大的打击，无论是在事业上、感情上还是在他的政治前程上，他接连遭遇失败。如果是一个不敢面对失败的人，一定早就放弃了。可是，林肯的选择却是坚持下去。

1846 年，他又一次竞选美国国会议员，最后终于当选了。

两年任期很快过去了，他决定争取连任。他认为自己作为国会议员表现是出色的，相信选民会继续选举他。但结果很遗憾，他落选了。

因为这次竞选他赔了一大笔钱，林肯决定申请当本州的土地官员。但州政府把他的申请退了回来，上面指出"做本州的土地官员要求有卓越的才能和超常的智力，你的申请未能满足这些要求"。他又一次失败了。

1854 年，他竞选参议员，失败；两年后他竞选美国副总统，失败；又过了两年，他再一次竞选参议员，还是失败了。

失败，失败，再失败，28 年中 12 次失败的打击，并没有让他放弃自己的追求，他一直在做自己生活的主宰。终于在 1860 年，他当选为美国总统。

30 年的苦苦拼搏，顽强不息，经历了 12 次重大失败和无数次屈辱和打击，林肯并没有退缩，而是选择了迎着失败继续前进。最后，失败远离了他，林肯成为美国历史上一位伟大的总统。

失败有一种特性，你越想逃离，它逼得越紧。逃离是没出路的。失败就像一匹狼，随时虎视眈眈注视着你。你如果没有勇气去和它搏斗，就只能被它活活吞掉。

精神不倒，就不会被困难压倒

意识的力量是无穷无尽的，我们能控制自己的意识，就能掌握生命的节奏。

也许，因为缺少行路的经验，或者是路途凶险，在中途，在你急于赶路的时候，你却倒下了。这仿佛是命运，任何人都无法回避。

在你极不情愿选择匍匐这种姿势时，你的方向不能迷失，不该忘却为什么来这里。你要把经历苦难作为小憩，为与命运搏击积蓄力量。

一位医学博士曾经在纳粹集中营中被关押了很长时间，饱受凌辱。他就是维克多·弗兰克。

弗兰克曾经绝望过。这里只有屠杀和血腥，没有人性，没有尊严：那些持枪的人都是野兽，他们可以不眨眼地屠杀一位母亲、儿童或者老人。

他时刻生活在恐惧中，这种对死的恐惧让他感到一种巨大的精神压力。集中营里，每天都有因此而发疯的人。弗兰克知道，如果自己控制不好自己的精神，他也难以逃脱精神失常的厄运。有一次，弗兰克随着长长的队伍到集中营的工地上去劳动。一路上，他总是在想：晚上能不能活着回来？是否能吃上晚餐？他的鞋带断了，能不能找到一根新的？这些想法让他感到厌倦和不安。于是，他强迫自己不想那些倒霉的事，而是刻意幻想自己是在前去演讲的路上。他来到了一间宽敞明亮的教室中，精神饱满地在发表演讲。

他的脸上慢慢浮现出了笑容。弗兰克知道，这是久违的笑容。当他知道自己还会笑的时候，弗兰克就知道，他不会死在集中营里，他会活着走出去。当他从集中营被释放出来时，显得精神很好。他的朋友们难以相信，一个人竟可以在魔窟里保持这样的精神状态。

这就是精神的魔力。有时候，一个人的精神可以击败许多厄运。因为对于人的生命而言，要存活，只需一箪食、一钵饮足矣。但既要活下来，又要活得精彩，就需要有开阔的心胸、百折不挠的意志和化解痛苦的智慧。

大诗人亨利曾说过："我是自己命运的主宰，我是自己灵魂的舵手。"这是一句至理名言，它的意思是说，意识的力量是无穷无限的，我们能控制自己的意识，就能掌握生命的节奏。

当你匍匐的时候，那曾让你热血沸腾、充满希望的目标也正在远方闪烁。但它，永远也不会自动靠近你一步……

此时，你除了跃然而起，没有什么别的选择。

记住：匍匐是跃起的准备，跃起是匍匐的升华；匍匐是相对静止，跃起是形神的奋发。

把每块肌肉的力度凝集起来，把束缚和痛苦抛出去。 手肘坚毅地推开泥土，双脚猛力地蹬向土地。 身体在地平线上一寸寸上升，因匍匐而缩小的视野就会一轮轮放大。

也许动作太急切，你会伴着呻吟重新倒下，但只要执着尝试，终会有一次最坚实、最壮观的跃起……

在许多情况下，我们都反复经历着跌倒了再爬起来的过程。 其实我们无须气馁，只要我们的精神不倒，就不会被困难压倒。

也许我们攀登了一世，依然没能登上顶峰。 但是，失败的未必不是英雄，因为我们不必太在意结局。 只要奋斗了，就问心无愧！

从困境中看到璀璨的阳光

在现实社会中生存，首先就要接受现实，也就是说，不管你面临的困境是什么，你都要承认这就是你必须面对的客观存在，然后在这个基础上，你才能实事求是地想办法走出困境，克服困境。

看别人活得总比自己潇洒，处处都是成功伴随，就有人抱怨："老天为何对我特别不公？"其实，这是认识上的一大误区。实际上，哪一个成功者的身上没有可歌可泣的故事，哪一页不是由血汗和泪水写成？看看所谓的"名人榜"的生平就知道，这些彪炳史册的伟人，都曾遭遇困境甚至绝境，但他们都能坦然接受现实，进而奋发向上，终于取得了辉煌的成就。

《庄子》中有一则发人深省的故事。上天赋予了子舆很多缺陷：驼背、隆肩、脖颈朝天。朋友问他："你很讨厌自己的样子吧？"他回答说："不！我为什么要讨厌它呢？假如上天使我的左臂变成一只鸡，我就用它在凌晨来报晓；假如上天使我的右臂变成弹弓，我就用它去打斑鸠烤了吃；假如上天使我的尾椎骨变成车轮，精神变成了马，我便乘着它遨游世界。上天赋予我的一切，都可以充分使用，为什么要讨厌它呢？得，是时机；失，是顺应。安于时机而顺应变化，所以哀怨不会侵到我心中。"

这位古人坦然地去接受、欣赏自己，毫不自暴自弃，而且顺应客观，充分发挥自己独特的潜能，化劣势为优势。古人尚且如此通达，何况我们现代人呢？然而，现实中就有这种人，他的优势可说比这位古人大出百倍，也有才有智，就是经受不住别人的"言语轰炸"。最后，在自怨自艾中迷失了自我。如此沉沦与自怨自艾岂不可惜？本来，这种人与成功仅隔几步，稍作努力他的人生就会是另一番风景，但就是难以跨越这关键的一步。

生活中的许多事，十有八九不尽如人意。不凑巧的事、倒霉的事、煞风景的事，构成了人生画面中不规则的经纬线，组合成人生中不和谐的音符。忧愁也好，快乐也好，它们都在你的眼前，在你的生活中，在你一生的点点滴滴中。

现代人生活在紧张的竞争氛围中，只有学会超脱，学会自寻快乐，才能保持良好的心态，轻松愉快地生活。只有排解一切挥之不去的阴影，才能走出怨叹的怪圈。哀叹命运的不公，怨叹自己的命不好，在摇首叹息之际，也就将命运交给了别人，怪谁呢？

是的，古人在经历了人生的坎坷之后，得出了"生死由命，富贵在天"的结论。但是现在我们应当知道，一个人命运的好坏，并非天定，而是自己的心态和行动决定的。一个人一生不可能永远幸运，也不可能永远被困境纠缠。面对现实生活中种种不同的困境和难题，我们既要接受这种现实，不再抱怨，同时又要超越这种现实，要以通达的态度去面对。要相信，命运由我们自己创造，命运掌握在我们自己的手中。

倾听反对的声音

　　京剧大师梅兰芳先生，台上女儿身，台下男儿郎。曾几何时，他是中国舞台上最娇艳的明星，他千娇百媚的姿态，婉转悠扬的唱腔，尤其那宛如清波荡漾、千回百转的眼神，攫取了多少崇拜者的心。不过，就是这样一位将中国女性的柔性美刻画得淋漓尽致的京剧泰斗，少年时曾被老师否决，"祖师爷不赏饭"，无人愿意当他的老师。

　　先天条件不足，后天靠什么吃饭？那怎么办？饿死算了？上山当和尚了事？戏团里当个打杂的，一辈子自怨自艾，碌碌无为？抑或挥刀自刎？这些想法在大师的脑海里都没有出现。强烈的自尊心告诉他，越是在别人否决的地方越要证明给别人看。于是，他在家养了鱼和鸽子，每天盯着一只不停游动的鱼目不转睛地看，放飞鸽子目送鸽子飞到看不见，每天早上早早爬起来看日出，就这样十年如一日地练，终于练就了一双能传神的眼睛。而他也没有漏掉嗓音部分的缺陷，一个字一个字，标上最准的音，勤学苦练，最终先天的不足被后天的勤奋弥补，成就了他一副字正腔圆的好嗓音。

可以说，这是一个奇迹，他用勤奋和努力，扭转乾坤，让不可能变成可能。可以说，成就泰斗今天戏剧大师地位的就是他的那些缺陷，正因为意识到自己的缺陷，他才会拼命地利用各种有利途径去弥补，就像他曾经向否决自己的那位老师所说的："要不是您说我'祖师爷不赏饭'，我也不知道我有这么多缺陷，我也不会下那么多死功夫去学习，要不是当初您和其他老师拒绝教我，也就不会有我的今天。"

每个人都有缺陷，都有不足的地方，我们无论想问题还是做事，都不可能做到面面俱到，疏而不漏。所以，难免会有反对的声音和打击的声音。但是，别人的否决恰恰在提醒你的不足，是在给你机会思考自己的缺陷；也正是别人的那些反对声音，让你有机会完善自己。如果没有别人的否决和打击，你还以为自己真的很优秀，看不到自己的缺点，认识不到自己的不足，甚至可能因为没有别人的反对变得自负，不愿听取他人的意见和建议，事事专断独行，最终撞了南墙也不知道回头。

所以，我们必须要倾听那些反对的声音和打击的声音。用别人的长处来弥补自己的短处，或者用自己的勤奋努力弥补自己的不足。同时，用别人的打击磨砺自己的意志，争取在别人不看好的地方做出成绩，向打击你的人证明自己。

跌倒的地方也有风景

通往成功之路并非一帆风顺，你必须拥有承受失败考验的心理准备，善待自己的每一次失败，因为每一次失败也都孕育着成功的机遇。跌倒的地方也有风景，千万不要急于走开。

人生道路总是磕磕碰碰的，摔倒了不要紧，勇敢地站起来拍尽身上的尘土，擦干血渍继续赶路；留下伤口不要紧，直到有一天，当你在月下历数这累累伤痕时，你会感到充实，只有它才能证明你曾经奋斗过；遇到了障碍不要紧，冲破它，你就会感受到柳暗花明又一村的希望。

日本大型熟食加工厂的总裁田中光夫先生，曾经是一个连自己的名字都不会写的校工，月薪只有 500 日元。但他十分满足，很认真地干了几十年。可是，就在他快要退休时，新上任的校长以他不识字为由，将他辞退了。

几经争取无效后，田中光夫恋恋不舍地离开了学校。

这天他又像往常一样，去为自己的晚餐买半磅香肠。快到食品店门前时，他猛地一拍额头——食品店的老板娘去世了，她的食品店已关门多日了。"真是倒霉，附近街区竟然没有第二家卖香肠的。"刚刚受到失业打击的田中光夫，情绪坏到了极点。忽然，一个念头在他的脑海闪现——为什么我不自己开家专卖香肠的小店呢？田中光夫立刻兴奋起来，很快拿出自己仅有的一点积蓄接手了这家小店，专门经营起香肠来。

5年后，田中光夫成了名声显赫的熟食加工公司的总裁。当年辞退他的校长十分敬佩地打电话称赞他："虽然您没有受过正规的学校教育，却拥有如此成功的事业，实在是太了不起了。"

田中光夫答道："那得感谢您当初辞退了我，让我摔了个跟头后，才认识到自己还能干更多的事情。否则，我现在肯定还只是一位月薪500日元的校工。"

在人生的旅途中，有些意外的风雨是非常正常的，只要你寻觅的眼睛没有被随挫折而来的伤感遮蔽，只要你保持着快乐的情绪与心态，继续认真地去寻找，相信你一定能够找到通向成功的道路。

宋朝大诗人苏轼，已然沉睡近千年了。他的跌倒，却正成了他的风景，中国文化的一大风景。何必在意一时的不得意？跌倒处总有风景。苏轼告诉世人，"一点浩然气"，必然带来"千里快哉风"！

举世震惊的乌台诗案，使苏轼身陷囹圄，经过无数亲朋好友的尽力相助，他幸得免于一死，皇帝格外开恩地下令：罪臣苏轼，贬迁黄州，即日启程。

苏轼在人生的道路上重重地跌了一跤，他百感交集。自己闲时所作几首小诗竟被小人别有用心地利用，找出无数"罪恶滔天"的证据，让他的政治抱负再无实现的可能。他愤慨，他有许多话要说。可是他也很无奈，得以免于一死，已是万幸，谁还会来听自己的满腹冤屈、一腔忠诚？他只能眼睁睁地看着有很多不妥的王安石的新法施行下去，自己徘徊于寂静的庭院里。这一跤使他跌得不轻。

然而，苏轼毕竟是苏轼，他豁达的天性使他忘记了痛苦，看到了风景的瑰丽。

于是，他竹杖芒鞋迎山头斜照，从容地穿行于雨中。"莫听穿林打叶声，何妨吟啸且徐行"的他得以"一蓑烟雨任平生"。他秉烛夜游，欣赏自己深爱的海棠花。"只恐夜深花睡去，故烧高烛照红妆。"他的海棠是美人，是仙子，是忘记烦恼后至纯的美的享受。他泛舟于赤壁，领略那"山高月小，水落石出"的意境，飘飘然逐流于江上，与月对饮，微醉中仿佛羽化登仙，以至于不知东方之既白。他耸立于拍岸的惊涛前，千古风流人物仿佛被大浪淘尽。周郎的赤壁，就是他自己的赤壁。一樽酹江月，今夕且纵歌！他筑屋于东坡之上，饮酒赋诗，习文作画，多么惬意。纵然政治生涯仍不得意，仍被贬谪，他仍能够"左牵黄，右擎苍"地聊发少年狂，仍可以如李白般停杯问月，直欲乘风归去天上官阙。"起舞弄清影，何似在人间。"纵然"身如不系之舟"，可是他的心，却无时无刻不在欣赏着人间最美的风景。

最好的总会到来

我们每个人在向梦想前进时，都是非常艰难的，但在面对挫折与困境时，我们只有坚持下去，才能有所突破。

罗纳德·里根是美国历史上一位伟大的总统。他年轻时的一段经历让他终生难忘，也教会了他如何面对挫折。

"最好的总会到来。"每当他失意时，他母亲就这样说，"如果你坚持下去，总有一天你会交上好运，并且你会认识到，要是没有从前的失望，好运是不会发生的。"

母亲是对的，1932年从大学毕业后里根发现了这点。他当时决定试试在电台找份工作，然后再设法去做一名体育播音员。于是，他搭便车去了芝加哥，敲开了所有电台的门，但都失败了。在一个播音室里，一位很和气的女士告诉他，大电台是不会冒险雇用一名毫无经验的新手的。"再去试试，找家小电台，那里可能会有机会。"

她说。里根又搭便车回到了伊利诺伊州的迪克逊。虽然迪克逊没有电台，但他父亲说，蒙哥马利·沃德开了一家商店，需要一名当地的运动员去经营它的体育专柜。由于里根少年时在迪克逊中学打过橄榄球，于是他提出了申请，那工作听起来正合适，但他没能如愿。

里根感到十分失望和沮丧。"最好的总会到来。"他母亲提醒他说。父亲借车给他，于是他驾车行驶了7千米来到了特莱城。他试了试艾奥瓦州达文波特的 WOC 电台。节目部主任是位很不错的人，叫彼特·麦克阿瑟，他告诉里根说他们已经雇用了一名播音员。

当里根离开办公室时，受挫的心情一下子发作了。里根大声地喊道："要是不能在电台工作，又怎么能当上一名体育播音员呢？"说话的时候，他正在那里等电梯，突然听到了麦克阿瑟的叫声："你刚才说体育什么来着？你懂橄榄球吗？"接着他让里根站在麦克风前，叫他凭想象播一场比赛。里根脑中马上回忆起去年秋天时，他所在的那个队在最后20秒时以一个65米的猛冲击败了对方。在那场比赛中，他打了约5分钟。他便试着解说那场比赛。然后，麦克阿瑟告诉他，他将选播星期六的一场比赛。

里根在回家的路上，就像自那以后的许多次一样，他想到了母亲的话："如果你坚持下去，总有一天你会交上好运，并且你会认识到，要是没有从前的失望，好运是不会发生的。"

在人生奋斗过程中，不慎跌倒并不表示永远的失败，唯有跌倒后，失去了奋斗的勇气才是永远的失败。我们若以平常心看待，失败本身也就不足为奇。一个人若没有经历过失败，就难以尝到人生的辛酸和苦涩，难以认识到生命的底蕴，也就不可能进入真正宁静祥和的境界。

司马迁生活在西汉王朝的鼎盛时期，当时在位的皇帝是雄才大略的汉武帝刘彻。司马迁的父亲是一名记载文史的史官。

在司马迁小的时候，父亲就给他灌输成大事的思想，说："每五百年就会出现一部伟大的作品，现在距离孔子作《春秋》已经有五百年了，又该出现伟大的人物和作品了。"司马迁牢记着父亲的话，也是这句话孕育着他想成为那位伟大人物的雄心壮志。

汉武帝大力兴修水利，发展农业，养兵征战开拓疆域，使华夏版图空前辽阔。这些都成了司马迁成就《史记》的历史背景。

为了写这部鸿篇巨制的史书，司马迁实地巡访祖国的名山大川，考察古代流传下来的趣闻逸事，了解和搜集各种散失的历史资料，历经数年，行程几万里，为写作《史记》搜集了大量的材料。公元前108年，司马迁被正式任命为太史令，开始了《史记》的编撰工作。

公元前98年，名将李广的后人李陵率兵攻打匈奴，陷入重围，兵败投降。朝臣们讳言主将李广利的无能（李广利是皇亲国戚，他妹妹是汉武帝的美人），将败北责任都推到李陵身上，而司马迁这时候却为李陵辩护。他认为李陵是名将李广之后，绝对不会无缘无故投降的，却因此落了个"诬罔主上"的死罪。按汉律规定，交50万钱或受官刑可以免除死罪，司马迁家贫，交不出钱赎罪，但为了实现编写《史记》的雄心，只好蒙受官刑的奇耻大辱。

两年后，司马迁遇大赦出狱。他被汉武帝任命为中书令（在皇帝身边掌管文书机要的宦官），继续《史记》的撰写工作。

受刑后的司马迁，遭受着世人百般诽谤和耻笑，终日冷汗渗背，神情恍惚，苦不堪言。纵然如此，他仍是笔耕不辍，历经十几个春秋，终于完成了这部史学巨著：中国第一部融史学、文学于一体的纪传体通史——《史记》，理清了中国从远古到汉武帝太初四年（公元前101年）长达3000多年的历史，实现了自己的鸿鹄大志。

司马迁生活在封建社会，受宫刑之后的他备受世人的嘲笑与欺凌，就连自己的亲人也避而远之。司马迁的精神几乎崩溃，但是《史记》刚开始撰写，他必须活下去，去完成这部睥睨古今、彪炳千古的鸿篇巨制。这需要有非凡的毅力才能完成，司马迁历经身心煎熬终于造就出了前无古人的事业。

司马迁的故事足以激励我们勇往无前，但在现实生活中，能经受住像司马迁一样苦难的人并不多，而小小的打击就能使人一蹶不振的事例屡见不鲜，这的确值得我们反思。

自古英雄多磨难。 一个平凡人成为一个领域的英雄或者成为一个时代的英雄，是挫折和磨难使然，因为英雄和平凡人的区别就在于，英雄能在逆境中抓住机遇，在绝境中创造奇迹；而平凡人在逆境中选择了随波逐流，在绝境中选择了放弃。

坚定信念，勇往直前

有位哲人曾说："信念是免费的，人人都可以获得。"信念因人而异，不同的人有不同的信念。 比尔·盖茨的信念是建立一个操纵世界电脑行业走向的"微软帝国"，而一个叫比利的职员的最大理想不过是"全家搬进一座新房子"。

世界石油大王保罗·盖蒂从小不爱读书，父亲对他很失望。他给了儿子500美元，对他说："这是给你打天下的本钱。两年内，我每个月只能给你100美元做生活费。"

"如果赚不到100万美元，我永远不回来！"保罗发誓。

保罗带上简单的行李，踏上东去的火车，只身一人来到俄克拉荷马州的塔尔萨镇。这里被称为"冒险家的乐园"，许多人来此挖掘石油，以求一夜暴富。当时，挖掘石油是一个很冒险的行业。如果发现了大油田，你就会马上成为百万富翁；但是假如接连打了几口滴油不见的干井，你就只能倾家荡产。保罗环顾四周，一切都很陌生，各种各样的人都在这儿，都为了寻找石油而来。有钱人还建立了石油公司，专门开采石油。同这些人相比，保罗不过是个小混混儿。然而，他却没有被吓倒，决心一试身手。

当时一个已经赚足了钱的石油大王伯恩达吹嘘道："凭借石油发财要靠运气，除非他能闻出石油，即使在1000米以下也能闻得出来。"

保罗很不服气，他认为，发现石油要靠运气，可运气不是坐着等就会上门的，要自己动手去找，才能碰到好运气。

1915年冬季，保罗得到一个消息：有一块叫"南希泰勒农场"的地皮要拍卖。

他怦然心动，不少人都说那块地皮下一定有石油。于是，他马上开车奔赴现场。走了一圈，他凭直觉猜测那块地很可能蕴藏着丰富的石油，可保罗兴奋不起来，一场激烈竞争是免不了的。保罗心想："如果公开竞争，我是不会赢的，我只有500美元啊！怎么办？靠硬拼是不行的。"

一心要做石油大亨的梦想促使他想了一个谁都不敢想象的办法。保罗来到他存款的银行，要求派代表替他喊价。他故意神秘兮兮，装出不肯透露谁是真正的买主的样子。在他的游说下，银行的一位高级职员同意到时候和他一起前往。

公开拍卖开始了，银行高级职员首先举牌，引起在场的人一阵惊讶和骚动。

一些向银行借钱的人不作声了，和银行没有借贷关系的人低声议论，来者不善啊！

最后，保罗以500美元的价钱买下了这块地皮的石油开采权，那只是报价的三分之一。

保罗迅速雇人架设起铁架和钻井，钻头开始伸向地下……

一天天过去了，第二年2月2日，在井下400多米深的地方，出现了一层带有油渍的沙土，这意味着，这口井里有没有油，将会在24小时内揭晓。

第二天，他的油井钻出了石油。

保罗·盖蒂注定会成为石油大亨。因为在激烈的竞争中，他没有被那一群腰缠万贯的大亨们吓倒，更没有因为囊中羞涩而黯然退出。

他要成为人人敬仰的石油大亨，尽管他的口袋里只有可怜的500美元——投资资金。

500美元买来一个石油大亨，这就是信念创造的奇迹！

人生就有许多这样的奇迹，看似比登天还难的事，有时轻而易举就可以做到，其中的差别就在于非凡的信念。

"相信你能，你就无所不能。"看似没有科学依据，但是，信念就是这样和人类的科学开着玩笑，它有神奇的魔力。科学是公式化、定律化的，它规定你只能在这个有限的范围内活动，超出这个范围的即被认为是禁区。信念却不同，它指引着你从不可能中去发现可能，创造奇迹！

在"低人一等"中蓄积"高人一筹"的能量

工作中,没有谁开始就能占据高位,拿到高薪,每位成功的职场人士都是从低处一点一点地走向高处的。想要取得成功的关键就在于你能否在低处时蓄积迈向高处的能量。

罗明以前是个英语老师,下岗了之后他到北京一家俱乐部做会员卡的销售员。开始的时候,罗明对一切都感到生疏,初来乍到,也没有可以利用的关系。可想而知,他的处境有多窘迫!他决定采取一个初入道者都采用过的笨办法:扫楼。"扫楼"是业内人士的术语,即大大小小的公司都聚集在写字楼里,你要一家一家地跑,一家一家地问,那种情形就跟扫楼差不多。当然,你必须要找经理以上的高级管理人员,最好是总裁,普通的白领是难以接受价格不菲的会员卡的。

罗明的生活从此发生了180度的大转弯。他由一名荣耀至极的大学教师,一下子"跌落"成了一个"厚脸皮"

的推销员。那是一种什么样的感觉？他心理上的落差感十分强烈。

有一个朋友问过罗明关于"扫楼"的事情。那个朋友阴阳怪气地问他："扫楼，是不是很威风，一层一层，挨门逐户，就像鬼子进村扫荡一样？"罗明听完这番话，内心真是酸甜苦辣什么滋味都有。往事不堪回首，他至今还清楚地记得"扫楼"之初的那种狼狈和艰辛。他曾经精确地统计过，他"扫楼"的最高纪录是一天内跑了10栋写字楼，"扫"了72家公司，感觉身体像散了架一样，腿和脚都不是自己的了，别说走路，就连挪动一下都很困难。那天晚上，他坐电梯从楼上下来，在电梯间里，他感到自己的胃正在一阵阵痉挛、抽搐、恶心，唯一的想法就是找个清静的地方大吐一场。他经常忍受人们的白眼和奚落，这对于从来都备受尊重的他来说，该是怎样一种伤害啊！

如果推销会员卡只有"扫楼"这一种方法，那么很少有人能够坚持下去，也很少有人能够成功。"扫楼"只是步入这个行业的初始阶段，秘诀还是有的。大约半年后，罗明开始出现在俱乐部召开的各种招待酒会上。出席这类酒会的人都是些事业有成、志得意满的成功人士。置身于这样的环境中，罗明发现那些如同铁板一样的面孔不见了，那些刺痛人心的冷言冷语不见了，现在出现的可能是真正意义上的彬彬有礼的人士。他感到自己一下子放开了。他本来就该属于这里：他的涵养，他的才学，即使他曾经历过一段坎坷的"奋斗史"，又怎能磨灭他所固有的价值与尊贵呢？他知道他们需要什么，知道他们需要听从什么样的劝告。这是很重要的，因为他一下子就能拉近与他们之间的距离，他的语言、他的讲解，也不是那样干巴巴的，仿佛带有一种难以抗拒的鼓动力。他告诉他们，俱乐部将会给他们最为优质的服务，而购买价格昂贵的会员卡，就是一种地位、身份和财富的象征。

在一次专为外国人举办的酒会上，似乎没有人比他更游刃有余。他能说一口纯正、流利的英语，这让他一下子就与外国人打成了一片。他曾经一个下午同时向8个外国人推销，结果竟然售出了9张会员卡，其中有一个人多买了一张，是送给他朋友的。每张会员卡5万美元，每售出一张会员卡，销售人员可以从中提取10%的佣金。罗明一下午的收入就很容易推算出来了。

从那以后，罗明在几个俱乐部之间跳来跳去。到了2004年初，他终于在一家俱乐部安营扎寨。他已经不用再去"扫楼"了，即使是参加招待酒会，他也不用怂恿别人买会员卡了。他有良好的学历、良好的敬业精神和销售业绩，所以他的职位从销售员、销售经理、销售总监一直到俱乐部副总裁。显然，如果没有当年的"低人一等"，哪里会有后来的"高人一筹"呢？

低是高的铺垫，高是低的目标。对于那些已经处在事业金字塔顶端的人，你只要去研究他们的经历就会发现：他们并不是一开始就高人一筹、风光十足的，他们也曾有过艰难曲折的"坐冷板凳"的经历，然而他们却能够端正心态，不妄自菲薄，不怨天尤人。他们能够忍受"低微卑贱"的经历，并在低微中养精蓄锐、奋发图强，而后他们才攀上了人生的巅峰，享受世人对他们的尊崇。

卓越人生

别让生活耗尽你的美好

杨建峰 编著

成都地图出版社

图书在版编目（CIP）数据

卓越人生. 别让生活耗尽你的美好 / 杨建峰编著. 一 成
都：成都地图出版社有限公司，2021.5
ISBN 978-7-5557-1674-7

Ⅰ. ①卓… Ⅱ. ①杨… Ⅲ. ①人生哲学－青年读物
Ⅳ. ①B821-49

中国版本图书馆 CIP 数据核字（2021）第 032612 号

卓越人生·别让生活耗尽你的美好
ZHUOYUE RENSHENG · BIE RANG SHENGHUO HAOJIN NI DE MEIHAO

编　　著：	杨建峰
责任编辑：	陈　红　赖红英
封面设计：	松　雪
出版发行：	成都地图出版社有限公司
地　　址：	成都市龙泉驿区建设路 2 号
邮政编码：	610100
电　　话：	028-84884648　028-84884826（营销部）
传　　真：	028-84884820
印　　刷：	三河市众誉天成印务有限公司
开　　本：	880mm×1270mm　1/32
总 印 张：	25
总 字 数：	600 千字
版　　次：	2021 年 5 月第 1 版
印　　次：	2021 年 5 月第 1 次印刷
定　　价：	150.00 元（全五册）
书　　号：	ISBN 978-7-5557-1674-7

前　言

如果生活是一望无际的大海，人便是大海上的一叶小舟。大海不会一直风平浪静，所以，人也总是有欢乐也有忧愁。当莫名的烦恼袭来，失意与彷徨燃烧着每一根神经。但是，朋友，请记住，别让生活耗尽你的美好。

每个人的前面，都有一条通向远方的路，崎岖但充满希望，然而，却总有人因没倒掉鞋里的沙子而疲惫不堪导致半途而废。所以，主宰人的感受的并非欢乐和痛苦本身，而是心情。

当生活的困扰袭来，请丢下负荷，仰头遥望湛蓝的天空，让温柔的蓝色映入心田。就像儿时玩得疲倦了，找一块青青的、软软的草地躺下，任阳光在脸上跳跃，让微风拂过没有褶皱的心。

当你被层层的失意包围时，请打开窗户，让沁人心脾的新鲜空气走进来，在芬芳甘甜的泥土气息中寻找一丝宁静，就像儿时，摘下蒲公英，鼓起两腮吹开一把又一把的"小伞"，带着惊喜闭上眼睛，许下一个又一个心愿。于是，心中便多了一份慰藉与欣喜。

当无奈的惆怅涌来，请擦亮眼睛，看夕阳的沉落，听虫鸣鸟叫，就像儿时在小院里听蛐蛐的叫声，抬头数天上闪烁的星星。于是，一切令人烦恼的嘈杂渐渐隐去，拥有的便是一颗宁静的心。

守住一颗宁静的心，你会由衷地感叹："即使我不够快乐，也不要把眉头深锁，人生本就短暂，为什么还要久久沉溺于苦涩？"

守住一颗宁静的心，你会明白博大可以稀释忧愁，宁静能够驱散困惑。是的，没有人知道远方究竟有多远，但是打开心灵之窗，就能让快乐和美好涌进心间。

守住一颗宁静的心，你便可以不断挑战自我、超越自我。即使远方是永远的地方，在这个过程中，你也能体会到收获与愉悦。

无论你经历了什么，请先看看自己拥有些什么，信心、勇气、信念、爱……只要这些还在，你终能获得自己想要的人生。

2021 年 1 月

目 录
CONTENTS

第三章 活出自我，踩着自己的拍子跳舞

第一章

头脑中装满过去的人，无法容纳未来

享受当下，不为昨天流泪

"人生不如意之事十之八九"，这是我们在日常生活中遇到挫折时常发的感慨。的确，纵观芸芸众生，有谁能一生都活得春风得意、一帆风顺、无波无澜？没有。人生总有残缺，命运就如一叶颠簸于海上的小舟，时刻会遭受波涛无情的袭击。"万事如意"只不过是美好的祝福而已，在活生生的现实面前，它总是显得苍白无力。因此，我们应学会忘记，忘记过去生活中的不如意之事带给我们的阴影。

也许我们曾经踌躇满志、豪情万丈，想大展宏图，而生活的道路却总是磕磕绊绊、崎岖不平；也许我们乐于平凡，甘于淡泊，向往宁静以致远，而生活的海洋却总不时掀起风浪。于是，我们感到彷徨、失意、痛苦，而所有的这些烦恼，只源于我们没有学会忘记：总是对伤心的昨天念念不忘，对过去的不如意耿耿于怀。

我们应学会忘记，不要总把命运给我们的一点儿痛苦，在有限的生命里反复咀嚼回味，那样将得不偿失，百害而无一利。

在一次关于生活艺术的演讲中，哈佛大学的一位教授拿起一个装着水的杯子，问在座的听众："猜猜看，这个杯子有多重？"

"50克。""100克。""125克。"大家纷纷回答。

"我也不知有多重，但可以肯定，人拿着它一点儿也不会觉得累。"教授说，"现在，我的问题是：如果我这样拿着持续几分钟，结果会怎样？"

"不会有什么。"大家回答。

"那好。如果像这样拿着持续一个小时，那又会怎样？"教授再次发问。

"胳膊会有点儿酸痛。"一名听众回答。

"说得对。如果我这样拿着一整天呢？"

"那胳膊肯定会麻木，说不定肌肉会痉挛，到时免不了要去一趟医院。"另外一名听众大胆说道。

"很好。在我手拿杯子期间，不论时间长短，杯子的重量会发生变化吗？"

"不会。"

"那么拿杯子的胳膊为什么会酸痛呢？肌肉为什么可能痉挛呢？"教授顿了顿又问道，"我不想让胳膊发酸、肌肉痉挛，那该怎么做？"

"很简单呀。您应该把杯子放下。"一名听众回答。

"正是。"教授说道，"其实，生活中的痛苦有时就像我手里的杯子。我们埋在痛苦里几分钟没有关系，如果长时间地陷入其中，它就可能会侵蚀我们的心力。日积月累，我们的精神可能会崩溃。那时我们就什么事也干不了了。"

你的手中是否一直在拿着不同的杯子呢？一个盛着失败，一个盛着挫折，一个盛着懦弱，还有许多盛着我们不如意的过往。如果我们不能学会放下这些包袱，就不能轻松地面对生活。放下，就是忘记，忘记是为了更好地起程。

忘记昨天，是为了今天的振作。人们往往会被一时的得失所羁绊，而成功人士都懂得应该怎样让昨天的失败变作明日的凯旋。

忘记烦恼，你可以轻松地面对未来的考验；忘记忧愁，你可以尽情享受生活的乐趣；忘记痛苦，你可以摆脱纠缠，让整个身心沉浸在悠闲无虑的宁静中，体味多姿多彩的人生。

忘记他人对你的伤害，忘记朋友对你的背叛，忘记你曾有过的被欺骗的愤怒、被羞辱的耻辱，你会觉得你已变得豁达宽容，你已能掌握住你自己的生活，你会更加主动、自信、充满力量地去开始全新的生活。

学会忘记，忘记我们对他人的恩惠，因为我们不贪图回报；忘记他人对我们的误解，因为真相总有一天会水落石出。学会忘记，就像潮起潮落，花开花谢，云卷云舒，不必太在意。只要今天的我们在努力，就无愧于自己；只要我们问心无愧，就会活得很轻松、很开心、很充实。

学会遗忘是福

有人说，只有记住失败，你才能成功；也有人说，要想成功，你首先应该忘记失败。这不是很矛盾吗？那么失败究竟是应该忘记还是记住呢？看看杜丽的故事：

杜丽在失去奥运首金后，在记者面前大哭的情景一定让大家印象深刻。但是我们看到的是，杜丽很好地调整了自己的竞技状态，在四天后的女子50米步枪三姿决赛中重新振作，并以打破奥运会纪录的成绩获得了冠军。

佛经里有"一空万有""真空妙有"之说，可见"空"是人生的最高境界。可不是吗？只有空的杯子才可以装水，只有空的房子才可以住人，只有空谷才可以传声……有道是："海纳百川，有容乃大""海阔凭鱼跃，天高任鸟飞"。"空"是一种度量和胸怀，"空"是"有"的可能和前提，

"空"是"有"的最初因缘。因此，学会遗忘，忘记往日的伤痛，让昨日真正地成为昨日，不再干扰今日的心情，才能让自己真正地拥有未来。

一个人的一生中，不可能没有坎坷和挫折，甚至还会遭遇一些不幸的事情，学会遗忘，并且换一个角度看社会，在失望中寻找新的乐趣，也许就能发现战胜坎坷和挫折的方法。我们要及时清理头脑中储存的东西，把该保留的保留下来，把不该保留的抛弃。那些给人带来诸多不利的事情，实在没有必要过了若干年后还耿耿于怀。

现代社会，随着生活节奏的加快和生活方式的不断改变，各种磕磕碰碰的事情更多了。其实，生活中有很多事情不需要牢记，就像朋友之间的无端摩擦，父母之间的细微纠纷，恋人之间的情感波折等，大可不必放在心上。当如烟的往事搅得你心烦意乱，给你带来种种困扰的时候，你就会感觉到遗忘确实是一种良药。

而现代医学认为，遗忘可以减轻大脑的负担，降低细胞的消耗。据说，在正常的情况下，人的脑细胞每天大约死亡10万个。但是，如果受到外界的强烈刺激，大脑每天死亡的细胞就要增加几十倍。长此下去，大脑是难以承受的。

因此，就身体健康来说，遗忘是绝对必要和有益的。难怪有人说，"只有遗忘点什么，才能记住点什么""善于遗忘的人才是一个健康的、轻松的人"。

忧虑与烦恼常伴随着欢笑与快乐，如失败伴随着成功。如果一个人整天胡思乱想，把没有价值的东西也记在头脑中，那他或她便会感到混乱迷茫。 一生中，能让你珍惜的东西也许并不多，也总有一些往事是你无法忘记的。 可是，生活的航船永远是向前行驶的，我们不能总活在过去，前面还有许多事情在等我们去完成。

头脑中装满过去的人，无法容纳未来

我们常常对已失去的东西或已过去的情感念念不忘，时常会因此黯然神伤。古希腊诗人荷马曾说："过去的事已经过去，过去的事无法挽回。"的确，昨日的阳光再美，也移不到今日之中。我们能把握的就只有现在，为什么要把大好的时光浪费在对过去的悔恨之中呢？

有一个收藏家酷爱陶壶，收集了无数把茶壶，只要听说哪里有好壶，不管路途多远一定亲自前往鉴赏。如果看中了，对方又愿意割爱，花再多钱他也舍得。在他所收集的茶壶中，他最中意的是一把龙头壶。

有一天，一个久未见面的好友前来拜访，于是他拿出这把茶壶泡茶招待这位朋友。两个人开心地畅谈着，朋友对这把茶壶所泡出的茶赞不绝口，因此好奇地将它拿起来把玩，结果一不小心将它掉落到地上。茶壶应声破裂……

这时，这位收藏家站了起来，默默地收拾这些碎片，并将其交给一旁的助手，然后拿出另一把茶壶继续泡茶说笑，好像什么事也没发生过一样。

事后，有人问他："这是你最钟爱的一把壶，被打破了，难道你不伤心难过、不觉得惋惜吗？"

收藏家说："事已至此，留恋摔碎的壶又有何用？不如重新去寻找，也许能找到更好的呢！"

上天赐给我们很多宝贵的礼物，其中之一就是"忘记"。只有忘记那些本该忘记的，我们才能轻装出发。学会忘记，是我们对生活的一种豁达态度。面对无法改变的事，请尽快忘掉它。不要为既成的事实后悔、埋怨和哀叹，那不但于事无补，反而会阻碍你前进的脚步。

罗杰12岁了，他经常会为很多事情烦恼，为自己犯过的错误自怨自艾。

每次考试以后，他都会因害怕不及格而半夜睡不着觉；他总是想那些做过的事，觉得自己做得不够好，希望当初没有那样做；总是回想说过的话，后悔当初没有将话说得更好。

罗杰总是这样不快乐，直到去科学实验室上课的那一天。

那天，他们的老师保罗·布兰德威尔博士只在桌上放了一瓶牛奶，然后就坐在那里，什么都不做。大家都坐下来，望着那瓶牛奶，不知道它和这堂实验课有什么关系。

保罗·布兰德威尔博士等大家都安静下来后，突然站起来，一巴掌把那瓶牛奶打翻在水槽中，然后他叫所有的学生都到水槽旁边看那瓶已经被打翻的牛奶。

"不要为打翻的牛奶哭泣！"博士大声说道，"好好看看这瓶牛奶，我希望大家能够记住这一课。这瓶牛奶已经没有了，你们可以看到，都漏光了。无论你们怎么着急、怎么抱怨，都没有办法取回一滴。或许小心一些，那瓶牛奶就可以保住，但现在已经太晚了。我们现在唯一能做的，就是把它忘掉，然后开始认真地做下一件事。"

我们都曾有过被痛苦的回忆所缠绕而不能自拔的经历，也会为过去的种种烦恼后悔，可是这些都无济于事。有些人容易为一些小事耿耿于怀，无法坦然地面对自己的错误。学习放下，不是淡忘错误，而是将过往的错误变成重新出发的动力。

把握现在，给每一天赋予新的使命，为生命中的每一秒找到意义，你的日子会过得很完美。活在当下，不要让时间在不知不觉中溜走，更不要让机会擦肩而过。

改变不了过去，可以从现在改变未来

过去不管是好是坏都已消逝，只有未来才是我们可以改变的。很多人总是无法忘记过去，无法忽略昨天给自己留下的阴影，以至于郁郁寡欢，做什么事都提不起精神。

记得过去可以让我们总结经验教训，可以让我们在未来的道路上越走越顺，但是如果将昨天的教训变成一种心理负担，阻碍我们走向明天，那么这种记忆是会对我们的人生起反作用的。

在美国新泽西州的一所小学里，有一个特殊的班级，这个班的26个学生都是一些曾经犯过错误的，他们有的吸过毒，有的进过少管所，家长、老师及学校对他们都非常失望，甚至想放弃他们，只有一位叫菲拉的女教师没有放弃。

第一节课，菲拉并没有像之前的老师那样整顿纪律，而是在黑板上给大家出了一道选择题，让学生们根据自己的判断选出一位未来能够造福人类的人。备选人有三个，他们分别是：A 笃信巫医，有两个情妇，有多年的吸烟史而且嗜酒如命；B 曾经两次被赶出办公室，每天中午才起床，每晚都要喝大量的白兰地，而且有过吸食毒品的记录；C 曾是国家的英雄，一直保持素食的习惯，不吸烟，偶尔喝一点啤酒，年轻时从未做过违法的事。

大家都选择了 C。菲拉公布答案：A 是富兰克林·罗斯福，担任过四届美国总统；B 是温斯顿·丘吉尔，英国历史上最著名的首相之一；C 是阿道夫·希特勒，法西斯恶魔。看到这样的答案大家都惊呆了。

菲拉说："孩子们，你们的人生才刚刚开始，过去的荣誉和耻辱只能代表过去，真正能代表一生的，是你们的现在和将来。从现在开始，努力做自己一生中最想做的事情，你们都将成为了不起的人。"正是这一番话改变了这 26 个孩子一生的命运，其中就有华尔街著名的基金经理人——罗伯特·哈里森！

看完这个小故事，或许很多人都会像那些孩子一样吃惊。这恰恰说明，过去不能决定人的一生，而明天是可以改写的。过去永远是过去，如果你对自己不满意，那么从现在开始描绘你的未来吧。

不要为旧的悲伤浪费新的眼泪

当我们整日为失去正午的太阳而哭泣时，反而把夜晚的星光也错过了。 在现实生活中，我们每个人都可能犯一些错误，这些错误会影响事业的进程或是我们的心情，尽管这都是生活的一部分，可是不幸的是，我们会把这些错误无限放大，从而使这些错误像一把锯子，一点点地锯着我们的心灵，让我们痛苦不已。

李林在单位里的一次大型活动中负责会务工作，结果出现严重失误——在全体唱团歌的过程中，李林买的碟片放不出声音。后来才知道，这张碟片是新买的，本身就是次品，李林又忙得晕头转向，自始至终都没有听一遍试试，在开会的时候直接就拿了过来，结果出现了这种低级错误。

在众目睽睽之下，主持会议的领导难堪至极。会后，领导当众发话：此人不堪大用。以后的事情可想而知，那位领导从此不再理会李林，更不要说什么提拔重用之事了。

这是一件不幸的事，更不幸的是，李林因此懊悔不已，从此不再想别的事，脑中只有那张碟片、那次会议。不久，李林便得了严重的抑郁症，治愈后，工作能力再不如以前。

既然过去的已经无法挽回，再多的伤痛和计较只会加重悲伤，甚至还会让人失去更多。坦然地面对人生不如意之事、烦恼之事、遗憾之事，坦然面对失去的，坦然面对得到的，生活将变得更加美好。

一天，一个男人下班后本想打车回家，可是一想到坐摩托车能省几块钱，于是就坐摩托车回家。不料半路摩托车遭遇了车祸，男人因此失去了一条腿。朋友们来看望他，都为他失去了一条腿而难过，男人却笑了。朋友们都以为他精神不正常了。

"当我醒来后得知自己失去了一条腿时，我心里想，完了，以后该怎么办，继而后悔那天选择坐摩托车。不过，后来我安慰自己道：'既然已经成了事实，再后悔也没用，还好只是失去了一条腿，而不是生命。'想到这里，心情忽然不再那么沉重了。所以，我现在有足够的理由笑啊！"后来，因为少了一条腿，男人无法胜任原先的工作，不久后便接到了下岗通知书。

朋友们知道后，准备了一大堆理由，准备好好安慰他一番。这次又让朋友们很是意外，见面时男人乐呵呵的，一点儿也不像失业的人。

"你不难过？那可是下岗通知书啊！"一个朋友问。

"既然下岗已成事实，我与其难过，还不如想：'幸好只是失去了工作，但我并没有失去再创业的勇气啊！'所以，我没有理由难过！"

再后来，男人的妻子走了，还带走了家中所有值钱的东西，就是因为家中的日子越来越艰难，妻子跟他过不下去了。

朋友们知道后，都为他担心，以为他经过这次打击，肯定会消沉，便都赶过去看望他。当朋友们敲开男人家的门时，男人一脸的欣喜，热情地招呼朋友们坐下。

"你是不是真的疯了？妻子走了，你一点也不难过吗？"朋友们冲他喊道。

"她走了，只能说明她并不是真心爱我。我失去一个不爱我的人，有什么理由难过？"

在人的一生中，懊悔就像一种慢性毒药，一点点地吞噬你的身体，直到你倒下。懊悔又像一些蛰伏在我们生命长堤上的蚂蚁，看似渺小，却通过不停地入侵，让我们的身体出现漏洞，最终我们的生命长堤被巨浪冲垮。

过去的就让它过去吧。说了一句不该说的话，犯了一个不该犯的错误，选择了一条错误的道路……面对这样的过失，过分自责和懊悔只会让你无法提起精神迎接以后的挑战。

成绩只说明过去，当下仍需努力

痛苦属于过去。我们需要放下昨日的痛苦，才能重建美满的新生活。同样，成绩也只能说明过去，我们需要放下昨日的资本，在当下努力，这样我们才能继续前行。

其实，生命的辉煌就在于不断地进取，不断地超越，只有不沉溺于过去的成绩，我们才能不断进步。

随着杂交水稻的培育成功和在全国的大面积推广，袁隆平院士名声大震。在成绩和荣誉面前，袁隆平没有止步，仍然不断努力追求。他公开声称现阶段培育的杂交水稻的缺点是"三个有余、三个不足"，即"前劲有余，后劲不足；分蘖有余，成穗不足；穗大有余，结实不足"，并组织助手们从育种与栽培两个方面采取措施加以解决。

20 世纪 80 年代初期，面对世界性的饥荒，袁隆平心中再一次萌发了一个惊人的设想，大胆提出了杂交水稻超高产育种的课题，试图解决更大范围内的饥饿问题。

　　袁隆平凭着专业的积累、敏锐的直觉和大胆的创造精神，认真总结了百年农作物育种史和20年"三系杂交稻"育种经验，以及他所掌握的丰富的育种材料，于1987年提出了"杂交水稻育种的战略设想"，高瞻远瞩地设想了杂交水稻的一个战略发展阶段。

　　经过多年的研究，杂交水稻从"三系法"过渡到"两系法"。这一新成果为杂交水稻的研究开拓了新局面，杂交水稻又迈出了可喜的一步。这是袁隆平杂交水稻理论发展的又一座高峰。

　　国际水稻研究所所长、印度前农业部部长斯瓦米纳森博士高度评价说："我们把袁隆平先生称为'杂交水稻之父'，因为他的成就不仅是中国的骄傲，也是世界的骄傲，他的成就给人类带来了福音。"

　　正是袁隆平院士一次又一次地把成绩留在身后，不断地积极努力，他才能一次又一次地在杂交水稻研究方面取得丰硕的成果。

　　让我们学习袁隆平院士在成绩面前不止步的精神，把我们曾经取得的成绩抛在脑后，轻装上阵，继续努力前行吧。

将过去的痛苦"格式化"

人，只要活着，无论处于哪个年龄段，总躲不过痛苦的挑衅。生老病死、家庭不和、邻里纠纷、亲朋反目、下岗失业……痛苦就是人身体中的"死结"，如不及时清理疏通，就会殃及我们的健康，甚至生命。然而，无论多么痛苦的回忆，我们都可以把它看成人生影片中的一个片段，这个片段中的感情色彩是悲是喜，由我们自己决定。

麦克4岁的时候在自家农庄后面的树林中玩耍，忽然，他看见不远处有一头豪猪，好奇的麦克睁大眼睛想看个清楚。可还没来得及细看，麦克便觉得脸上一阵剧痛，原来是一个小伙伴不小心将手里挥动着的极热的烧焊器打在了他脸上。霎时，麦克什么也看不见了。

医生检查的结果是：麦克的左眼球被击破。由于严重的交感性眼炎，半年后，麦克的右眼也失去了视力。从此，小麦克生活在黑暗中。对于一个刚刚认识世界的孩子来说，这无疑太残忍了。

麦克看不见任何东西，他不停地哭闹。为了鼓励弟弟，哥哥伊安告诉他："你的耳朵就是你的眼睛！"于是麦克按哥哥说的去练习，一段时间后，他可以循着青蛙的叫声捉到它们。

可是光靠耳朵也不行，他哭喊着要去看树上熟透的野果，要去看忙着搬家的蚂蚁……这时母亲告诉他："你的手和脚就是你的眼睛！"于是，麦克学着用手去抚摸东西，用脚去丈量距离。很快，他便在家中行动自如，还能从树上采摘那些香喷喷的果实。几年后，麦克进了一所盲人学校，学习了很多知识。

麦克渐渐长大，他发现自己失去的是最重要的东西，并因此变得自卑。一天，一向严厉的父亲看出了麦克的心思，于是对他说："孩子，你的心就是自己的眼睛啊！"

麦克认真琢磨着父亲的话，忽然之间，他似乎明白了什么。于是麦克改变了自己的心态，他不再抱怨，因为他知道：一味想到自己的缺陷，只会让自己更加痛苦，他下决心要用心中的眼来指引自己的人生道路。

他试着学习各种乐器：竖笛、钢琴、喇叭。后来，他开始学习摔跤，连赢 20 场比赛。他又开始学习游泳、短跑、标枪、铁饼，一次次在比赛中获得冠军。中学期间，他先后夺得 11 项加拿大全国冠军和 6 个国际锦标赛冠军。后来，在全美首届盲人滑水锦标赛中，他又一次夺冠并创下世界新纪录。1984 年的洛杉矶奥运会，他成为从纽约向会场传递圣火的优秀运动员之一，此时的他已赢得了 103 枚奖牌。

　　麦克真正脱离了痛苦，他坚定地向前走，迎来了生命中最辉煌的时刻。

　　人的一生，不可能没有一点挫折和忧伤。如果我们总是沉浸于回忆，用不幸来囚禁自己，使自己的精神颓废，那么只能是死路一条。忘记痛苦需要花很长的时间，因此最省事、最直接的办法就是把痛苦全部"格式化"。

　　德国诗人席勒说："痛苦是短暂的，快乐是永恒的。"天无绝人之路，希望总是存在的。暂时的失败可能孕育着新的成功，失去一次机会可能还有更好的机会等待着你。失去的可以重新获得，丢掉的可以再寻觅。办法总比困难多，没有过不去的沟沟坎坎。

　　忘记不愉快的事，告诉自己：人间自有真情在，应该努力去争取幸福。

　　避苦求乐是人性的自然，多苦少乐是人性的必然，能苦能乐是人生的坦然，化苦为乐是智者的超然。人虽然不能把握生命的长度、命运的起伏，但求一份快乐的心境也不是很难。

不要懊恼，世界上没有后悔药

有的人整天沉浸在迷茫之中，哀叹当初不该怎样，后悔当初没有把事情做好，但这又有什么用呢？

我们都活在现实中，不要只沉浸在过去的辉煌或失败中。事事都往后看而不往前看，这不是聪明人的做法，因为这样会使人裹足不前。今天的事情今天要努力做好，不要留到明天再来后悔今天的失误。只要我们今天努力了，那么我们就可以大声地说："我不后悔。"

一天，有一个所谓的聪明人从附近的一个村庄回来。路上，他看见一个人带着一只美丽的鸟。他买下了鸟，心想："这只鸟如此美丽，回家后我要吃了它。"

忽然鸟儿说道："不要有这样的念头！"

聪明人吓了一跳，他说："什么？我听见你在说话？"

鸟儿说："是的，我不是一只普通的鸟。我在鸟的世界里也几乎是个专家。如果你答应放了我，我可以给你三条忠告。"

聪明人自言自语地说："这只鸟会说话，它一定是有学问的。"于是，他说："好，你给我三条忠告我就放了你。"

鸟儿说："第一条忠告——永远不要相信谬论，无论谁在说它。即使说话的人是个伟人，闻名于世，有威望和权威，也不要相信他。"

聪明人说："对。"

鸟儿说："这是我的第二条忠告——无论你做什么，不要尝试不可能的事，因为那样你就会失败。所以，要了解你的局限性，一个了解自己局限性的人是聪明的，一个试图超出自身局限的人会变成傻瓜。"

聪明人点头说："对。"

鸟儿说："下面是我的第三条忠告——如果你做了什么好事，不要后悔，只有做了坏事才可以后悔。"

忠告是如此精辟，于是这只鸟被放了。聪明人高兴地往家里走，他脑子里想着："这三条忠告真是布道的好材料，在下星期的集会上我演讲时，就可以给出这三条忠告。我将把它们写在我房间的墙上，写在我的桌子上，这样我就能记住它们。这三条忠告能够改变我的人生。"

正在这时，他突然看见那只鸟立在一棵树上，开始放声大笑。聪明人迷惑不解地问道："怎么回事？"

鸟儿说："你这个傻瓜，我肚子里有一颗非常珍贵的钻石。如果你杀了我，你将会成为世界上最富有的人。"

聪明人心里十分后悔："我真愚蠢！我干了什么？我

居然相信了这只鸟。"

聪明人扔掉自己带着的书本开始爬树。他是个老人，一生中从未爬过树。他爬到高处，鸟儿飞向另一根更高的树枝。最后鸟儿飞到了树顶，聪明人也继续往上爬，正当他要抓住鸟儿的那一刻，它飞走了。他失足从树上摔了下来，流了很多的血，摔断了两条腿，濒临死亡。那只鸟又来到一根稍低的树枝上说："看，你相信了我，一只鸟的肚子里怎么会有珍贵的钻石？你这傻瓜！你听说过这种谬论吗？随后你尝试了不可能——你从没有爬过树，并且当一只鸟儿自由时，你怎么能空手抓住它，你这傻瓜！你在心里后悔，你做了一件好事却感到做错了什么，你后悔让一只鸟儿自由了！现在回家去写下你的准则，下星期到集会上去传播它们。"

故事中的聪明人吃到了苦头。相信在日常生活中我们也吃过事后后悔的苦头吧。那么，从现在开始，让我们记住鸟儿的忠告：不要后悔。

要想走出回忆，必须学会迎接新生活

一味地活在回忆中，对自己并不是什么好事。所以，我们总在对自己说："我要扔掉那些回忆，我要扔掉那些回忆……"

然而事实上呢？其实，那些一再强调已经忘了过去的人，恰恰还活在回忆中。说到底，强调走出回忆，不过就是一种欺骗——欺骗自己的内心。因为，只要有一点点可以联系到过去的事的东西，你就不可能忘记过去。

要走出回忆，并不是件容易的事情。不过，我们也不能因此而逃避，因为生活还要继续。最好的办法是投入全新的生活，让时间为自己疗伤，摆脱过去的纠缠。

刘星失恋了，很痛苦，每天都不见她高兴的模样。朋友很着急，经常找她出来一起玩，希望能帮助她走出痛苦，甚至还有朋友给她介绍了新男友，不过她都拒绝了，总说过一段时间再看。

朋友们知道，刘星还没忘记过去，于是对她说："刘星，别想以前那个男人了，这世界大得很，比他优秀的男人多得是，何苦为他这样？"

　　谁知，刘星睁大了眼睛，说："你说什么呢？我早就忘记他了，你看，我现在一点事没有！"说完，勉强露出了笑容。然而，朋友们知道，其实这是刘星在安慰自己、安慰大家，因为她的笑容没了之前的那种洒脱。

　　后来，几个朋友坐在一起商量，决定帮刘星走出来。一个朋友说："咱们就先给她找个男朋友吧，最好是她不认识的。当然，咱们可以说这是新朋友，然后一点一点给他们制造机会。有了新生活，她就会忘记过去的！"

　　这个建议，得到了朋友们的一致认同。于是，他们在一次聚会上找来了一个男孩，并热情地把他介绍给了刘星。一开始，两个人还比较沉默，不过随着渐渐熟悉，加上朋友们的撮合，两个人交流也热烈了起来，甚至还互留了电话号码。

　　看到这样，朋友们自然也是非常高兴，于是经常举办这种活动。果然过了三个月，这两个人成了情侣，甜蜜得让大家都有些嫉妒。有一次，一个朋友小心地问刘星："你前男友怎么样了？"

　　刘星说："我怎么知道他怎么样？管他呢，我还有我的生活呢！"说完，大家一起笑了。因为他们看到，那个活泼的刘星终于回来了。

刻意强调"走出回忆"绝不是摆脱回忆的好方法。因为那样，只能强化自己对过去的思考。所以，我们不必刻意地去忘记，而是让一切都趋于平淡，该做什么就做什么，别让自己常常独处苦思，随着时间的推移，你将会开始新生活，过去的回忆自然而然就淡化了。

　　想要开始新生活，摆脱回忆对自己的影响，最好的办法就是尽量扩大自己的交友圈，与尽量多的人接触，发展自己的兴趣爱好，做一些自己喜欢的事情。相信在未来的某一天，你再回忆起过去时，你的心已不再疼痛，因为在你的眼中，那些已经成了过去。

别为弥补缺憾而一生痛苦

即使有缺憾，也该好好享受人生。正因为有缺憾存在，才让我们在前进的路上多了勇气和动力。回望人生路时，心头才有淡淡的哀愁，才有岁月凋零后的残缺的美感。

有一个女子，虽然相貌平平，却梦想成为一名电影演员，所以经常为自己平凡的外貌懊恼。她每日都在忧郁中度过，期盼着有一天能够美丽起来。

一天，她到一家餐厅就餐，对面的一位女士一直盯着她的手看，正在她疑惑不解的时候，那位女士走过来对她说："小姐，您的手实在是太漂亮了！简直是件艺术品，这是我见过的最美丽的双手。"

"谢谢您的夸奖。"女子脸上泛起了一丝微笑。

"我们正要拍一个护手霜的电视广告，想请您来当模特，当然突出的主题是您的双手，您觉得如何？"

女子听完异常兴奋，立即答应了下来。

从此，在电视屏幕上，大家经常看到一双纤纤玉手，光滑细嫩，惹人怜爱。女子渐渐忘记了长相平凡的苦恼，把全部的注意力都集中在双手上。每个月花大量的钱去保养双手，而且自从拍摄广告以后再也不做一点儿粗活儿。在她的眼里，这双手比她整个人还要重要。

　　有一天，突然传来女子自杀的消息。人们在她的房间里找到一封遗书，上面写着："昨天修剪指甲的时候，我不小心划伤了手。这道伤口即使愈合了也会留下疤痕！我的手就是我的生命，没有了美丽的双手，我活在世界上还有什么意义呢？我只能选择离开！"

　　手上留有疤痕的确是一种遗憾，然而这种遗憾真的那么重要吗？重要到连生命都放弃了吗？这真是一种悲哀啊。

　　现实生活中的确有很多人本末倒置，因为某些微不足道的缺憾郁郁而终。"水满则溢，月满则亏"，人的一生不可能没有缺憾。

　　这个世界上的任何事物，包括人在内，都不可能是完美的。既然如此，我们也就没有必要用一生来承受有缺憾的苦楚。就像那位女子，手上有了疤痕又能怎么样呢？每个人生来都会受伤，如果她没有拍广告，等伤口愈合后，还能继续做家务、工作等，只不过和以前做的事情不同罢了。

　　如果太阳不落下，夜幕就不会降临，这样就打破了正常的规律，动物和植物都不能很好地生长。如果美丽的花朵不会凋零，就不会有硕果累累和丰收的喜悦。如果天空没有阴霾，没有电闪雷鸣和风雨交加，那么我们就无法看到雨后最美丽的彩虹如通向天堂的桥梁挂在空中。

世间万物都是有缺憾的，主要是看我们对待这种缺憾的态度。既然注定我们不能十全十美，注定我们的人生之路上有缺憾，就不要一味地悲伤，勇敢地去面对吧！即使有缺憾，我们也该好好享受人生。

错过了就别后悔

有个美国人带着在欧洲读书的孩子到欧洲的某个城市旅行。那里曾经也是他求学的地方，许多地方都留下了他青春的痕迹。

旧地重游，昔日的亲切感依然，还有许多说不出的伤感，因为就在这里，他失去了最爱。

他和儿子走进大学城内的一间餐厅，刚坐下，他便露出惊奇的表情。原来，这间餐厅的老板娘，正是他求学时的恋人。

经过20多年的岁月洗涤，老板娘的面容不再年轻，而是多了些恬静气质。他对儿子说："她是酒吧老板的女儿，当年她的笑容深深吸引了我。虽然她的家人非常反对，但是我们两颗密不可分的心已经决定要排除所有障碍，一起私奔！"

后来，他请朋友将一封信转交给这个女孩，并约定私奔的日期和地点。

遗憾的是，他等了一天，女孩始终没有出现。

他想，女孩终究还是放弃他了。最后，他只好一个人带着毕业证书回到美国。

儿子仔细听着父亲的故事，突然好奇地问父亲："那你信上的日期是怎么写的呢？"

他说，当然是几月几日啊。

然而，儿子说，那写法是美式排列，欧洲的写法是先日后月啊！

他这才恍然大悟，原来自己写的时间是10月11日，而女孩想的是11月10日，一个月的误差，错失了一段美好的姻缘。

20多年了，他一直想尽办法淡忘这段往事。20多年来，女孩是怎么过的？这么多年过去了，不知道在她的心中是否也存在和他一样的恨。此刻他很想走上前去解释："我们都错了，背叛我们的不是爱情，而是对时间的误会！"

然而，最后他仍然没有出声，只默默地买单，平静地回家。因为，在这个时候，他已经释怀，不是谁背叛了谁，彼此毕竟真心爱过一回。

我们都会有因误解、误判而造成的遗憾，只是当犯了这类不该犯的错误时，我们要懂得如何弥补。

其实，假如事情无法挽回，过去的就让它过去吧！

世界多变，只要记忆里还有温暖或是美丽的画面，我们就不妨继续描绘美丽的未来，以弥补这些遗憾与过错，这才是人生最值得做的事。

遗忘过去的痛苦，让人生更洒脱

乐于忘怀是一种心理平衡技巧。和别人生气是拿别人的错误惩罚自己，总是念念不忘别人的坏处，实际上深受其害的是自己，甚至会搞得自己狼狈不堪。乐于忘怀是成功人士的一大特征，既往不咎能让人甩掉沉重的包袱，大踏步地前进。

劳合·乔治曾任英国首相，有一次，在和朋友散步时，每走过一道门，他都要小心翼翼地把它关好。

朋友纳闷地说："你用不着关这些门呀。"

"唔，应该的。"劳合·乔治说，"我这一辈子都在关闭我身后的门。这是必需的，你觉得呢？当你关门的时候，所有过去的事都被关在后面了，然后你就可以重新开始，向前迈进。"

生活中，如果我们也能像劳合·乔治一样以乐观的态度去对待一切，好心情就会常伴我们。关于遗忘过去，美国文学家爱默生的做法也值得我们借鉴学习。

爱默生经常以一种美妙的方式结束自己一天的生活。他对自己说："你已经做完了你能够做的事情。忘记你昨天做过的一些愚蠢荒唐的事情，明天将是崭新的一天，要好好地开始，使你的精神昂扬振奋，不至于使过去的错误成为未来的累赘。"爱默生清楚地知道，一个人不应该以悔恨的心情结束一天，过完了一天就应该把过去的事情统统忘掉。

很多人都容易遗忘欢乐的时光，而对哀愁却难以忘怀，这显然是对美好心情的一种抗拒。换句话说，人们习惯于淡忘生命中的美好，但对于痛苦的记忆，却总是铭记于心。并不是我们无法遗忘，而是我们总喜欢执着于坏情绪。其实很多人都无法静下心来想想自己已拥有的或曾经拥有的，总是看到或想到自己失去的或没有的，以致难以遗忘过去的痛苦。

对于过去的错误，我们不应该耿耿于怀。《六祖坛经》上说"改过必生智慧，护短心内非贤"，意思有两个：一个是知错能改，善莫大焉；另一个就是让人们不要总停留在过去。过去的成功也好，失败也罢，都不能代表现在和未来。

人的一生由无数个片段组成，而这些片段可以是连续的，也可以是毫无关系的。说人生是连续的片段，那是因为人的一生平平淡淡，周而复始地过着循环往复的日子；说人生是不相干的片段，是因为人生的每一次经历都属于过去，在下一秒我们可以重新开始，可以忘掉过去的不幸，忘掉过去不如意的自己。

人生短暂，不要为了过去的痛苦而耿耿于怀，自己伤害自己。我们应该对过去网开一面，宽恕所有的人。宽恕别人就是爱护自己。

　　原谅那些曾错怪或伤害过自己的人，不要让我们的心灵被仇恨、烦恼所蒙蔽。怒火中烧、烦恼怨恨，对自己比对他人所造成的伤害，将有过之而无不及。因此，即使在不如意的环境中，也要努力营造充满欢乐与友爱的生活。回想我们所恨之人的一些优点，念及他曾做过的一些好事，而对他卑劣的一面视而不见，你这样去想和做，怒气可能就会缓和下来，烦恼会烟消云散，心中会充满慈悲。

　　学会忘记，抖落身上的尘土，安享心灵的平静与幸福，就会发现快乐其实很简单。"健忘"的人才能活得潇洒自如。

　　我们生活在现在，面向着未来，过去的一切，都会被时间之水冲得一去不复返。我们没有必要念念不忘那些不愉快的事情。念念不忘，只会被不愉快的事情腐蚀，从而变得充满仇恨，甚至精神崩溃，陷入疯狂。忘掉伤心的往事并不容易，不过当它浮现时，我们至少应该懂得不让自己陷入悲不自胜的情绪，更不要让自己再度陷入愤恨、恐惧和无助。

　　人是赤条条地来到这个世界的，身无任何外物，心灵也清澈无比。然而，随着年龄的增长，附加于身心的东西越来越多了，世俗的名利、欲望、喜怒哀乐与得失成败纷至沓来，也失去了儿时的天真无邪，而遗忘是一种让自己解脱的最好的办法。

第二章

人生是一条单行道，走过就无法回头

享受今天，过自己想要的生活

从小老师和父母就教导我们，想要出人头地，必须制定目标并努力去实现。但是在我们一心一意执着于想去的地方时，却忘了享受眼前的风景。我们牺牲今天，期待更美好的未来现身，而自己在这过程中却很少能发自内心地展颜欢笑。

在墨西哥海岸边，有一个美国商人坐在小渔村的码头上，看着一个墨西哥渔夫划着一条小船靠岸，小船上有好几条大黄鳍鲔鱼。这个美国商人对墨西哥渔夫能抓住这么稀少的鱼恭维了一番，问他要多少时间才能抓这么多。

渔夫说："才一会儿工夫就抓到了。"

商人再问："你为什么不待久一点多抓一些鱼呢？"

渔夫说道："这些鱼已经足够我一家人生活所需啦！"

商人又问："那么你一天剩下那么多时间都在干什么？"

渔夫解释："我每天都睡到自然醒，出海抓几条鱼，回来后跟孩子们玩一玩，帮老婆做做家务，黄昏时晃到村子里喝点小酒，跟哥们儿玩玩吉他，我的日子过得充实又忙碌！"

商人不以为然，帮渔夫出主意。他说："我是美国哈佛大学的企管硕士，我倒是可以帮你忙！你应该每天多花一些时间去抓鱼，到时候你就有钱去买条大一点的船，自然你就可以抓更多的鱼，再买更多的渔船，然后你就可以拥有一个渔船队。到时候你就不必把鱼卖给鱼贩子，而是直接卖给加工厂，或者你可以自己开一家罐头工厂。如此你就可以控制整个生产、加工处理和行销，然后你可以离开这个小渔村，搬到墨西哥城，搬到洛杉矶，最后到纽约，在那里经营你不断扩充的企业。"

渔夫问："这要花多少时间呢？"

商人回答："15—20 年。"

渔夫问："然后呢？"

商人大笑："然后时机一到，你就可以宣布股票上市，把你的公司股份卖给投资大众。到时候你就发啦！你可以几亿几亿地赚！"

渔夫问："然后呢？"

商人说："到那个时候你就可以退休啦！你可以搬到海边的小渔村去住。每天睡到自然醒，出海随便抓几条小鱼，跟孩子们玩一玩，再帮老婆做做家务，黄昏时，晃到村子里喝点小酒，跟哥们儿玩玩吉他！"

听到这里，渔夫一笑："先生，如果是这样，为什么要绕那么大一个圈子呢？我现在不正过着你设想中的生活吗？"

真是这样，明天的快乐是未知的，很难把握，更是不能用来享受的生活；昨天的日子再辉煌，也早已成为不能追溯的记忆了；只有今天，才是我们真正应该在意的生活。享受今天，过自己想要的生活吧！

就在今天，你不妨自己任性一下，去那家你一直想去品尝的特色餐厅大吃一顿吧；就在今天，你不妨彻底休息一回，从繁重的工作中走出来，到郊外好好欣赏一番美景；就在今天，你不妨约上几位挚友，一起泡泡酒吧，或去茶馆谈天说地一番。

为拥有而骄傲，请珍惜今天的幸福

　　人类的眼睛似乎更愿意关注那些得不到的事物，忽视自己所拥有的。丰子恺曾说："自然的命令何其严重：夏天不由你不爱风，冬天不由你不爱日。自然的命令又何其滑稽：在夏天定要你赞颂冬天所诅咒的，在冬天定要你诅咒夏天所赞颂的！"是啊，这样的感觉几乎人人都有。夏天，人们口中往往会懒洋洋地飘出这样的话："这么毒的太阳晒死人了！来点风真凉快！"冬天，瑟瑟发抖的唇间常常颤出这般慨叹："这么冷的风冻死人了！有太阳才暖和！"人类似乎总是缺乏发现身边幸福的能力。

　　有的时候，人很奇怪，每每到了失去后，才懂得珍惜。其实，幸福早就在你的面前，只是你没有用心发现：肚子饿坏的时候，有一碗热腾腾的拉面放在你眼前，是幸福；累得半死的时候，扑上软软的床，也是幸福；哭得伤心的时候，旁边有人温柔地递来一张纸巾，更是幸福。

　　英国民间流传着一个故事，叫"约翰逊的鞋子"：

英国有一种交换鞋子的风俗习惯：你往马路上一站，摆出一种特定的姿势，表示愿意和别人换鞋子，别人愿意时，你得出点钱贴补对方。约翰逊那天就站在十字路口和别人换鞋，换了以后，觉得仍不舒服，于是继续再换。钱一次一次贴了很多，直到傍晚时分才好不容易换到一双鞋，穿在脚上很舒适。回家一看，原来竟是自己穿出去的那一双。

是啊，多么有趣又多么富有哲理的故事啊！生活中，不少人常犯的一个错误就是很不在意自己已经拥有的东西，发现不了其存在的价值，把眼睛朝向外界，走不出"外来和尚好念经"的怪圈。萌生要和别人换鞋的念头是认为自己的鞋不如别人的，没有充分认识到自己拥有的东西的价值。殊不知，适合自己的就是最好的，珍惜自己拥有的才是最聪明的。

幸福，从某种意义上说只是人们的一种感受，需要你用一颗真挚的心才能发现它。

只要用心去感受，身边的点滴都可以带给你幸福。其实，身边的幸福很多很多：无论是家庭里的欢声笑语，还是学习上的互帮互助；无论是事业上的成功，还是夫妻间的相知相惜……

所以，不必怀念过去，更不要羡慕他人，只要珍惜你拥有的，怀有一颗感恩的心，你就能感受到幸福。珍惜现在拥有的，其实并非安于现状、自我陶醉，而是要有一份执着——对正的不渝追求，对邪的心旌不动。时光不会倒流，不要等到我们想拉孩子的小手时，发现他已长大；不要等到我们想闻花香时，已是冰天雪地；不要等到想与青春共舞时，已白发苍苍……

人生无常，珍惜当下

　　有一对堪称"神仙眷侣"的年轻恋人，自从他们相遇后，就堕入爱河，从此像两颗糖果一样黏在一起：上班短信不断，下班形影不离。很快他们便结了婚，用他们自己的话来说，快乐得像两只老鼠。可是，两年以后，那个女孩来到一个寺庙的高僧面前，诉说她的不安。

　　她问高僧："我们这样在一起，真是太没有出息了，我该怎么办呢？"

　　高僧问："你们这样不快乐吗？"

　　女孩说："就是因为太快乐了，所以糊里糊涂一下就过了两年，完全不思上进，回想起来，我觉得心里慌慌的。遇见他之前，我本来为了升职，准备去读在职研究生，结果没去。他也没有按原计划出国深造。我们甚至都没有攒钱买房子。"

　　高僧问："为什么要上进呢？"

　　女孩回答："为了将来我们可以生活得更幸福啊。"

高僧说："我给你讲个故事吧。有一对很相爱的夫妇，家里很穷，每晚夫妇俩睡在一张简陋的小床上，她枕着他的胳膊，麻了，他忍着，因为不忍心吵醒她；他的腿搁在她的腿上，压痛了，她一动不动。

"有一天早上，他们醒来，忽然想，如果有一栋海边的大房子该多好，可以在夜晚听着海浪声相拥睡去，清晨听着海浪声苏醒，看彼此惺忪的睡眼，还有一张大大的铺满玫瑰花的床，如果这样，生活应该会更幸福吧。

"于是，像很多城市中为了将来打拼的夫妇一样，她的心思全放在了事业上，家里变得凌乱不堪。他在外面做事不顺利，回家免不了脾气暴躁。后来，他有了一个到国外发展事业的机会，一去就是5年。她很是寂寞，就与一个同事有了暧昧关系。

"好在婚姻就这样维持了30年。直到两人白发苍苍，银行的存款真的足够去买一栋海边的大房子了，他们却早已不睡在同一张床上。他们为了一个所谓的'将来'，折磨了自己30年，这本来可以很幸福的30年。"

女孩听了，没有出声，她明白了什么才是该珍惜的。

这个故事可能跟很多人的心境类似。许多人常会抱怨他们不快乐，因为他们想要买更大的房、更好的车、更好的薪资，或是觉得过去的男友比较好、以前的公司比较人性化……总而言之，他们的烦恼就是在"追悔过去"或是"渴求未来"。

假如在今天我们只能取得1％的幸福，也不必奢望从明日获得99％的幸福。因为幸福是一点一滴积累而成，没有这1％的注入，就不可能产生99％的结果。其实，幸福不在明天，也不在昨天，它不怀念过去，也不向往未来，它只在现在。把握当下的幸福，才是真实的幸福，无限地憧憬明天，幸福永远也靠近不了我们——在我们一门心思准备迎接将来某一天到来的时候，往往会忘记和忽视眼前的一切。

　　所以，我们永远都不快乐，因为总是不满足，总是想追求没有得到的，要不就是追悔已经失去的，却没有人珍惜当下。拥有与失去原本就是一体两面，有拥有，就一定会有失去。

　　人总是不满足，现在即使拥有了车与房，还希望有别墅，薪资已经到一万元，又觊觎两万元的薪资。于是，人们永远在追逐，追着追着，岁月逝去，蓦然回首才发现，原来一万元薪资的时候，下班准时、不用加班，还有周末假日，其实少买几件衣服、少下馆子，日子可以过得很不错；要买豪车、买别墅，就要花更多的时间去赚钱，反而没有时间待在别墅里悠闲生活，身体健康每况愈下、家人感情疏离，最后总结一下，失去的比赚到的多。此时开始感叹，但逝去的已经逝去，追悔莫及。

　　其实，从生到死的这个过程中，我们只活一天，那就是"今天"。你所拥有的，不过当下而已，所有对昨日和明日的思虑，都是妄念。

数数自己拥有的幸福

从前，一个富人和一个穷人谈论什么是幸福。

穷人说："幸福就是现在。"

富人望着穷人的茅舍，破旧的衣着，轻蔑地说："这怎么能叫幸福呢？我的幸福可是百间豪宅、千名奴仆啊。"

后来，一场大火把富人的百间豪宅烧得片瓦不留，奴仆们各奔东西。一夜之间，富人沦为乞丐。

炎热的夏天，汗流浃背的乞丐路过穷人的茅舍想讨口水喝。穷人端来一大碗清凉的水问他："你现在认为什么是幸福？"

乞丐眼巴巴地说："幸福就是此时你手中的这碗水。"

不要去感叹你失去的或未得到的，而应该珍惜你还拥有的。

叔本华曾告诫人们："我们很少想到自己拥有什么，却总是想着自己缺少什么。"这常是情绪失控的重要原因。

人们常说"生在福中不知福"，比如到医院看望病人，看到许多病人正在为活着而努力，那时我们就会觉得健康如此可贵。 有的人直到不幸的事情发生，才意识到过去的生活是多么幸福。 无疑，在不幸降临之前，我们一直在不断地追求幸福，但却不知道事实上我们一直拥有幸福。 幸福，往往是身受时不知，失掉后方觉可惜。

索克博士是著名的儿童心理学家。 他提起他母亲在俄国成长的经历：她小时候为躲避哥萨克人的骚扰，背井离乡。他们的村庄被烧成了平地，她藏在水沟里才捡回一条命。 最后，她挤在轮船的底舱里，漂洋过海来到了美国。

索克写道："即使在我母亲结婚生子后仍然每天为果腹而奔忙，但母亲总要我们多想想'我们有什么'，而不要想'我们缺什么'。 她告诉我们，在逆境中可以培养对美的欣赏力，因为美无处不在，即使在最简朴的生活里也不例外。 她执着地传授给我们的人生观念就是：天真的黑的时候，星星就会出现！"

不为自己没有的悲伤而活，要为自己拥有的欢乐而活。在你沮丧的时候，试着想想：你有没有四肢与眼睛可用；有没有关心你的父母或伴侣；有没有爱你并且需要你的孩子；有没有一本想看的好书或一个想看的电视节目……

把你拥有的所有美好事物都写下来，然后在脑子里设想如果这些事物一样一样都被剥夺了，那时你的生活会变得怎样。等你充分体会到了那种失落空虚的感觉后，再慢慢地、一件一件地把这些宝贝还给自己，这时你一定会惊讶地发现自己好多了。

"数数你拥有的幸福"，能让你的心情飞扬起来。

停一停脚步，就不会错过精彩

现代人实在太忙了，许多人在这忙碌的世界上过活，手脚不停，一刻不得空闲，生命一直往前赶。他们没有时间停一停、看一看，结果，使这原本丰富美丽的世界变得空无一物，只剩下分秒的匆忙、紧张和一生的奔波劳累。

一天，一位年轻有为的总裁以比较快的车速开着他新买的车经过住宅区的巷道。他时刻小心在路边游戏的孩子会突然跑到路中央，所以当他觉得孩子快跑出来时，就要减慢车速，以免撞人。

就在他的车经过一群小孩身边的时候，一个小孩丢了一块砖头打到了他的车门，他很生气地踩了刹车后并退到砖头丢出来的地方。他跳出车，用力地抓住那个丢砖头的小孩，并把他顶在车门上说："你为什么这样做，你知道你刚刚做了什么吗？真是个可恶的家伙！"接着又吼道，"你知不知道你要赔多少钱来修理这辆新车，你到底为什么要这样做?"

孩子央求着说:"先生,对不起,我不知道我还能怎么办。我丢砖块是因为没有人肯把车子停下来。"他边说边流下了眼泪。

他接着说:"因为我哥哥从轮椅上掉了下来,我一个人没有办法把他抬回去。您可以帮我把他抬回去吗?他受伤了,而且他太重了我抱不动。"

这些话让这位年轻有为的总裁深受触动,他抱起男孩受伤的哥哥,帮他坐回轮椅,并拿出手帕擦拭他哥哥的伤口,以确定他哥哥没有什么大问题。

那个小男孩万分感激地说:"谢谢您,先生,上帝会保佑您的!"

年轻的总裁慢慢地走回车上,他决定不修车了。他要让那个凹坑时时提醒自己:不要等周遭的人丢了砖块过来,才注意到生命的脚步已走得太快。

当生命想与你的心灵窃窃私语时,若你没有时间,你应该有两种选择:倾听你心灵的声音或让砖头来砸你、提醒你。

有一位老人,年轻的时候每天都工作超时,拼命地赚钱。节假日,同事们带孩子度假,他却到小贩朋友的店铺帮忙,以赚取额外收入。原本计划在还完房屋贷款后,便带孩子们到邻近的泰国玩玩。可是,三个孩子慢慢长大,学费、生活费也越来越高。于是,他更不敢随意花钱,便搁下游玩一事。

大儿子大学毕业后一个星期，夫妻俩打算到日本去探亲。可是，在起程前两天的早晨醒来时，他枕边的老伴儿心脏病发作，一命归天了。

　　这是怎样的遗憾啊！ 你是否也因为生活太快、太忙碌而忽略了你所爱的人呢？ 其实，人不是赛场上的马，只懂得拼命往前跑，除了终点的白线之外，什么都看不见。 我们不必把每天的时间都安排得紧紧的，应该留点时间来欣赏四周的风景，来关心身边的人，这样才能感受到人生的幸福。

人生没有草稿，把握好现在

我们常想跟老朋友聚一聚，但总是说再找机会。

我们常想拥抱一下已经长大的孩子，但总想等到最适当的时机。

我们常想写封信给另一半，表达一下浓浓的情意，但总告诉自己还有时间。

我们常想明天就要开始运动；下星期找个时间出去走走；退休之后，就要好好享受一下生活。

要知道我们的生命是何等脆弱！早上醒来时，原本预期过一个或快乐充实或恬静安宁的日子，可能会被没想到的意外事件破坏，如交通事故、地震灾害、突发脑溢血、心脏病等，刹那间颠覆了生命的巨轮，我们突然闯进一片黑暗之中，再也看不到未来。

我们还时常担心一些没有到来的事，如我老了、病了怎么办等这类杞人忧天的问题；或挂念还没完成但当下又无法着手去做的工作等这类没有意义的事情；或常常在夏天去做春节回家要买些什么礼物这类的空想计划……

对于未来的所有担心、挂念、空想根本没有意义，它使我们的生活就像一辆陷在烂泥里面空转的车，只能在那个地方空转，浪费了油却什么地方也到达不了。

回想一下我们曾担心过的事，比如担心考试会不会通过，担心生病什么时候能好，担心会不会下雨，担心没钱还贷款……最后的结果曾因我们的担心而有所改变吗？事实上那是不可能的。因为，焦虑紧张怎么会带来好成绩？忧愁烦恼怎么能让病情好转？天气怎么会因我们的担心而有所改变？寝食难安怎么就能变出钱来还贷款？

担心永远是多余的，难道不是吗？

有一个做服装生意的商人，因为生意不好而失眠，有人教他睡觉之前数羊有利于睡眠。结果一个星期后，他又来找这位朋友，说还是睡不着，朋友问他数羊了没有，他说都数了三万只。

朋友惊讶地问道："都数这么多了，还没有一点睡意？"

商人回答："本来困极了，但一想到三万只绵羊得有多少毛呀，不剪不就可惜了。"

"那剪完不就可以睡了？"朋友问。

商人叹息着："但头疼的问题又来了，这三万只羊的羊毛制成的毛衣，要去哪里找买主呢？一想到这个，我又睡不着了。"

该睡觉的时候不睡觉，杞人忧天地担心着未来，只怕等三万只羊长大，羊毛可以制成毛衣、买主也纷纷上门时，这位商人却因长期失眠，失去健康而无法再从事商业活动了。

这是我们生活中很普遍的例子——好像人人都甘愿牺牲当下的幸福生活，去换取对未来无知的担忧。其实，明天将发生什么，我们谁也不知道。

如果将希望寄予"等到空闲的时间才享受"，那我们不知道将失去多少可能的幸福。不要再等到有一天我们"可以松口气"或是"麻烦都过去了"时，才去实现目标或理想，生命中大部分的美好事物都是短暂易逝的，此刻去享受它们、品尝它们，善待我们周围的每一个人，别把时间浪费在等待所有难题都有"完满结局"上。

假如我们身在一月，就不要因为幻想在二月得到而丧失可能在一月得到的良机。不要因为对未来计划的憧憬，而虚度浪费现在。不要因为目光注视着天上星光，而看不见周围的美景，甚至践踏了脚下的玫瑰。

我们要把全部精力倾注在现实中，倾注在今天，倾注在当下。人生没有草稿，生活也不会给我们打草稿的机会，我们所认为的草稿，其实就已经是我们人生的答卷——无法更改，也无法重做。所以，我们只有把握好现在，认真地对待现在，才能交出好的答卷。

放慢脚步，感受幸福

有些人总以为最美的风景在前面，于是就加快脚步，最后，不仅没有找到最美的风景，就连眼前的风景都来不及欣赏。所以，我们不妨放慢人生的脚步，好好珍惜眼前拥有的一切，慢慢地享受人生的快乐。

科学家研究发现，生物的寿命与呼吸频率成反比：呼吸频率越慢寿命越长。乌龟一分钟只呼吸1—4次，寿命可达上百年乃至上千年；人一分钟呼吸15—20次，因此寿命只有几十年。这说明，"慢"可以减少生命消耗。所以，生命需要放慢。其实，一切都应该减慢节奏，和龟一样，善于节能，善于慢养，生命之光才能常亮不灭，一切优哉游哉，活得轻松快乐。

现在，你是否在工作中忙碌不堪？你是否拼命冲向未来？你的生活，是不是只有快，快，快！你是否因此而感觉到不快乐？如果是，那么你需要调整了。你会说现在的生活节奏太快了，有些跟不上，哪里还有时间放慢脚步呢？日子过得真是太累了。 生活就像鞭子一样抽打着自己不断向前，没办法慢下来。 快节奏生活让我们失去了太多。 不仅是健康，还包括对生活的热爱、激情和享受，对周围的一切丧失了新鲜感、好奇心、体会与感动，生活的细节已被完全地忽视。所以，不要说你不快乐，只能说你生活的节奏太快，放慢，你就会幸福。

的确，放弃忙忙碌碌的生活哲学，过一种放慢步调的生活，所带来的回报，也许比任何东西都能让一个人幸福。 放慢节奏，也许会损失金钱，却幸福了自己；太过忙碌的人，永远只会被生活所累，享受不到生活的细节。 所以，慢下来，能细心欣赏鲜花的盛开，能沉醉于微风的清凉，能细想人生百味，享受生活之美！

从前，有个小伙子去和情人约会，但小伙子是个性急的人，早早地就来到约会的地点。虽然阳光明媚、春色迷人，身边还有鲜艳的花朵，但他一心只为等情人，无心观赏眼前的风景，便躺坐在大树下，叹息时间过得太慢。

这时，他面前忽然出现了一个神灵。"小伙子，你为什么闷闷不乐呀？"神灵问。

"唉，我在等我的情人，可来早了点，不知道时间为什么过得这么慢？"小伙子回答。

神灵说："让我来帮你一下吧，你拿上这颗纽扣，将它缝在衣服上。你要是遇到不能等待的时候，只要将这颗纽扣向右一转，你就能跳过时间，飞转你的人生，要多远有多远。"说完，神灵就不见了。

小伙子高兴急了，他握着纽扣，试着一转，果然，渴盼已久的情人就来到自己的眼前，还对他露出迷人的微笑呢！

　　小伙子想：要是现在就举行婚礼，那就更好了。他来不及和情人说话，就急着转了一下纽扣，于是他置身于隆重的婚礼现场，在丰盛的筵席上，他和情人并肩而坐，周围管乐齐奏，悦耳动听。

　　小伙子看着妻子的眸子，又想到："现在要是在洞房里该多好呀！"于是，他等不及亲友的祝福，悄悄转了一下纽扣：他和妻子出现在洞房里。还没等和新娘喝交杯酒，他就觉得洞房太小了，要是马上和妻子住进大房子该多好呀！他转动着纽扣：大房子一下子飞到他眼前，宽敞明亮。可是他觉得，房子太大了，要是马上有几个孩子就热闹了。他又迫不及待地使劲转了一下纽扣，顿时有一群儿女在他的周围。

　　这时，他已老态龙钟，衰卧病榻。漂亮的新娘已经变成了老太婆。一切都快速地如约而至，他再也没有要为之而转动纽扣的事了。

生活需要慢慢地品味才能感到幸福，太快会让人来不及享受幸福。我们不妨换种活法，让自己放慢脚步，慢慢地享受生活赠予的一切。试着放慢语速，让温柔的细语萦绕在耳际；试着放慢咀嚼，让食物的香甜在口中久留；试着放慢脚步，让路边的美景映入你的眼帘……放慢脚步，用心去体味生活，去感受人生的精彩之美。

如何拥有幸福而有意义的人生

人生，是一次漫长而艰辛的生命之旅。幸福则是人人希望得到的、陪伴自己走过一生的最佳伴侣。因为，一旦有了幸福相伴，生活就会充满笑声，人生就将不再孤单。

然而，幸福到底是什么？怎样才能让自己幸福？这些问题不是所有的人都能想得明白的。

俄国大文豪托尔斯泰这样说过："幸福只是一则美丽的童话，一出艳丽的寓言，而不幸才是真正的故事，真正的人生。"这句话意味深长，耐人寻味。读懂了其中的含义和道理，幸福就离你不远了。

在当今社会，如果询问一个人：你现在过得快乐吗？过得幸福吗？答案往往会出人意料。那些看起来幸福的人，或许正在被烦恼折磨着；那些看起来贫困的人，恰恰每天的生活里都有笑声和歌声；那些本以为自己幸福的人，却终日忧心忡忡；那些本以为不可能幸福的人，却意外地找到了幸福。可见，人们对幸福的理解不同，所感受到的幸福也会不同。其实，幸福对每个人都是公平的，幸福也是所有人都能得到的。关键的问题在于，我们是否活在当下，活得真实，活得有意义。

我们每个人都在渴望幸福，但当我们怨天尤人，与人较真的时候，幸福已经离我们远去。我们每个人都在追求幸福，但当我们总在羡慕别人的幸福时，却并不知道自己也正被别人羡慕着。

有一对摆摊卖鸭脖的夫妻俩，每天的收入仅够维持温饱。两个人最大的心愿是希望对方过得快乐。夫妻二人无意中获得一次机会，走上了某电视台的综艺舞台，他们通过才艺获得的不仅是观众的喜爱与喝彩，还有自己平生中最大的快乐与幸福。

还有这样一对夫妇，身居高官，家中的财产已足够一生甚至几生享用，而两个人的贪欲却永无止境。他们最大的快乐是每天坐在床上去数那些贪污受贿来的钱。当二人终于银铐入狱时，一切均成泡影，他们获得的是万人的唾骂与鄙视，是自己人生的悔恨与生命的终结。

如果仔细想想，人们就会发现，所有人的人生，其实都不过是自己用生命"经"与时光"纬"编织出来的作品。在自己创作并完成的人生作品中，你可以填注幸福与快乐，也可以充斥烦恼与忧伤；可以让生活有滋有味，也可以让生命空虚落寞。因此，获得幸福的关键，是需要洞悉人生的"经"与

"纬"。 这其中有三点最重要的启示：

其一，人生是个短暂的过程，幸福却可以填满整个人生。所以，一个人幸福与否，懂得为什么活着，明白什么才是自己最想要的至关重要。

其二，人生都是不完美的，幸福常常也会有缺憾。 所以，美人鱼有了脚未必就幸福，一个人失去了真爱未必就不会得到幸福。

其三，人生需要活在当下，幸福从不会透支。 所以，总在寻找幸福的人，幸福其实就在身边，不会感悟真实生活的人，也不会享受真正的幸福。

或许是上苍有意在考验着芸芸众生，常常将短暂的生命、膨胀的欲望、脆弱的心灵和外界那些疯狂的诱惑搅和在一起，交织在一起，而让我们自己从中去寻找人生的真谛，去破解幸福的谜底。 既然如此，我们何不这样去思考：

如果活得简单和自在却因此而品味到幸福的滋味，那么何必让自己活得很累？

如果奋斗一生却只为换来充满烦恼与忧伤的生活，那么何苦让自己背负更多的重担？

如果人生的意义就在于认真过好每一天，那么为何不让自己把握住现在，活在当下？

人生不过百年，请珍惜眼前

很多时候，我们都以为自己明白了"珍惜"的含义，可是随着时间的推移，却错过了很多应该珍惜的时光。如此来看，到底什么才是我们应该珍惜的？

其实命运的声音早就告诉了我们答案，那就是珍惜眼前，活在当下。

传说，上帝创造了亚当，并对他说："你将会统治人间的一切生命，过上幸福无比的生活。"然而，这么美好、幸福的享受仅仅只有30年。亚当觉得时光太短促了，祈求上帝再给他增加几年。

上帝考虑了一下，答应给他找几个动物，看看它们是否愿意把自己的寿命让出一部分来送给亚当。

第一个出现的是驴子，上帝对它说："你命中注定要努力工作，身负重担，只能吃点草维持生命。"驴子的寿命是40年，它说："我为什么要受那么多年的苦呢？20

年足够了。"

亚当非常高兴地接受了驴子的礼物,这下,他能活50年了。

接下来,上帝又把狗叫来,对它说:"你命中注定要成为主人的忠实奴仆,保护他和他的财产,而你只能吃到少量的食物,还要经常遭受拳打脚踢。"狗的寿命也是40年,它悲哀地叫道:"我为什么要吃那么多苦?一半的时间足够了。"

亚当欢呼雀跃地接受了狗的馈赠。这样,他就能活到70岁了。

最后是猴子,上帝对它说:"你命中注定要用两只脚走路,供人玩乐取笑,至于吃的东西,只是人们的一点施舍罢了。"猴子的寿命是60年,它厌倦地撇撇嘴:"为什么要活那么长呢?30年就已经不短了。"猴子把自己30年的寿命拱手送给了亚当,亚当欣喜若狂。从那时起,人就能活到100岁了。

这100年自然地分成四个阶段:

第一个阶段是从出生到30岁,这期间人们尽情地享受生活,身强力壮,过着自由自在的生活。

第二个阶段是从30岁到50岁,男人娶妻生子,东奔西走,赚钱糊口,为了生存,他不得不像驴子一样辛苦劳作。这就是20年驴子的生活。

第三个阶段是从50岁到70岁,他成为子女的奴隶,像一条狗那样忠实地守护着儿女的财产,儿女们却不许他上桌吃饭。这就是20年狗的生活。

第四个阶段是从 70 岁到 100 岁，此时的人牙齿脱落，皱纹纵横，举止和外形都很奇怪，孩子们经常追逐取笑他们。这就是 30 年猴子的生活。

读完这则小故事，你感受到心灵的震撼了吗？一个人从呱呱坠地到停止呼吸，有几十年甚至百年的生命历程。如果我们把人生看成单行道，那么人生历程中每迈出一步，都会在生命的星河中留下闪亮的一点，这诸多亮点连缀起来便是人的生命之光在历史长河中划出的轨迹。这道轨迹不是直线而是曲线。

时间总会走远，人生不过百年，唯有珍惜眼前美好时光，不懈努力，奋勇拼搏，生活才会更加丰富多彩，绚丽多姿，才能谱写出铿锵有力、悦耳动听的人生乐章。

生活的智慧就是活在今天

"活在今天"并不是说对未来不思考、不计划，而是认真过好每一天，把每一天都当作一次新的生命。今天，不论担子有多重，努力过好"今天"才是生活的智慧。

有这么一个三口之家，其生活标准早已超越小康，但男主人每见朋友必言疲惫。朋友问他："你就不能让身心清闲一下吗？"他说这是不可能的。接着就给朋友扳着指头算账：儿子将来上学的学费需若干元，父母以及岳父岳母的赡养费需要若干元，他和妻子将来的养老费用需要若干元，平时的日常开支需要若干元等。如此种种算下来，他连一天的清闲日子都没有，唯有日日与忙、累为伍。朋友听了，笑道："你只管清闲清闲试试，看天能否塌了。"

毫无疑问，天是塌不下来的。但是，天没有塌下来，人却要被累死了。

"天下本无事，庸人自扰之。"该享受的生活却没有享受到，末了还会抱怨说"我这辈子可真没少吃苦"，或者是"我没过一天清闲的日子"。但这又怨谁呢？与其这样，何不早日放下思想包袱，让自己该干则干，该清闲时则清闲。活在当下，轻松度日不好吗？

　　生活的智慧就是活在今天，昨天是一张过期的船票。无论昨天多么辉煌或者多么糟糕，一夜之后，都成为往事；而明天是未知的，等待你的可能是鲜花和掌声，也可能会遭遇意想不到的灾难；唯有今天才是我们所拥有的真实生活。所以，我们不要过多地去想整个人生，而要全心全意地活好今天的每一分钟。该做的事立即动手，绝不推诿；不该做的事，立即放弃，绝不沉迷。

珍惜今天，就会赢得全部

"逝者如斯夫，不舍昼夜。"时光在飞速地流逝，谁也无法让时光停留片刻。 正是从这种时光的不可抗拒的流逝中，我们领悟到了生命的宝贵和人生的意义所在，从而懂得了珍惜时间、珍惜现在、把握今天，过好自己的人生。

事实上，面对时间的流逝，我们每个人随时都在对自己的人生作出选择。 寻欢作乐、无所作为、游戏人生是一种选择；孜孜不倦、争分夺秒、埋头苦干也是一种选择。 不同的选择把我们导向不同的生活之路，使人生呈现出不同的色彩与价值。

树枯了，有再青的时候；叶子黄了，有再绿的时候；花谢了，有再开的时候；鸟儿飞走了，有再飞回来的时候；但生命消失了，却没有再复活的时候。 时间的流逝永不停止，它一步一程，永不回头。 时间对每个人都是平等的，每个人都应该珍惜时间，因为时间是生命的构成要素，珍惜时间就是珍惜生命。 爱惜时间的人，时间就属于这个人；放弃时间的人，时间就会放弃这个人。

众所周知，一寸光阴一寸金，但真正理解它、明白它内涵的人不多。时间是最特殊、最易消耗、最不受重视的资源，它时时刻刻都在流逝。但是，有人总是沉浸在昨天的胜利之中，还有人总是陶醉在明天的幻想之中，他们不明白：无数个昨天都以今天为归宿，无限的未来都以今天为源头，美好的明天都需要今天付出巨大的代价和辛勤的汗水。再伟大的理想，也要通过奋斗才能实现，否则它只能是梦想。

苏联作家奥斯特洛夫斯基在《钢铁是怎样炼成的》一书中，借主人公保尔·柯察金之口说过这样一段名言："生命对于我们只有一次，人的一生应当这样度过：当他回首往事的时候，不因虚度年华而懊悔，也不因碌碌无为而羞愧。"的确，我们应珍惜时间。时间能给勤奋的人智慧和力量，能给懒惰的人懊悔和惆怅。如果你希望能拥有智慧和力量，那就要珍惜时间，珍惜今天。

人们常说："时间就是生命。"每一个人的生命都是有限的，那么所属于他的时间也是有限的。当一个人的生命走到尽头的时候，属于他的时间也就结束了。古往今来，珍惜时间的事例不计其数。巴尔扎克深知时间的宝贵，独自埋头于阁楼，奋笔疾书，写出巨著。齐白石青年时期，抓紧放牛打柴的时间，用心琢磨绘画艺术，最后成为著名画家。作家姚雪垠的座右铭是：下苦功，抓今天。他的苦功都在抓住每一个"今天"中练就，从而完成了《李自成》这部杰出的著作。马克思从来不把时间用在无谓的、没有节制的娱乐、消遣上。

工作之余，他甚至把翻一翻字典作为休息，正是这样，他终于写出了巨著《资本论》。

所以，请珍惜时间，活在当下，用今天的努力成就明天的辉煌吧！

珍惜你的工作，把握当下的幸福

"你为什么要工作？"如果有人这样问你，你肯定会回答："是为了赚钱，然后生存。"马斯洛需求层次理论认为：人的需求是可以分成若干个层次的，而"为了生存"就是最低的层次，"个人价值的实现"就是最高的层次。其实工作不仅是生存的手段，同时也可以满足你对个人价值的追求。

工作是无好坏贵贱之分的，自己从事的是适合自己的工作，是自己心目中的理想工作就可以了。只有抱着这样的心态来对待工作，才会尽心尽力地工作，才能发挥出自己应有的才干，才会让自己的能力日益进步。

人长时间不工作不但会影响进步，连心理也会受到影响。每个人在社会中的朋友网络，大多都是由业务关系构成的。一旦失去工作，那就意味着在很大程度上割断了与朋友们的联系，自我封闭往往就是这样产生的，严重时有可能会使人的精神陷入崩溃状态。

因此，人的基本需求之一就是工作。工作可以满足人的许多内在欲望，诸如团队归属需求、人际交往需求、成就获取需求、角色扮演需求等。 既然这些需求是存在于工作本身的，那么人们在关注收入的同时，当然也需要挖掘工作中的这些价值。 除此之外，一些人完成自己人生目标的手段就是工作，他们在工作过程中体验人生，获得灵感和启示，对于他们来说，工作就是生活的一部分。

活在当下，就是最惬意的平常心

"活在当下"的真正含义来自禅，禅师深谙什么是活在当下。

有人问一位禅师："什么是修行的最高境界？"

禅师很平淡地回答："该吃饭时吃饭，该睡觉时睡觉。"

这个人听后很不以为然："大家每天都是这样啊，这怎么能是人生的最高境界呢？"

禅师微笑着摇摇头说："很多人都做不到这一点！修行到一定境界的人，吃饭的时候就好好吃饭，睡觉的时候就安心睡觉；而一般人该吃饭的时候，不好好吃饭，心里却想东想西；该睡觉的时候，不好好睡觉，总是心生百般的烦恼。"

一个刚刚进入杂技团的男孩，由两个师哥教学基本功。两个师哥给男孩演示了一个最简单的基本功——双腿跳。其中一个师哥对男孩说："来吧，你来做一遍吧，可是我真有点担心，你10分钟必须跳1000次，你吃得消吗？"

"天哪！1000次。"男孩吃惊不已，"要我做这么高难度的事，我怎么能办到！"

另一个师哥说："别听他胡说八道，不用害怕，你只要大概每秒跳一下就行了。"

"天下哪有这样简单的事情？"男孩将信将疑，"既然这样，我就试试吧。"男孩很轻松地每秒钟双腿跳一下，不知不觉，10分钟很快过去了，他顺利地跳完了1000次！

同样，对一个初涉职场的人来说，无法想象自己如何才能成为一名叱咤风云的企业家；对一个刚刚开始学习画画的学生来说，成为举世瞩目的画家更是遥不可及。然而，企业家也有第一次参加工作的经历，大多数成功人士也是从对未来的茫然中开始的，而且他们无一例外都有一个相似之处，即活在当下。

很多人总是在预支明天的烦恼，想着遥不可测的未来。然而，就算明天的烦恼堆积如山，你都得度过"今天"，先过好今天，让自己在今天获得充沛的精力，才有余力去处理明天的烦恼，不是吗？我们只有抓住了现在，过好现在，做我们所应该做的，才能有更美好的未来。

顺其自然地对待每一天，我们才能尽情地享受每一天。或许人生的意义不仅仅在于未来的成功，更多的是每一个为未来努力的今天。

"当下"，是给自己一个开始飞跃的机会，是一种善待自己的生活方式。当你活在当下时，你全部的精力都会投入其中，生命会因此而变得生机勃发。

　　人这一生什么事情最重要？什么人最重要？什么时间最重要？我们说，最重要的事情就是当下正在做的事情，最重要的人就是现在和你生活在一起的人，最重要的时间就是当下，这就是活在当下的全部意义。它是可以直接感悟的，绝对不是虚无缥缈的镜中月、水中花。

　　具体来说，怎样才能活在当下？重要的是保持良好的心态，或者改变一下固有的看待问题的方式就可以了。生活不顺心，要学会对自己说"现在的痛苦总会过去的，时间可以带走一切"；感情问题解决不了，要学会让自己放下；环境不如意，要学会适应环境；等等。改变一种思维去思考问题，你就会发现当下所有的问题都能迎刃而解了。

　　活在当下不是"得过且过，过了今天不想明天"的碌碌无为的生活态度。活在当下是为未来的美好生活而争取的过程，现在是未来的必经之路，经营好现在才能够过好未来，唯有爱上自己的现在，才能更好地体会到未来幸福的来之不易。

珍视每一分钟，便多了一分美好

有个创意家，一直给人成天悠闲无事的感觉，但他的收入并不少。记者问他是怎么做到的，他说："做时间的主人，别让时间做你的主人。"这句话的意思是说，你可以决定什么时间做什么事，而不是让时间来决定你应该做什么事。时间对他而言只是桥梁，通过它，可以找到更合适的生活方式。在他看来，时间还有更重要的使命："有时间的人是活人，没有时间的人是死人。"

1904年，正当年轻的爱因斯坦潜心于研究的时候，他的儿子出生了。于是，在家里，他常常左手抱儿子，右手进行运算。在街上，他也是一边推着婴儿车，一边思考着他的研究课题。妻儿熟睡了，他还在屋外点灯撰写论文。爱因斯坦就这样抓住每一个今天，通过一点一滴积累，在一年内完成了4篇重要的论文，引领了物理学领域的一场革命。

钟表王国瑞士博物馆里的一些古钟上，都刻着这样一句话："如果你跟得上时间的步伐，你就不会默默无闻。"要想不荒废岁月，干出一番事业，就要克服拖延，珍视今天。拖延者的悲剧是，一方面梦想仙境中的玫瑰园出现，另一方面又忽略窗外盛开的玫瑰。昨天已成为历史，明天仅是幻想，现实的玫瑰就是今天。英国前首相丘吉尔平均每天工作17个小时，还使得10个秘书也整日忙得团团转。为了提高政府机构的工作效率，他在行动迟缓的官员的手杖上，都贴上了"即日行动"的签条。

"明日复明日，明日何其多。我生待明日，万事成蹉跎。"今天，如果你珍视每一分钟，你的生活会是怎样的呢？

多读一分钟：书太多了，人的时间太少了，多浪费一分钟，少阅读一本书。经常省下零零星星的一分钟，拿出一本喜欢又被遗忘很久的书来阅读，你会感到很惬意。

多"玩"一分钟：人生倏忽一百年，少得可怜。每天多留一分钟，看一看山水，看一看大海和天空，看一看星星和月亮，就能把人生演绎得更有情趣一些。

多陪孩子一分钟：孩子才是人生中最重要的资产之一，多一分钟赚钱，便少一分钟与孩子相处。与孩子相处，你可以返璞归真，拥有童稚之心，变得无忧和快乐。

多陪爱人一分钟：爱人不是拌嘴的对象，她或他是与你携手一生的人，每天多留一分钟给爱人，你与她或他的人生便多了许多美好。

活在今天的方格中

你是否总是瞻前顾后，为不可知的未来顾虑重重？你是否总担心考试不能过关，毕业就面临失业？你是否为将和同事如何相处烦心，担心自己适应不了公司里的钩心斗角？你是否总是为将来一个人怎么独立生活而发愁，害怕一个人独处的寂寞？你也许会说，现在生活中的压力太大了，一个人难免会产生种种的猜疑和忧虑。可事实上猜疑和忧虑并不能解决任何问题。

托马斯·卡莱尔告诉我们不要去展望那些遥远而模糊的事，做好自己身边的事是最佳的选择。

自称自己总是在"此刻"活得生气蓬勃的奥斯拉博士，在耶鲁大学发表演讲的时候，这样启发那些忧虑的学子们：

"我相信各位都是比那些豪华客轮优秀得多的机体，你们将有更遥远的航程。起锚前，你们应好好注意下列如何安全航行的方法。希望各位能调节自己，以便能够在'今天一天'这一个密闭的空间里生活下去。登上船，应检查一下大防水壁是否随时可以使用。 在人生的每个阶段里只要按下一个钮，便能隔断'过去'——已经死亡的昨日。 按下一个钮，就能隔断'未来'——尚未诞生的明日——许多事情都是这样，只有今天是安全的！把过去推出去，关紧房门。 每一天都在你'完全封闭的今日空间'里度过你的人生。"

那么，奥斯拉博士的话到底是什么意思？ 他是告诉我们没有必要为明天做些准备吗？ 当然不是那样，他的意思是说，为明天准备的最佳手段是在今天投放你所有的智能及热情。

奥斯拉博士以一句常用的祈祷词来勉励耶鲁大学的学生："请赐给我们'今日'所必需的衣食。"

需要注意的是，这个祈祷只祈求"今日"的食物，并未抱怨昨天的面包，更没有祈求说："天哪，生产粮食的地区遭灾了，这么一来，'明年'秋天要怎么做面包呢？ 上帝啊！我明天能否吃上面包呢？"

更明确地说，这个祈求"今日"的祷告是教我们只求今天的面包，今天的面包才是唯一我们能吃的面包。

不要烦恼明天的事，明天自有明天的安排，只要把全部精力集中在今天就行了。

许多人或许觉得不要担心明天的事是很难做到的，他们会说："我们不能不打算明天的事。 为了保护自己的家人而不得不买保险，也不能不为养老存钱，不得不为出人头地而努力，不得不为将来的生计有所准备。"我们是应该为明天精心计划，但是绝不应该浪费时间去做无谓的担忧。

无论是紧张的战争年代还是悠闲的和平时期，积极与消极的分界点就在这里。 积极性的思考，能够使人看透事物的根源，把握好现在，脚踏实地，一步一步往前迈进；消极性的观念，则往往会使人陷入紧张情绪。

　　"二战"中一位饱受恐惧感折磨的年轻士兵对此深有体验。

　　他说："残酷的战争中，我因极度不安而患了所谓的'痉挛性结肠炎'，深为所苦，如果不是战争结束，我想我必定会彻底崩溃。

　　"当时我担任记录伤亡官兵的工作，就是计算阵亡者、行踪不明者，并整理与之有关的记录，以及掩埋阵亡将士的尸体，搜集他们随身携带的物品，寄给他们生前一心所系的父母及亲人。我累坏了，并不断被不安所笼罩，担心自己是否能活下去，能否再亲手抱一抱我的儿子——自从他出生以来，尚未谋面的儿子。由于心力交瘁，我的体重迅速下降。恐惧感使我几近疯狂。端详自己的双手时，满眼都是皮包骨头。我十分担心自己会崩溃，有时竟无法克制地像小孩般抽泣起来，软弱到只要一个人独处，便忍不住要哭。

　　"最后我被安排到陆军的诊疗所中接受治疗，由于一位军医的忠告，使我得到了转机。他彻底检查了我的身体后，告诉我说我的病是精神上的。'年轻人，不要把自己搞得太过紧张。你不妨把人生想象成一个沙漏，没有人能使所有的沙粒一次通过中央的瓶颈，只要静静地让这些沙子一粒一粒通过便行了，不管是你、是我还是其他的人，都跟这个沙漏一样。在一天之始，即使有堆积如山等待处理的工作，但我们一次仍只能做一件事，就像沙漏里的沙，只能慢慢地、一粒粒地漏下一般，否则身心早晚是要完蛋的。'

"自从听了军医的忠告后，我便全心全意去实践这个哲理：慢慢地，我的身心都从战争的恐惧中解脱了出来。以我现在的工作来说，这句话也很受用。面对堆积如山的问题时，我不再考虑一次同时解决它们，也不再让自己紧张兮兮，而是利落地把工作逐件处理完。如今，过去那种征战沙场濒临危险的种种慌乱感觉再不会在我身上出现了。"

史蒂芬逊曾说："任何人都有能力承担一天的压力，不论谁都可以快快乐乐地、坚强地、亲切地、真诚地活下去。这就是人生。"

不错，这就是真实的人生，把握好今天，好好地生活。对于聪明的人来说，每天都是崭新的人生。

人性最大的缺点在于只会憧憬地平线那端神奇的风景，却不知道回过头来看一看自家窗外正盛开着的花朵。为什么我们常常愚蠢到这种地步而不自知？多么可怜而又可悲的人啊！

人生的旅途多么奇妙！孩子们成天说："如果我长大了多好。"一旦长成大人时又会说："如果我结婚了多好。"但结婚之后想法又突然变成："如果退休了多好。"而一旦退休，脑中又浮现出昔日生活中的情景："这种日子真是孤苦又单调，为什么会错失过去那美好的一切？"于是，又开始追念过去的一切。然而太迟了，逝去的一切是再也不可能从头来过了。

底特律的艾维斯先生由于及时醒悟，才免于被忧虑击溃。他从一个送报童开始，到杂货店员、图书馆助理，他节省微薄的薪金再加上 55 美元的借款，成为他第一笔生意的本钱。最后建立起令他自豪的年收入 20000 美元的事业。但不幸突然发生了，他为朋友的支票担保，而这位朋友不久却破产了。"屋漏偏逢连夜雨"，他不仅变得身无分文，还背了 16000 美元的债，他完全倒了下去，他这样追忆道：

"我因失眠、食欲不振而变得像死了一样，满脑子除了烦恼，还是烦恼。甚至有一天在街上突然昏倒在人行道上。我被扶上床时，浑身冒汗，痛苦不堪，日复一日衰弱下去，最后连医生也说我活不了多久了。我听后眼前一片昏暗，便写好遗言，回到床上，在无能为力的情况下等待死亡，不再忧虑、不再挣扎。而在这种平静的情况下，反而心情轻松地睡着了，像个襁褓中的婴孩般安然入睡。结果，我的食欲恢复了，体重也逐渐增加到原来的水平。

"几周后，我便能拄着拐杖走路。一个多月后，我给自己找了份周薪 30 美元的工作。这个教训使我不再追悔过去、恐惧未来，而把所有时间、精力完全倾注在今天的工作上。"

态度改变之后，他再度奋起，数年后他成为艾维斯·普洛达克公司的董事长。之所以获得成功，关键在于他懂得认真地把握住今天。

如果你想过好每一天，就遵循下列有创意的计划，以得到更多发自内心的快乐。这份计划被称为"活在今天"。

但丁说："切记，今天是永远不会重来的。"人生犹如白驹过隙，"今日"是我们唯一能把握的有价值的东西。

第三章

活出自我，踩着自己的拍子跳舞

踩着自己的拍子起舞

　　有个人上进心很强，一心一意想升官发财，可是从年轻熬到年老，却还只是个基层办事员。这个人为此极不快乐，感觉自己活得很失败，每次想起来就掉泪，有一天竟然号啕大哭起来。

　　一位新同事刚来办公室工作，觉得很奇怪，便问他到底为什么难过。他说："我怎么不难过？年轻的时候，我的上司爱好文学，我便学着作诗、学写文章，想不到刚觉得有点小成绩了，却又换了一位爱好科学的上司。我赶紧又改学数学、研究物理，不料上司嫌我学历太浅，不够老成，还是不重用我。后来换了现在这位上司，我自认为文武兼备，人也老成了，谁知上司却喜欢青年才俊，我……我眼看年龄渐大，就要退休了，一事无成，怎么不难过？"

可见，没有自我的生活是苦不堪言的，没有自我的人生是索然无味的，丧失自我是悲哀的。 要想拥有美好的生活必须自强自立，拥有良好的生存能力。没有生存能力又缺乏自信的人，肯定没有自我。一个人若失去自我，就没有做人的尊严，就不能获得别人的尊重。

人活着应该是为了充实自己，而不是为了迎合别人。没有自我的人，总是考虑别人的看法，这是在为别人而活着，所以活得很累。有些人觉得，老实巴交吧，会吃亏，被人轻视；表现出格吧，又引来责怪，遭受压制；甘愿瞎混吧，实在活得没劲；有所追求吧，每走一步都要加倍小心。家庭之间、同事之间、上下级之间、男女之间……天晓得怎么会生出那么多是是非非。你和新来的女同事距离稍近，有人就会怀疑你居心不良；你到某领导办公室去了一趟，就会引起这样或那样的议论；你说话直言不讳，人家就会觉得你骄傲自满、目中无人；如果你把工作放第一位，不管其他，人家就会说你不是死心眼或太傻，就是有权欲野心……凡此种种飞短流长的议论和窃窃私语，可以说是无处不生，无孔不入。如果你的听觉、视觉尚未失灵，再有意无意地卷入这种旋涡，那你的大脑很快就会塞满乱七八糟的东西，弄得你头昏眼花、心乱如麻，岂能不累呢？

我们无法改变别人的看法，能改变的只有我们自己。想要讨好每个人是愚蠢的，也是没有必要的。与其把精力花在一味地去献媚别人，无时无刻地去顺从别人上，还不如踏踏实实做人，兢兢业业做事。改变别人的看法很难，认认真真做自己就可以了。

太在意别人的眼光，会暗淡自己的光彩

在这个世界上，没有任何一个人可以让所有人都满意。迎合他人的眼光做事的人，会逐渐暗淡自己的光彩。

西莉亚自幼学习艺术体操，身段匀称灵活。可是很不幸，一次意外事故导致她下肢严重受伤，一条腿留下了后遗症，走路有一点跛。为此，她十分沮丧，甚至不敢上街。为了逃避，西莉亚搬到了约克郡乡下。

一天，小镇上的雷诺兹老师领着一个女孩来向西莉亚学跳苏格兰舞。在他们诚恳的请求下，西莉亚勉为其难地答应了。为了不让他们察觉自己残疾的腿，西莉亚特意提早坐在一把藤椅上。可那个女孩偏偏天生笨拙，连起码的乐感和节奏感都没有。

当那个女孩再一次跳错时，西莉亚不由自主地站起来给对方示范。西莉亚一转身，便敏感地看见那个女孩正盯着自己的腿，一副惊讶的表情。她忽然意识到，自

己一直刻意掩盖的残疾在刚才的瞬间已暴露无遗。这时，一种自卑让她无端地恼怒起来，对那个女孩说了一些难听的话。西莉亚的行为伤害了女孩的自尊心，女孩难过地跑开了。

事后，西莉亚深感歉疚。过了两天，西莉亚亲自来到学校，和雷诺兹老师一起等候那个女孩。西莉亚对那个女孩说："如果把你训练成一名专业舞者恐怕不容易，但我保证，你一定会成为一个不错的领舞者。"

这一次，他们就在学校操场上跳，有不少学生好奇地围观。那个女孩笨手笨脚的舞姿不时招来同学的嘲笑，她满脸通红，不断犯错，每跳一步，都如芒刺在背。西莉亚看在眼里，深深理解那种无奈的自卑感。她走过去，轻声对那个女孩说："假如一个舞者只盯着自己的脚，就无法享受跳舞的快乐，而且别人也会跟着注意你的脚，发现你的错误。现在你抬起头，面带微笑地跳完这支舞曲，别管步伐是不是错的。"

说完，西莉亚和那个女孩面对面站好，朝雷诺兹老师示意了一下。悠扬的手风琴音乐响起，她们踏着拍子，欢快起舞。其实那个女孩的步伐还有些错误，而且动作不是很和谐。但意外的效果出现了——那些旁观的学生被她们脸上的微笑所感染，而不再关注舞蹈细节上的错误。后来，有越来越多的学生情不自禁地加入舞蹈中。大家尽情地跳啊跳啊，直到太阳下山。

生活在别人的眼光里，就会找不到自己的路。

面对不同的几何图形，有人看出了圆的光滑无棱，有人看出了半圆的方圆兼济，有人看出了不对称图形特有的美……

同是一个甜甜圈，悲观者看见一个空洞，乐观者却赞美它的味道。

同是交战赤壁，苏轼高歌"雄姿英发，羽扇纶巾，谈笑间，樯橹灰飞烟灭"；杜牧却低吟"东风不与周郎便，铜雀春深锁二乔"。

同是"谁解其中味"的《红楼梦》，有人听到了封建制度的丧钟，有人看见了宝黛的深情，有人悟到了曹雪芹的用心良苦，也有人只津津乐道于故事本身……

其实，每个人看待事物的眼光和观点都不同，我们只需要专注于自己正在做的事情就好了，不必在意别人的眼光，要活出自己的精彩。

根据自己的情况选择适合自己的路

所谓为自己而活，就是要为了自己的快乐、兴趣和人生目标而努力，不要活在别人的价值观里；要善于发现自己的优点，在属于自己的道路上不断地超越自己，追求成功，为自己展翅高翔赢得一片属于自己的天空。 生命是父母给予的，环境是先天注定的，而人生却是自己的。 人生精彩与否、成功与否，都要靠自己去创造，自己的人生自己负责。 有这样一句话："走自己的路，让别人说去吧!"这句话说的就是人要为自己而活，不要活在别人的世界里，为别人的看法而改变自己是很愚蠢的做法。 人活着不要盲从别人，要敢于坚持自己所坚持的，相信自己所相信的。

余秋雨说，很多人总是很在意别人的手指，在意他们对你伸出的是大拇指、食指、中指还是小指，并以此来评判自己的行为，或左右自己的心情，其实这没有必要。 不要太在意别人的手势，权当他们在做运动，只要自己觉得无愧于心就好。

其实，只要自己认为是对的，效果是好的，过程是开心的，结果是满意的，根本没必要在意别人的看法。 这也给了我们一个很好的警示，事实上最了解自己的人还是自己，旁人看到的只是一个片段或表象，没有一个人能完全了解别人，旁人仅仅是根据自己的所见说出自己的意见而已。 由于每一个人看问题的角度都有所不同，所以得出的结论也不尽相同。

不论现实是怎样的，一个人一定要自主，这样才能有对自己负责的力量和勇气。 只有相信自己，靠自己才能撑起头顶的一片天。 如果连你自己都不相信自己，成功怎么会青睐你呢？ 你可能拥有满腔的热情和出色的才能以及崇高的理想，可是你不相信自己，不能放心地把自己交给自己，那么你永远无法取得成功，永远无法征服世界。

人生的路上有许多的岔口，也许其中只有一条是通往成功的路。 选择时，要么自己根据个人情况来选择，要么就听从别人的建议，走别人为你选择的路。 但是，如果自己不为自己的人生搏一回，是不是有一些遗憾呢？ 而且并不见得别人的建议就是正确的，有很多人失败就是因为选择了别人为自己选择的路，他们太在乎别人的看法，却不相信自己的判断。要知道，别人挑选的路终究不是自己熟知的路，有可能是一条荆棘之路，让你伤痕累累，你却无力怨恨。 如果不能走出别人的阴影，那么你永远也无法接受阳光的照耀，也听不到成功的呼唤。

保持自己的特色，让自己与众不同

曾听说过这样一个笑话：

老王从来没有出过远门，儿女们为了孝敬他，为他报了一个出国旅游的旅行团。老王就这样第一次踏出国门。

对于老王来说，国外的一切都是非常新鲜的。老王参加的是豪华团，一个人住一个标准间，这让他新奇不已。

早晨，服务生来敲门送早餐时大声说道："Good morning, sir!"

老王愣住了：这是什么意思呢？在自己的家乡，一般陌生的人见面都会问"您贵姓"。

于是，老王大声叫道："我叫老王。"

就这样，一连三天，都是那个服务生来敲门，每天都大声说："Good morning, sir!"而老王也还是大声回道："我叫老王。"

老王觉得这个服务生也太笨了，天天问自己叫什么，告诉他了吧，他又记不住。终于，老王忍不住去问导游，"Good morning, sir"是什么意思。导游告诉了他，老王知道后觉得真丢脸。

于是，老王开始反复练习"Good morning, sir"这句话，以便能体面地应对服务生。第二天早晨，服务生照常来敲门，门一开老王就大声叫道："Good morning, sir！"与此同时，服务生叫道："我叫老王。"

在生活中，不少人就像老王和服务生一样，会轻易被人影响。他们不懂得如何做自己，总是盲从他人。

其实，我们不一定要跟随别人做事，也不要用一个标准衡量所有的人。我们来到这个世界上，就是为了表现自己独特的性格、展示独特的魅力、演绎独特的自己。因为我们每一个人都是与众不同的，独特性就是我们最宝贵的东西。

在地中海一带有一种奇怪的虫子，被昆虫学家称为"列队毛毛虫"。当它们外出觅食时，通常是由一个队长带头，其他的毛毛虫便用头顶着前一只的屁股，一只贴一只地排成一列或两列前进。为防止自己不小心走岔路跟丢了，它们还一边爬一边吐丝。等到吃饱了，它们又排好队原路返回。

法国昆虫学家法布尔做过一个实验。他引诱列队的毛毛虫走上一个花盆的边缘。毛毛虫一走上去就沿着边缘前进，一边走一边吐丝。令法布尔惊讶的是——这群列队毛毛虫当天就在花盆边缘一直走到筋疲力尽才停下来休息。其间毛毛虫曾经稍作休息，但也没吃没喝，连续走了十多个小时。第二天，毛毛虫队列丝毫不乱，依然在花盆边缘转圈，没头没脑地跟着前面的走。第三天、第四天……终于等到第八天，有一只毛毛虫掉了下来，意外地突破困境，这一群毛毛虫才得以重返家园。

"毛毛虫实验"告诉人们，不能固守原有的习惯、先例和经验。 试想，如果毛毛虫们不盲从，换个方向走，就不会没头没脑地在花盆上转八天了。

炫出自己的精彩人生

有些人往往喜欢走捷径，走不通就会快速换一条路，结果换来换去，也许几十年都没有走完一条路，也未做完一件事，忙忙碌碌地走完了一生。愚公是英雄，他和他的儿孙们搬走了一座山；贝多芬是英雄，他坚信耳聋也能谱写出美妙的音乐。他们选定了自己的路，就坚定地走下去，没有因为遇到困难就换另外一条道路。

美国著名电台广播员莎莉·拉斐尔在她30年的职业生涯中，曾经被辞退18次，可是她每次都放眼最高处，确立更远大的目标，仍然坚持走自己选择的路。最初，由于美国大部分的无线电台认为女性吸引不了观众，没有一家电台愿意雇用她。她好不容易在纽约的一家电台谋到一份差事，不久又遭辞退，说她跟不上时代。莎莉并没有因此而灰心丧气。她总结了失败的教训之后，又向国家广播公司推销她的清谈节目构想。电台勉强答应了，但提出要她先在政治台主持节目。"我对政治所知不多，恐怕很难成功。"她也一度犹豫，但坚定的信心促使她大胆去尝试。她对广播早已轻车熟路了，于是她利用自己的长处和平易近人的作风，大谈即将到来的美国独立日对她自己有何种意义，还请听众打电话来畅谈他们的感受。听众立刻对这个节目产生了兴趣，她也因此而一举成名了。莎莉·拉斐尔自己创办的电视节目曾两度获奖。她说："我被人辞退了18次，本来可能会被这些遭遇吓退，做不成我想做的事情，但我绝不放弃，一直坚持到最后，所以今天我能幸运地成为一名著名主持人。"

莎莉·拉斐尔是一个坚持走自己的路的人，她没有因为被辞退18次就怀疑自己的选择，反而更加激发了她证明自己的勇气，虽然经历了种种失败，但她绝不退缩，永不放弃，敢于抓住机会，进而做到最好，最终成了著名的节目主持人。

选择一条路很容易，但是要坚持在这条路上走到最后，就不是一件容易的事了。如果你向目的地迈出了999步，却没有坚持着迈出最后一步，那么你依然是失败的，目的地只有一个，再近的点也不是终点，那些在距离终点很近的地方而停下了脚步的人是多么可悲啊！

善于反省，不断提升自己

在哲学上，反思和反省是指一种与直观相对应的能力。直观是指不借助于任何中介就达到对事物本质的认识，而反省则需要借助一定的中介来认识事物。在我们日常的工作中，反省则是指我们对自己以往的工作所作出的一种思考。

反省是心灵镜鉴的拂拭，是精神的洗涤，涵盖了我们整个生命的全部内容。小到个人，大到整个人类，从内在欲求到外在言行，无不在反省的范围之中。

在美国，有一位女士养了一只漂亮的鹦鹉，但是它有一个奇怪的毛病——咳嗽，而且它的咳嗽声浑浊难听，女主人以为它是患了呼吸系统疾病，就带它去看兽医。兽医仔细检查过后，发现它并没有任何疾病，而问题出在女主人身上，因为她经常抽烟，所以常常咳嗽，这只鹦鹉只是惟妙惟肖地将主人的咳嗽声学会罢了。

另外，在英国，有个年轻人向心理医生诉苦，说他的母亲经常啰啰唆唆，令人感到十分烦厌。心理医生发现他的母亲的确十分啰唆，但是同时发现她本来不是这样的，她之所以变得啰唆，是因为儿子从来不在她只吩咐一两次的时候，就把事情做成，总要她三番五次地提醒，久而久之，便形成了啰唆的习惯。

在这两个故事中，究竟谁有问题？是鹦鹉抑或是有烟瘾的女主人？是不停提醒儿子的母亲抑或是不把母亲的话放在心上的儿子？法国作家拉伯雷说："人生在世，各自的脖子上扛着一个褡子：前面装的是别人的过错和丑事，因为经常摆在自己眼前，所以看得清清楚楚；背后装的是自己的过错和丑事，所以自己从来看不见，也不理会。"《圣经》上也有这样一句话："为什么看见你弟兄眼中的刺，却不想自己眼中的梁木？"上面故事中的女主人和年轻人都是看不到自己过错的人，若他们懂得反省，就不会去责怪别人，认为所有的不幸都是别人造成的。而在这种抱怨中，他们又怎能看到自己的缺点，从而加以改进呢？

反省其实是一种"升级力"。反省的过程就是学习的过程，就是自我升级的过程。有没有自我反省的能力，具不具备自我反省的精神，决定了我们能不能认识到自己所犯的错误，能不能改正所犯的错误，能不能不断地提升自己。

事实上，每个人在做事的时候都要持有自我反省、自我修正的态度，并以不懈的追求去实现自己美好的愿景。一个善于自我反省的人，往往能够发现自己的优点和缺点，并能够扬长避短，发挥自己的最大潜能；而一个不善于自我反省的人，则会一次又一次地犯一些同样的错误，不能很好地发挥自己的能力。 换句话说，反省可以帮助我们找到快速获取成功的方法。

重要的是自己怎么做，不是别人怎么想

世上的事本是平常的，而人们经常把事情看得太严重了，让一些小事占据了内心，进而忧虑不安。

师徒两人离别了一年，彼此十分挂念。某日，两人相见。师父问："徒儿，你这一年都做了些什么事？"

徒弟回答："我开了一片荒地，种了一些庄稼和蔬菜，每天挑水浇地、锄草除虫，收成很好。"

师父赞许地说："你这一年过得很充实呀！"

徒弟便问："师父，您这一年都做了什么事？"

师父笑着答道："我过了白天就过晚上。"

徒弟随意地说道："您这一年过得也很充实呀！"

刚说完，他就觉得自己这样说很不妥，话语中似乎带着讽刺的味道，于是涨红了脸，情不自禁地咂了咂舌头，心想："我这样说，师父肯定以为我在取笑他，我实在是太不应该说这样的话了。"

徒弟的窘态被师父看透了，就在徒弟想着如何补救的时候，师父责备他说："只不过是一句话，你为什么要想得那么严重呢？"

徒弟仔细一想，随即就明白了师父的用意：偶尔的小疏忽，或无意的小过失，只要不是成心造成的，又没有引起什么严重的后果，那就随它去吧，没有必要把它放在心上。

想到这里，徒弟便对师父说："我们开始上课吧！"

师父赞许地点了点头。

很多时候，人们会因为顾忌别人的看法而改变初衷。明明告诫自己不必理会别人怎么说，不必在意别人的脸色，可当面对众人时，就有可能跳不出这个怪圈。

不必在意别人的冷漠表情和窃窃私语，不必费心去揣测和琢磨别人怎样对待你、怎样评价你，不必在意微小的得失、过错或失败，那只是成长路上的一些小插曲。豁达一点，超然一点，平静喜悦地度过每一天，然后再回过头想想所经历的喜怒哀乐、酸甜苦辣，你会发觉眼前突然变得明亮开朗，原来生活还是充满了七色阳光。把时光留给自己，读自己喜欢的书，倾听悦耳的音乐，到田野去走走……生命中值得留意的东西有很多，实在没必要在意别人怎么想。

如果想活得轻松、开心、有意义，就不必在意一些无关紧要的小事。不要把自己的时间和精力用在自寻烦恼上，能给我们思想包袱的只有我们自己。放下包袱，不必在意别人的眼光，让心灵自由飞翔，生活也就跟着轻松愉悦了。

做自己想做的事

毫无疑问，做自己想做的事是每一个人的愿望，因为这可以让自己更快乐，更容易获得成功。在现代职场里，很多人之所以一直从事着自己不喜欢的工作，是因为他们仅仅把工作当作养家糊口的工具，而不是真心喜欢并且乐意去做的事情，所以这样的工作质量可想而知。

事实上，不管我们当初选择工作的初衷如何，我们都应该饱含热情地去面对目前所做的工作。因为只要你保持快乐的心态，用心去工作，久而久之，任何工作都可以让你乐在其中。

令人遗憾的是，在现实生活中，很多人没有勇气去做自己喜欢做的和想做的事，担心自己无法胜任，担心失败，担心被别人议论，担心自己的决策是错误的，剩下的只有对别人的羡慕。推销员羡慕医生成天待在办公室里，不用在外面风吹日晒，而且能拿高薪；工程师羡慕自己的同事有勇气离开公司另立门户，独立创业；公交车司机羡慕出租车司机，有自由的上下班时间，自由的行车路线，而自己得按时上下班，每天重复着那条必经的路线，不能少一个站，也不能多一个站……

如果无法从现在从事的工作中获得快乐，那就一定要重新选择工作，做你想做的事。否则，你就可能永远与成功无缘。

杰西卡是美国夏威夷一家制衣公司的设计师，该公司一直生产传统的夏威夷人喜欢穿的罩袍。这些罩袍只有一种尺码，而且花色单一、款式陈旧，由于是成批生产，所以制作得极为粗糙，看上去千篇一律，一点儿美感都没有。杰西卡决定对罩袍进行改进，她想先为自己缝制一件罩袍，并穿在身上，先看看能起到什么样的效果，这样对促进公司对罩袍进行改进更有说服力。

于是，杰西卡买来了能体现个性特色的印花布，通过精心剪裁，使罩袍不仅保持原来舒适自然的特点，还能够适合自己的身材尺寸。她还为罩袍精心设计了漂亮的花边。这种特殊的设计，马上引起了房东太太的极大兴趣，她请杰西卡也为她照样缝制一件。穿上杰西卡为自己量身定制的罩袍，房东太太惊喜异常，她怎么也没有想到，这种司空见惯的传统服装居然也能够做得如此漂亮。

当杰西卡把她想改进公司生产的传统罩袍的想法告诉同事们时，几乎人人都十分惊讶地摇头道："难道你不知道在夏威夷各大旅馆、服装店和旅游中心陈列着成千上万件罩袍？它们都是传统式样，都没有人敢去改进它啊!"然而,杰西卡不这么想,她决心要试一试。因为她内心有这样一个准则:只要想做,那就立即去做。

杰西卡把自己的想法告诉了公司经理,并得到了经理的大力支持。她亲自负责选购布料并且上门为顾客测量尺寸大小,然后将布料交给其他同事去裁剪和缝制。就这样,这家生产传统罩袍的公司生产出了一件又一件既漂亮又适合人们身材的新式罩袍,公司的生意开始红火起来。在杰西卡的努力下,公司后来还把这种独特的服装推销到了美国本土的其他城市。

杰西卡凭着"做自己想做的事"的行为准则赢得了经理的青睐,从一个普通的设计师被提拔为公司的首席设计师,她因此获得了巨大的成功。

假如你不喜欢你现在的工作,就不要给自己设定障碍,这是你的权利,没有人可以阻拦你。

我们要认清自己的人生路,做自己想做的事,不必太在意别人怎么说,更不必拘泥于别人的老套思维。只要有好的想法,哪怕它看起来很荒谬,也应该立即付诸实践,说不定奇迹就在我们的前面。让我们记住《福布斯》杂志创立者福布斯的名言吧:"做正确的事情,把事情做好,立即做。"

活在别人的眼光里会感觉很累

世界上万事万物都是发展变化的，一个选择，如果把它放在不同的时空来看，可能会有不同的判断。只要当初的感觉是对的，那么即便后来发现自己的选择错了也不要后悔，更不要为了曾经的过失而不断地自责。

生活中经常可以见到一些人放弃自己的意愿，活在别人的眼光里，他们在别人的评价里找寻自我存在的价值。这其实是很悲哀的事。

体坛"飞人"迈克尔·约翰逊对于自己的成长经历就有过这样的感慨："有梦想很重要，永远要相信自己，不要太在意别人的目光。"正如他所说，迈克尔一向不在意别人的评论。世人永远不会忘记他的跑步姿势，真是太特别了——挺胸、撅臀、梗着脖子。在《阿甘正传》这部电影出现之前，人们给他取的绰号是"鸭子"，其后才被称作"阿甘"。很多人对他的跑姿发难，他既不恼怒，也不改正。他说："我的跑步姿势和身材有关，是自然形成的。许多人都批评过这种姿势，说从技术上讲是多么的不合理，但我始终坚持。"

这怪异的跑步姿势使迈克尔夺得了 5 枚奥运会金牌及 9 枚世界田径锦标赛金牌。尤其具有传奇色彩的是在 1996 年的亚特兰大奥运会上，国际田联和国际奥委会破天荒地专门为他修改了田径赛程，把 400 米和 200 米半决赛之间的休息时间从 50 分钟改为 4 小时。这个"善意的体谅"最终让迈克尔一举包揽下 200 米和 400 米两项金牌。

2000 年悉尼奥运会，迈克尔拿下 400 米和 4×400 米冠军（最后一棒）后宣布退役。那年他 33 岁，人们朝着他的背影说："他留给我们的是几个属于 21 世纪的纪录。"

在当今世界上，让所有人都觉得"你是对的""你很棒"是不可能的，所以你只要坚持自己的原则，遵循自己的价值观和人生观，按照自己的意愿去做事，那样就能活出精彩的人生。

过于在乎别人的看法只会扰乱自己的方寸，从而分散自己本该用于思考的精力，人生也就因此而迷失了方向，自然活得很累。只有独立自主、做自己的主人，不为别人的眼光违背自己的心意，尊重自己的生活方式，做自己真正想做的事，做自己想做的人，才能快乐自在地生活，如燕子一样轻盈地飞翔。

别在意别人怎么说

一个人活着，最重要的是要实现自己的人生价值，而不是为了自己的面子，更不是为了得到他人的认同或者赞赏。不被别人的眼光左右，把自己的人生交给自己掌握，是豁达、自信的表现，这样的人往往能生活得更快乐。

不可否认，讲面子是人的一种心理需要，因为它能维护人的自尊，能引起别人的注意，并能得到别人的肯定和赞扬。面子不可没有，但是过分地讲面子就会影响自己的发展。有句话说得好："要面子，伤里子。""面子"是外在的东西，"里子"才是实实在在的东西，"面子"是由"里子"撑着的。

林肯在当选总统那一刻，整个参议院的议员都感到尴尬。因为当时美国的参议员都出身于名门望族，优越感极强，他们从未料到要面对的总统是一个出身卑微的人——林肯的父亲是个鞋匠。

于是，当林肯站上演讲台的时候，有一位态度傲慢的参议员就站起来说："林肯先生，在你开始演讲之前，我希望你记住，你是一个鞋匠的儿子。"所有的参议员都大笑起来，为自己虽然不能打败林肯却能羞辱他而开怀不已。

等到大家的笑声停止后，林肯不卑不亢地说："我非常感激你使我想起了我的父亲，他已经过世了。我一定会永远记住你的忠告，我永远是鞋匠的儿子。我知道我做总统永远无法像我父亲做鞋匠那样做得那么好。"参议院立刻陷入一片静默之中。林肯转头对那个傲慢的参议员说："就我所知，我父亲以前也为你的家人做鞋子。如果你的鞋子不合脚，我可以帮你改正它。虽然我不是伟大的鞋匠，但是我从小就跟父亲学会了做鞋子这门手艺。"

然后他用温暖的目光扫视着全场所有的参议员说道："对参议院里的任何人都一样，如果你们穿的哪双鞋是我父亲做的，而它们需要修理或改善，我一定尽可能帮忙。但是有一件事是可以确定的，我无法像我的父亲那么伟大，他的手艺是无人能比的。"说到这里，林肯流下了眼泪，全场顿时爆发出了雷鸣般的掌声。

林肯以自己是一个鞋匠的儿子而自豪，这震撼到了那些轻视他的自视高贵的参议员。他以自己的一生来证明，即使出身受人嘲笑，也并不妨碍他做一个伟大的总统，一个令人敬仰的巨人。

别人怎么看你是别人的事，你又何必在意。 要知道，你是为自己而活、而奋斗。 虽然有人会误解你，但是这并不意味着你的价值就被抹杀；虽然有人会看轻你，但是这并不影响你看重自己。

太在乎别人的看法，只会给自己的生命之途无端地增加沉重的包袱。 其实人的一生所追求的东西很简单，过程却十分复杂，伴随着失败的苦痛和成功的满足，人们不断地走向自己的目标。 在人生旅途中，失败不可避免，别人说三道四也不可避免，但我们可以避免受其影响。

一个人的气度、修养、胸怀、魄力决定着他的成就。 自古以来，所有的伟人和智者无一不是"大肚能容，容天下难容之事"的人，他们不让自己的心灵受到他人眼光的干扰，永远坚持做自己认为对的事。

人生在世，如果总是患得患失，过于在意别人的态度，将自己的得失建立在别人的评价上，又哪有舒心的日子过呢？ 要想成为人生赢家，就不能够让面子左右自己，只有摆脱面子的束缚，我们才能够充分发挥自己的才干。

做好自己，别在意别人的诋毁

一个人在生活中遭遇一些恶意诋毁也是常有的事情。流言蜚语并不可怕，关键看我们用什么样的心态去对待。一个人要实现自己的理想，要找到真理，纵然历经千难万险，也不要后退。当面临他人的恶意诋毁时，你的态度应该是置之不理。

日本有一位高僧叫白隐禅师，在他的住处附近有一对夫妇开了家店铺，他们有一个漂亮的女儿。时间长了，夫妇俩发现女儿的肚子无缘无故地大起来。这种见不得人的事，使得她的父母震怒异常。在父母的一再逼问下，这位姑娘吞吞吐吐地说出"白隐"两个字。

这对夫妇听完后怒不可遏地去找白隐理论，白隐静静地听完了对方的辱骂，只淡淡地应道："就是这样吗？"可事情并没有完，等那姑娘肚中的孩子降生后，姑娘的父母竟毫不犹豫地将婴儿抱给了白隐。这着实是一件让白隐难堪的事，"一位出家的和尚，竟与民女通奸，还生了孩子，出的是哪门子的家"，街头巷尾议论纷纷。

白隐因此而名誉扫地，但他并不介意，也没有作任何辩解，只是认真、细心地照顾着孩子——他向邻居乞求婴儿所需的奶水，买来其他婴儿用品，虽不免横遭白眼，或是冷嘲热讽，但他总是处之坦然，仿佛他是受人之托抚养别人的孩子一般。他只想让那个孩子健康快乐地成长。

一年后，那位未婚妈妈感到良心不安，终于不忍心再欺瞒下去了，就如实地向父母说出了真相：孩子的亲生父亲是在鱼市工作的一名青年。于是，她的父母羞愧万分地去向白隐赔礼道歉，并抱回孩子。

白隐仍然是淡然如水，在把孩子交还给他们时仍然只是轻轻说道："就是这样吗？"

有时，我们难免会被污蔑、误会，甚至名誉遭到诋毁，这时不妨向白隐禅师学习，把自己的心胸放宽一些，没有必要去理会。

有些人因为遭到别人的恶意诋毁，就觉得没脸见人，觉得大家都在孤立自己，于是干脆离群索居，不与别人来往。也有的人因见昔日好友一下子用怀疑、审视的眼光看自己，就感到万念俱灰。其实，这样做只会害了自己，使你没有与他人交流、倾吐内心烦闷的机会，使朋友们少了了解你的机会，而将自己困在一个密封的小圈子里，这样只能越来越想不开，处境越来越艰难。

生活中有真善美，也有假恶丑，要想保护好自己，关键在于要用积极的态度和心理来对待生活。 我们要相信自己的家人和朋友，在遇到不平事的时候，可以向他们倾诉心中的不快。 古人说，"暗极则光"。 人在最失望或是最绝望时，其实离目标并不遥远，关键在于要顽强地坚持下去。

自己内心纯洁，就不怕别人的恶意诋毁。 嘴巴是别人的，生活是自己的，怀着淡泊的胸襟，名利如浮云一般，入不得耳目，扰不了心志。 只有这样，人生才充实。 不必为过去的得失而后悔，不必为现在的失意而烦恼，把一切诋毁都抛到脑后，继续快乐生活。

坚持自己的梦想往前走

只有坚持走自己的路，才能到达梦中的地方。

  布鲁斯·李出生于美国的旧金山市。因为父亲是一名演员，他从小就有跑龙套的机会，于是有了想当一名好演员的梦想。由于身体虚弱，父亲让他拜师习武来强身。1961 年，他考入华盛顿州立大学主修哲学。后来，他像所有人一样结婚生子。然而在他内心深处，一刻也不曾放弃当一名演员的梦想。

  一天，他与一位朋友谈到梦想时，随手在一张便笺上写下了自己的人生目标："我，布鲁斯·李，将会成为全美国最高薪酬的超级巨星。作为回报，我将奉献出最激动人心、最具震撼力的演出。从 1970 年开始，我就会享誉世界，到 1980 年，我就会拥有 1000 万美元的财富。那时候，我和家人将会过上最愉快、和谐、幸福的生活。"

  写下这张便笺的时候，他的生活十分贫困潦倒。不难想象，如果这张便笺被别人看到，将会遭到怎样的嘲笑。

然而他却把这些话深深地铭刻在心底，为了实现自己的梦想，他克服了无数常人难以想象的困难。比如，他曾因脊背神经受伤在床上躺了4个月，最后他依靠自己的意志奇迹般地站起来了。终于，命运女神在1971年向他露出了微笑，他主演的电影《唐山大兄》《精武门》《猛龙过江》都刷新了香港的票房纪录。1972年，他主演了香港嘉禾公司与美国华纳公司合作的《龙争虎斗》，这部电影使他成为一名国际巨星，被誉为"功夫之王"。1998年，美国《时代》周刊将其评为"20世纪英雄偶像"之一，他是唯一入选的华人。他就是李小龙——一位迄今为止在世界上仍然享有盛誉的华人明星。

1973年7月，事业刚步入巅峰的他因病去世。在美国加州举行的"李小龙遗物拍卖会"上，这张便笺被一位收藏家以29万美元的高价买走。同时，2000份获准合法复印的副本也当即被抢购一空。拍卖会的主持人感慨万分地说："这就是为什么你以后有必要把想到的事情马上写下来的原因。"

对于刚走入社会的年轻人来说，梦想就是成功的开端，走自己的路，笑傲风雨，拼搏奋进，有梦就去追寻。

成功往往伴随"梦想"而来。很多人一辈子平平庸庸地过日子，并不是才华不如人，而是提早放弃了自己的梦想。其实很多著名企业家及成就大事业者大多出身贫寒，只有平凡的背景，他们的成功源于敢于实践自己的梦想，敢于挑战更高的目标。

拥有宽广的胸怀

弟子奉师父之命去集市买东西，回来后弟子一脸的不高兴，师父不知何故，询问弟子。

"我在集市上走的时候，那些人嘲笑我。"弟子噘着嘴巴说。

"他们为什么要嘲笑你呢？"师父问。

"他们笑我个子太矮。他们不知道，虽然我长得不高，但我的心胸很开阔。"弟子气呼呼地说。

师父听完弟子的话什么也没有说，而是拿着一个脸盆与弟子来到附近的海滩。

师父先把脸盆盛满水，然后往脸盆里丢了一颗小石头，这时，脸盆里的水溅了出来。接着，他又把一块大一些的石头扔到海里，大海没有任何反应。

看着迷惑的弟子，师父说："你不是说你的心胸开阔吗？可是，为什么别人只是说你两句，你就生这么大的气，就像被丢了颗小石头的脸盆，水花到处飞溅？"弟子低头不语。

别人的话仅是别人的见解，每个人的观点和立场都是不同的，一个人如果因为别人的言语而生气，说明他不但心胸不够开阔，修养也没有达到一定的境界。

人生无论面对什么大喜大悲都能坦然处之，就是一种境界。世间的大多数人为了功名利禄而伤神，他们忧愁的往往不是自己，而是别人，因为妒忌别人所拥有的而满怀情绪，也因为无法释怀失去的而惴惴不安。

有一个财主吃斋念佛多年，50岁时得到一个儿子，视之为宝贝。

儿子渐渐长大了，可是他只会笑，不会哭。财主想尽各种办法，骂他、打他都无济于事。正无可奈何之际，适逢一云游高僧前来化缘，财主就请求高僧为儿子诊治。

仆人把孩子抱来。孩子不认生，冲高僧呵呵直笑。财主上前狠狠地打了孩子屁股一下，孩子皱皱眉头，随即平静，还是一声不哭。

财主冲高僧一摊手，说："高僧，您看这孩子是不是智力有问题？"

高僧不说话，只是顺手从果盘里拿出一根香蕉和一串葡萄，在孩子面前晃。

孩子想了想，伸手接过了葡萄，并微微一笑。

财主在一边解释："他从小就不吃香蕉。"

高僧点点头说："知道取和舍，说明智力是没有问题的。"

财主伸手拿走了盘子中的香蕉，孩子愣了一下，没有哭也没笑。

看到孩子这样，高僧沉思片刻，端起桌上的果盘，说："跟我来！"

一行人走出财主家的大门，恰逢三个小孩儿在门前玩耍。高僧看了看小孩儿，又看了看果盘，果盘里恰巧还有三根香蕉和一串葡萄。于是，高僧分给每人一根香蕉。三个小孩儿接过去，兴高采烈地剥开就吃。

这时，财主的儿子忽然伸手指着香蕉，大声叫起来。财主赶紧拿过葡萄哄儿子："那是你最不爱吃的香蕉，这是你最喜欢吃的葡萄。"

财主的儿子夺过葡萄扔到地上，仍是伸手要香蕉。三个小孩儿很快吃完了香蕉。这时，财主的儿子忽然号啕大哭，把财主和仆人都吓了一跳。

财主欣喜之余也迷惑不解："他平时一口香蕉也不吃，今天怎么会为香蕉哭了呢？"

高僧微微一笑，说："世间大多数人的悲伤，不是因为自己失去了，而是因为别人得到了。"

第四章

你所失去的，终将以另一种方式归来

失去可能是一种福音

　　有一位住在深山里的农民，感到环境艰险，难以生活，于是便四处寻找致富的好方法。一天，一位从外地来的商贩给他带来了一样好东西。尽管在阳光下看上去那只是一粒粒不起眼的种子，但据商贩讲，这不是一般的种子，而是一种叫作"苹果"的水果的种子。只要将其种在土壤里，两年以后，就能长成一棵棵苹果树，结出许多的果实，拿到集市上可以卖好多钱呢！

　　欣喜之余，农民将苹果种子小心收好，但脑海里随即涌现出一个问题：既然苹果这么值钱、这么好，会不会被别人偷走呢？于是，他特意选择了荒僻的山野来种植这种颇为珍贵的苹果树。

　　经过近两年的辛苦耕作，浇水施肥，小小的种子终于长成了一棵棵苗壮的果树，并且结出了累累硕果。这位农民看在眼里，喜在心中。因为缺乏种子的缘故，果树的数量还比较少，但结出的果实也肯定可以让他过上好一点儿的生活。

他特意选了一个吉利的日子，准备在这一天摘下成熟的苹果，挑到集市上卖个好价钱。当这一天到来时，他非常高兴，一大早便上路了。当他气喘吁吁爬上山顶时，心里猛然一惊，那一片红灿灿的果实，竟然被飞鸟和野兽吃了个精光，只剩下满地的果核。

想到这几年的辛苦劳作和热切期望，他不禁伤心欲绝，大哭起来，他的财富梦就这样破灭了。在随后的日子里，他的生活仍然艰苦，只能一天一天地熬下去。不知不觉之间，几年的光阴如流水一般逝去。

一天，他偶然来到了这片山野。当他爬上山顶时，突然愣住了，因为在他面前出现了一大片茂盛的苹果林，树上结满了苹果。

这会是谁种的呢？他思索了好一会儿才找到了一个令他也出乎意料的答案：这一大片苹果林都是他自己种的。

几年前，当那些飞鸟和野兽在吃完苹果后，就将果核丢在了旁边，过了几年，果核里的种子慢慢发芽，终于长成了现在这片茂盛的苹果林。

这位农民再也不用为生活发愁了，这一大片苹果林足以让他过上温饱生活。

有时候，失去是另一种获得。人生总在失去与获得之间徘徊，没有失去，也就没有所谓的获得。

一笑泯得失，看淡人生苦乐

鲁迅在《题三义塔》中写道："度尽劫波兄弟在，相逢一笑泯恩仇。"这"一笑"包含了多少淡泊和宽容。人生短短几十年如同行云流水，看淡得失，这样生活才不会为偶然的得与失所累。

《老子》中写道："祸兮福之所倚，福兮祸之所伏。"意思是说，祸与福互相依存，可以互相转化。比喻坏事可以引出好的结果，好事也可以引出坏的结果。得失亦是如此，得中有失，失中有得。

在一次大的海上风暴中，豪华的客轮沉没了，有的乘客被救上了小艇，有的乘客随着船一齐沉入深海。有一名乘客掉到了海里，但他偏偏不会游泳。幸好这时他的旁边漂来一些木箱，那是乘客带的行李箱，这些箱子让他免于被淹死。但是，即使有箱子帮助他，海水的低温与水中随时可能出现的鲨鱼，都时刻威胁着他的生命。

海浪不断翻滚，终于他看见了地平线的影子，那是陆地，他使劲地扑打着海水，海浪把他冲到了那片陆地上。他的性命保住了，但是他继而发现，原来这座小岛是座荒岛，没有人烟。他没有绝望，仔细检查自己的物品——那些行李箱，幸运地发现里边居然有很多的用具与食品，虽然有一些被水浸泡坏了，但大部分还可以用，可以帮助他活下去。

他每天都翘首看着海上，希望有船来将他救走。然而，很多天过去了，没有船经过。

为了活下去，他砍了几棵树，为自己建造了一座木屋。然而，不幸的事发生了。一天当他外出寻找食物时，一场大火把他的木屋烧成了灰烬，而且连他放在木屋中的日常用具也被烧没了，这是他生活的依靠呀！他眼睁睁地看着一切都消失在滚滚浓烟中，悲痛交加，充满了绝望。

第二天早晨，当他还在痛苦中煎熬时，风浪拍打船体的声音惊醒了他，一艘大船正向他驶来。

他得救了。

"你们是怎么知道我在这里的?"他问。

"我们看见了你燃放的烟火信号。"

原来，他的屋子被烧时产生的浓烟让他们以为有人求救，所以过来救人。

每当人们以为看见希望的时候，又突然出现一些意外把希望打破；而当绝望来临之时，也许也伴随着希望。世界就是这个样子，没有什么可以称得上是真正的希望与失望，人生本来就是一个充满戏剧性的过程，人生在失去的同时也往往会另有所得。

小说《庞城末日》里有这样一个情节：

> 意大利庞贝古城里有位名叫倪娣雅的卖花女。她自幼双目失明，但她并不自怨自艾，也没有垂头丧气地把自己关在家里，而是像常人一样靠自己的劳动自食其力。
>
> 不久，庞贝城附近的维苏威火山爆发，整座城市笼罩在浓烟和落尘中，昏暗如无星的午夜，漆黑一片。惊慌失措的居民跌来碰去寻找出路却无法找到。倪娣雅本来看不见，但由于这些年走街串巷地在城里卖花，她的不幸这时反而成了她的大幸，她靠着自己的触觉和听觉找到了生路，而且还救了许多人。

世上的任何事都是多面的，人们看到的只是其中的一个侧面，这个侧面或许让人痛苦，但它还有很多面，痛苦的背面也许就是欢乐。

历史上有很多受过苦难最终取得成功的人。他们之所以取得伟大的成就，正是因为他们不计较利害得失。所以，当身处逆境时，不要感叹命运多舛。命运向来都是公平的，你在这方面失去了，就会在那方面得到补偿。当为失去感到遗憾的同时，可能有另一种意想不到的收获。得与失是并存的，关键是自己如何把握住机会，如何正确看待得与失这一辩证关系。

有一个成语叫作"蚌病成珠"，这是对生活最贴切的比喻。 蚌因身体里嵌入沙子，伤口的刺激使它不断分泌物质来疗伤，等到伤口愈合后，旧伤处就出现一颗晶莹的珍珠。 每粒珍珠都是由痛苦孕育而成的。 任何不幸、失败与损失，都有可能成为有利的因素。

当得者得之，当失者失之，坦然面对得失。 得之，不要大喜，不可贪得无厌；失之，切勿大悲，不可失去精神。 不要把得与失看得太重，一切付之于笑谈中方是平常心。

不要在得失上过分算计

　　生活中的每一件事对于我们而言，都可能收获大于损失，也可能损失大于收获，也有可能得失相当。如果我们在每一件事的得失上都算计，就会活得很累。其实，人活于世，有多少欲求，便有多少烦恼。无欲无求，也就无烦无恼了。虽然我们达不到无欲无求的境界，但可以做到少欲少求。所以，生活中凡事不要太当真，不要凡事斤斤计较、锱铢必较，多一份豁达，生活必然会增加很多欢乐。

　　虽然人生中有些事情需要我们较真才能成功，但在生活中却不可太较真，不能在得失上过分算计。如果大家都过分算计得失，你表现出一分敌意，他有可能还以二分，然后你则递增为三分，他又会还回来六分……把敌意换成善意，你会有多么大的收获？当"冤冤相报何时了"的双负，变成"相逢一笑泯恩仇"的双赢时，你的人生会充满快乐，你生活中的每一天对你而言会更加美妙。

《开心辞典》栏目在某种意义上也能看出答题人的生活态度，因为每达成某个梦想后，挑战者都会面临两种选择：一个是继续，一个是放弃。如果继续，结果会有两种：要么成功，圆了新的梦想；要么失败，又退回到起点。如果选择放弃，就不能向最高点发起冲击。在答题人的选择之中，我们可以看出他对得失的态度。

其中有一期《开心辞典》的答题人相当幸运，一路顺利地答到了第九题。他怀孕的妻子就在台下，而此时，去掉一个错误答案、打热线给朋友、求助现场观众，他都用过了。答完第九题，当他把自己设定的家庭梦想都实现后，主持人王小丫微笑着问："继续吗？"

"不，我放弃！"他干脆地回答。

当时，王小丫一愣，现场的观众似乎也很意外。因为很少有人会在这时候放弃，全国观众都盯着你呢，怎能说放弃就放弃？别人又会怎样看待你的"退缩"呢？但他心意已决，王小丫连问了三次："真的放弃吗？不会后悔？"

他依然点头，坚定地说："真的放弃，我不会后悔，因为想得到的已经得到了。"

这样，他就只回答了9道题，实现了自己的家庭梦想，但却没有向终点发起冲击。

这时另一位主持人李佳明又问："如果将来你的孩子问你，爸爸，那天你在《开心辞典》为什么放弃了，你会怎么说？"

他说："我会告诉孩子，人生不一定要走到最高点。"

李佳明追问："那你的孩子如果说，我以后只考80分就满足了，你怎么说？"

答题者微笑着回答："如果孩子觉得高兴，而且也付出了应该付出的努力，那么我认同！"

此言未落，台下已是掌声雷动。

显然，大家都被他这种在得失面前明朗的人生态度打动了。有时候，适时地放弃并不是退缩，而是一种冷静的智慧、一种成熟的象征。

莫把得失放心头

"塞翁失马"的故事告诉我们一个道理：得失相倚。

相传，在边塞住着一位靠养马为生的老翁。一天，他发现自己养的马走失了一匹。老翁认为马跑到了胡人那边，难再寻回，也就不以为意。邻居却替老翁感到难受，跑来安慰他，老翁乐观地说："没关系，谁又能说这不是一件好事呢？"

一个月后，老翁走失的马不仅从胡人那边跑回来，还将那边的一大群骏马也引来了。邻居都跑来向老翁道喜，老翁却淡淡地说："这怎么就不是一件祸事呢？"

老翁的儿子十分喜欢骑马，有一次不小心从马上摔下来，将腿摔折了。邻居又来安慰他，老翁毫不在意地说："这怎么就不是一件好事呢？"

又过了一些日子，胡人大举入侵边塞，战事不断发生，官府开始在各村征兵，村里的年轻人纷纷参战，有不少人战死沙场。老翁的儿子则因为摔折了腿而保住了性命。

由此可以看出，有些事情，可能是失也是得，是得也是失。 人生得失，又岂是你我能计较得清楚的？ 倒不如不去计较得与失，认真去做自己想做且认为对的事。

重新理解"舍"与"得"

无论是在生活中，还是在职场中，很多人都容易犯一个错误，那就是喜欢抓住已有的东西不肯放手。他们之所以不肯放手，是因为害怕失去，之所以害怕失去，是因为没有理解舍与得之间的真正智慧。

通常来说，人们总是把"舍"视为失去、利益受损，把"得"视为收获。殊不知，舍与得不是绝对的，很多时候，"舍"的同时孕育着"得"，"得"的同时预示着"舍"。因此，我们有必要重新认识舍与得的智慧。

在一座山上生长着一朵小花，它的旁边有一棵高大的松树。小花认为自己是幸运儿，因为有松树为它遮风挡雨，它几乎将大松树视为生命的保护伞。可是，有一天，山上来了一群伐木工人，将大松树砍倒了。

小花失去了保护伞，开始为自己的命运担忧起来，于是它整天痛苦地抱怨："天啊！人们把我的保护伞夺去了，我会被那些嚣张的狂风折磨死的，倾盆大雨会砸碎我的花瓣，我再也没有安宁的日子过了……"

"哦！朋友，你今后的日子会越来越好的，"不远处的小草对小花说，"只要你换个角度想想，就会发现失去了大松树是一件好事。你看，阳光会直接照耀着你，雨水会滋润着你，你会长得更加茁壮，你的花瓣在阳光下将会更加灿烂。当人们看到你时，会因为你的美丽而称赞你，难道这样的日子不是你想要的吗？"

小花听了小草的话，突然豁然开朗起来。从此以后，它换了一种心态去生活，果然日子过得比以前还好。

生活中，我们可能也会突然失去一些东西，这些东西可能是我们长久依靠的。在失去的瞬间，我们一时难以接受事实，会为失去的感到惋惜，甚至会埋怨命运的不公。可是过了一段时间后，会发现自己的生活并没有受到那些失去的东西的影响。这是为什么呢？因为我们因"失去"而得到锻炼，获得新的体验，收获不一样的感受。只要换一种心态去看待"失去"，你就会发现，在失去的同时，也能获得许多。

患得患失的人最终什么也得不到

得与失是人生的精神枷锁，也是附在人身上挥之不去的阴影。随着现代社会竞争的急速加剧，患得患失的人也越来越多，能够从容不迫的人却越来越少。患得患失的人总是怕自己得到的东西会失去，这种过分在意可能会让他最终什么也得不到，因为什么都不肯丢下，就什么都难以得到。

有一句话说得好："人生常有得有失，但不可患得患失。"是的，得与失是每个人都不可避免的要学会面对的问题，但如果我们不能以淡然宽容的心态去面对得与失，最终往往就会得不偿失。

然而在生活当中，总有一些人做什么事情都要再三思量、反复考虑，好不容易下定决心开始做了，做完后却又放心不下，对方方面面都要考虑得万无一失，生怕哪里有不妥，把事情办砸了；同时还担心别人对自己的看法，极其重视个人的得与失。他们整天或为得失所忧，或为得失所累，生活郁郁寡欢，整个人都被笼罩在患得患失的阴影之中，内心被得失纷扰得没有一分安宁。

所以，要想走出患得患失的阴影，就必须保持良好的心态。世间的万物都是一分为二的，有其利也必有其弊。当人生有所得失时，都应该坦然接受，笑对输赢，不以获得而欣喜若狂，也不以失去而感伤悲痛。只有具备了这种宽广的胸怀，才真正有机会获得成功。

　　美国纽约州立大学生物科学系博士常兆华，曾先后出任美国两家纳斯达克上市公司的副总裁，后来还创立了微创医疗器械有限公司。

　　他曾向朋友讲述过这样一件事："我在国外遇到过许多留学生，不少人都表达过想回国创业的强烈愿望。几年之后，当我再次遇到这些人时，他们除了头上多了几根白发，脸上多了几道皱纹外，没什么其他变化，但他们依然向我重复着要回国创业的话题。几年后，我又在国外遇见他们，这时，我在中国的公司已创立八九年了，而他们同样还在重复着老话题，只是此时的老生常谈多少有点像'祥林嫂'了。我的直觉告诉我，这些才华横溢的同胞首先就输在了患得患失上。他们讨论的时间越长，回国创业的可能性就越小，最后将不得不把创业的梦想停止在无休止的商量和探讨当中。"

富兰克林·罗斯福有句名言："我们唯一不得不害怕的就是害怕本身。"很多人都渴望成功，但却又害怕行动失败的后果，或者说害怕付出过多的代价，因而也不愿付出超常的努力，结果最终都是在患得患失中随波逐流，成功的渴望也将永远只是一种渴望了。

许多人在开始创业时，虽然艰难，但下决心做决定时都很痛快，也不会考虑太多。然而，当有了一些成就后，反而会变得犹豫不决、患得患失。因为他以前囊中无物，当然无所谓得失，现在有一定基础了，就害怕失去现在拥有的。而人在害怕失去的同时，又总是期望什么都得到，由此苦恼也就如影相随了。

此外，考虑得太多，过分犹豫不决，还可能贻误许多机会，也会给别人留下缺乏能力的印象。有些人在取得一些成就后，原来的自信心好像就消失了，开始怀疑自己的能力，担心遭遇失败。其实，果断行动之后，我们会发现原来是自己多虑了。

以平常心面对得失

　　有个匪徒跟踪一个珠宝商人来到了大山里，一路上他总是没有机会下手。到了大山里，四周没有一个人，匪徒终于找到了下手的好机会，他拦住了珠宝商人的去路。面对劫匪，商人的第一反应就是立即逃跑。于是，一个拼命逃亡，另一个穷追不舍。走投无路的商人钻进了一个山洞，匪徒也跟了进去。在山洞里，匪徒抓住了商人，不但抢了他的珠宝，连商人准备在夜间照明用的火把也抢去了。那个匪徒还算没有丧心病狂，他只图财，没有害命。

　　之后，两个人各自寻找山洞的出口。山洞里黑极了，没有一丝光亮。匪徒庆幸自己把商人的火把抢来了，要不然到死也走不出这个纵横交错的山洞。他将火把点燃，借着火把的亮光在洞中行走。火把为他的行走带来了方便，他能看清脚下的石块，能看清周围的石壁，因而他不会碰壁，不会被石块绊倒。但是，他始终没有走出这个山洞，最后饿死在里面。

商人失去了火把，心想着自己将要永远留在这个山洞里了，但是他又不甘心。没有了照明，他就在黑暗中摸索着前进，头不时碰在坚硬的石壁上，身体不时被石块绊倒，跌得鼻青脸肿。但是，过了一段时间，他看到远处有一丝光亮，那正是山洞的出口。正是因为他失去了火把，所以才能看见那一丝细微的光亮。他便迎着那丝微光摸索爬行，最终逃离了山洞。

我们总想得到而不愿失去，却总是忘记有时失去会让我们得到更多想得到的东西。以恬淡的心境面对万事万物，反而能够"无心插柳柳成荫"。

曾会学士与珊禅师是多年的好朋友。有一次曾会学士外出，偶然遇到了雪窦禅师，于是他就写了封介绍信给雪窦，让他到灵隐寺去找珊禅师，告诉他珊禅师一定会照顾他的。雪窦禅师欣然接受，然后拜别，云游去了。

这一别就是三年。一次，曾会学士因为公事来到了灵隐寺。他突然想起了三年前曾介绍过雪窦禅师来这里，于是便问珊禅师："雪窦禅师现在怎么样了？"

珊禅师疑惑地说："没有这个人呀！是不是搞错了？"

曾会学士说："怎么会错呢？我亲自介绍他来的！"

珊禅师十分为难，派人在寺中的上千僧众中寻找了个遍，可是找了一上午，也没有找到这个人。

曾会学士说："你还记得拿我介绍信的那个人吗？"

珊禅师摇摇头说："没有啊！我从来没有收到过你写的介绍信呀！"

珊禅师看曾会学士那么着急想找到那个人，便和曾会学士一起去找，可是找遍了每一个地方，就是不见雪窦禅师的踪影。直到天快黑的时候，才在一间很破的屋子的角落里找到了正在打坐的雪窦禅师。

曾会学士大喜地喊道："雪窦禅师！"

雪窦见是曾会学士，也感到十分惊喜。珊禅师一见雪窦禅师，就看出他将来一定会有不一般的造化。

各自寒暄了一阵，曾会学士问道："三年前我亲笔写的介绍信你给丢了吗？为什么不给珊禅师看呢？害得你住这样的房子！"

雪窦禅师从衣袖里取出原封未动的介绍信还给曾会，说道："我只是一个云游的和尚，没有什么渴求，为什么要请人介绍呢？"

雪窦禅师保持着这样的平常心：坚信只要自己努力，就不会被淹没，因而从未将自己置于某种特殊的位置。他保持着最本真的自我，也在这种平静与坦然中成就了非凡的人生价值。在雪窦禅师心中，自己只是一名云游僧，无欲也无求，挣脱世俗的诱惑，抛却名利的纷扰，虽默默无闻却能终成正果。

很多人在春风得意时都容易喜形于色，在沾沾自喜中迷失自我。 能够始终保持低调的行事作风的人总是少数，他们无论在任何情况下都不显山露水，却往往能开辟一番属于他们自己的新天地，这才是智者的幸福哲学。

人生的过程就是得失的过程

人的一生，有得有失，有盈有亏。整个人生就是一个不断得而复失、失而复得的过程。

在一生中，我们将逐渐失去年轻，失去少年的轻狂，失去可以把握一切的气势，失去做梦的勇气，其实也在失去做梦的资本。随着年龄的增大，我们还要面临失去工作，失去身边的朋友、亲人，到最后，我们要失去整个熟悉的世界，迈向死亡。因此，我们一定要学会接受"失去"。

人的一生不可能永久地拥有什么。一个人出生后，先是童年，接着是青年、壮年、老年，然而这一切又都在不断地失去，在得到的同时，其实也在失去。所以说，人生获得的本身也是一种失去。我们每个人如果认真思考一下自己的得与失，就会发现，在得到的过程中也确实不同程度地经历着失去。

俄国诗人普希金在一首诗中写道："一切都是暂时的，一切都会消逝；让失去的变为可爱。"居里夫人的一次"幸运失去"就是最好的说明。

1883 年，玛丽亚（居里夫人）中学毕业后，因家境贫寒无钱去巴黎上大学，只好到一个乡绅家里去当家庭教师。她与乡绅的大儿子卡西密尔相爱，在他俩计划结婚时，却遭到卡西密尔父母的反对。两位老人深知玛丽亚生性聪明，品行端正，但是贫穷的女教师怎么能与自己家的钱财和身份相匹配呢？父亲大发雷霆，母亲几乎晕了过去，最后，卡西密尔屈从了父母的意志。

失恋的痛苦折磨着玛丽亚，她有过"向尘世告别"的念头。但玛丽亚毕竟不是平凡的女人，她知道，除了自己的爱人，她还爱科学和自己的亲人。于是，她放下情缘，刻苦自学，并帮助当地贫苦农民的孩子学习。几年后，她又与卡西密尔进行了最后一次谈话，卡西密尔还是那样优柔寡断，她终于砍断了这根爱恋的绳索，去巴黎求学，最终成为伟大的科学家。

如果玛丽亚没有这次"失去"，她的命运将会是另一种写法，世界上就会少了一位伟大的女科学家。

学会习惯于失去，往往能从失去中获得。得其精髓者，人生则少有挫折，多有收获，人也会从幼稚走向成熟，从贪婪走向博大。

一个只想得到而不肯失去的人，表面上看似乎富于进取心，实际上很脆弱，因为他很容易在失去后一蹶不振。所以，请以习惯失去的超脱，来从容品味人生吧！

有得必有失

　　一位成功人士对得失有较深的认识，他说："得和失是相辅相成的，任何事情都会有正反两个方面，也就是说得和失同时存在，在你认为得到的同时，另外一方面可能会有一些东西失去，而在失去的同时也可能会有一些你意想不到的收获。"

　　　清代"红顶商人"胡雪岩破产时，家人为财去楼空而叹惜，他却说："我胡雪岩本无财可破，当初我不过是一个月俸四两银子的伙计，眼下光景没什么不好。从前种种，譬如昨日死；以后种种，譬如今日生吧。"

　　胡雪岩的这种得失心当数"糊涂至极"。然而，失去的已经不再拥有，再去计较又有何用。
　　人生的许多烦恼都源于得与失的矛盾。如果单纯就事论事来讲，得就是得到，失就是失去，两者泾渭分明，水火不容。但是，从人的生活整体而言，得与失又是相互联系、密不可分的，甚至在一定程度上，可以将其视为同一件事情。不妨认真想一想，在生活中有什么事情纯粹是利，有什么东西全然是弊。显然没有。所以，智者都明白，天下之事，有得必有失，有失必有得。

在人生的漫长岁月中，每个人都会面临无数次的选择，这些选择可能会使我们的生活充满无尽的烦恼，使我们不断地失去一些不想失去的东西，但同样是这些选择却又让我们在不断地获得。我们失去的，也许永远无法挽回，但是得到的却是别人无法体会到的、独特的人生。因此，面对得与失、顺与逆、成与败、荣与辱，要坦然待之，凡事重要的是过程，对结果不必斤斤计较、耿耿于怀，否则只会让自己活得很累。

失去，本是一种痛苦，但也是一种幸福，因为失去的同时也在获得。

坦然面对人生的得与失

个人的得失，在大局面前显得无足轻重。面对个人得失，要波澜不惊、得失无悔、放平心态，把眼光着眼于全局，这是一个人在社会上立足和处世的基本原则。

生活中，很多人都在斤斤计较于眼前的小利益，总在思虑着自己付出了多少、得到了多少。当然，在很多人的眼里，做人就要明明白白、清清楚楚，在生活中奔波都不容易，所以要坚决把各种利益算清楚，不让别人占一毛钱的便宜。也正因如此，很多大好的时光本来可以用来享受生活，却都浪费在这些鸡毛蒜皮的小利益上了。

也许你觉得自己的时间很多，但是你要记住，你的人生是有限的，你应该用它去做值得你去做的事情。也就是说，你要在计较这些个人得失的时候掂量一下它的价值，想清楚是不是值得为无足轻重的它们而影响你人生的大局。

有时吃点"眼前亏"可以为你带来更长远的利益，敢于吃"眼前亏"的好汉，绝不是那种为了一点小利益就不顾性命的一介莽夫，他们考虑得更多的，是如何用眼前的得失来换取日后更大的利益。这也可以说是一种"小不忍则乱大谋"的思想，忍下一些小得失，你就有更多的时间去做更有意义的事情。

> 某公司开会讨论一个方案的时候，小王脸色十分难看，一再摇头否决，因为这个方案对小王这类的员工不是很有利。后来小王忍不住当场跟老板理论了起来，说了很多条不同意的理由。时间就这样一分一秒地溜走了，半小时过去了，大家都在等方案的出炉，可小王还在因为一点小细节和老板争论不休，不仅影响了所有与会人员的情绪，最后还惹怒了老板。他的结局可想而知。

小王就属于那种不顾大局的人，一旦发现自己的小利益被损害就无法忍受了，全然不顾周围的环境和实际情况全力去争，最后落得个可悲的下场。生活中不乏这种目光短浅的人，他们为了个人私利争来争去，甚至为了私利出卖朋友。客观地来看，即使他们讨回了那些在意的小利益也是得不偿失的。毕竟，时间是这个世界上最珍贵且用钱也买不到的东西，如果把这些时间和精力省下来做点大事情应该更有意义。因此，不要太在意眼前的小得失，越在意它们，越是得不到。

在很多游乐场里，不但不收门票，还会赠给游客不同价值的代金券，也许有人会认为这样下去游乐场肯定会倒闭。但其实这不过是游乐场老板谋利的一个妙计，吸引顾客前来，来得越多越好。因为到游乐场来玩的顾客大多除了使用代金券之外，还会自掏腰包去玩其他的游乐项目，即便是那些没有出钱玩游乐设施的顾客也会花钱购买零食、纪念品等。因此，来到游乐场但是不花钱的顾客几乎为零。代金券满足了一些顾客爱占便宜的心理，所以顾客也乐于接受。但实际上，得到好处最多的当然还是游乐场老板。生活中我们经常能看到的所谓"降价销售""有奖销售""品尝销售""买一赠一"等，实际上都是"羊毛出在羊身上"。看似是商家让利，实则他们占了大便宜。

　　无论是在人际交往中，还是在做任何事情的过程中，最好舍弃为了个人得失而斤斤计较的心态，这将有助于塑造良好的自我形象，获得别人的好感，并为自己赢得友谊和影响力。

敢于失去

　　爱斯基摩人捕猎狼的办法世代相传，非常特别，也极其有效。严冬季节，他们在锋利的刀刃上涂上一层新鲜的动物血，等血冻住后，他们再往上涂第二层血；再让血冻住，然后再涂……

　　就这样，刀刃很快就被冻血掩藏得严严实实了。然后，爱斯基摩人把血包裹住的尖刀反插在地上。当狼顺着血腥味找到这样的尖刀时，它们会兴奋地舔食刀上新鲜的冻血。融化的血液散发出强烈的气味，在血腥的刺激下，它们会越舔越快，越舔越用力，不知不觉所有的血被舔干净，锋利的刀刃暴露出来。但此时，狼已经嗜血如狂，它们猛舔刀锋，在血腥味的诱惑下，根本感觉不到舌头被刀锋划开的疼痛。

　　在北极寒冷的夜晚里，狼完全不知道它舔食的其实是自己的鲜血。它只是变得更加贪婪，舌头抽动得更快，血流得也更多，直到最后精疲力竭地倒在雪地上。

生活中很多人都如故事中的狼，在欲望的旋涡中越陷越深，又像漂泊于海上不得不饮海水的人，越喝越渴。可见，得与失的界限，你永远也无法界定，自认为得到了，其实正在失去。

有时候，你失去了一种东西，会在其他地方收获另一种东西。所以，要舍得放弃，正确对待失去。千古豪杰舍家为国，才名垂青史；无数仁人志士舍生取义，才有了巍巍中华。取与舍在自然的荡涤中展现并昭示了生命的高度，数千年白驹过隙，无数次金乌西坠，消磨掉了历史的棱角，才打磨出中华文明不朽的生命之碑。

勇于放弃，才会赢得更多

今天的放弃，是为了明天的收获。想干出一番事业的人不会计较一时的得失。苦苦地挽留夕阳，是傻人；久久地感伤春光，是蠢人；什么也不放弃的人，往往会失去更珍贵的东西。

在人生旅途中，我们首先要学会珍惜，珍惜自己在学业上、事业上取得的哪怕是极其微小的成绩和荣誉。因为任何微小的成绩和荣誉都来之不易，你都曾为之付出过努力。俗话说的"聚沙成塔""积水成渊"，都含有"积少成多"这样一个简单的道理。我们在前进过程中的每一个进步都是可贵的，珍惜它，就是珍惜自己的劳动，就是珍惜自己生命的进程。

然而，只学会珍惜是不够的，还要学会放弃。这个"放弃"不是通常所说的"丢掉"，其特定含义是：提醒自己不要过于迷恋已经取得的成绩和荣誉，不要过于沾沾自喜而耽误了向前赶路，耽误了去摘取更为辉煌的成功果实。俗话说的

"天外有天，人外有人"，就是告诫人们不要自满，不要停止继续进取的步伐。

有人问著名作家刘墉："从您的书中得知，您曾任台湾某电视台的节目主持人，而且业绩突出，可在事业到达顶峰时，您毅然选择了离职，到美国去做美术教员。这在一般人是很难理解，也是很难做到的，您当时是基于何种考虑？"

刘墉回答："道理很简单，就好比一个人登山，历尽千辛万苦到达顶峰时，唯一的选择只有下山。一方面，是开始走下坡路；另一方面，如果还要登另一座山，那么，首先要做的就是从现在的山上下来。我无非是想多登几座山，从不同的高度看看风景。"

又有人问："您曾提到过在上大一的时候，主动向老师请求放弃英文课程。可谁都知道，英文是非常重要的，这种考虑是否曾影响过您的大学成绩？"

刘墉回答："英文的确是非常重要的，可大学四年是多么好的年龄，我要画画，要练习演讲，要参加校外活动，要搞写作，要交女朋友……哪有那么多精力？只能在有限的时间里努力，珍惜这宝贵的四个年头。还好，我的努力没有白费，演讲拿到了第一，这为后来成为主持人的我打下了口才基础；画画的功底很扎实，这为后来成为美术教员的我挣得了饭碗；校外活动频繁，这为成为记者、编辑，进而创办出版社的我打下了社会实践的基础；多有诗作和散文发表，造就了后来成为作家的我；最重要的是，在那个时候，我认识了我未来的妻子……

"我只放弃了一门课程，却赢得了生活和事业方面的种种资源。毕业前近一年时间，我重新拿起了英文。当时旧的单词还没有忘光，所以还有新鲜感，头脑刚好用于记忆，考试顺利通过。四年下来，一门也没有耽误。其实道理很简单，我认为人一旦到了上大学的年龄，就应该开始规划自己的人生。"

人的精力和时间有限，不可能面面俱到，有时为了做自己真正想做的事情，拥有自己希望的人生，就不得不放弃很多东西。这是人生的无奈，但却是必须要面对的。

接受失去，学会放弃

执着地对待生活，紧紧地把握生活，但又不能抓得过死，松不开手。人生这枚硬币，其反面正是那悖论的另一要旨：我们必须接受"失去"，学会放弃。

国王有五个女儿，这五位美丽的公主是国王的骄傲。她们乌黑亮丽的长发远近皆知，所以国王送给她们每人十个漂亮的发夹。

有一天早上，大公主醒来，一如往常地用发夹整理她的秀发，却发现少了一个发夹，于是她偷偷地到二公主的房里，拿走了一个发夹。当二公主发现自己少了一个发夹，便到三公主房里拿走一个发夹；三公主发现少了一个发夹，也如法炮制地拿走四公主的一个发夹；四公主只好拿走五公主的发夹。于是，最小的公主的发夹只剩下九个。

隔天，邻国英俊的王子忽然来到皇宫，他对国王说：

"昨天我养的百灵鸟叼回一个发夹，我想这一定是属于公主们的，而这也真是一种奇妙的缘分，不知道百灵鸟叼回的是哪位公主的发夹？"

公主们听说了这件事，都在心里说："是我掉的，是我掉的。"可是头上明明完整地别着发夹，所以都懊恼得很，却说不出口。只有小公主走出来说："我掉了一个发夹。"话才说完，一头漂亮的长发因为少了一个发夹，全部披散下来，王子不由得看呆了。

故事的结局，当然是王子与小公主从此一起过着幸福快乐的日子。

对善于享受简单和快乐的人来说，人生的心态只在于进退适时、取舍得当，因为生活本身就是一种悖论：一方面，它让我们依恋生活的馈赠；另一方面，又注定了我们对这些礼物最终的舍弃。

丢掉无谓的固执

有一条河流从遥远的高山上流下来，流过了很多村庄与森林，最后它流到了一片沙漠。它想："我已经越过了重重的障碍，这次应该也可以越过这片沙漠吧！"当它决定越过这片沙漠的时候，发现自己总是会在泥沙之中渐渐消失。它试了一次又一次，总是徒劳无功，于是它灰心了。"也许这就是我的命运了，我永远也到不了传说中那浩瀚的大海。"它颓废地自言自语。

这时候，四周响起了一阵低沉的声音："如果微风可以跨越沙漠，那么河流也可以。"原来这是沙漠发出的声音。

河流很不服气地回答说："那是因为微风可以飞过沙漠，可是我却不可以。"

"因为你坚持你原来的样子，所以你永远无法跨越这片沙漠。你必须让微风带着你飞过这片沙漠，到达你的目的地。你只要愿意放弃你现在的样子，让自己蒸发到空中。"沙漠用它低沉的声音这样说。

河流从来不知道有这样的事情，"放弃我现在的样子，然后消失在微风中？不！不！"河流无法接受这样的事情，毕竟它从未有过这样的经验，叫它放弃自己现在的样子，那么不等于是自我毁灭了吗？"我怎么知道这是真的？"河流这么问。

"微风可以把水汽包含在它之中，然后飘过沙漠，等到了适当的地点，它就把这些水汽释放出来，于是就变成了雨水，然后，这些雨水又会形成河流，继续向前进。"沙漠很有耐心地回答。

"那我还是原来的河流吗？"河流问。

"可以说是，也可以说不是。"沙漠回答，"不管你是一条河流或是看不见的水蒸气，你内在的本质从来没有改变。你之所以会坚持你是一条河流，因为你从来不知道自己内在的本质。"

此时，河流的心中，隐隐约约地想起了自己在变成河流之前，似乎也是由微风带着自己，飞到内陆某座高山的半山腰，然后变成雨水落下，才变成今日的河流，于是河流终于鼓起勇气，投入微风张开的双臂，消失在微风之中，让微风带着它，奔向它生命中（某个阶段）的归宿。

固执是我们迈向成功的绊脚石。生命的历程往往也像河流一样，想要跨越生命中的障碍，达到某种程度的突破，向理想中的目标迈进，也需要有"放开自我"的智慧与勇气，去迈向未知的领域。当环境无法被改变的时候，我们不妨试着改变自己。只有懂得变通，懂得顺应潮流，才能找到一条生存之道。

　　有一位对上帝非常虔诚的神父，很受邻人尊敬，是神职人员的典范。一次，突然天降暴雨，倾盆大雨连续不停地下了20天，水位高涨，迫使神父爬上了教堂的屋顶。正当他在那里浑身颤抖时，有个人划着船过来，对他说道："神父，快上来，我把你带到高地。"

　　神父看了看他，回答道："我一直按照上帝的旨意做事，我真诚地相信上帝，因为我是上帝的仆人，因此你可以驾船离开，我将停留在这里，上帝会救我的。"

　　那个人划着船离去了。

　　两天之后，水位涨得更高了，神父紧紧地抱着教堂的塔顶，水在他的周围打着旋。这时，一架直升机飞来了，飞行员对他喊道："神父，快点，我放下吊架，你把吊带在身上安好，我们将把你带到安全地带。"

　　神父回答道："不，不。"他又一次讲述了他一生的工作和他对上帝的信仰。这样，直升机也离去了，几个小时之后，神父被水冲走，淹死了。

　　神父死后，升入天堂。他对自己最后的遭遇颇为生气，来到天堂时，情绪很不好。他气冲冲地在天堂中走着，突然碰到了上帝，上帝说道："麦克唐纳神父，欢迎你！"

　　神父凝视着上帝，说："40年来，我一直遵照您的旨意做事，而当我最需要您的时候，您却让我被淹死了。"

上帝微笑着说："哦！神父，请原谅，我确信我给你派去了一条船和一架直升机，是你的固执害了你。"

这位神父固执得很可悲。的确，固执者坚持己见，缺乏变通的智慧，因而常常正邪不分、忠奸不辨。没有见识，就不能观其人，听其言，察其行，因此就不能知彼知己，不能客观、公正地判断人或事，这样势必后患无穷。

我们从小就懂得"滴水穿石""绳锯木断"的道理，它们无一不在说明坚持不懈带来的成功，"半途而废"的行为往往让人唾弃、为人所不齿。然而，生活中有些事情需要"半途而废"，即在适当的时候学会转换思维，灵活地跨越生命中的各种障碍。有时，不切实际的执拗，是一种愚昧与无知，放弃则是一种智慧。